2022 상반기

공군장교

학사사관후보생 | 조종분야 가산복무 지원금 지급 대상자 | 예비장교후보생

필기시험

공군장교

학사사관후보생 | 조종분야 가산복무 지원금 지급 대상자 | 예비장교후보생

초판 인쇄　2021년 1월 27일
2쇄 발행　2022년 1월 7일

편 저 자 | 장교시험연구소
발 행 처 | ㈜서원각
등록번호 | 1999-1A-107호
주　　소 | 경기도 고양시 일산서구 덕산로 88-45(가좌동)
교재주문 | 031-923-2051
팩　　스 | 031-923-3815
교재문의 | 카카오톡 플러스 친구[서원각]
영상문의 | 070-4233-2505
홈페이지 | www.goseowon.com
책임편집 | 정유진
디 자 인 | 이규희

▷ ISBN과 가격은 표지 뒷면에 있습니다.
▷ 파본은 구입하신 곳에서 교환해드립니다.

preface

대한민국 공군은 항공우주력으로 주권을 수호하고 국익을 증진하며 세계평화에 기여하는 사명을 띠고 항공작전을 주 임무로 한다. 이를 위하여 공군은 편성 · 장비되어 필요한 교육 · 훈련을 하며 평상시에는 전쟁억제 및 국익증진을, 전시에는 전승(戰勝)의 핵심역할을 수행한다.

본서는 공군 학사사관후보생, 조종분야 가산복무 지원금 지급 대상자, 예비장교후보생으로 입대를 준비하는 수험생의 필기시험 준비를 돕기 위해 개발된 맞춤형 교재로 인지능력평가, 상황판단평가, 직무성격평가, 한국사 및 공군 핵심가치를 심층 분석하여 영역별 출제예상문제와 상세한 해설을 통해 내용을 빠르게 이해할 수 있도록 구성하였으며, 최종점검 모의고사를 통해 자신의 실력을 점검해 볼 수 있도록 하였다.

원하는 바를 이루고자 한다면, 노력과 인내 그리고 열정을 품고 꾸준히 노력해야 한다. 서원각은 항상 수험생 여러분의 합격을 기원한다.

Structure

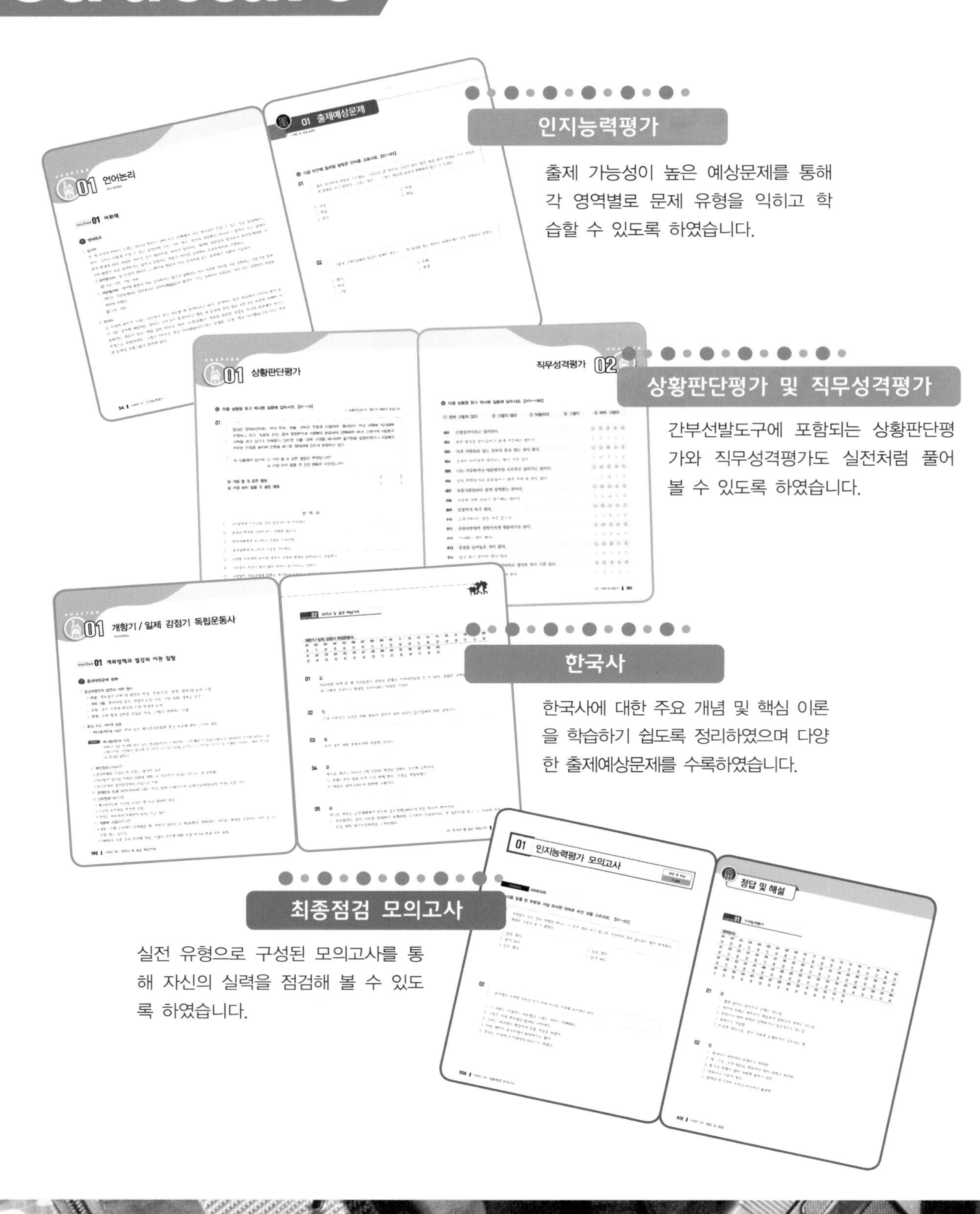

인지능력평가

출제 가능성이 높은 예상문제를 통해 각 영역별로 문제 유형을 익히고 학습할 수 있도록 하였습니다.

상황판단평가 및 직무성격평가

간부선발도구에 포함되는 상황판단평가와 직무성격평가도 실전처럼 풀어 볼 수 있도록 하였습니다.

한국사

한국사에 대한 주요 개념 및 핵심 이론을 학습하기 쉽도록 정리하였으며 다양한 출제예상문제를 수록하였습니다.

최종점검 모의고사

실전 유형으로 구성된 모의고사를 통해 자신의 실력을 점검해 볼 수 있도록 하였습니다.

Contents

Information

학사사관후보생 (148기 공고 기준)

지원 자격

① 임관일 기준 만 20세 ~ 27세의 대한민국 男, 女

② 5급 공개경쟁 채용시험 합격자, 박사학위 수료자, 공인회계사 등록자(만 29세 限)

③ 제대군인지원에 관한 법률 시행령 제19조 해당자 상한연령 연장

복무기간	지원 상한연령	비고
1년 미만	만 28세 까지	1년 연장
1년 이상 ~ 2년 미만	만 29세 까지	2년 연장
2년 이상	만 30세 까지	3년 연장

③ 국내 · 외 대학 학사학위 취득(예정)자 또는 이와 동등 이상의 학력 소지자 및 교육부 인정학위(독학사, 학점은행제, 방송통신대, 사이버대 등) 취득자

※ 졸업예정자는 입영일까지 졸업 및 학위취득 서류 미제출 불합격 처리

④ 군인사법 제10조 결격사유에 해당되지 않는 자

의무복무기간

임관 후 3년

1차 전형 – 필기시험

① 대상 … 일반전형 지원자(특별전형 지원자 중 일반전형 중복지원자 포함)

※ 정확한 시험인원 확인을 위해 필기시험 미응시자(중복지원자 포함)는 접수마감일까지 지구별 장병모집담당에게 반드시 통보 바랍니다.

② 지참물 … 현역복무지원서, 신분증(주민등록증, 운전면허증 또는 운전면허증 발급확인서, 여권), 컴퓨터용 사인펜, 수정테이프

③ 시험과목 · 배점 및 시간표

구분	KIDA 간부선발도구								3교시 (16:25~17:00)	총계
	1교시 (13:30~14:55)					2교시 (15:10~16:13)				
	언어 논리	자료 해석	공간 능력	지각 속도	소계	상황 판단	직무 성격	소계	한국사 (근현대사)	
문항수(개)	25	20	18	30	93	15	180	195	25	313
배점(점)	30	30	10	10	80	20	면접 자료	20	50	150

④ 「한국사능력검정」 인증서 보유 시 한국사 과목 면제(필기시험 중복응시 가능)

※ 한국사능력검정 인증서 제출 시 각 등급에 해당하는 점수 부여

등급	1급	2급	3급	4급
점수	50점	47점	43점	40점

※ 한국사능력검정시험기관의 정기 시험결과(원본)유효

※ 한국사능력검정 인증서 제출 및 필기시험 응시 중복자는 유리한 점수 반영

⑤ 합격 최저기준 반영 … 총점 50% 이상, 각 과목별(KIDA 간부선발도구, 한국사) 배점의 40% 이상

구분	총점	과목별		비고
		KIDA	한국사	
최저점수	75점	40점	20점	총점 및 각 과목별 최저점수 미만 시 불합격 처리

▎인공지능(AI) 면접 및 2차 전형

① 인공지능(AI) 면접

㉠ 대상 : 1차 합격자 전원

㉡ 장소 : 개인별 응시 가능한 장소

㉢ 준비 사항 : PC(인터넷 접속), 웹캠, 마이크 / 스피커(헤드셋) 등

㉣ 소요 시간 : 약 60분

㉤ 온라인 면접절차

• 진행 절차

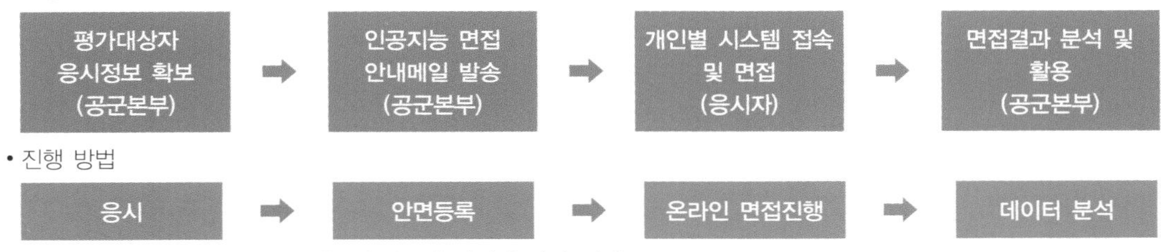

• 진행 방법

–응시 장소 : 인터넷 접속이 가능한 장소(유선 인터넷 연결 권장)

※ 면접 중 인터넷 접속 문제로 면접 중단 시 본인 귀책 사유

–준비물 : 컴퓨터(인터넷 접속), 웹캠, 마이크 / 스피커(헤드셋)

–인터넷 웹 브라우저는 반드시 크롬(Chrome)으로 접속

※ 인공지능(AI) 면접결과는 2차 전형(면접) 시 참고자료로 활용되며, 공군 사정에 따라 인공지능 면접 일정이 조정 또는 변경될 수 있음.

※ 인공지능(AI) 면접 접속코드를 지원서에 입력한 인터넷 메일주소로 발송하므로, 지원서 작성 시 정확한 인터넷 주소 작성 바람

② 2차 전형

㉠ 장소 : 서울 등 7개 지구

㉡ 대상 : 1차 전형 합격자(특별전형Ⅰ · Ⅱ, 일반전형)

㉢ 지참물 : 1차 합격통지서, 신분증(주민등록증, 운전면허증, 여권)

㉣ 전형 내용 : 신체검사, 면접

• 신체검사(합 / 불) : 공군 신체검사 규정 합격등위 기준 적용

구분	내용
신체기준	• 남: 159이상~204cm미만(신장) / 17이상~33미만(BMI) • 여: 155이상~185cm미만(신장) / 17이상~33미만(BMI)
시력	• 교정시력 우안 0.7 이상, 좌안 0.5 이상(왼손잡이는 반대) • 시력 교정수술을 한 사람은 입대 전 최소 3개월 이상 회복기간 권장
색각	별도 기준 적용 * 5급공채자, 공인회계사, 어학우수자, 공사/항과고 교관, 사법시험/변호사시험 합격자 및 외국변호사는 색각 이상자 선발 가능
기타	• 혈압 등 세부기준은 공군 내부 규정에 따름

• 면접(25점) : 국가관, 리더십, 품성, 표현력, 핵심가치 등 평가

※ 필기시험과 면접점수를 합산하여 합격자 발표 시 반영

※ 특별전형 지원자는 면접 결과(합/불) 반영

※ 불합격 판정 기준 : 각 면접관 평가항목 중 1개 항목이라도 "0"점 부여 시, 全 면접관 총점 평균이 "15점" 미만 시

3차 전형 / 입영전형

① 3차 전형(최종선발위원회) … 공군본부

㉠ 대상 : 2차 전형 합격자 전원

㉡ 내용 : 1 · 2차 전형 및 신원조사, 결격사유 조회결과를 종합, 선발심의를 통해 선발소요 범위 내 합격자 최종 선발

㉢ 3차 전형 합격자 발표 : 공군모집 홈페이지(인터넷)

※ 全 전형별 점수 포함 합격 / 불합격 사유(최고 · 최저점수 등) 및 신원조사 결과는 공개하지 않음.

② 입영 전형(1주) … 공군 교육사령부(진주)

㉠ 대상 : 3차 전형 합격자 전원

㉡ 전형 내용 : 정밀신체검사, 체력검정, 인성검사 등

구분	내용
정밀신체검사	• 검사과목 : 구강검사, 혈액, X-ray, 소변검사(여성은 부인과 검사 포함) 등 • 공군 신체검사 규정 합격등위 기준 적용
체력검정	• 남 : 1,500m 달리기 7분 44초 이내 • 여 : 1,200m 달리기 8분 15초 이내
인성검사	복무적합도 검사

㉢ 지참물 : 합격통지서, 신분증, 최종학력증명서(졸업증명서 등), 국민체력인증서, 산부인과 문진 결과지(임신반응 검사 포함), 외국국적 포기확인서(복수국적 포기자)

• 지원서에 기재한 자격 외 추가 자격이 있을 경우 지참 가능(특기분류 시 활용)

• 2차 전형 조건부 합격자 등은 민간병원 발급 '진단서' 지참

※ 여성지원자는 산부인과 전문의 문진 후 결과지를 입영전형 시 지참

㉣ 합격자 발표 : 공군 교육사령부 홈페이지(인터넷)

조종분야 가산복무 지원금 지급 대상자(2021 공고 기준)

지원자격

① 임관일 기준 만 20세～27세의 대한민국 男, 女

※ 병역법 제74조의2, 제대군인지원에 관한 법률 제16조 해당자는 상한연령 연장

② 대학수능성적 또는 내신(고교 3학년 1학기까지) 국 · 영 · 수 평균 3등급(합계 9등급) 이내인 자

※ 해외고교 출신 지원자는 해당국 관계없이 공인영어성적(TOEIC 855점 이상)

※ 검정고시 출신 지원자는 국 · 영 · 수 평균 90점 이상(총점 270점 이상)

③ 대학교 全 학기 성적 평균(70 / 100) 이상인 사람(신입생 제외)

④ 군인사법 제10조 2항 결격사유에 해당되지 않는 자

⑤ 지원구분

㉠ 학군사관후보생 : 다음 학교의 재학생 중 1～2학년(2학년 2학기 지원자 제외)으로 현역이 아닌 사람

- 항공대 : 항공운항학과
- 한서대 : 항공운항학과, 항공융합학부(항공조종전공)
- 교통대 : 항공운항학과

구분	1학년('25년 졸업)	2학년('24년 졸업)
임관일자	'25. 3. 1.	'24. 3. 1.

㉡ 학사사관후보생 : 국내 4년이상 대학 재학생(최종학기 재학생 제외) 중 현역이 아닌 사람

구분	1학년('25년 졸업)	2학년('24년 졸업)	3학년('23년 졸업)	4학년('22년 졸업)
임관일자	'25. 6. 1.	'24. 6. 1.	'23. 6. 1.	'22. 6. 1.
	'24. 12. 1.	'23. 12. 1.	'22. 12. 1.	–

1차 전형(필기시험)

① 평가 과목 및 내용

구분	1교시 (13:30～14:55)					2교시 (15:10～16:13)			3교시 (16:25～17:00)	총계
	인지능력평가					상황판단 평가	직무성격 평가	소계	한국사 (근현대사)	
	언어 논리	자료 해석	공간 능력	지각 속도	소계					
문항 (개)	25	20	18	30	93	15	180	195	25	313
점수 (점)	30	30	10	10	80	20	면접 자료	20	50	150

㉠ 「한국사능력검정」 인증서 보유 시 한국사 과목 면제(필기시험 중복응시 가능) : 한국사능력검정 인증서 제출 시 각 등급에 해당하는 점수 부여

등급	1급	2급	3급	4급
점수	50점	47점	43점	40점

※ 한국사능력검정시험기관의 정기 시험 및 원본만 유효

※ 한국사능력검정 인증서 제출 및 필기시험 응시 중복자는 유리한 점수 반영

※ 필기시험은 고등학교 학습범위(근현대사) 내 고교 졸업자 수준 출제(공군핵심가치 평가 2문항 포함)

㉡ 공인영어(TOEIC / TOEFL / TEPS) 성적으로 가점(5~15점) 부여

㉢ 항공안전법 제34조에 명시된 사업용 또는 자가용 조종사 자격증 소지자는 가점(30점) 부여

㉣ 다자녀(4자녀 이상) 가정 가점(4.5점) 부여

㉤ 국가유공자 등 예우 및 지원에 관한 법률 적용 대상자에 대해 가점(15점 / 7.5점 중 해당점수) 부여

② 합격 최저기준 … 총점 50% 이상, 과목별(KIDA 간부선발도구, 한국사) 40% 이상

※ 총점 및 과목별 최저점수 미만 시 불합격 처리

③ 유의사항

㉠ 시험일 해당 고사장에 12시 20분까지 입실(유의사항 안내 및 OMR카드 기입)

※ 최종입실 허용은 12시 40분까지이며, 이후 입실은 제한되니 유의 바람

㉡ 신분증(주민등록증, 운전면허증, 여권, 주민등록증 또는 운전면허증 발급확인서) 미지참 시, 시험 응시 불가

※ 학생증, 모바일 신분증 등 미인정(신분증 미지참에 따른 불이익은 지원자 책임)

※ 여권의 경우 주민번호 뒷자리 표기된 여권만 가능(新 여권 불가)

㉢ 시험 중 휴대폰 등 전자 · 통신기기 소지 또는 사용 시 부정행위 간주

㉣ 시험문제를 수험표 등에 옮겨 적어 외부로 유출 시 부정행위로 간주

※ 시험문제 유출목적 판단 시 추후 공군 간부시험 응시 불가 조치

㉤ 필기시험 부정행위자는 해당 시험 '0점' 부여 및 불합격 처리

※ 부정행위자에 대한 조치(군인사법시행령 제9조의2)

1차 전형(서류)

① 대학수능성적 또는 고교 3학년 1학기까지의 내신 성적이 국 · 영 · 수 평균 3등급(합계 9등급) 이내 점수 여부 검토

※ 위 서류 제출이 불가능 한 자는 아래 서류로 검토

- 검정고시 출신자 : 검정고시 성적증명서(국 · 영 · 수 평균 90점, 합계 270점 이상) 제출
- 해외고교 출신자 : 공인영어성적(TOEIC 855점 이상), 고등학교 졸업 or 재학증명서, 재외국민 전형 합격증명서(해당자만) 각 1부 제출

② 대학교 학적부 內 성적(70 / 100) 검토(신입생 제외)

㉠ 대학교 편입자의 경우, 편입한 학교에서의 全 학기 평균 성적(70 / 100) 반영

㉡ 학적부 內 全 학기 평균 백분위 성적 미포함 시 성적증명서 추가 제출

③ 한국사능력검정시험 인증서 검토

④ 가점서류 검토

㉠ 공인영어성적(TOEIC/TOEFL/TEPS) 증명서

㉡ 사업용/자가용 조종사 자격증명서, 가족관계증명서, 국가유공자 취업지원대상자 증명서

2차 전형(신체검사 / 체력검정 / 조종적성검사 / 면접)

① 대상 … 1차 합격자

② 신체검사

㉠ 신장 / 체중 : 162cm ~ 196cm / 신장별 체중표 참조

※ 조종 좌석 환경을 고려한 신장별 체중표 적용

㉡ 좌고 / 시력 : 86cm ~ 102cm / 교정시력 1.0 이상

공중근무 신검 I급 항목 중 안과기준(나안 0.5 / 교정 1.0 이상) 미달 저시력자에 대해서는 항공우주의료원 주관 검사에서 시력교정수술(PRK / 라식) 적합자로 판정 시, 만 21세 이후에 시력교정수술을 받는 조건에 의한 조건부 선발 ※ 단, 시력교정 수술을 이미 실시한 자는 선발 제외

㉢ 기타 신체검사 세부기준은 공군 공중근무자 신체검사 기준 적용

③ 체력검정 … 적 · 부 판정

구분	오래달리기	팔굽혀펴기	윗몸 일으키기
남자	1.5km / 7분 44초 이내	15회 이상 / 30초	17회 이상 / 30초
여자	1.2km / 8분 15초 이내	5회 이상 / 30초	14회 이상 / 30초

④ 조종적성검사 … 적 · 부 판정

구분	내용
컴퓨터기반검사(a)	공간지각력, 측정능력, 시각적 정보처리, 합리적 사고력, 시각운동, 주의배분력
모의비행평가(b)	이륙, 상승, 수평비행, 선회, 착륙
합격 기준	① 2개 분야(a / b) 적합(합격) ② 2개 분야(a / b) 中 1개 분야만 적합(적·부 심의) ③ 2개 분야(a / b) 부적합(불합격)

※ 정책(적 · 부 판정기준 등) 변경 시, 합격 기준 변경될 수 있음

⑤ 면접

구분	평가요소	배점(70점)
1분과	성격, 가치관, 희생정신	30점
2분과	학교생활, 성장환경, 지원동기	25점
3분과	역사인식, 논리성 등(주제토론)	15점

※ Blind 면접 방법 시행(단, 2분과는 학교생활 고려 제외)하되, 필요시 심층면접 시행 가능

3차 전형(1+2차 결과/신원조사 / 결격사유 / 대학성적 / 최종선발위원회)

① 대상 … 2차 합격자

② 신원조사 서류제출 … 군사안보지원사령부 홈페이지 內 제출

③ 결격사유 조회

㉠ 행정정보공동이용망 시스템을 활용한 조회

㉡ 조회 결과, 군인사법 제10조 2항 해당 시 불합격 처리

④ 학적부 제출

㉠ 제출서류 : 대학교 학적부

㉡ 학적부 內 全 학기 평균 백분위 성적 미포함 시 성적증명서 추가 제출

㉢ 검토사항 : 21년 1학기 평균 백분위 성적, 21년 2학기 재학 여부

※ 21년 2학기 휴학생 신분일 시 불합격 처리 됨.

㉣ 장소 : 지원 시 선택한 수험지구

⑤ 최종선발위원회 … 1 / 2차 전형 + 신원조사 + 결격사유 + 대학성적 결과를 종합하여 합격자 선발

조종분야 가산복무 지원금 지급 대상자 선발 취소 사유

(선발 취소자는 '군가산복무 지원금 반납 심사위원회'에 의거 旣 지급받은 장학금 전액 · 일부 반납 및 면제)

① 군인사법 제10조 제2항 각 호의 어느 하나에 해당하는 경우

② 음주운전, 상습도박, 성범죄, 폭행 및 가혹행위, 기타 규정 · 법 위반행위로 군 및 사회에 물의를 일으키는 일체의 행위 등 품행이 불량한 경우

③ 선발된 후 1개 학기라도 평균성적 100분의 70 미만인 경우

④ 선발권자의 승인 없이 전학 및 전공학과(부)를 변경한 경우

⑤ 휴학 또는 입영 연기기간이 2년을 초과한 경우

⑥ 퇴학 또는 제적된 경우

⑦ 규정에 따른 공인 영어성적 획득 기준을 미충족한 경우

※ 선발된 당해연도부터 졸업 전까지의 기간 內 OPIc IM1이상 취득

⑧ 신체검사, 임관종합평가 불합격 등으로 장교임관이 불가능한 경우

⑨ 본인의 희망에 따라 가산복무 지원금 지급 대상자 선발 취소를 신청하는 경우(분야위원회 생략 가능)

⑩ 교육을 마치는 때의 연령이 군인사법 제15조 1항부터 3항까지의 규정에 따른 최고연령을 초과하는 경우

⑪ 졸업학점 미이수 및 졸업인증 미통과로 고등교육법 제31조에 명시된 수업연한 내에 졸업하지 못할 경우

※ 위 취소사유 해당자는 선발자만 적용함. 지원자는 해당사항이 없음.

의무복무기간

① 조종분야 가산복무 대상 선발자 → 장교 임관 → 비행교육(1년 6개월) 수료자 → 조종장교 복무

[의무 복무기간 : 고정익 13년(회전익 10년)]

② 비행교육 재분류 시 일반장교로 복무하게 되며 의무복무 3년 + 장학금 수혜기간에 해당하는 기간을 가산복무 해야 하고 기간 중 희망에 의한 전역은 불가함.

예비장교후보생(2021 공고 기준)

지원자격

① 임관일 기준 만 20세 ~ 27세의 대한민국 男, 女

구분	1학년(25년 졸업)	2학년(24년 졸업)	3학년(23년 졸업)
임관일	'25. 6. 1.	'24. 6. 1.	'23. 6. 1.
	'25. 12. 1.	'24. 12. 1.	'23. 12. 1.

② 제대군인지원에 관한 법률 시행령 제19조 해당자 상한연령 연장

③ 국내 4년제 정규대학 1, 2, 3학년 재학생 남 · 여(복학예정자 가능)

※ 지원서 접수마감일 기준 휴학 중인 자는 최종 합격 후 다음 학기에 복학해야 함

④ 수학기간 연장 학과, 부전공, 복수전공, 전과 등 정상학기 졸업자가 아닌 경우 졸업년도에 맞게 지원하고, 지원서 출력 후 '전공학과' 칸 하단에 졸업예정시기 '연/월까지' 추가 기재(미기재시 선발취소 가능)

※ 단, 5년 이상 졸업예정자의 경우 관련 증빙서류 추가 제출

⑤ 학사사관후보생 전형과 중복 지원 불가

⑥ 군인사법 제10조 결격사유에 해당되지 않는 자

의무복무기간

임관 후 3년

1차 전형(필기시험)

① 평가 과목 및 내용

구분	KIDA 간부선발도구								3교시 (16:25~17:00)	총계
	1교시 (13:30~14:55)					2교시 (15:10~16:13)				
	언어논리	자료해석	공간능력	지각속도	소계	상황판단	직무성격	소계	한국사(근현대사)	
문항수(개)	25	20	18	30	93	15	180	195	25	313
배점(점)	30	30	10	10	80	20	면접자료	20	50	150

㉠ 「한국사능력검정」인증서 보유 시 한국사 과목 면제(필기시험 중복응시 가능)

㉡ 한국사능력검정 인증서 제출 시 각 등급에 해당하는 점수 부여

등급	1급	2급	3급	4급
점수	50점	47점	43점	40점

※ 한국사능력검정 인증서 제출 및 필기시험 응시 중복자는 유리한 점수 반영

② 합격 최저기준 반영 … 총점 50% 이상, 과목별(KIDA 간부선발도구, 한국사) 40% 이상

※ 총점 및 과목별 최저점수 미만 시 불합격 처리

구분	총점	과목별		비고
		KIDA	한국사	
최저점수	75점	40점	20점	총점 및 각 과목별 최저점수 미만 시 불합격 처리

※ 필기시험 응시자 유의사항 / 부정행위자 조치(반드시 숙독)

③ 가점 … 필기시험 총점에 부여

㉠ 영어가점 : 공인영어(TOEIC / TOEFL / TEPS) 성적으로 가점 적용

㉡ 자격가점 : 본인에게 가장 유리한 것 한 가지만 적용

④ 유의사항

㉠ 응시자는 신분증, 현역복무지원서, 컴퓨터용 사인펜, 수정테이프를 지참하여 지정된 고사장에 12:20까지 입장 완료

※ 현역복무지원서 미지참 시 응시 불가

※ 신분증 인정범위 : 주민등록증, 운전면허증, 여권, 주민등록증 또는 운전면허증 발급확인서(이하 유효기간이 경과되지 않은 경우에 한함)

※ 신분확인이 안되는 경우 시험응시 불가 / 퇴장 조치

㉡ 시험의 시작부터 종료 시까지(휴식시간 포함) 휴대폰 등 전자 · 통신기기를 소지 · 사용하거나 시험문제를 현역복무지원서 등에 옮겨 적어 외부로 유출 시 부정행위로 간주

※ 사용금지 시간 : 고사장 입실 후 수거 시~시험 종료 선언 및 퇴장 시

㉢ 시험 중 퇴실은 금지이나, 화장실 이용자는 재입실 가능

※ 화장실 이용기준 : 각 교시별 1회 / 이용 前 서약서 작성[단, 신체질환 등의 사유(의사소견서)로 화장실 이용 시 횟수 제한 없음]

㉣ 컴퓨터용 사인펜으로만 답안지 기입 가능하며, 일반펜 등 사용으로 인한 전산채점 시 판독오류는 응시자의 책임임.

※ 답안지 수정은 수정 테이프로만 가능(수정 스티커, 수정액은 불가)

㉤ 공식 흡연장소 외 흡연 금지(대다수 고사장은 학교로 금연구역임)

㉥ 한국사 시험 미응시자의 경우 반드시 2교시 종료 후 대기시간에 퇴장, 임의로 2교시 시험 中 · 後 퇴장 불가

㉦ 본 공고문의 유의사항, 부정행위자 등에 대한 조치사항 외 시험 당일 시험감독관이 사전 고지한 유의사항을 준수 / 이행하지 않을 경우 부정행위로 간주함.

2차 전형 : 신체검사 / 면접

① 대상 … 1차 합격자

※ 개인별 신체검사 및 면접 실시일은 모집지구별 담당자의 별도 안내 예정

② 전형 내용 … 신체검사, 면접

㉠ 신체검사(합 / 불) : 공군 신체검사 규정 합격등위 기준 적용

구분	내용
신체기준	• 남: 159이상~204cm미만(신장) / 17이상~33미만(BMI) • 여: 155이상~185cm미만(신장) / 17이상~33미만(BMI)
시력	• 교정시력 우안 0.7 이상, 좌안 0.5 이상(왼손잡이는 반대) • 시력 교정수술을 한 사람은 입대 전 최소 3개월 이상 회복기간 권장
색각	별도 기준 적용 * 5급공채자, 공인회계사, 어학우수자, 공사/항과고 교관, 사법시험/변호사시험 합격자 및 외국변호사는 색각 이상자 선발 가능
기타	• 혈압 등 세부기준은 공군 내부 규정에 따름

㉡ 면접(25점) : 국가관, 리더십, 품성, 표현력, 핵심가치 등 평가

※ 필기시험과 면접점수를 합산하여 합격자 발표 시 반영

※ 특별전형 지원자는 면접 결과(합/불) 반영

※ 불합격 판정 기준 : 각 면접관 평가항목 중 1개 항목이라도 "0"점 부여 시, 全 면접관 총점 평균이 "15점" 미만 시

3차 전형 : 최종선발위원회 / 신원조사 / 결격사유 조회

① 대상 … 2차 합격자
  ㉠ 신원조사 서류 제출
  ㉡ 결격사유 조회 : 행정정보공동이용망 시스템 활용

② 최종선발위원회 … 필기 + 면접 + 신체검사 + 신원조사 + 결격사유 결과를 종합하여 최종 적 · 부 판정

예비장교후보생 선발 취소 사유

① 퇴학/제적 및 대학원 진학 또는 1년 이상의 해외 유학자

② 질병 및 기타 심신장애로 휴학 또는 입영 연기기간이 1년을 초과할 경우

③ 선발된 이후 매 학기 전 과목 평균성적이 100분의 70미만인 경우
  ※ 성적증명서 제출기간을 반드시 준수(초과하여 제출할 경우 선발 취소 가능)
  ※ 제출처 : 해당 수험지구 공군부대

④ 공군 27예비단장의 허가 없이 전학하거나 전공학과를 변경, 휴학한 경우

⑤ 예비장교후보생 지원 시 허위의 정보를 기록한 경우

⑥ 대학별 졸업학점 미이수로 인하여 수업연한 내 졸업하지 못할 경우

⑦ 현역병 입대 등 타군 또는 그 밖의 전형에 선발된 경우
  ※ 예비장교후보생 선발사유로 대학 재학 중 입영 자동연기가 되지 않으므로, 연령 초과(만 24세 이후)에 따른 입영 연기는 본인이 병무청에 신청해야 함.

⑧ 장교 임용 결격사유가 있는 자 및 정학이상의 징계처분, 형사처벌 등 품행이 불량한 경우(음주운전, 상습도박, 성범죄 등)

장려금 지급

① 지급대상 … 예비장교후보생 선발자 중 대학교 4학년

② 시기 / 지급액 … 4학년 1학기 기간 중 / 400만 원

③ 반납 … 자격 취소 시 지급 장려금 반납
  ※ 장려금 반납 관련 세부사항은 선발 후 별도 공지(보증보험증권 제출 등)
  ※ 기타 장려금 지급 관련사항은 당해 연도 국방부 지침에 따라 변경 가능

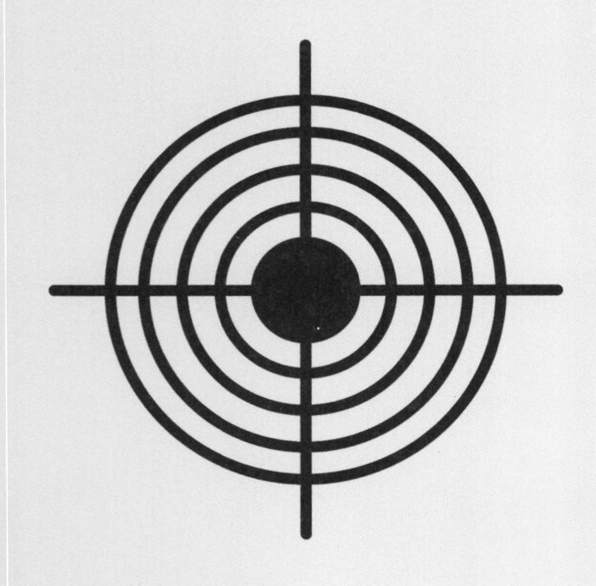

KIDA 간부선발도구 예시문

언어논리, 자료해석, 공간능력, 지각속도, 상황판단평가, 직무성격평가

공군 간부선발 시 적용하고 있는 필기평가 중 지원자들이 생소하게 생각하고 있는 간부선발 필기평가의 예시문항이며, 문항 수와 제한시간은 다음과 같습니다.

구분	언어논리	자료해석	공간능력	지각속도	상황판단평가	직무성격평가
문항 수	25문항	20문항	18문항	30문항	15문항	180문항
시간	20분	25분	10분	3분	20분	30분

※ 본 자료는 참고 목적으로 제공되는 예시 문항으로서 각 하위검사별 난이도, 세부 유형 및 문항 수는 차후 변경될 수 있습니다.

CHAPTER 01 언어논리

간부선발도구 예시문

언어논리력검사는 언어로 제시된 자료를 논리적으로 추론하고 분석하는 능력을 측정하기 위한 검사로 어휘력검사와 독해력검사로 크게 구성되어 있다. 어휘력검사는 문맥에 가장 적합한 어휘를 찾아내는 문제로 구성되어 있으며, 독해력검사는 글의 전반적인 흐름을 파악하는 논리적 구조를 올바르게 분석하거나 글의 통일성을 파악하는 문제로 구성되어 있다.

01 어휘력

어휘력에서는 의사소통을 함에 있어 이해능력이나 전달능력을 묻는 기본적인 문제가 나온다. 술어의 다양한 의미, 단어의 의미, 알맞은 단어 넣기 등의 다양한 유형의 문제가 출제된다. 평소 잘못 알고 사용되고 있는 언어를 사전을 활용하여 확인하면서 공부하도록 한다.

어휘력은 풍부한 어휘를 갖고, 이를 활용하면서 그 단어의 의미를 정확히 이해하고, 이미 알고 있는 단어와 문장 내에서의 쓰임을 바탕으로 단어의 의미를 추론하고 의사소통 시 정확한 표현력을 구사할 수 있는 능력을 측정한다. 일반적인 문항 유형에는 동의어/반의어 찾기, 어휘 찾기, 어휘 의미 찾기, 문장완성 등을 들 수 있는데 많은 검사들이 동의어(유의어), 반의어, 또는 어휘 의미 찾기를 활용하고 있다.

문제 1 다음 문장의 문맥상 ( ) 안에 들어갈 단어로 가장 적절한 것은?

> 계속되는 이순신 장군의 공세에 (   )같던 왜 수군의 수비에도 구멍이 뚫리기 시작했다.

① 등용문
② 청사진
✔ ③ 철옹성
④ 풍운아
⑤ 불야성

해설 ① 용문(龍門)에 오른다는 뜻으로, 어려운 관문을 통과하여 크게 출세하게 됨 또는 그 관문을 이르는 말
② 미래에 대한 희망적인 계획이나 구상
③ 쇠로 만든 독처럼 튼튼하게 둘러쌓은 산성이라는 뜻으로, 방비나 단결 따위가 견고한 사물이나 상태를 이르는 말
④ 좋은 때를 타고 활동하여 세상에 두각을 나타내는 사람
⑤ 등불 따위가 휘황하게 켜 있어 밤에도 대낮같이 밝은 곳을 이르는 말

02 독해력

글을 읽고 사실을 확인하고, 글의 배열순서 및 시간의 흐름과 그 중심 개념을 파악하며, 글 흐름의 방향을 알 수 있으며 대강의 줄거리를 요약할 수 있는 능력을 평가한다. 장문이나 단문을 이해하고 문장배열, 지문의 주제, 오류 찾기 등의 다양한 유형의 문제가 출제되므로 평소 독서하는 습관을 길러 장문의 이해속도를 높이는 연습을 하도록 하여야 한다.

문제 1 다음 ㉠~㉤ 중 다음 글의 통일성을 해치는 것은?

> ㉠ 21세기의 전쟁은 기름을 확보하기 위해서가 아니라 물을 확보하기 위해서 벌어질 것이라는 예측이 있다. ㉡ 우리가 심각하게 인식하지 못하고 있지만 사실 물 부족 문제는 심각한 수준이라고 할 수 있다. ㉢ 실제로 아프리카와 중동 등지에서는 이미 약 3억 명이 심각한 물 부족을 겪고 있는데, 2050년이 되면 전 세계 인구의 3분의 2가 물 부족 사태에 직면할 것이라는 예측도 나오고 있다. ㉣ 그러나 물 소비량은 생활수준이 향상되면서 급격하게 늘어 현재 우리가 사용하는 물의 양은 20세기 초보다 7배, 지난 20년간에는 2배가 증가했다. ㉤ 또한 일부 건설 현장에서는 오염된 폐수를 정화 처리하지 않고 그대로 강으로 방류하는 잘못을 저지르고 있다.

① ㉠
② ㉡
③ ㉢
④ ㉣
✔ ⑤ ㉤

해설 ㉠㉡㉢㉣ 물 부족에 대한 내용을 전개하고 있다.
㉤ 물 부족의 내용이 아닌 수질오염에 대한 내용을 나타내므로 전체적인 글의 통일성을 저해하고 있다.

CHAPTER 02

자료해석

간부선발도구 예시문

자료해석검사는 주어진 통계표, 도표, 그래프 등을 이용하여 문제를 해결하는데 필요한 정보를 파악하고 분석하는 능력을 알아보기 위한 검사이다. 자료해석 문항에서는 기초적인 계산 능력보다 수치자료로부터 정확한 의사결정을 내리거나 추론하는 능력을 측정하고자 한다. 도표, 그래프 등 실생활에서 접할 수 있는 수치자료를 제시하여 필요한 정보를 선별적으로 판단 · 분석하고, 대략적인 수치를 빠르고 정확하게 계산하는 유형이 대부분이다.

문제 1 다음은 국가별 수출액 지수를 나타낸 그림이다. 2000년에 비하여 2006년의 수입량이 가장 크게 증가한 국가는?

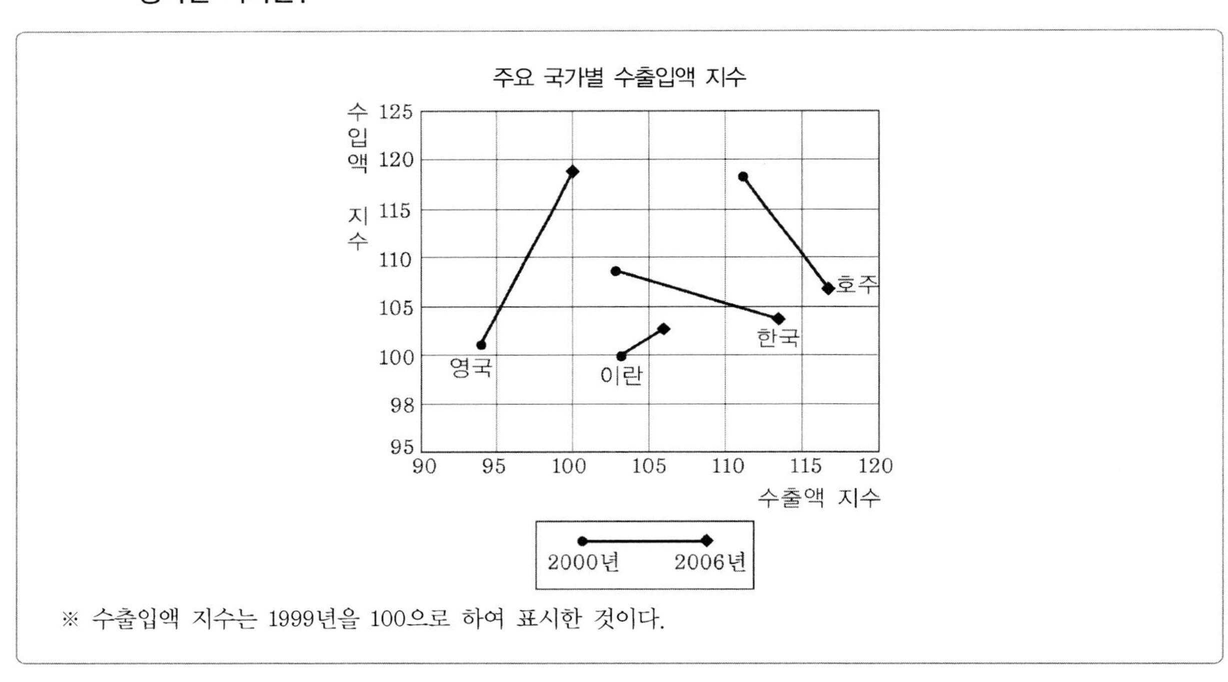

※ 수출입액 지수는 1999년을 100으로 하여 표시한 것이다.

✔ ① 영국　　② 이란
③ 한국　　④ 호주

해설 수입량이 증가한 나라는 영국과 이란 뿐이며, 한국과 호주는 감소하였다.
영국과 이란 중 가파른 상승세를 나타내는 것이 크게 증가한 것을 나타내므로 영국의 수입량이 가장 크게 증가한 것으로 볼 수 있다.

CHAPTER

공간능력

간부선발도구 예시문

공간능력검사는 입체도형의 전개도를 고르는 문제, 전개도를 입체도형으로 만드는 문제, 제시된 그림처럼 블록을 쌓을 경우 그 블록의 개수 구하는 문제, 제시된 블록들을 화살표 표시한 방향에서 바라봤을 때의 모양으로 고르는 문제 등 4가지 유형으로 구분할 수 있다. 물론 유형의 변경은 사정에 의해 발생할 수 있음을 숙지하여 여러 가지 공간능력에 관한 문제를 접해보는 것이 좋다.

[유형 ① 문제 푸는 요령]

유형 ①은 주어진 입체도형을 전개하여 전개도로 만들 때 그 전개도에 해당하는 것을 찾는 형태로 주어진 조건에 의해 기호 및 문자는 회전에 반영하지 않으며, 그림만 회전의 효과를 반영한다는 것을 숙지하여 정확한 전개도를 고르는 문제이다. 그러므로 그림의 모양은 입체도형의 상, 하, 좌, 우에 따라 변할 수 있음을 알아야 하며, 기호 및 문자는 항상 우리가 보는 모양으로 회전되지 않는다는 것을 알아야 한다.

제시된 입체도형은 정육면체이므로 정육면체를 만들 수 있는 전개도의 모양과 보는 위치에 따라 돌아갈 수 있는 그림을 빠른 시간에 파악해야 한다. 문제보다 보기를 먼저 살펴보는 것이 유리하다.

문제 1 다음 입체도형의 전개도로 알맞은 것은?

- 입체도형을 전개하여 전개도를 만들 때, 전개도에 표시된 그림(예 : ◨, ◪ 등)은 회전의 효과를 반영함. 즉, 본 문제의 풀이과정에서 보기의 전개도 상에 표시된 "◨"와 "⊟"은 서로 다른 것으로 취급함.
- 단, 기호 및 문자(예 : ☎, ♤, ♨, K, H)의 회전에 의한 효과는 본 문제의 풀이과정에 반영하지 않음. 즉, 입체도형을 펼쳐 전개도를 만들었을 때에 "☎"의 방향으로 나타나는 기호 및 문자도 보기에서는 "☎"방향으로 표시하며 동일한 것으로 취급함.

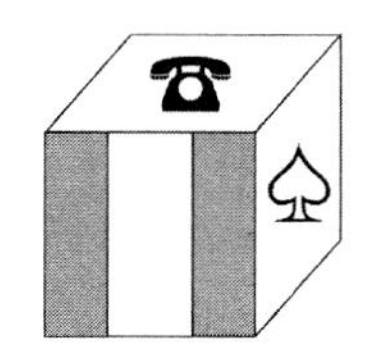

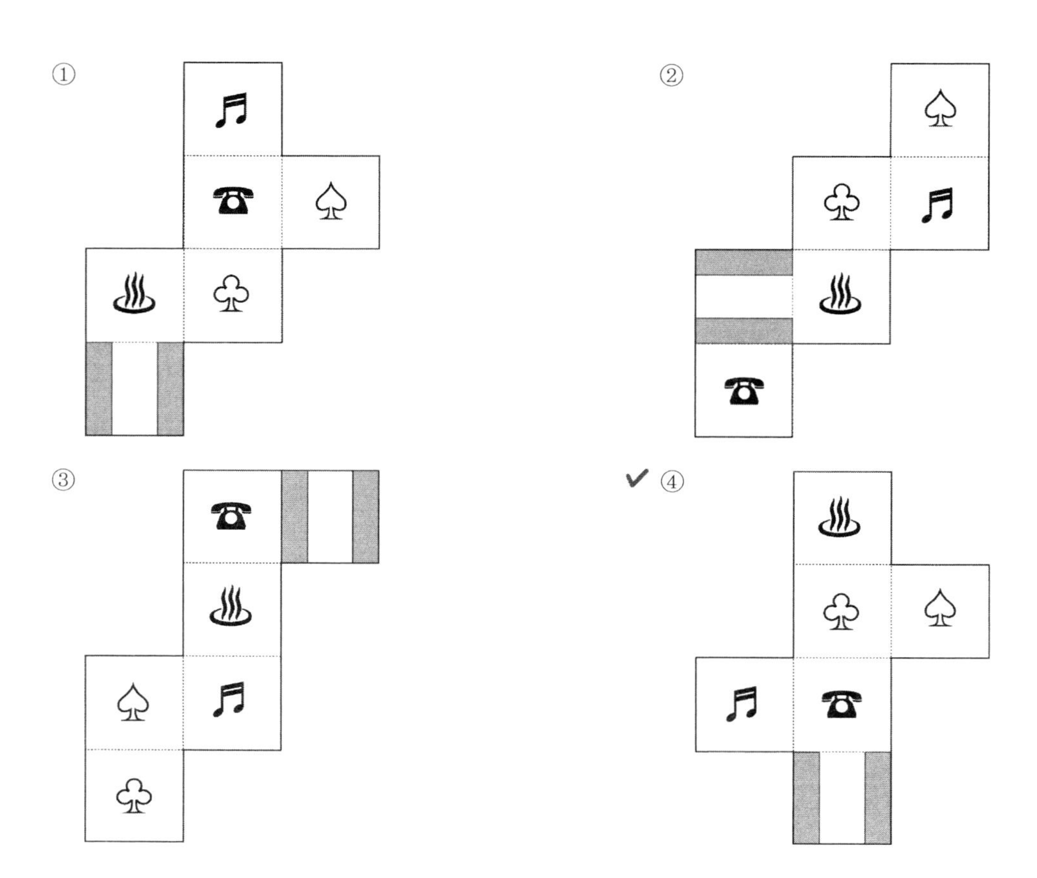

해설 ▮▯▮ 모양의 윗면과 오른쪽 면에 위치하는 기호를 찾으면 쉽게 문제를 풀 수 있다. 기호나 문자는 회전을 적용하지 않으므로 4번이 답이 된다.

[유형 ② 문제 푸는 요령]

유형 ②는 평면도형인 전개도를 접어 나오는 입체도형을 고르는 문제이다. 유형 ①과 마찬가지로 기호나 문자는 회전을 적용하지 않는다고 조건을 제시하였으므로 그림의 모양만 신경을 쓰면 된다.

보기에 제시된 입체도형의 윗면과 옆면을 잘 살펴보면 답의 실마리를 찾을 수 있다. 그림의 위치에 따라 윗면과 옆면에 나타나는 문자가 달라지므로 유의하여야 한다. 그림을 중심으로 어느 면에 어떤 문자가 오는지를 파악하는 것이 중요하다.

문제 2 다음 전개도로 만든 입체도형에 해당하는 것은?

- 전개도를 접을 때 전개도 상의 그림, 기호, 문자가 입체도형의 겉면에 표시되는 방향으로 접음
- 전개도를 접어 입체도형을 만들 때, 전개도에 표시된 그림(예 : ▮, ◪ 등)은 회전의 효과를 반영함. 즉, 본 문제의 풀이과정에서 보기의 전개도 상에 표시된 "▮"와 "▬"은 서로 다른 것으로 취급함.
- 단, 기호 및 문자(예 : ☎, ♤, ♨, K, H)의 회전에 의한 효과는 본 문제의 풀이과정에 반영하지 않음. 즉, 전개도를 접어 입체도형을 만들었을 때에 "☎"의 방향으로 나타나는 기호 및 문자도 보기에서는 "☎" 방향으로 표시하며 동일한 것으로 취급함.

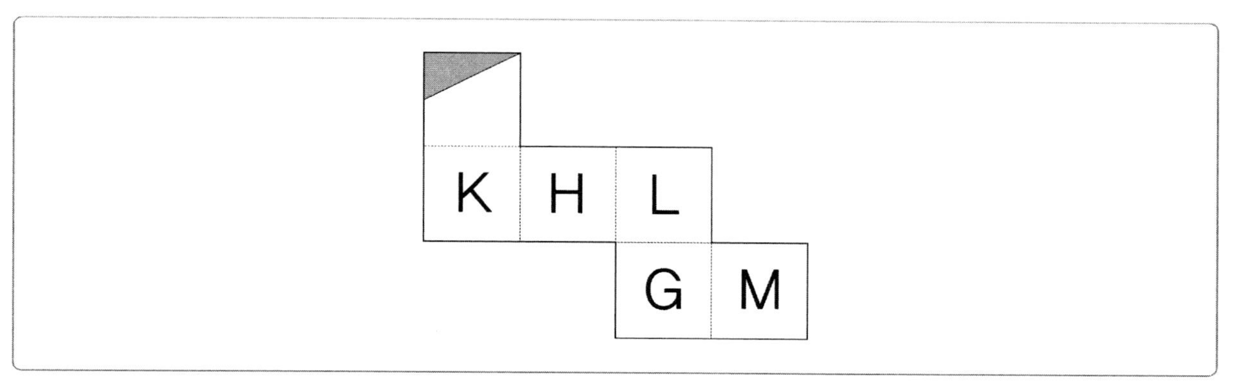

① 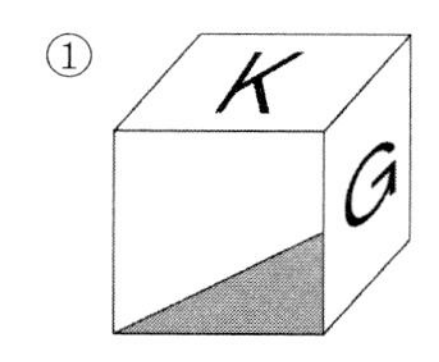

✔ ② 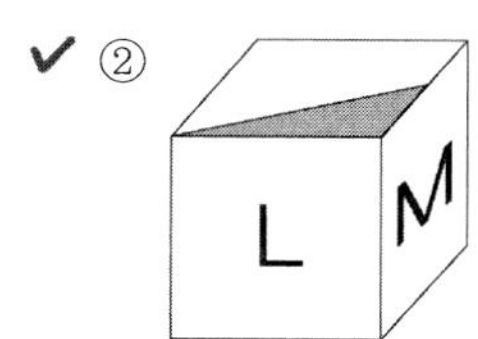

③ 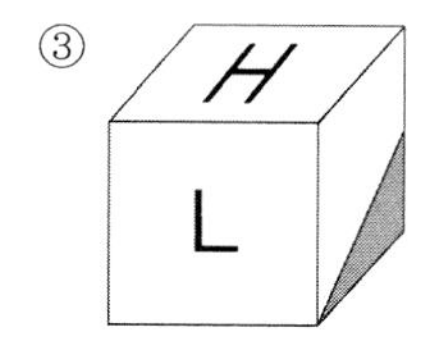

④ 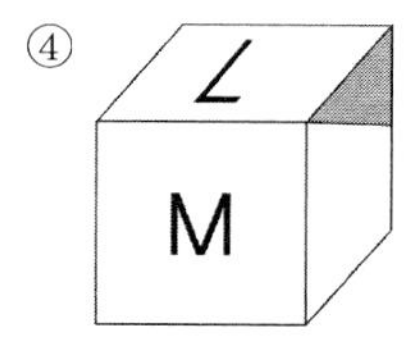

해설 그림의 색칠된 삼각형 모양의 위치를 먼저 살펴보면

① G의 위치에 M이 와야 한다.

③ L의 위치에 H, H의 위치에 K가 와야 한다.

④ 그림의 모양이 좌우 반전이 되어야 한다.

[유형 ③ 문제 푸는 요령]

유형 ③은 쌓아 놓은 블록을 보고 여기에 사용된 블록의 개수를 구하는 문제이다. 블록은 모두 크기가 동일한 정육면체라고 조건을 제시하였으므로 블록의 모양은 신경을 쓸 필요가 없다.

블록의 위치가 뒤쪽에 위치한 것인지 앞쪽에 위치한 것 인지에서부터 시작하여 몇 단으로 쌓아 올려져 있는지를 빠르게 파악해야 한다. 가장 아랫면에 존재하는 개수를 파악하고 한 단씩 위로 올라가면서 개수를 파악해도 되며, 앞에서부터 보이는 블록의 수부터 개수를 세어도 무방하다. 그러나 겹치거나 뒤에 살짝 보이는 부분까지 신경 써야 함은 잊지 말아야 한다. 단 1개의 블록으로 문제의 승패가 좌우된다.

문제 3 아래에 제시된 그림과 같이 쌓기 위해 필요한 블록의 수는?
(단, 블록은 모양과 크기는 모두 동일한 정육면체이다)

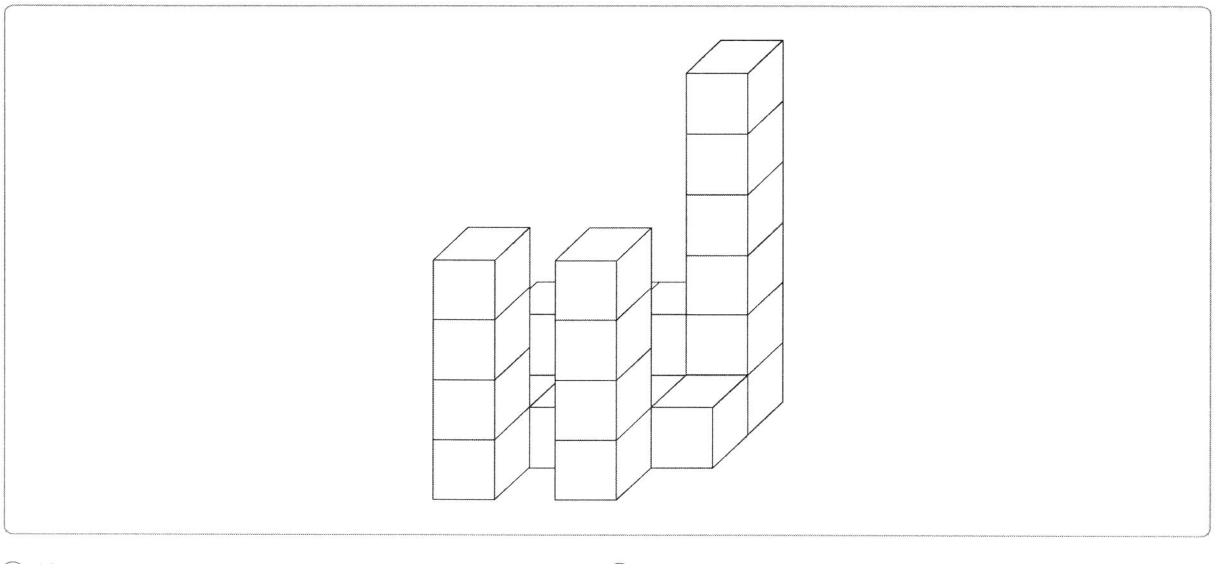

① 18　　② 20

③ 22　　✔ ④ 24

해설 그림을 쉽게 생각하면 블록이 4개씩 붙어 있다고 보면 쉽다. 앞에 2개, 뒤에 눕혀서 3개, 맨 오른쪽 눕혀진 블록들 위에 1개 4개씩 쌓아진 블록이 6개 존재하므로 24개가 된다.
시간이 많다면 하나하나 세어도 좋다.

[유형 ④ 문제 푸는 요령]

유형 ④는 제시된 그림에 있는 블록들을 오른쪽, 왼쪽, 위쪽 등으로 돌렸을 때의 모양을 찾는 문제이다.

모두 동일한 정육면체이며, 원근에 의해 블록이 작아 보이는 효과는 고려하지 않는다는 조건이 제시되어 있으므로 블록이 위치한 지점을 정확하게 파악하는 것이 중요하다.

실수로 중간에 있는 블록의 모양을 놓치는 경우가 있으므로 쉽게 모눈종이 위에 놓여 있다고 생각하며 문제를 풀면 쉽게 해결할 수 있다.

문제 4 아래에 제시된 블록들을 화살표 표시한 방향에서 바라봤을 때의 모양으로 알맞은 것은?

- 블록은 모양과 크기는 모두 동일한 정육면체임
- 바라보는 시선의 방향은 블록의 면과 수직을 이루며 원근에 의해 블록이 작게 보이는 효과는 고려하지 않음

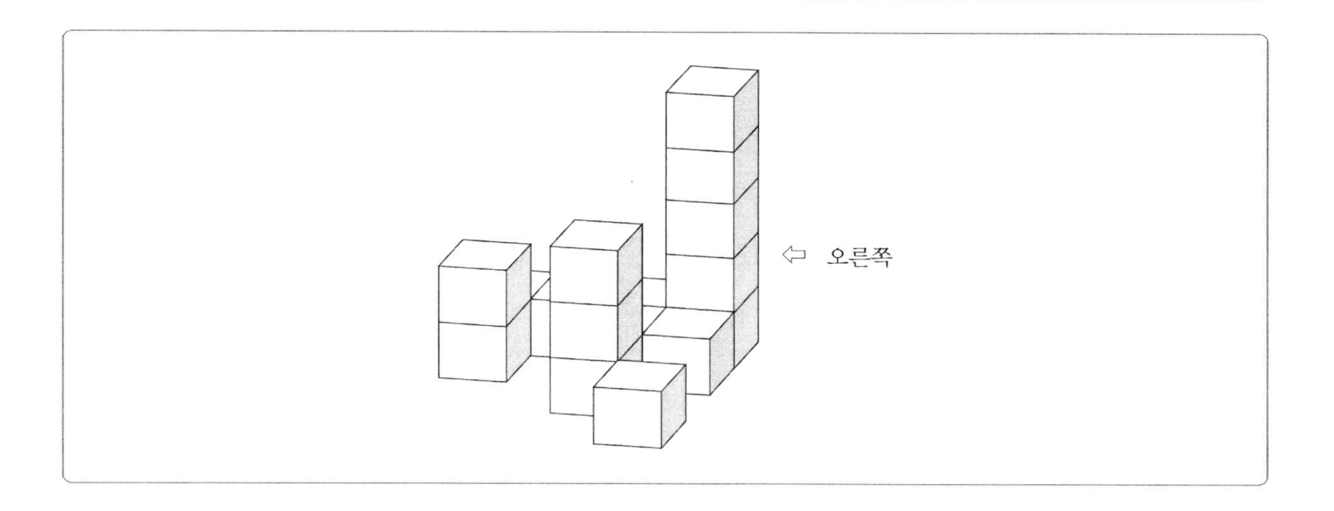

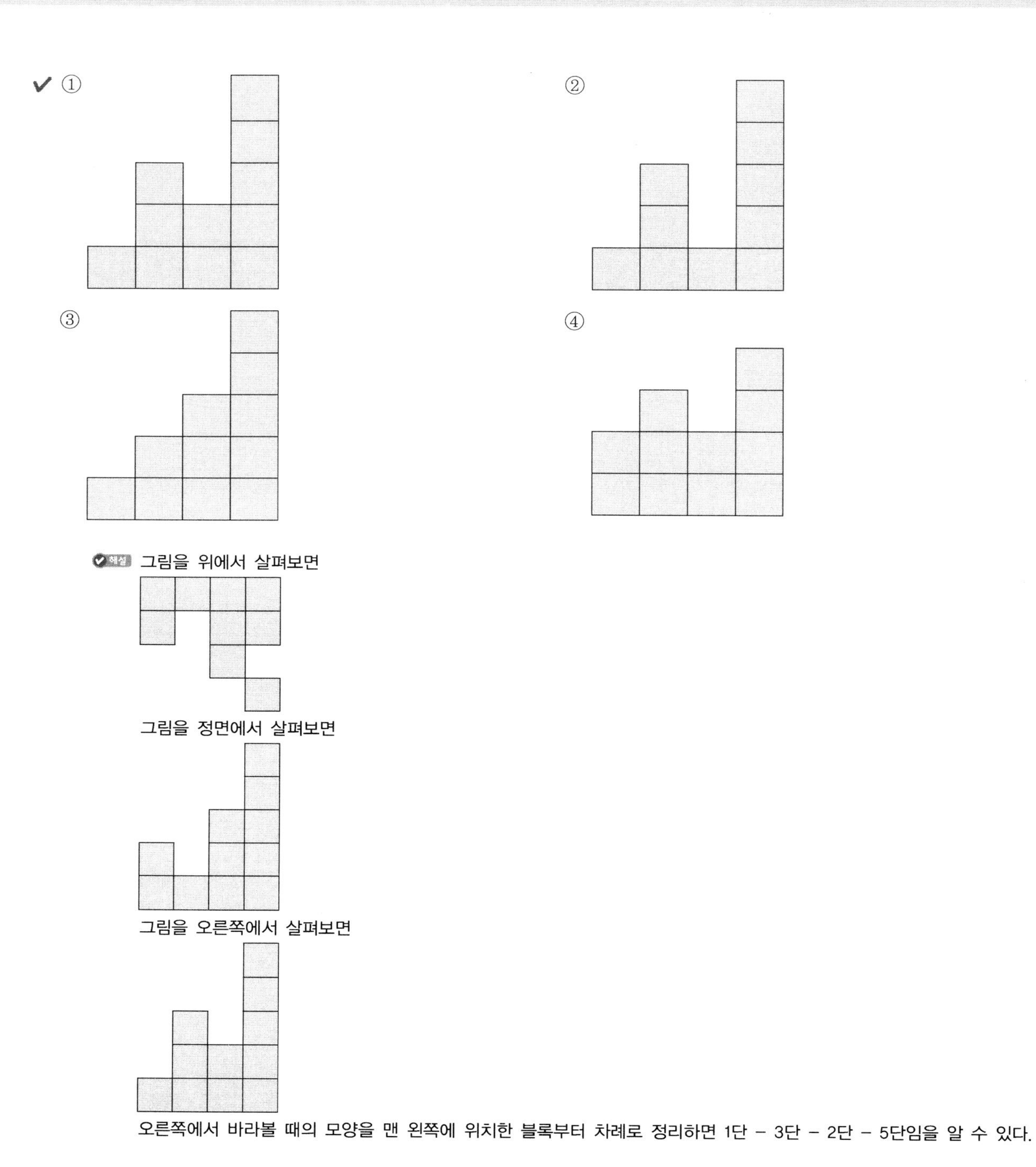

해설 그림을 위에서 살펴보면

그림을 정면에서 살펴보면

그림을 오른쪽에서 살펴보면

오른쪽에서 바라볼 때의 모양을 맨 왼쪽에 위치한 블록부터 차례로 정리하면 1단 – 3단 – 2단 – 5단임을 알 수 있다.

CHAPTER

지각속도 04

간부선발도구 예시문

지각속도검사는 암호해석능력을 묻는 유형으로 눈으로 직접 읽고 문제를 해결하는 능력을 측정하기 위한 검사로 빠른 속도와 정확성을 요구하는 문제가 출제된다. 시간을 정해 최대한 빠른 시간 안에 문제를 정확하게 풀 수 있는 연습이 필요하며 간혹 시간이 촉박하여 찍는 경우가 있는데 오답시에는 감점처리가 적용된다.
지각속도검사는 지각 속도를 측정하기 위한 검사로 틀릴 경우 감점으로 채점하고, 풀지 않은 문제는 0점으로 채점이 된다. 총 30문제로 구성이 되며 제한시간은 3분이므로 많은 연습을 통해 빠르게 푸는 요령을 습득하여야 한다.

본 검사는 지각 속도를 측정하기 위한 검사입니다.
제시된 문제를 잘 읽고 아래의 예제와 같은 방식으로 가능한 한 빠르고 정확하게 답해 주시기 바랍니다.

[유형 ①] 대응하기

아래의 문제 유형은 일련의 문자, 숫자, 기호의 짝을 제시한 후 특정한 문자에 해당되는 코드를 빠르게 선택하는 문제입니다.

문제 1 아래 〈보기〉의 왼쪽과 오른쪽 기호의 대응을 참고하여 각 문제의 대응이 같으면 답안지에 '① 맞음'을, 틀리면 '② 틀림'을 선택하시오.

〈보기〉

a = 강	b = 응	c = 산	d = 전
e = 남	f = 도	g = 길	h = 아

강 응 산 전 남 − a b c d e

✔ ① 맞음 ② 틀림

해설 〈보기〉의 내용을 보면 강 = a, 응 = b, 산 = c, 전 = d, 남 = e이므로 a b c d e이므로 맞다.

[유형 ②] 숫자세기

아래의 문제 유형은 제시된 문자군, 문장, 숫자 중 특정한 문자 혹은 숫자의 개수를 빠르게 세어 표시하는 문제입니다.

문제 2 **다음의 〈보기〉에서 각 문제의 왼쪽에 표시된 굵은 글씨체의 기호, 문자, 숫자의 갯수를 모두 세어 오른쪽 개수에서 찾으시오.**

〈보기〉

3	78302064206820487203873079620504067321

① 2개 ✔ ② 4개
③ 6개 ④ 8개

해설 나열된 수에 3이 몇 번 들어 있는가를 빠르게 확인하여야 한다.
78**3**02064206820487203**8**7**3**079620504067**3**21 → 4개

〈보기〉

ㄴ	나의 살던 고향은 꽃피는 산골

① 2개 ② 4개
✔ ③ 6개 ④ 8개

해설 나열된 문장에 ㄴ이 몇 번 들어갔는지 확인하여야 한다.
나의 살**던** 고향**은** 꽃피**는** **산**골 → 6개

CHAPTER

상황판단평가

간부선발도구 예시문

초급 간부 선발용 상황판단평가는 군 상황에서 실제 취할 수 있는 대응행동에 대한 지원자의 태도/가치에 대한 적합도 진단을 하는 검사이다. 군에서 일어날 수 있는 다양한 가상 상황을 제시하고, 지원자로 하여금 선택지 중에서 가장 할 것 같은 행동과 가장 하지 않을 것 같은 행동을 선택하게 하여, 지원자의 행동이 조직(군)에서 요구되는 행동과 일치하는지 여부를 판단한다. 상황판단평가는 인적성 검사가 반영하지 못하는 해당 조직만의 직무 상황을 반영할 수 있으며, 인지요인/성격요인/과거 일을 했던 경험을 모두 간접 측정할 수 있고, 군에서 추구하는 가치와 역량이 행동으로 어떻게 표출되는지를 반영한다.

01 예시문제

당신은 소대장이며, 당신의 소대에는 음주와 관련한 문제가 있다. 특히 한 병사는 음주운전으로 인하여 민간인을 사망케 한 사고로 인해 아직도 감옥에 있고, 몰래 술을 마시고 소대원들끼리 서로 주먹다툼을 벌인 사고도 있었다. 당신은 이 문제에 대해 지대한 관심을 가지고 있으며, 병사들에게 문제의 심각성을 알리고 부대에 영향을 주기 위한 무엇인가를 하려고 한다. 이 상황에서 당신은 어떻게 할 것인가?

위 상황에서 당신은 어떻게 행동 하시겠습니까?

① 음주조사를 위해 수시로 건강 및 내무검사를 실시한다.
② 알코올 관련 전문가를 초청하여 알코올 중독 및 남용의 위험에 대한 강연을 듣는다.
③ 병사들에 대하여 엄격하게 대우한다. 사소한 것이라도 위반을 하면 가장 엄중한 징계를 할 것이라고 한다.
④ 전체 부대원에게 음주 운전 사망사건으로 인하여 감옥에 가 있는 병사에 대한 사례를 구체적으로 설명해준다.

M. 가장 취할 것 같은 행동 (①)
L. 가장 취하지 않을 것 같은 행동 (③)

02 답안지 표시방법

자신을 가장 잘 나타내고 있는 보기의 번호를 'M(Most)'에 표시하고, 자신과 가장 먼 보기의 번호를 'L(Least)'에 각각 표시한다.

상황판단검사						
1	M	●	②	③	④	⑤
	L	①	②	●	④	⑤

03 주의사항

상황판단평가는 객관적인 정답이 존재하지 않으며, 대신 검사 개발당시 주제 전문가들의 의견과 후보생들을 대상으로 한 충분한 예비검사 시행 및 분석과정을 거쳐 경험적인 답이 만들어진다. 때문에 따로 공부를 한다고 해서 성적이 오르는 분야가 아니다. 문제집을 통해 유형만 익힐 수 있도록 하는 것이 좋다.

CHAPTER

06 직무성격평가

간부선발도구 예시문

초급 간부 선발용 직무성격평가는 총 180문항으로 이루어져 있으며, 검사시간은 30분이다. 초급 간부에게 요구되는 역량과 관련된 성격 요인들을 측정할 수 있도록 개발되었다. 가끔 지원자를 당황하게 하는 문제들도 있으므로 당황하지 말고 솔직하게 대답하는 것이 좋다. 너무 의식하면서 답을 하게 되면 일관성이 떨어질 수 있기 때문이다.

01 주의사항

- 응답을 하실 때는 자신이 앞으로 되기 바라는 모습이나 바람직하다고 생각하는 모습을 응답하지 마시고, 평소에 자신이 생각하는 바를 최대한 솔직하게 응답하는 것이 좋습니다.
- 총 180문항을 30분 내에 응답해야 합니다. 한 문항을 지나치게 깊게 생각하지 마시고, 머릿속에 떠오르는 대로 “OMR답안지’’에 바로바로 응답하시기 바랍니다.
- 본 검사는 귀하의 의견이나 행동을 나타내는 문항으로 구성되어 있습니다. 각각의 문항을 읽고 그 문항이 자기 자신을 얼마나 잘 나타내고 있는지를, 제시한 〈응답 척도〉와 같이 응답지에 답해 주시기 바랍니다.

02 응답척도

‘1’ = 전혀 그렇지 않다	●	②	③	④	⑤
‘2’ = 그렇지 않다	①	●	③	④	⑤
‘3’ = 보통이다	①	②	●	④	⑤
‘4’ = 그렇다	①	②	③	●	⑤
‘5’ = 매우 그렇다	①	②	③	④	●

03 예시문제

다음 상황을 읽고 제시된 질문에 답하시오.

① 전혀 그렇지 않다 ② 그렇지 않다 ③ 보통이다 ④ 그렇다 ⑤ 매우 그렇다

1. 조직(학교나 부대) 생활에서 여러 가지 다양한 일을 해보고 싶다. ① ② ③ ④ ⑤
2. 아무것도 아닌 일에 지나치게 걱정하는 때가 있다. ① ② ③ ④ ⑤
3. 조직(학교나 부대) 생활에서 작은 일에도 걱정을 많이 하는 편이다. ① ② ③ ④ ⑤
4. 여행을 가기 전에 미리 세세한 일정을 준비한다. ① ② ③ ④ ⑤
5. 조직(학교나 부대) 생활에서 매사에 마음이 여유롭고 느긋한 편이다. ① ② ③ ④ ⑤
6. 친구들과 자주 다툼을 한다. ① ② ③ ④ ⑤
7. 시간 약속을 어기는 경우가 종종 있다. ① ② ③ ④ ⑤
8. 자신이 맡은 일은 책임지고 끝내야 하는 성격이다. ① ② ③ ④ ⑤
9. 부모님의 말씀에 항상 순종한다. ① ② ③ ④ ⑤
10. 외향적인 성격이다. ① ② ③ ④ ⑤

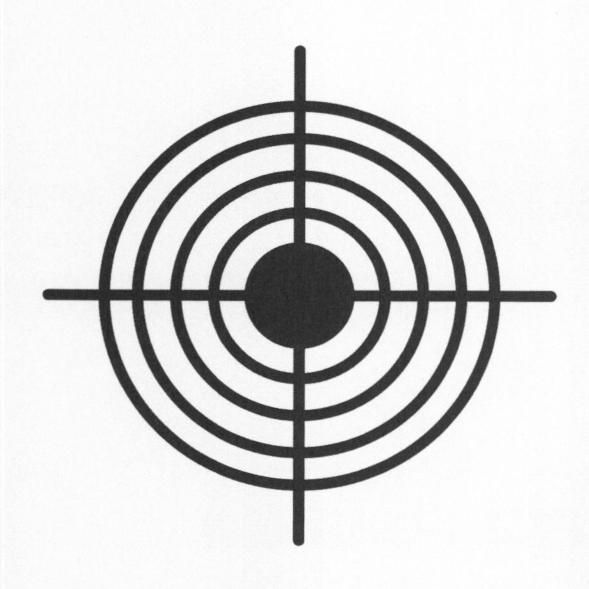

01

인지능력평가

CHAPTER

01 언어논리

핵심이론정리

section 01 어휘력

1 언어유추

① 동의어

두 개 이상의 단어가 소리는 다르나 의미가 같아 모든 문맥에서 서로 대치되어 쓰일 수 있는 것을 동의어라고 한다. 그러나 이렇게 쓰일 수 있는 동의어의 수는 극히 적다. 말이란 개념뿐만 아니라 느낌까지 싣고 있어서 문장 환경에 따라 미묘한 차이가 있기 때문이다. 따라서 동의어는 의미와 결합성의 일치로써 완전동의어와 의미의 범위가 서로 일치하지는 않으나 공통되는 부분의 의미를 공유하는 부분동의어로 구별된다.

㉠ 완전동의어 : 둘 이상의 단어가 그 의미의 범위가 서로 일치하여 모든 문맥에서 치환이 가능하다.

예 사람 : 인간, 사망 : 죽음

㉡ 부분동의어 : 의미의 범위가 서로 일치하지는 않으나 공통되는 어느 부분만 의미를 서로 공유하는 부분적인 동의어이다. 부분동의어는 일반적으로 유의어(類義語)라 불린다. 사실, 동의어로 분류되는 거의 모든 낱말들이 부분동의어에 속한다.

예 이유 : 원인

② 유의어

둘 이상의 단어가 소리는 다르면서 뜻이 비슷할 때 유의어라고 한다. 유의어는 뜻은 비슷하나 단어의 성격 등이 다른 경우에 해당하는 것이다. A와 B가 유의어라고 했을 때 문장에 들어 있는 A를 B로 바꾸면 문맥이 이상해지는 경우가 있다. 예를 들어 어머니, 엄마, 모친(母親)은 자손을 출산한 여성을 자식의 관점에서 부르는 호칭으로 유의어이다. 그러나 "어머니, 학교 다녀왔습니다."라는 문장을 "모친, 학교 다녀왔습니다."라고 바꾸면 문맥상 자연스럽지 못하게 된다.

POINT 우리말에서 유의어가 발달한 이유

㉠ 고유어와 함께 쓰이는 한자어와 외래어 예 머리, 헤어, 모발
㉡ 높임법이 발달 예 존함, 이름, 성명
㉢ 감각어가 발달 예 푸르다, 푸르스름하다, 파랗다, 푸르죽죽하다.
㉣ 국어 순화를 위한 정책 예 쪽, 페이지
㉤ 금기(taboo) 때문에 생긴 어휘 예 동물의 성관계를 설명하면서 '짝짓기'라는 말을 만들어 쓰는 것

③ 동음이의어

둘 이상의 단어가 소리는 같으나 의미가 다를 때 동음이의어라고 한다. 동음이의어는 문맥과 상황에 따라, 말소리의 길고 짧음에 따라, 한자에 따라 의미를 구별할 수 있다.

예 •밥을 먹었더니 배가 부르다. (복부)
•과일 가게에서 배를 샀다. (과일)
•항구에 배가 들어왔다. (선박)

④ 다의어

하나의 단어에 뜻이 여러 가지인 단어로 대부분의 단어가 다의를 갖고 있기 때문에 의미 분석이 어려운 것이라고 볼 수 있다. 하나의 의미만 갖는 단의어 및 동음이의어와 대립되는 개념이다.

예 •밥 먹기 전에 가서 손을 씻고 오너라. (신체)
•너무 바빠서 손이 모자란다. (일손)
•우리 언니는 손이 큰 편이야. (씀씀이)
•그 사람과는 손을 끊어라. (교제)
•그 사람의 손을 빌렸어. (도움)
•넌 나의 손에 놀아난 거야. (꾀)
•저 사람 손에 집이 넘어가게 생겼다. (소유)
•반드시 내 손으로 해내고 말겠다. (힘, 역량)

POINT 다의어의 특성

㉠ 기존의 한정된 낱말로는 부족한 표현을 보충하고 만족시키기 위해 발생하였다.
㉡ 다의어는 그 단어가 지닌 기본적인 뜻 이외에 문맥에 따라 그 의미가 확장되어 다른 뜻으로 쓰이므로, 다의어의 뜻은 문맥을 잘 살펴보아야 파악할 수 있다.
㉢ 다의어는 사전의 하나의 항목 속에서 다루어지며, 동음이의어는 별도의 항목으로 다루어진다.

⑤ 반의어

단어들의 의미가 서로 반대되거나 짝을 이루어 서로 관계를 맺고 있는 경우가 있다. 이를 '반의어 관계'라고 한다. 그리고 이러한 반의관계에 있는 어휘를 반의어라고 한다. 반의 및 대립 관계를 형성하는 어휘 쌍을 일컫는 용어들은 관점과 유형에 따라 '반대말, 반의어, 반대어, 상대어, 대조어, 대립어' 등으로 다양하다. 반의관계에서 특히 중간 항이 허용되는 관계를 '반대관계'라고 하며, 중간 항이 허용되지 않는 관계를 '모순관계'라고 한다.

예 •반대관계 : 크다↔작다
•모순관계 : 남자↔여자

⑥ 상 · 하의어

단어의 의미 관계로 보아 어떤 단어가 다른 단어에 포함되는 경우를 '하의어 관계'라고 하고, 이러한 관계에 있는 어휘가 상의어 · 하의어이다. 상의어로 갈수록 포괄적이고 일반적이며, 하의어로 갈수록 한정적이고 개별적인 의미를 지닌다. 따라서 하의어는 상의어에 비해 자세하다.

㉠ 상의어 : 다른 단어의 의미를 포함하는 단어를 말한다.

예 꽃

㉡ 하의어 : 다른 단어의 의미에 포함되는 단어를 말한다.

예 장미, 국화, 맨드라미, 수선화, 개나리 등

2 어휘 및 어구의 의미

① 순우리말

㉠ ㄱ

- 가납사니 : 쓸데없는 말을 잘하는 사람. 말다툼을 잘하는 사람
- 가년스럽다 : 몹시 궁상스러워 보이다.
- 가늠 : 목표나 기준에 맞고 안 맞음을 헤아리는 기준. 일이 되어 가는 형편
- 가래다 : 맞서서 옳고 그름을 따지다.
- 가래톳 : 허벅다리의 임파선이 부어 아프게 된 멍울
- 가리사니 : 사물을 판단할 수 있는 지각이나 실마리
- 가말다 : 일을 잘 헤아려 처리하다.
- 가멸다 : 재산이 많고 살림이 넉넉하다.
- 가무리다 : 몰래 훔쳐서 혼자 차지하다. 남이 보지 못하게 숨기다.
- 가분하다 · 가붓하다 : 들기에 알맞다. (센)가뿐하다.
- 가살 : 간사하고 얄미운 태도
- 가시다 : 변하여 없어지다.
- 가장이 : 나뭇가지의 몸
- 가재기 : 튼튼하지 못하게 만든 물건
- 가직하다 : 거리가 조금 가깝다.
- 가탈 : 억지 트집을 잡아 까다롭게 구는 일

- 각다분하다 : 일을 해 나가기가 몹시 힘들고 고되다.
- 고갱이 : 사물의 핵심
- 곰살궂다 : 성질이 부드럽고 다정하다.
- 곰비임비 : 물건이 거듭 쌓이거나 일이 겹치는 모양
- 구쁘다 : 먹고 싶어 입맛이 당기다.
- 국으로 : 제 생긴 그대로. 잠자코
- 굼닐다 : 몸을 구부렸다 일으켰다 하다.

ⓛ ㄴ

- 난든집 : 손에 익은 재주
- 남우세 : 남에게서 비웃음이나 조롱을 받게 됨
- 너나들이 : 서로 너니 나니 하고 부르며 터놓고 지내는 사이
- 노적가리 : 한데에 쌓아 둔 곡식 더미
- 느껍다 : 어떤 느낌이 마음에 북받쳐서 벅차다.
- 능갈 : 얄밉도록 몹시 능청을 떪

ⓒ ㄷ

- 다락같다 : 물건 값이 매우 비싸다. 덩치가 매우 크다.
- 달구치다 : 꼼짝 못하게 마구 몰아치다.
- 답치기 : 되는 대로 함부로 덤벼드는 짓. 생각 없이 덮어놓고 하는 짓
- 대거리 : 서로 번갈아 일함
- 더기 : 고원의 평평한 곳
- 덤터기 : 남에게 넘겨씌우거나 남에게서 넘겨 맡은 걱정거리
- 뒤스르다 : (일어나 물건을 가다듬느라고)이리저리 바꾸거나 변통하다.
- 드레지다 : 사람의 됨됨이가 가볍지 않고 점잖아서 무게가 있다.
- 들마 : (가게나 상점의)문을 닫을 무렵
- 뜨막하다 : 사람들의 왕래나 소식 따위가 자주 있지 않다.
- 뜨악하다 : 마음에 선뜻 내키지 않다.

ⓡ ㅁ

- 마뜩하다 : 제법 마음에 들다.
- 마수걸이 : 맨 처음으로 물건을 파는 일. 또는 거기서 얻은 소득
- 모르쇠 : 덮어놓고 모른다고 잡아떼는 일
- 몽태치다 : 남의 물건을 슬그머니 훔치다.
- 무녀리 : 태로 낳은 짐승의 맨 먼저 나온 새끼. 언행이 좀 모자란 사람
- 무람없다 : (어른에게나 친한 사이에)스스럼없고 버릇이 없다. 예의가 없다.
- 뭉근하다 : 불이 느긋이 타거나, 불기운이 세지 않다.
- 미립 : 경험을 통하여 얻은 묘한 이치나 요령

ⓜ ㅂ

• 바이 : 아주 전혀. 도무지
• 바장이다 : 부질없이 짧은 거리를 오락가락 거닐다.
• 바투 : 두 물체의 사이가 썩 가깝게. 시간이 매우 짧게
• 반지랍다 : 기름기나 물기 따위가 묻어서 윤이 나고 매끄럽다.
• 반지빠르다 : 교만스러워 얄밉다.
• 벼리다 : 날이 무딘 연장을 불에 달구어서 두드려 날카롭게 만들다.
• 변죽 : 그릇 · 세간 등의 가장자리
• 보깨다 : 먹은 것이 잘 삭지 아니하여 뱃속이 거북하고 괴롭다.
• 뿌다구니 : 물건의 삐죽하게 내민 부분

ⓑ ㅅ

• 사금파리 : 사기그릇의 깨진 작은 조각
• 사위다 : 불이 다 타서 재가 되다.
• 설멍하다 : 옷이 몸에 짧아 어울리지 않다.
• 설면하다 : 자주 만나지 못하여 좀 설다. 정답지 아니하다.
• 섬서하다 : 지내는 사이가 서먹서먹하다.
• 성마르다 : 성질이 급하고 도량이 좁다.
• 시망스럽다 : 몹시 짓궂은 데가 있다.
• 쌩이질 : 한창 바쁠 때 쓸데없는 일로 남을 귀찮게 구는 것

ⓢ ㅇ

• 아귀차다 : 뜻이 굳고 하는 일이 야무지다.
• 알심 : 은근히 동정하는 마음. 보기보다 야무진 힘
• 암상 : 남을 미워하고 샘을 잘 내는 심술
• 암팡지다 : 몸은 작아도 힘차고 다부지다.
• 애면글면 : 약한 힘으로 무엇을 이루느라고 온갖 힘을 다하는 모양
• 애오라지 : 좀 부족하나마 겨우. 오로지
• 엄장 : 풍채가 좋은 큰 덩치
• 여투다 : 물건이나 돈 따위를 아껴 쓰고 나머지를 모아 두다.
• 울력 : 여러 사람이 힘을 합하여 일을 함. 또는 그 힘
• 음전하다 : 말이나 행동이 곱고 우아하다 또는 얌전하고 점잖다.
• 의뭉하다 : 겉으로 보기에는 어리석어 보이나 속으로는 엉큼하다.
• 이지다 : 짐승이 살쪄서 지름지다. 음식을 충분히 먹어서 배가 부르다.

ⓞ ㅈ

• 자깝스럽다 : 어린아이가 마치 어른처럼 행동하거나, 젊은 사람이 지나치게 늙은이의 흉내를 내어 깜찍한 데가 있다.
• 잔풍하다 : 바람이 잔잔하다.
• 재다 : 동작이 굼뜨지 아니하다.
• 재우치다 : 빨리 하도록 재촉하다.

- 적바르다 : 모자라지 않을 정도로 겨우 어떤 수준에 미치다.
- 조리차하다 : 물건을 알뜰하게 아껴서 쓰다.
- 주니 : 몹시 지루하여 느끼는 싫증
- 지청구 : 아랫사람의 잘못을 꾸짖는 말 또는 까닭 없이 남을 탓하고 원망함
- 짜장 : 과연. 정말로

㉨ ㅊ

- 차반 : 맛있게 잘 차린 음식. 예물로 가져가는 맛있는 음식

㉩ ㅌ

- 트레바리 : 까닭 없이 남에게 반대하기를 좋아하는 성미

㉪ ㅍ

- 파임내다 : 일치된 의논에 대해 나중에 딴소리를 하여 그르치다.
- 푼푼하다 : 모자람이 없이 넉넉하다.

㉫ ㅎ

- 하냥다짐 : 일이 잘 안 되는 경우에는 목을 베는 형벌이라도 받겠다는 다짐
- 하리다 : 마음껏 사치를 하다. 매우 아둔하다.
- 한둔 : 한데에서 밤을 지냄, 노숙(露宿)
- 함초롬하다 : 젖거나 서려 있는 모양이나 상태가 가지런하고 차분하다.
- 함함하다 : 털이 부드럽고 윤기가 있다.
- 헤갈 : 쌓이거나 모인 물건이 흩어져 어지러운 상태
- 호드기 : 물오른 버들가지나 짤막한 밀짚 토막으로 만든 피리
- 호젓하다 : 무서운 느낌이 날 만큼 쓸쓸하다.
- 홰 : 새장 · 닭장 속에 새나 닭이 앉도록 가로지른 나무 막대
- 휘휘하다 : 너무 쓸쓸하여 무서운 느낌이 있다.
- 희떱다 : 실속은 없어도 마음이 넓고 손이 크다. 말이나 행동이 분에 넘치며 버릇이 없다.

② 생활 어휘

㉠ 단위를 나타내는 말

- 길이

뼘	엄지손가락과 다른 손가락을 완전히 펴서 벌렸을 때에 두 끝 사이의 거리
발	한 발은 두 팔을 양옆으로 펴서 벌렸을 때 한쪽 손끝에서 다른 쪽 손끝까지의 길이
길	한 길은 여덟 자 또는 열 자로 약 2.4미터 또는 3미터에 해당함. 또는 사람의 키 정도의 길이
치	길이의 단위. 한 치는 한 자의 10분의 1 또는 약 3.33cm에 해당함
자	길이의 단위. 한 자는 한 치의 열 배로 약 30.3cm에 해당함
리	거리의 단위. 1리는 약 0.393km에 해당함
마장	거리의 단위. 오 리나 십 리가 못 되는 거리를 이름

• 넓이

평	땅 넓이의 단위. 한 평은 여섯 자 제곱으로 3.3058m^2에 해당함
홉지기	땅 넓이의 단위. 한 홉은 1평의 10분의 1
되지기	넓이의 단위. 한 되지기는 볍씨 한 되의 모 또는 씨앗을 심을 만한 넓이로 한 마지기의 10분의 1
마지기	논과 밭의 넓이를 나타내는 단위. 한 마지기는 볍씨 한 말의 모 또는 씨앗을 심을 만한 넓이로, 지방마다 다르나 논은 약 150평~300평, 밭은 약 100평 정도임
섬지기	논과 밭의 넓이를 나타내는 단위. 한 섬지기는 볍씨 한 섬의 모 또는 씨앗을 심을 만한 넓이로, 한 마지기의 10배이며, 논은 약 2,000평, 밭은 약 1,000평 정도임
간	가옥의 넓이를 나타내는 말. '간'은 네 개의 도리로 둘러싸인 면적의 넓이로, 대략 6자×6자 정도의 넓이임

• 부피

술	한 술은 숟가락 하나 만큼의 양
홉	곡식의 부피를 재기 위한 기구들이 만들어지고, 그 기구들의 이름이 그대로 부피를 재는 단위가 됨. '홉'은 그 중 가장 작은 단위(180mℓ)이며 곡식 외에 가루, 액체 따위의 부피를 잴 때도 쓰임(10홉=1되, 10되=1말, 10말=1섬)
되	곡식이나 액체 따위의 분량을 헤아리는 단위. '말'의 10분의 1, '홉'의 10배임이며, 약 1.8ℓ 에 해당함
섬	곡식 · 가루 · 액체 따위의 부피를 잴 때 씀. 한 섬은 한 말의 열 배로 약 180ℓ 에 해당함

• 무게

돈	귀금속이나 한약재 따위의 무게를 잴 때 쓰는 단위. 한 돈은 한 냥의 10분의 1, 한 푼의 열 배로 3.75g에 해당함
냥	귀금속이나 한약재 따위의 무게를 잴 때 쓰는 단위. 한 냥은 귀금속의 무게를 잴 때는 한 돈의 열 배이고, 한약재의 무게를 잴 때는 한 근의 16분의 1로 37.5g에 해당함
근	고기나 한약재의 무게를 잴 때는 600g에 해당하고, 과일이나 채소 따위의 무게를 잴 때는 한 관의 10분의 1로 375g에 해당함
관	한 관은 한 근의 열 배로 3.75kg에 해당함

• 낱개

개비	가늘고 짤막하게 쪼개진 도막을 세는 단위
그루	식물, 특히 나무를 세는 단위
닢	가마니, 돗자리, 멍석 등을 세는 단위
땀	바느질할 때 바늘을 한 번 뜬, 그 눈
마리	짐승이나 물고기, 벌레 따위를 세는 단위
모	두부나 묵 따위를 세는 단위
올(오리)	실이나 줄 따위의 가닥을 세는 단위
자루	필기 도구나 연장, 무기 따위를 세는 단위
채	집이나 큰 가구, 기물, 가마, 상여, 이불 등을 세는 단위
코	그물이나 뜨개질한 물건에서 지어진 하나하나의 매듭
타래	사리어 뭉쳐 놓은 실이나 노끈 따위의 뭉치를 세는 단위
톨	밤이나 곡식의 낟알을 세는 단위
통	배추나 박 따위를 세는 단위
포기	뿌리를 단위로 하는 초목을 세는 단위

• 수량

갓	굴비, 고사리 따위를 묶어 세는 단위. 고사리 따위 10모숨을 한 줄로 엮은 것 예 굴비 한 갓=10마리
꾸러미	달걀 10개
동	붓 10자루
두름	조기 따위의 물고기를 짚으로 한 줄에 10마리씩 두 줄로 엮은 것을 세는 단위. 고사리 따위의 산나물을 10모숨 정도로 엮은 것을 세는 단위 예 조기 한 두름=20마리
벌	옷이나 그릇 따위가 짝을 이루거나 여러 가지가 모여서 갖추어진 한 덩이를 세는 단위 예 수저 한 벌
손	한 손에 잡을 만한 분량을 세는 단위. 조기, 고등어, 배추 따위 한 손은 큰 것과 작은 것을 합한 것을 이르고, 미나리나 파 따위 한 손은 한 줌 분량을 말함 예 고등어 한 손=2마리
쌈	바늘 24개를 한 묶음으로 하여 세는 단위

접	채소나 과일 따위를 묶어 세는 단위. 한 접은 채소나 과일 100개 예 배추 한 접=100통, 마늘 한 접=100통, 생강 · 오이 한 접=100개, 곶감 한 접=100개
제(劑)	탕약 20첩. 또는 그만한 분량으로 지은 환약
죽	옷이나 그릇 따위의 열 벌을 묶어 세는 단위 예 버선 한 죽=10켤레
축	오징어를 묶어 세는 단위 예 오징어 한 축=20마리
켤레	신, 양말, 버선, 방망이 따위의 짝이 되는 2개를 한 벌로 세는 단위
쾌	북어 20마리
톳	김을 묶어 세는 단위 예 김 한 톳=100장
담불	벼 100섬을 세는 단위
거리	가지, 오이 등이 50개. 반 접

㉡ 어림수를 나타내는 수사, 수관형사

한두	하나나 둘쯤 예 어려움이 한두 가지가 아니다.
두세	둘이나 셋 예 두세 마리
두셋	둘 또는 셋 예 사람 두셋
두서너	둘, 혹은 서너 예 과일 두서너 개
두서넛	둘 혹은 서넛 예 과일을 두서넛 먹었다.
두어서너	두서너
서너	셋이나 넷쯤 예 쌀 서너 되
서넛	셋이나 넷 예 사람 서넛
서너너덧	서넛이나 너덧. 셋이나 넷 또는 넷이나 다섯 예 서너너덧 명
너덧	넷 가량 예 너덧 개
네댓	넷이나 다섯 가량
네다섯	넷이나 다섯
대엿	대여섯. 다섯이나 여섯 가량
예닐곱	여섯이나 일곱 예 예닐곱 사람이 왔다.
일여덟	일고여덟 예 과일 일여덟 개

㉢ 나이에 관한 말

나이	어휘	나이	어휘
10대	沖年(충년)	15세	志學(지학)
20세	弱冠(약관)	30세	而立(이립)
40세	不惑(불혹)	50세	知天命(지천명)
60세	耳順(이순)	61세	還甲(환갑), 華甲(화갑), 回甲(회갑)
62세	進甲(진갑)	70세	古稀(고희)
77세	喜壽(희수)	80세	傘壽(산수)
88세	米壽(미수)	90세	卒壽(졸수)
99세	白壽(백수)	100세	期願之壽(기원지수)

㉣ 가족의 호칭

구분	본인		타인	
	생존 시	사후	생존 시	사후
父(아버지)	家親(가친) 嚴親(엄친) 父主(부주)	先親(선친) 先考(선고) 先父君(선부군)	春府丈(춘부장) 椿丈(춘장) 椿當(춘당)	先大人(선대인) 先考丈(선고장) 先人(선인)
母(어머니)	慈親(자친) 母生(모생) 家慈(가자)	先妣(선비) 先慈(선자)	慈堂(자당) 大夫人(대부인) 萱堂(훤당) 母堂(모당) 北堂(북당)	先大夫人(선대부인) 先大夫(선대부)
子(아들)	家兒(가아) 豚兒(돈아) 家豚(가돈) 迷豚(미돈)		令郎(영랑) 令息(영식) 令胤(영윤)	
女(딸)	女兒(여아) 女息(여식) 息鄙(식비)		令愛(영애) 令嬌(영교) 令孃(영양)	

③ 의미의 사용

㉠ 중의적 표현 : 어느 한 단어나 문장이 두 가지 이상의 의미로 해석될 수 있는 표현을 말한다.

• 어휘적 중의성 : 어느 한 단어의 의미가 중의적이어서 그 해석이 모호한 것을 말한다.

예 저 배를 보십시오. → 복부 / 선박 / 배나무의 열매

- 구조적 중의성 : 한 문장이 두 가지 이상의 의미로 해석될 수 있는 것을 말한다.

예 나는 철수와 명수를 만났다.

→ 나는 철수와 함께 명수를 만났다.

→ 나는 철수와 명수를 둘 다 만났다.

- 비유적 중의성 : 비유적 표현이 두 가지 이상의 의미로 해석되는 것을 말한다.

예 김 선생님은 호랑이다.

→ 김 선생님은 무섭다.(호랑이처럼)

→ 김 선생님은 호랑이의 역할을 맡았다.(연극에서)

㉡ **관용적 표현** : 두 개 이상의 단어가 그 단어들의 의미만으로는 전체의 의미를 알 수 없는, 특수한 하나의 의미로 굳어져서 쓰이는 경우를 말한다.

- 숙어 : 하나의 의미를 나타내는 굳어진 단어의 결합이나 문장을 말한다.

예 신혼살림에 깨가 쏟아진다 : 행복하거나 만족하다.

- 속담 : 사람들의 오랜 생활 체험에서 얻어진 생각과 교훈을 간결하게 나타낸 구나 문장을 말한다.

예 백지장도 맞들면 낫다 : 아무리 쉬운 일이라도 혼자 하는 것보다 서로 힘을 합쳐서 하면 더 쉽다.

④ 의미의 변화

㉠ **의미의 확장** : 어떤 사물이나 관념을 가리키는 단어의 의미 영역이 넓어짐으로써, 그 단어의 의미가 변화하는 것을 말한다.

예 겨레

뜻 – 종친(宗親)

확장 – 동포 민족

㉡ **의미의 축소** : 어떤 대상이나 관념을 나타내는 단어의 의미 영역이 좁아짐으로써, 그 단어의 의미가 변화하는 것을 말한다.

예 계집

뜻 – 여성을 가리키는 일반적인 말

축소 – 여성의 낮춤말로만 쓰임

㉢ **의미의 이동** : 어떤 대상이나 관념을 나타내는 단어의 의미 영역이 확대되거나 축소되는 일이 없이, 그 단어의 의미가 변화하는 것을 말한다.

예 주책

뜻 – 일정한 생각

이동 – 일정한 생각이나 줏대가 없이 되는 대로 하는 행동

section 02 언어추리

1 문장 구성

① 주장하는 글의 구성

㉠ 2단 구성 : 서론 – 본론, 본론 – 결론

㉡ 3단 구성 : 서론 – 본론 – 결론

㉢ 4단 구성 : 기 – 승 – 전 – 결

㉣ 5단 구성 : 도입 – 문제제기 – 주제제시 – 주제전개 – 결론

② 설명하는 글의 구성

㉠ 단락 : 하나 이상의 문장이 모여서 통일된 한 가지 생각의 덩어리를 이루는 단위가 단락이다. 이를 위해서 하나의 주제문과 이를 뒷받침하는 하나 이상의 뒷받침문장이 필요하다. 주제문에는 반드시 뒷받침 받아야 할 부분이 포함되어 있으며 뒷받침문장은 주제문에 대한 설명 또는 이유가 된다.

㉡ 구성 원리

- 통일성 : 단락은 '생각의 한 단위'라는 속성을 가지고 있듯이 구성 원리 중에서 통일성은 단락 안에 두 가지 이상의 생각이 있는 경우를 말한다.
- 일관성 : 중심문장의 애매한 부분을 설명하거나 이유를 제시할 때에는 중심문장의 범주를 벗어나면 안 된다.
- 완결성 : 단락은 중심문장과 뒷받침문장이 모두 있을 때만 그 구성이 완결된다.

③ 부사어와 서술어에 유의

㉠ 설사, 설령, 비록 : 어떤 내용을 가정으로 내세운다.

㉡ 모름지기 : 뒤에 의무를 나타내는 말이 온다.

㉢ 결코 : 뒤에 항상 부정의 말이 온다.

㉣ 차라리 : 앞의 내용보다 뒤의 내용이 더 나음을 나타낸다.

㉤ 어찌 : 문장을 묻는 문장이 되게 한다.

㉥ 마치 : 비유적인 표현과 주로 호응한다.

2 문장 완성

① 접속어 또는 핵심단어

(　　) 안에 들어갈 것은 접속어 또는 핵심단어이다. 핵심단어는 문장 전체의 중심적 내용에서 판단한다.

② 올바른 접속어 선택

관계	내용	접속어의 예
순접	앞의 내용을 이어받아 연결시킴	그리고, 그리하여, 이리하여
역접	앞의 내용과 상반되는 내용을 연결시킴	그러나, 하지만, 그렇지만, 그래도
인과	앞뒤의 문장을 원인과 결과로 또는 결과와 원인으로 연결시킴	그래서, 따라서, 그러므로, 왜냐하면
전환	뒤의 내용이 앞의 내용과는 다른 새로운 생각이나 사실을 서술하여 화제를 바꾸며 이어줌	그런데, 그러면, 다음으로, 한편, 아무튼
예시	앞의 내용에 대해 구체적인 예를 들어 설명함	예컨대, 이를테면, 예를 들면
첨가 · 보충	앞의 내용에 새로운 내용을 덧붙이거나 보충함	그리고, 더구나, 게다가, 뿐만 아니라
대등 · 병렬	앞뒤의 내용을 같은 자격으로 나열하면서 이어줌	그리고, 또는, 및, 혹은, 이와 함께
확언 · 요약	앞의 내용을 바꾸어 말하거나 간추려 짧게 요약함	요컨대, 즉, 결국, 말하자면

section 03 독해

1 글의 주제 찾기

① 주제가 겉으로 드러난 글(설명문, 논설문 등)

㉠ 글의 주제 문단을 찾는다. 주제 문단의 요지가 주제이다.

㉡ 대개 3단 구성이므로 끝 부분의 중심 문단에서 주제를 찾는다.

㉢ 중심 소재(제재)에 대한 글쓴이의 입장이 나타난 문장이 주제문이다.

㉣ 제목과 밀접한 관련이 있음에 유의한다.

② 주제가 겉으로 드러나지 않는 글(문학적인 글)

㉠ 글의 제재를 찾아 그에 대한 글쓴이의 의견이나 생각을 연결시키면 바로 주제를 찾을 수 있다.

㉡ 제목이 상징하는 바가 주제가 될 수 있다.

㉢ 인물이 주고받는 대화의 화제나 화제에 대한 의견이 주제일 수도 있다.

㉣ 글에 나타난 사상이나 내세우는 주장이 주제가 될 수도 있다.
㉤ 시대적 · 사회적 배경에서 글쓴이가 추구하는 바를 찾을 수 있다.

2 세부 내용 파악하기

① 제목을 확인한다.

② 주요 내용이나 핵심어를 확인한다.

③ 지시어나 접속어에 유의하며 읽는다.

④ 중심 내용과 세부 내용을 구분한다.

⑤ 내용 전개 방법을 파악한다.

⑥ 사실과 의견을 구분하여 내용의 객관성과 주관성 파악한다.

3 추론하며 읽기

① 추론하며 읽기의 뜻

글 속에 명시적으로 드러나 있지 않은 내용, 과정, 구조에 관한 정보를 논리적 비약 없이 추측하거나 상상하며 읽는 것을 말한다.

② 추론하며 읽기의 방법

㉠ 문장의 연결 관계를 통하여 생략된 정보를 추측한다.
㉡ 뜻이 분명하지 않은 문장의 의미를 자신의 배경 지식을 활용하여 정확하게 파악한다.
㉢ 글에 제시되어 있는 내용을 바탕으로 글 속에 분명히 드러나 있지 않은 중심 내용이나 주제를 파악한다.
㉣ 문맥의 흐름을 기준으로 문단의 연결 관계를 정확하게 파악한다.
㉤ 글의 조직 및 전개 방식을 기준으로 글 전체의 계층적 구조를 정확하게 파악한다.

POINT 독해 비법

㉠ 화제 찾기
- 설명문에서는 물음표가 있는 문장이 화제일 확률이 높음
- 첫 문단과 끝 문단을 주시

㉡ 접속사 찾기
- 특히 '그러나' 다음 문장은 중심내용일 확률이 높음

㉢ 각 단락의 소주제 파악
- 각 단락의 소주제를 파악한 후 인과적으로 연결

01 출제예상문제

≫ 정답 및 해설 p.412

Q 다음 빈칸에 들어갈 알맞은 단어를 고르시오. 【01~03】

01

형은 오만하게 반말로 소리쳤다. 그리고는 좀 전까지 그녀가 앉아 있던 책상 앞의 의자로 가서 의젓하게 팔짱을 끼고 앉았다. 그녀는 형의 (　　)적인 태도에 눌려서 꼼짝하지 않고 서 있었다.

① 강압
② 억압
③ 위압
④ 폭압
⑤ 중압

02

그렇게 기세등등했던 영감이 병색이 짙은 (　　)한 얼굴을 하고 뫼등이 파헤쳐지는 것을 지켜보고 있었다.

① 명석
② 초췌
③ 비굴
④ 좌절
⑤ 고상

03

마장마술은 말을 (　　)해 규정되어 있는 각종 예술적인 동작을 선보이는 것이다. 승마 중에서도 예술성을 가장 중시하는 종목으로, 종종 발레나 피겨 스케이팅에 비유되곤 한다. 심사위원이 채점한 점수로 순위가 결정된다.

① 가련
② 미련
③ 권련
④ 조련
⑤ 시련

04 다음 ( ) 안에 들어갈 말로 가장 적절한 것은?

이러한 관점에서 조형 미술에서는 '소유와 존재'의 문제를 균형 있게 다루어야 하는 지혜를 필요로 한다. 그리고 소유가 인류 공통의 필요, 충분조건이라면 존재(예술)는 문화 인류학적 주제와 고유한 미적 가치를 구한다. 그러므로 현대와 조형 미술에서 감각에 대한 개념을 소유와 존재의 인식을 바탕으로 생각해 보면 감각이 '세계로 통하는 공통된 언어'라고 잘못 이해되고 있는 경우를 경계해야 한다.
(　　　) 햄버거 맛과 청바지의 감각은 미국 문화의 감각이며, 우리 음식맛과 여유 있는 헐렁헐렁한 옷은 한국 문화의 감각이다. 여기서 햄버거나 청바지는 다른 나라들에겐 소유로서의 감각 대상이며, 미국인들에게는 존재로서의 감각 대상이다.
그러므로 현대 조형 미술은 고유한 언어와 역사, 문화를 가지고 있는 곳에서는 존재적 감각이며, 다른 세계에서는 소유적 감각이 된다. 따라서 소유적 가치가 없는 조형 미술은 존재 가치의 감각도 없으며, 존재적 가치가 없는 조형 미술은 소유적 가치가 없을 뿐만 아니라 교환 가치도 없다는 것이다. 그래서 영국 조형 미술의 정신은 영국인의 존재를 증언하며, 독일 조형 미술의 정신은 독일인의 존재를 증언한다. 이와 같이 모든 나라들은 자신의 역사와 문화, 예술과 삶을 지켜온 그들만의 독특한 인류학적 기질과 성향을 말하는 아비투스와 사상과 철학에 바탕을 둔 정신적 존재를 조형 미술을 통하여 증언하여야 한다.

① 예를 들어
② 그러므로
③ 하지만
④ 그리고
⑤ 또한

05 다음에 제시되는 네 개의 문장을 문맥에 맞는 순서대로 나열한 것은?

> ㉠ 자본주의 사회에서 상대적으로 부유한 집단, 지역, 국가는 환경적 피해를 약자에게 전가하거나 기술적으로 회피할 수 있는 가능성을 가진다.
> ㉡ 오늘날 환경문제는 특정한 개별 지역이나 국가의 문제에서 나아가 전 지구의 문제로 확대되었지만, 이로 인한 피해는 사회공간적으로 취약한 특정 계층이나 지역에 집중적으로 나타나는 환경적 불평등을 야기하고 있다.
> ㉢ 인간사회와 자연환경간의 긴장관계 속에서 발생하고 있는 오늘날 환경위기의 해결 가능성은 논리적으로 뿐만 아니라 역사적으로 과학기술과 생산조직의 발전을 규정하는 사회적 생산관계의 전환을 통해서만 실현될 수 있다.
> ㉣ 부유한 국가나 지역은 마치 환경문제를 스스로 해결한 것처럼 보이기도 하며, 나아가 자본주의 경제체제 자체가 환경문제를 해결(또는 최소한 지연)할 수 있는 능력을 갖춘 것처럼 홍보되기도 한다.

① ㉡㉠㉢㉣
② ㉠㉡㉣㉢
③ ㉡㉠㉣㉢
④ ㉡㉣㉠㉢
⑤ ㉢㉠㉣㉡

06 다음 문장을 순서대로 바르게 나열한 것은?

> ㉠ 베트남 전쟁에서의 패배와 과도한 군사비 부담에 직면한 미국은 동아시아의 질서를 안정적으로 재편하고자 하였다.
> ㉡ 이에 1971년 대한적십자사가 먼저 이산가족의 재회를 위한 남북 적십자 회담을 제의하였고, 곧바로 북한적십자회가 이를 수락하여 회답을 보내왔다.
> ㉢ 미국의 이와 같은 바람은 미 · 중 수교를 위한 중국과의 외교적 접촉으로 이어져, 1971년 중국의 UN 가입과 1972년 닉슨의 중국 방문이 성사되었다.
> ㉣ '데탕트'라 불리는 이와 같은 국제 정세의 변동은 한반도에도 영향을 미쳤다. 미국과 중국은 남 · 북한에 긴장 회복을 위한 조치들을 취하도록 촉구하였다.
> ㉤ 1970년 미국이 발표한 닉슨 독트린은 동아시아의 긴장 완화를 통하여 소련과 베트남을 견제하고 자국의 군비 부담을 줄이고자 하는 의도를 담고 있다.

① ㉠㉤㉢㉣㉡
② ㉡㉢㉣㉤㉠
③ ㉢㉣㉤㉠㉡
④ ㉣㉤㉠㉡㉢
⑤ ㉤㉠㉡㉢㉣

07 다음 두 단어의 관계를 유추하여 빈칸에 알맞은 단어를 고른 것은?

인문학 : 철학 = 역사 : (　　)

① 문학
② 학문
③ 자연과학
④ 국어
⑤ 국사

08 다음 자료를 바탕으로 쓸 수 있는 글의 주제로서 가장 적절한 것은?

- 몸이 조금 피곤하다고 해서 버스나 전철의 경로석에 앉아서야 되겠는가?
- 아무도 다니지 않는 한밤중에 붉은 신호등을 지킨 장애인 운전기사 이야기는 우리에게 감동을 주고 있다.
- 개같이 벌어 정승같이 쓴다는 말이 정당하지 않은 방법까지 써서 돈을 벌어도 좋다는 뜻은 아니다.

① 인간은 자신의 신념을 지키기 위해 일관된 행위를 해야 한다.
② 민주 시민이라면 부조리한 현실을 외면하지 말고 그에 당당히 맞서야 한다.
③ 도덕성 회복이야말로 현대 사회의 병폐를 치유할 수 있는 최선의 방법이다.
④ 개인의 이익과 배치된다 할지라도 사회 구성원이 합의한 규약은 지켜야 한다.
⑤ 타인에게 피해를 주지 않는 선에서 개인은 자유를 마음껏 누릴 수 있어야 한다.

09 다음 제시된 글의 설명 방법으로 옳은 것은?

> 무릇 살 터를 잡는 데는, 첫째 지리가 좋아야 하고, 다음은 생리가 좋아야 하며, 다음으로 인심이 좋아야 하고 또 다음은 아름다운 산과 물이 있어야 한다. 이 네 가지에서 하나라도 모자라면 살기 좋은 땅이 아니다.

① 비교 · 대조
② 분류
③ 분석
④ 예시
⑤ 정의

10 다음의 ㉠, ㉡에 들어갈 말로 적절한 것은?

> 우리에게 소중한 인간관계를 유지하는 데 필요한 정서적 요인 중 하나가 '정'이다. 정은 혼자 있을 때나 고립되어 있을 때는 우러날 수 없다. 항상 어떤 '관계'가 있어야만 생겨나는 감정이다. 그래서 정은 (㉠) 반응의 산물이다. 관계에서 우러나는 것이긴 하지만 그 관계의 시간적 지속과 밀접한 연관이 있다. 예컨대 순간적이거나 잠깐 동안의 관계에서는 정이 우러나지 않는다. 첫눈에 반한다는 말처럼 사랑은 순간에도 촉발되지만 정은 그렇지 않다. 많은 시간을 함께 보내야만 우러난다. 비록 그 관계가 굳이 사람이 아닌 짐승이나 나무, 산천일지라도 지속적인 관계가 유지되면 정이 생긴다. 정의 발생 빈도나 농도는 관계의 지속 시간과 (㉡)한다.

① 상대적, 비례
② 절대적, 일치
③ 객관적, 반비례
④ 주관적, 불일치
⑤ 보편적, 비례

11 다음 문장들을 논리적 순서로 배열할 때 가장 적절한 것은?

> ㉠ 이는 말레이 민족 위주의 우월적 민족주의 경향이 생기면서 문화적 다원성을 확보하는 데 뒤쳐진 경험을 갖고 있는 말레이시아의 경우와 대비되기도 한다.
> ㉡ 지금과 같은 세계화 시대에 다원주의적 문화 정체성은 반드시 필요한 것이기 때문에 이러한 점은 긍정적이다.
> ㉢ 영어 공용화 국가의 상황을 긍정적 측면에서 본다면, 영어 공용화 실시는 인종 중심적 문화로부터 탈피하여 다원주의적 문화 정체성을 수립하는 계기가 될 수 있다.
> ㉣ 그러나 영어 공용화 국가는 모두 다민족 다언어 국가이기 때문에 한국과 같은 단일 민족 단일 모국어 국가와는 처한 환경이 많이 다르다.
> ㉤ 특히, 싱가포르인들은 영어를 통해 국가적 통합을 이룰 뿐만 아니라 다양한 민족어를 수용함으로써 문화적 다원성을 일찍부터 체득할 수 있는 기회를 얻고 있다.

① ㉢㉤㉣㉠㉡
② ㉢㉡㉠㉤㉣
③ ㉢㉤㉡㉣㉠
④ ㉢㉡㉤㉠㉣
⑤ ㉢㉤㉡㉠㉣

12 두 단어의 관계가 나머지 넷과 다른 것은?

① 미연 : 사전
② 박정 : 냉담
③ 타계 : 영면
④ 간섭 : 방임
⑤ 사모 : 동경

13 제시된 글의 논지 전개 과정으로 옳은 것은?

> ㉠ 집단생활을 하는 것은 인간만이 아니다.
> ㉡ 유인원, 어류, 조류 등도 집단생활을 하며, 그 안에는 계층적 차이까지 있다.
> ㉢ 특히 유인원은 혈연적 유대를 기초로 하는 가족 집단이 있고, 성에 의한 분업이 행해지며, 새끼를 위한 공동 작업도 있어 인간의 가족생활과 유사한 점이 많다.
> ㉣ 그러나 이것은 다만 본능에 따른 것이므로, 창조적인 인간의 그것과는 구별된다.
> ㉤ 따라서 이들의 집단을 군집이라 하고, 인간의 집단을 사회라고 불러 이들을 구별한다.

① ㉠은 ㉡의 원인이다.
② ㉡은 ㉢의 반론이다.
③ ㉢은 ㉣의 이유이다.
④ ㉤은 ㉣의 부연이다.
⑤ ㉣은 ㉤의 근거이다.

Q 다음 제시된 문장의 밑줄 친 부분과 같은 의미로 쓰인 것을 고르시오. 【14~16】

14

> 새 학기가 되어서 반장을 맡게 되었다.

① 어르신의 보따리를 맡아 두다.
② 친구의 자리를 맡아 두어라.
③ 허락을 맡고 나가라.
④ 자기가 맡은 일을 잘해라.
⑤ 그 물건은 내가 맡아 둘게.

15

그녀의 의견에 대한 비판이 점차 줄었다.

① 인식이 줄었다.
② 너무 오래 끓여서 찌개가 반으로 줄었다.
③ 아프고 나서 몸무게가 줄었다.
④ 벌금이 100만 원에서 50만 원으로 줄었다.
⑤ 빨래를 했더니 옷이 줄었다.

16

엄숙함과 경건함이 잘 드러나도록 그린 예술작품

① 고국을 그리다.
② 풍경을 그리다.
③ 인간의 고뇌를 그린 소설
④ 미래의 내 모습을 그리다.
⑤ 안내원은 나에게 약도를 그려 주었다.

Q 다음 제시된 문장의 밑줄 친 부분과 다른 의미로 쓰인 것을 고르시오. 【17~19】

17

점령군의 편의를 위해 이루어진 약속이 결국 조국분단의 비극을 낳았다.

① 소문이 소문을 낳는다.
② 계속되는 거짓과 위선이 불신을 낳아 협력관계가 흔들리고 말았다.
③ 그는 우리나라가 낳은 세계적인 피아니스트이다.
④ 그의 행색이 남루함에도 불구하고 몸에 밴 어떤 위엄이 그런 추측을 낳은 것이다.
⑤ 한국전쟁은 조국 분단의 비극을 낳았다.

18

그는 보는 눈이 정확하다.

① 그 안경점에는 내 눈에 맞는 안경이 없다.
② 내 눈에는 이 건물의 골조가 튼튼하지 않은 것으로 보인다.
③ 유권자의 현명한 눈을 흐리려는 행위는 완전히 근절되어야 한다.
④ 이 책은 세계화를 보는 다양한 눈을 제공한다.
⑤ 여행은 세상 보는 눈을 넓히는 좋은 방법이다.

19

수심이 깊다.

① 수영할 때 깊은 곳에는 가지 마라.
② 그 우물은 매우 깊었다.
③ 바닥이 깊고 기름진 논.
④ 깊은 생각에 잠기다.
⑤ 나무의 뿌리가 깊은 곳까지 닿아 있다.

Q 제시된 단어와 상반된 의미를 가진 단어를 고르시오. 【20~21】

20

명시(明示)

① 중시(重視)
② 효시(梟示)
③ 무시(無視)
④ 경시(輕視)
⑤ 암시(暗示)

21

췌언(贅言)

① 방언(方言)
② 요언(要言)
③ 호언(豪言)
④ 번언(繁言)
⑤ 망언(妄言)

22 다음 중 단어의 쓰임이 옳지 않은 것은?

① 세계신기록을 갱신하다.
② 면허를 갱신하다.
③ 도서리스트를 갱신하다.
④ 공인인증서를 갱신하다.
⑤ 계약을 갱신하다.

Q 다음 제시된 단어가 같은 관계를 이루도록 (　　) 안에 알맞은 단어를 고르시오. 【23~25】

23

꽃 : 만개 = 수증기 : (　　)

① 증발
② 증가
③ 포화
④ 만기
⑤ 물

24

혼절 : 충격 = 사례 : (　　)

① 혼미
② 사양
③ 감사
④ 사경
⑤ 요행

25

정밀하다 : 조잡하다 = 성기다 : (　　)

① 경과하다
② 실하다
③ 정확하다
④ 서먹하다
⑤ 조밀하다

Q 다음에 제시된 단어관계와 동일한 관계에 있는 것을 고르시오. 【26~27】

26

양계 : 양돈

① 만년필 : 볼펜
② 기여 : 공헌
③ 서점 : 시집
④ 선잠 : 겉잠
⑤ 시계 : 바늘

27

차치하다 : 내버려두다

① 이례 : 통례
② 역경 : 순경
③ 본선 : 예선
④ 순간 : 찰나
⑤ 스치다 : 만나다

Q 단어의 상관관계를 파악하여 A, B에 알맞은 단어를 고르시오. 【28~29】

28

(A) : 감자 = 과일 : (B)

① A : 뿌리, B : 나무
② A : 채소, B : 배
③ A : 고구마, B : 열매
④ A : 튀김, B : 화채
⑤ A : 머리, B : 바구니

29

마늘 : (A) = 바늘 : (B)

① A : 단, B : 땀
② A : 대, B : 코
③ A : 단, B : 대
④ A : 대, B : 접
⑤ A : 단, B : 쾌

30 **다음 문장의 괄호 안에 들어갈 알맞은 단어는?**

정부예산은 단계마다 심의를 거쳐 필요성에 따라 증액과 삭감을 하지만 통상적으로 삭감되는 것이 (　　) 이다.

① 이례(異例)
② 범례(範例)
③ 의례(儀禮)
④ 상례(常禮)
⑤ 조례(條例)

31 갑, 을, 병, 정, 무가 달리기 시합을 하였다. 다음 중 알맞은 것은?

- 병은 정보다 빨리 달렸다.
- 정은 을보다 늦게 들어왔다.
- 무와 병 사이에는 2명이 있다.
- 무는 마지막으로 들어왔다.

A : 을은 1등으로 들어왔다.
B : 갑은 2등으로 들어왔다.

① A는 옳을 수도 있다.
② B만 항상 옳다.
③ A, B 모두 항상 옳다.
④ A, B 모두 옳지 않다.
⑤ A는 옳고, B는 옳지 않다.

32 다음의 진술로부터 도출될 수 없는 주장은?

어떤 사람은 신의 존재와 운명론을 믿지만, 모든 무신론자가 운명론을 거부하는 것은 아니다.

① 운명론을 거부하는 어떤 무신론자가 있을 수 있다.
② 운명론을 받아들이는 어떤 무신론자가 있을 수 있다.
③ 운명론과 무신론에 특별한 상관관계가 있는지는 알 수 없다.
④ 무신론자들 중에는 운명을 믿는 사람이 있다.
⑤ 모든 사람은 신의 존재와 운명론을 믿는다.

33 다음 지문에서 (   )에 들어갈 말로 가장 알맞은 것은?

지난 시절 일본 따라잡기에서 우리는 성공을 거두었다. 짧은 시간 안에 일본과 경제 · 소득 격차를 줄였고, 어떤 분야에선 일본을 앞지르기도 했다. (   ) 극일 다음에 우리가 맞이한 '일본병(病) 피하기'의 국가 과제에선 고전을 면치 못하고 있다. 지금 우리 사회 곳곳에서 벌어지는 상황을 보면 어쩌면 그렇게 똑같이 일본의 실패를 뒤따라가는지 신기할 정도다.

① 그러나
② 그러므로
③ 그리고
④ 그래서
⑤ 게다가

34 다음 글을 통하여 추리할 때, 글의 앞에 나왔을 내용으로 알맞은 것은?

팩션[사실을 뜻하는 '팩트(fact)'와 상상력을 뜻하는 '픽션(fiction)'이 합쳐진 말]은 이제 더 이상 우리에게 낯선 용어가 아니다. 소설은 물론이고 스크린과 브라운관을 넘나드는 다양한 작품들로 인해 팩션 전성시대를 누리고 있기 때문이다. 이처럼 작가의 상상력에 기댄 팩션 사극들이 시청자의 높은 반응을 얻는 것은 다양한 주제나 소재를 자유자재로 등장시킬 수 있는데다 사건과 인물의 변주폭을 극대화해서 팩션 사극은 역사 왜곡이라는 비판에 직면하기도 한다. 어찌 보면 팩션 붐은 시대적 요구에 따른 당연한 결과인지도 모를 일이다. 일본이 다시 독도와 위안부 문제를 들고 우리나라와 대립하고 있고, 연말 대선을 앞두고 올바른 정치적 리더를 간절히 원하는 대한민국의 현실 속에서 우리들은 역사의 기록되지 않은 부분을 통해 답을 얻고자 하는 마음이 팩션 열풍의 원인이라는 생각이 든다.

① '팩션'의 정의
② '팩션'의 장단점
③ 역사 왜곡의 문제점
④ '팩션' 사극의 종류
⑤ '팩션' 콘텐츠의 이유 있는 열풍

35 다음 제시된 글을 근거로 할 때, 항상 참이 되는 것은?

- 희경이는 경은이보다 뜨개질을 잘한다.
- 은주는 희경이보다 뜨개질을 잘한다.
- 지혜는 은주보다 바느질을 잘한다.

① 지혜는 경은이보다 뜨개질을 잘한다.
② 네 명 중 뜨개질을 가장 못하는 사람은 경은이다.
③ 은주는 경은이보다 뜨개질을 잘한다.
④ 지혜는 네 명 중에서 가장 바느질을 잘한다.
⑤ 희경이는 은주보다 바느질을 잘한다.

36 다음 제시된 전제에 따라 결론을 추론하면?

- 사랑하는 사람들은 생활에 즐거움을 느낀다.
- 생활에 즐거움을 느낀다는 것은 행복하다는 것이다.

① 사랑만이 행복의 전부는 아니다.
② 때로는 행복하지 않을 때도 있다.
③ 생활의 활력소는 사랑이다.
④ 사랑하는 사람들은 행복하다.
⑤ 사랑을 해도 행복하지 않을 수 있다.

37 A, B, C, D, E 5명이 나란히 줄을 섰더니 다음과 같은 사항을 알게 되었다. 뒤에서 두 번째에 서있는 사람은 누구인가?

- A 앞에 2명의 사람이 있으며 C 바로 뒤에 A가 있다.
- C 앞에 한 명의 사람이 있다.
- B 바로 뒤에 E가 있으며 D는 B보다 앞에 있다.

① A
② B
③ C
④ D
⑤ E

38 다음에 제시된 명제가 참일 때 보기 중에서 참인 것을 고르면?

운동하는 사람은 건강하다.

① 운동은 건강에 영향을 미친다.
② 운동선수가 아니면 운동을 잘하지 못한다.
③ 건강하지 않으면 운동하지 않는 사람이다.
④ 운동을 잘하면 운동선수이다.
⑤ 건강한 사람은 운동을 잘한다.

39 다음 글에서 아래의 주어진 문장이 들어가기에 가장 알맞은 곳은?

(가) 요즘 우리 사회에서는 정보화 사회에 대한 논의도 활발하고 그에 대한 노력도 점차 가속화되고 있다. (나) 정보화 사회에 대한 인식이나 노력의 방향이 잘못되어 있는 경우가 많다. (다) 정보화 사회의 본질은 정보기기의 설치나 발전에 있는 것이 아니라 그것을 이용한 정보의 효율적 생산과 유통, 그리고 이를 통한 풍요로운 삶의 추구에 있다. (라) 정보기기에 급급하여 이에 종속되기보다는 그것의 효과적인 사용이나 올바른 활용에 정보화 사회에 대한 우리의 논의가 집중되어야 할 것이다. (마)

대부분의 사람들은 정보기기를 구입하고 이를 설치해 놓는 것으로 마치 정보화 사회가 이루어지는 것처럼 여기고 있다.

① (가)
② (나)
③ (다)
④ (라)
⑤ (마)

40 다음 글의 내용과 일치하지 않는 것은?

아침에 땀을 빼는 운동을 하면 식욕을 줄여준다는 연구결과가 나왔다. 미국 A대학 연구팀이 35명의 여성을 대상으로 이틀간 아침 운동에 따른 식욕의 변화를 측정한 결과다. 연구팀은 첫 번째 날은 45분간 운동을 시키고, 다음날은 운동을 하지 않게 하고는 음식 사진을 보여줬다. 이때 두뇌 부위에 전극장치를 부착해 신경활동을 측정했다. 그 결과 운동을 한 날은 운동을 하지 않은 날에 비해 음식에 대한 주목도가 떨어졌다. 음식을 먹고 싶다는 생각이 그만큼 덜 든다는 얘기다. 뿐만 아니라 운동을 한 날은 하루 총 신체활동량이 증가했다. 운동으로 소비한 열량을 보충하기 위해 음식을 더 먹지도 않았다. 운동을 하지 않은 날 소모한 열량과 비슷한 열량을 섭취했을 뿐이다. 실험 참가자의 절반가량은 체질량지수(BMI)를 기준으로 할 때 비만이었는데, 이와 같은 현상은 비만 여부와 상관없이 나타났다.

① 운동을 한 날은 운동을 하지 않은 날에 비해 음식에 대한 주목도가 떨어졌다.
② 운동은 신경활동과 신체활동량에 영향을 미친다.
③ 비만여부와 상관없이 아침운동은 식욕을 감소시킨다.
④ 운동을 한 날은 신체활동량이 증가한다.
⑤ 체질량지수와 실제 비만 여부와의 관계는 상관성이 떨어진다.

41 다음 글의 주제로 가장 적합한 것은?

유럽의 도시들을 여행하다 보면 여기저기서 벼룩시장이 열리는 것을 볼 수 있다. 벼룩시장에서 사람들은 낡고 오래된 물건들을 보면서 추억을 되살린다. 유럽 도시들의 독특한 분위기는 오래된 것을 쉽게 버리지 않는 이런 정신이 반영된 것이다.
영국의 옥스팜(Oxfam)이라는 시민단체는 헌옷을 수선해 파는 전문 상점을 운영해, 그 수익금으로 제3세계를 지원하고 있다. 파리 시민들에게는 유행이 따로 없다. 서로 다른 시절의 옷들을 예술적으로 배합해 자기만의 개성을 연출한다.
땀과 기억이 배어 있는 오래된 물건은 실용적 가치만으로 따질 수 없는 보편적 가치를 지닌다. 선물로 받아서 10년 이상 써 온 손때 묻은 만년필을 잃어버렸을 때 느끼는 상실감은 새 만년필을 산다고 해서 사라지지 않는다. 그것은 그 만년필이 개인의 오랜 추억을 담고 있는 증거물이자 애착의 대상이 되었기 때문이다. 그러기에 실용성과 상관없이 오래된 것은 그 자체로 아름답다.

① 서양인들의 개성은 시대를 넘나드는 예술적 가치관으로부터 표현된다.
② 실용적가치보다 보편적인 가치를 중요시해야 한다.
③ 만년필은 선물해준 사람과의 아름다운 기억과 오랜 추억이 담긴 물건이다.
④ 오래된 물건은 실용적인 가치보다 더 중요한 가치를 지니고 있다.
⑤ 오래된 물건은 실용적 가치만으로 따질 수 없는 개인의 추억과 같은 보편적 가치를 지니기에 그 자체로 아름답다.

Q 다음 문장의 빈칸에 공통으로 들어갈 단어로 가장 알맞은 것을 고르시오. 【42~43】

42

- 우리의 문화에는 유교 문화가 깊이 (   )해 있다.
- 오랜 기간 비가 와서 건물 내벽이 (   )으로 얼룩이 졌다.

① 침윤
② 침전
③ 침식
④ 침강
⑤ 침하

43

- 자발적 시민 참여를 통한 사회복지 증진도 (   )할 예정이다.
- 직원들 간의 친목 (   )를 위해 주말에 야유회를 가기로 했다.
- 관광객의 편익 (   )를 최우선으로 해야 한다.

① 협의(協議)
② 상의(詳議)
③ 도모(圖謀)
④ 합의(合意)
⑤ 협상(協商)

Q 다음 문장을 읽고 전체의 뜻이 가장 잘 통하도록 ( ) 안에 적합한 단어를 고르시오. 【44~46】

44

> 매사에 집념이 강한 승호의 성격으로 볼 때 그는 이 일을 ( ) 성사시키고야 말 것이다.

① 마침내　　② 도저히
③ 기어이　　④ 일찍이
⑤ 게다가

45

> 음성을 인식하기 위해서 먼저 입력된 신호에서 잡음을 제거한 후 음성 신호만 추출한다. 그런 다음 음성 신호를 하나의 음소로 판단되는 구간인 '음소 추정 구간'들의 배열로 바꾸어 준다. ( ) 음성 신호를 음소 단위로 정확히 나누는 것은 쉽지 않다. 이를 해결하기 위해 먼저 음성 신호를 일정한 시간 간격의 '단위 구간'으로 나누고, 이 단위 구간 하나만으로 또는 연속된 단위 구간을 이어 붙여 음소 추정 구간들을 만든다.

① 그래서　　② 그런데
③ 그럼에도　　④ 예를 들면
⑤ 그러므로

46

뇌의 진화는 대개 '생존의 뇌', '감정의 뇌', '사고의 뇌'의 세 단계로 나뉜다. 인간은 사고의 뇌를 갖춘 대표적인 동물로 간주된다. 하지만 정도와 방법의 차이는 있을지 모르지만 뇌를 가진 동물이라면 누구나 나름대로 사고할 줄 아는 능력을 갖췄다. ( ) 영장류, 그 중에서도 침팬지나 보노보에 이르면 그들의 뇌는 우리 인간의 뇌와 구조적으로 거의 구별이 되지 않는다. 그러나 많은 동물들이 '생각하는 뇌'를 갖고 있지만 그들의 생각을 설명하고 구연할 줄은 모른다.
꿀벌은 꿀이 있는 장소로 동료들을 인도하기 위해 춤이라는 상징적인 기호를 사용하여 방향과 거리에 관한 정보를 전달한다. 그러나 그들의 귀납적 능력은 한 두 영역에 제한되어 나타난다. 인간은 모든 현상을 독립적으로 경험하고 그 인과관계를 익히지 않더라도 서로 다른 현상들의 귀납들을 한데 묶어 의미를 추출한다. 신화를 창조할 수 있는 유일한 동물이 바로 우리 인간이다. 피카소는 예술을 가리켜 "우리로 하여금 진실을 볼 수 있게 해 주는 거짓말"이라 했다. 예술과 종교를 창조할 줄 아는 유일한 동물도 또한 우리 인간이다.

① 요컨대
② 특히
③ 그러나
④ 그리하여
⑤ 한편

Q 다음 빈칸에 들어갈 내용으로 가장 적합한 것을 고르시오. 【47~48】

47

문화란, 인간의 생활을 편리하게 하고, 유익하게 하고, 행복하게 하는 것이니, 이것은 모두 _____의 소산인 것이다. 문화나 이상이나 다 같이 사람이 추구하는 대상이 되는 것이요, 또 인생의 목적이 거기에 있다는 점에서는 동일하다. 그러나 이 두 가지가 완전히 일치하는 것은 아니니, 그 차이점은 여기에 있다. 즉, 문화는 인간의 이상이 이미 현실화된 것이요, 이상은 현실 이전의 문화라 할 수 있다. 어쨌든, 이 두 가지를 추구하여 현실화하는 데에는 지식이 필요하고, 이러한 지식의 공급원으로는 다시 서적이란 것으로 돌아오지 않을 수가 없다. 문화인이면 문화인일수록 서적 이용의 비율이 높아지고, 이상이 높으면 높을수록 서적 의존도 또한 높아지는 것이 당연하다. 오늘날, 정작 필요한 지식은 서적을 통해 입수하기 어렵다는 불평이 많은 것도 사실이다. 그러나 인류가 지금까지 이루어낸 서적의 양은 실로 막대한 바가 있다. 옛말의 '오거서(五車書)'와 '한우충동(汗牛充棟)' 등의 표현으로는 이야기도 안 될 만큼 서적이 많아졌다. 우리나라 사람은 일반적으로 책에 관심이 적은 것 같다. 학교에 다닐 때에는 시험이란 악마의 위력 때문이랄까, 울며 겨자 먹기로 교과서를 파고들지만, 일단 졸업이란 영예의 관문을 돌파한 다음에는 대개 책과는 인연이 멀어지는 것 같다.

① 과학
② 문명
③ 지식
④ 서적
⑤ 의식

48

마리아 릴케는 많은 글에서 '위대한 내면의 고독'을 즐길 것을 권했다. '고독은 단 하나 뿐이며 그것은 위대하며 견뎌 내기가 쉽지 않지만, 우리가 맞이하는 밤 가운데 가장 조용한 시간에 자신의 내면으로 걸어 들어가 몇 시간이고 아무도 만나지 않는 것, 바로 이러한 상태에 이를 수 있도록 노력해야 한다'고 언술했다. 고독을 버리고 아무하고나 값싼 유대감을 맺지 말고, 우리의 심장의 가장 깊숙한 심실(心室) 속에 _______ 을 꽉 채우라고 권면했다.

① 나태
② 권태
③ 흥미
④ 고독
⑤ 이로움

Q 다음 제시된 문장의 밑줄 친 부분이 같은 의미로 쓰인 것을 고르시오. 【49~50】

49

어렵사리 책을 <u>손</u>에 넣었다.

① 엄마는 <u>손</u>이 크시다.
② 우리 집이 남의 <u>손</u>에 들어갔다.
③ 식사 전에는 반드시 <u>손</u>을 씻어야 한다.
④ 김장철에는 <u>손</u>이 모자라다.
⑤ 우리 집에는 늘 자고 가는 <u>손</u>이 많다.

50

동네에서 우연히 선배를 <u>만났다</u>.

① 동생을 <u>만나러</u> 가는 길이다.
② 퇴근길에 갑자기 비를 <u>만났다</u>.
③ 친구는 깐깐한 상사를 <u>만나</u> 고생한다.
④ 이곳은 바다와 육지가 <u>만나는</u> 곳이다.
⑤ 우리는 그의 소설에서 일그러진 우리들의 모습과 <u>만나게</u> 된다.

Q 다음에 제시된 문장의 밑줄 친 부분과 의미가 가장 다른 것을 고르시오. 【51~52】

51 ① 자정이 되어서야 목적지에 이르다.
② 결론에 이르다.
③ 중대한 사태에 이르다.
④ 위험한 지경에 이르러서야 사태를 파악했다.
⑤ 그는 열다섯에 이미 키가 육 척에 이르렀다.

52 ① 이 한약재는 소화를 돕는다.
② 민수는 물에 빠진 사람을 도왔다.
③ 불우이웃을 돕다.
④ 한국은 허리케인으로 인하여 발생한 미국의 수재민을 도왔다.
⑤ 어려운 생계를 돕기 위해 아르바이트를 했다.

Q 다음 조건이 참이라고 할 때 항상 참인 것을 고르시오. 【53~55】

53

- A는 수영을 못하지만 B보다 달리기를 잘한다.
- B는 C보다 수영을 잘한다.
- C는 D보다 수영을 잘한다.
- D는 C보다 수영을 못하지만 A보다는 달리기를 잘한다.

① C는 달리기를 못한다.
② A가 수영을 가장 못한다.
③ D는 B보다 달리기를 잘한다.
④ 수영을 가장 잘하는 사람은 C이다.
⑤ B는 A보다 수영을 못한다.

54

- 철수는 위로 누나가 두 명 있다.
- 철수와 영희는 남매이다.
- 영희는 맏딸이다.
- 철수는 막내가 아니다.

① 영희는 남동생이 있다.
② 영희는 동생이 두 명 있다.
③ 철수는 여동생이 있다.
④ 철수는 남동생이 있다.
⑤ 영희는 여동생 한 명과 남동생 한 명이 있다.

55

- 은지, 주화, 민경이 각자 보충수업으로 서로 다른 과목을 선택하였다.
- 과목은 국어, 영어, 수학이다.
- 은지는 국어를 선택하지 않았다.
- 주화가 민경이는 수학을 선택하였다고 말했다.

① 민경이는 국어를 선택하였다.
② 주화는 영어를 선택하였다.
③ 은지는 수학을 선택하였다.
④ 은지는 국어를 선택하였다.
⑤ 주화는 국어를 선택하였다.

56 **세 극장 A, B와 C는 직선도로를 따라 서로 이웃하고 있다. 이들 극장의 건물 색깔이 회색, 파란색, 주황색이며 극장 앞에서 극장들을 바라볼 때 다음과 같다면 옳은 것은?**

- B극장은 A극장의 왼쪽에 있다.
- C극장의 건물은 회색이다.
- 주황색 건물은 오른쪽 끝에 있는 극장의 것이다.

① A의 건물은 파란색이다.
② A는 가운데 극장이다.
③ B의 건물은 주황색이다.
④ C는 맨 왼쪽에 위치하는 극장이다.
⑤ 모두 정답이다.

57 **민수, 영민, 민희 세 사람은 제주도로 여행을 가려고 한다. 제주도까지 가는 방법에는 고속버스 → 배 → 지역버스, 자가용 → 배, 비행기의 세 가지 방법이 있을 때 민수는 고속버스를 타기 싫어하고 영민이는 자가용 타는 것을 싫어한다면 이 세 사람이 선택할 것으로 생각되는 가장 좋은 방법은?**

① 고속버스, 배
② 자가용, 배
③ 비행기
④ 지역버스, 배
⑤ 정답 없음

58 **다음 문장을 읽고 보기에서 바르게 서술한 것은?**

각각의 정수 A, B, C, D를 모두 곱하면 0보다 크다.

① A, B, C, D 모두 양의 정수이다.
② A, B, C, D의 합은 양수이다.
③ A, B, C, D 중 절대값이 같은 2개를 골라 더했을 경우 0보다 크다면 나머지의 곱은 0보다 크다.
④ A, B, C, D 중 3개를 골라 더했을 경우 0보다 작으면 나머지 1개는 0보다 작다.
⑤ A, B, C, D 중 절대값이 같은 2개를 골라 더했을 경우 0보다 크다면 하나는 반드시 음수이다.

59 다음 사실로부터 추론할 수 있는 것은?

- 수지는 음악 감상을 좋아한다.
- 수지는 수학과 과학을 싫어한다.
- 수지는 국사를 좋아한다.
- 오디오는 거실에 있다.

① 수지는 공부를 하고 있다.
② 수지는 거실에 있는 것을 즐긴다.
③ 수지는 좋아하는 과목이 적어도 하나는 있다.
④ 수지는 과학보다는 수학을 좋아한다.
⑤ 수지는 지금 거실에 있다.

60 현역병이 휴가 중 귀대하다가 폭행사건에 휘말리게 되었다. 처벌을 두려워한 현역병은 사복으로 갈아입고 몰래 부대로 복귀하기 위해 열차를 탔다. 그 열차에는 공군, 육군, 해군, 해병대 소속의 병사들이 2명씩 각각 마주보고 앉아 있었는데 모두 사복으로 갈아입고 있었다. 창 쪽에 앉은 두 사람은 밖의 경치를 보고 있었고 통로 쪽의 두 사람은 책을 보고 있었다. 헌병대가 제보를 받고 열차를 수색하면서 다음과 같은 사실을 알았을 때 사고를 일으킨 병사의 소속부대는?

㉠ 사고를 일으킨 병사는 검은색 티셔츠를 입고 있다.
㉡ A는 주황색 티셔츠를 입고 있다.
㉢ 노란색 티셔츠를 입고 있는 사람은 해군 병사의 오른쪽에 앉아있다.
㉣ 해병대 병사는 왼쪽으로 얼굴을 돌려 밖을 보고 있었다.
㉤ 육군 병사는 하얀색 티셔츠를 입고 있다.
㉥ 해병대 병사는 B의 왼쪽에 앉아 있다.
㉦ 공군 병사의 앞에는 C가 앉아있다.
㉧ 하얀색 티셔츠를 입은 사람과 주황색 티셔츠를 입은 사람은 마주 보고 있다.

① 공군 ② 육군
③ 해군 ④ 해병대
⑤ 알 수 없음

Q 다음을 읽고 물음에 답하시오. 【61~62】

고대 중국인들은 인간이 행하지 못하는 불가능한 일은 그들이 신성하다고 생각한 하늘에 의해서 해결 가능하다고 보았다. 그리하여 하늘은 인간에게 자신의 의지를 심어 두려움을 갖고 복종하게 하는 의미뿐만 아니라 인간의 모든 일을 책임지고 맡아서 처리하는 의미로까지 인식되었다. 그 당시에 하늘은 인간에게 행운과 불운을 가져다 줄 수 있는 힘이고, 인간의 개별적 또는 공통적 운명을 지배하는 신비하고 절대적인 존재라는 믿음이 형성되었다. 이러한 하늘에 대한 인식은 결과적으로 하늘을 권선징악의 주재자로 보고, 모든 새로운 왕조의 탄생과 정치적 변천까지도 그것에 의해 결정된다는 믿음의 근거로 작용하였다. 하지만 그러한 하늘에 대한 인식은 인간 지혜의 성숙과 문명의 발달로 인한 새로운 시대의 요구에 의해서 대폭 수정될 수밖에 없었다.
순자의 하늘에 대한 주장은 그 당시까지 진행된 하늘의 논의와 엄격히 구분될 뿐만 아니라 그것을 매우 새롭게 변모시킨 하나의 획기적인 사건으로 규정지을 수 있다. 순자는 하늘을 단지 자연현상으로 보았다. 그가 생각한 하늘은 별, 해와 달, 사계절, 추위와 더위, 바람 등의 모든 자연현상을 가리킨다. 따라서 하늘은 사람을 가난하게 만들 수도 없고, 병들게 할 수도 없고, 재앙을 내릴 수도 없고, 부자로 만들 수도 없으며, 길흉화복을 줄 수도 없다. 사람들이 치세(治世)와 난세(亂世)를 하늘과 연결시키는 것은 심리적으로 하늘에 기대는 일일 뿐이다. 치세든 난세든 그 원인은 사람에게 있는 것이지 하늘과는 무관하다. 사람이 받게 되는 재앙과 복의 원인도 모두 자신에게 있을 뿐 불변의 질서를 갖고 있는 하늘에 있지 않다.
하늘은 그 자체의 운행 법칙을 따로 갖고 있어 인간의 길과 다르다. 천체의 운행은 불변의 정규 궤도에 따른다. 해와 달과 별이 움직이고 비가 내리고 바람이 부는 것은 모두 제 나름의 길이 있다. 사계절은 말없이 주기에 따라 움직일 뿐이다. 물론 일식과 월식이 일어나고 비바람이 아무 때나 일고 괴이한 별이 언뜻 출현하는 경우는 있을 수 있다. 하지만 이런 일이 항상 벌어지는 것은 아니며 하늘이 이상 현상을 드러내 무슨 길흉을 예시하는 것은 더더욱 아니다. 즉, 하늘은 아무 이야기도 하지 않는데 사람들은 하늘과 관련된 이야기를 만들어 낸다는 것이다. 그래서 순자는 천재지변이 일어난다고 해서 하늘의 뜻이 무엇인지 알려고 노력할 필요가 없다고 말한다. 그것이 바로 순자가 말하는 ㈎ <u>불구지천(不求知天)</u>의 본뜻이다.
순자가 말한 '불구지천'의 뜻은 자연현상으로서의 하늘이 아니라 하늘에 무슨 의지가 있다고 주장하고 그것을 알아내겠다고 덤비는 종교적 사유의 접근을 비판하려는 것이다. 그러니까 억지로 하늘의 의지를 알려고 힘을 쏟을 필요가 없다. 사람들은 자연현상에 대해 특별한 의미를 부여하지 말고 오직 인간 사회에서 스스로가 해야 할 일을 열심히 해야 한다. 즉, 재앙이 닥치면 공포에 떨며 기도나 하는 것이 아니라 적극적인 행위로 그것을 이겨내야 한다는 것이다.
순자의 관심은 하늘에 있지 않고 사람에 있었다. 특히 인간 사회의 정치야말로 순자가 중점을 둔 문제였다. 순자는 "하늘은 만물을 낳을 수 있지만 만물을 변별할 수는 없다."라고 말한다. 이는 인간도 만물의 하나로 하늘이 낳은 존재이나 하늘은 인간을 낳았을 뿐 인간을 다스리려는 의지는 갖고 있지 않다는 것이다. 따라서 하늘은 혈기나 욕구를 지닌 존재도 아니다. 그저 만물을 생성해 내는 자연일 뿐이다.

61 윗글의 논지 전개 방식으로 옳은 것은?

① 특정 대상에 대한 새로운 관점을 제시하고 그 관점에 대한 내용을 구체화하고 있다.
② 문제를 제기한 후 그 원인을 다양한 측면에서 논리적으로 분석하고 있다.
③ 특정 이론에 대한 비판들을 검토하고 그 이론에 대한 의의를 밝히고 있다.
④ 상반된 입장의 장점과 단점을 종합하여 더 나은 결론을 도출하고 있다.
⑤ 특정한 가설을 설정하고 구체적 사례를 들어 증명하고 있다.

62 (가)에 대한 설명으로 옳지 않은 것을 보기에서 모두 고르면?

> ㉠ 재앙이 닥쳤을 때 인간들의 의지를 중시하기보다 하늘에 기대야 한다.
> ㉡ 자연은 제 나름대로 변화의 길이 있으며 이는 인간의 길과 다르다.
> ㉢ 치세와 난세의 원인을 권선징악의 주재자인 하늘에서 찾고자 한다.
> ㉣ 하늘의 의지를 알아보려는 종교적 사유의 접근을 비판하고자 한다.

① ㉠㉡
② ㉠㉢
③ ㉠㉣
④ ㉡㉢
⑤ ㉡㉣

63 **다음 중 밑줄 친 부분을 뒷받침하는 논거로 알맞은 것은?**

> 문학이 추상적 · 관념적인 데 반해 영화는 구체적 · 감각적이기 때문에 영화는 문학처럼 심오한 사상이나 복잡한 심리를 세밀하게 묘사하는 데 있어 제한을 받는다. 그러나 영화가 이러한 제한을 받는다는 이유로 대중의 기호에만 맞게 만들어진다는 것은 분명한 편견이다.

① 문학 작품 가운데에도 대중의 기호에 부합하는 것이 있다.
② 영화도 여러 기법을 통해 추상적 · 관념적인 내용을 효과적으로 드러낼 수 있다.
③ 대중의 기호는 언제나 변화한다.
④ 대중은 구체적 · 감각적인 것을 추상적 · 관념적인 것보다 선호하는 경향을 보이니다.
⑤ 예술성이 뛰어난 영화는 대중의 호응을 얻기 힘들다.

64 **다음에 제시된 글을 가장 잘 요약한 것은?**

> 해는 동에서 솟아 서로 진다. 하루가 흘러가는 것은 서운하지만 한낮에 갈망했던 현상이다. 그래서 해가 지면 농부는 얼씨구 좋다고 외치는 것이다. 해가 지면 신선한 바람이 불어오니 노랫소리가 절로 나오고, 아침에 모여 하루 종일 일을 같이 한 친구들과 헤어지며 내일 또 다시 만나기를 기약한다. 그리고는 귀여운 처자가 기다리는 가정으로 돌아가 빵긋 웃는 어린 아기를 만나게 된다. 행복한 가정으로 돌아가 하루의 고된 피로를 풀게 된다. 고된 일은 바로 이 행복한 가정을 위해서있는 것이다. 그래서 고된 노동을 불평만 하지 않고, 탄식만 하지 않고 긍정함으로써 삶의 의욕을 보이는 지혜가 있었다.

① 농부들은 하루 종일 힘겨운 일을 하면서도 가정의 행복만을 생각했다.
② 농부들은 자신이 고된 일을 하는 것이 행복한 가정을 위한 것임을 깨달아 불평불만을 해소하려 애썼다.
③ 가정의 행복을 위해서라면 고된 일일지라도 불평하지 않고 긍정적으로 해 나가야 한다는 생각을 농부들은 지니고 있었다.
④ 해가 지면 집에 돌아가 가족과 행복한 시간을 보낼 수 있다는 희망에 농부들은 고된 일을 하면서도 불평을 하지 않고 즐거운 삶을 산다.
⑤ 농부들은 모두 행복한 가정이 있다.

65 다음 주어진 글의 중심 내용으로 적절한 것은?

전문적 읽기는 직업이나 학업과 관련하여 전문적으로 글을 읽는 방법을 말하는데, 주제 통합적 독서와 과정에 따른 독서가 여기에 포함된다.
주제 통합적 독서는 어떤 문제를 해결하려고 주제와 관련된 다양한 글을 서로 비교하여 읽고 자신의 관점을 정리하는 것을 말한다. 보고서를 쓰려고 주제와 관련된 여러 자료를 서로 비교하면서 읽는 것을 그 예로 들 수 있다.
과정에 따른 독서는 '훑어보기, 질문 만들기, 읽기, 확인하기, 재검토하기' 등과 같은 순서로 읽는 방법을 말한다. 훑어보기 단계에서는 제목이나 목차, 서론, 결론, 삽화 등을 보고 내용을 예측하면서 대략적으로 훑어본다. 질문하기 단계에서는 훑어보기를 바탕으로 궁금하거나 알고 싶은 내용들을 스스로 질문한다. 질문은 육하원칙(누가, 무엇을, 언제, 어디서, 왜, 어떻게)을 활용하고, 메모해 두는 것이 좋다. 읽기 단계에서는 훑어보기와 질문하기 내용을 염두에 두고 실제로 글을 읽어 나간다. 확인하기 단계에서는 앞의 질문하기 단계에서 제기한 질문들에 대한 내용을 확인하거나 메모한다. 재검토하기 단계에서는 지금까지 진행한 모든 단계들을 종합하여 주요 내용들을 재검토하여 정리하고 확인한다.

① 학업과 관련한 독서 방법
② 과정에 따른 독서의 순서
③ 전문적 읽기 방법
④ 주제 통합적 독서의 중요성
⑤ 보고서 작성을 위한 독서

66 다음 내용에서 주장하고 있는 것은?

기본적으로 한국 사회는 본격적인 자본주의 시대로 접어들었고 그것은 소비사회, 그리고 사회 구성원들의 자기표현이 거대한 복제기술에 의존하는 대중문화 시대를 열었다. 현대인의 삶에서 대중매체의 중요성은 더욱 더 높아지고 있으며 따라서 이제 더 이상 대중문화를 무시하고 엘리트 문화지향성을 가진 교육을 하기는 힘든 시기에 접어들었다. 세계적인 음악가로 추대 받고 있는 비틀즈도 영국 고등학교가 길러낸 음악가이다.

① 대중문화에 대한 검열이 필요하다
② 한국에서 세계적인 음악가의 탄생을 위해 고등학교에서 음악 수업의 강화가 필요하다.
③ 한국 사회에서 대중문화를 인정하는 것은 중요하다.
④ 교양 있는 현대인의 배출을 위해 고전음악에 대한 교육이 필요하다.
⑤ 대중문화의 중요성을 주장하기엔 시기적절치 않다.

67 다음 글의 주제로 알맞은 것은?

> 혈연의 정, 부부의 정, 이웃 또는 친지의 정을 따라서 서로 사랑하고 도와가며 살아가는 지혜가 곧 전통 윤리의 기본이다. 정에 바탕을 둔 윤리인 까닭에 우리나라의 전통 윤리에는 자기중심적인 일면이 있다. 정이라는 것은 자기와의 관계가 가까운 사람에 대해서는 강하게 일어나고 먼 사람에 대해서는 약하게 일어나는 것이 보통이므로, 정에 바탕을 둔 윤리가 명령하는 행위는 상대가 누구냐에 따라서 달라질 수 있다. 예컨대, 남의 아버지보다는 내 아버지를 더 위하고 남의 아들보다는 내 아들을 더 아끼는 것이 정에 바탕을 둔 윤리에 부합하는 태도이다.

① 남의 아버지보다 내 아버지를 더 위해야 한다.
② 우리나라의 전통윤리는 정(情)에 바탕을 둔 윤리이다.
③ 우리나라의 전통 윤리는 자기중심적인 면이 강하다.
④ 공과 사를 철저히 구분하는 것이 전통윤리에 부합하는 행동이다.
⑤ 정을 중시하는 문화를 가진 사람들은 마음이 따듯하다.

68 단락이 통일성을 갖추기 위해 빈칸에 들어갈 문장으로 알맞지 않은 것은?

> 서구 열강이 동아시아에 영향력을 확대시키고 있던 19세기 후반, 동아시아 지식인들은 당시의 시대 상황을 전환의 시대로 인식하고 이러한 상황을 극복하기 위해 여러 방안을 강구했다. 조선 지식인들 역시 당시 상황을 위기로 인식하면서 다양한 해결책을 제시하고자 했지만, 서양 제국주의의 실체를 정확하게 파악할 수 없었다. 그들에게는 서양 문명의 본질에 대해 치밀하게 분석하고 종합적으로 고찰할 지적 배경이나 사회적 여건이 조성되지 못했기 때문이다. 그들은 자신들의 세계관에 근거하여 서양 문명을 판단할 수밖에 없었다. 당시 지식인들에게 비친 서양 문명의 모습은 대단히 혼란스러웠다. 과학기술 수준은 높지만 정신문화 수준은 낮고, 개인의 권리와 자유가 무한히 보장되어 있지만 사회적 품위는 저급한 것으로 인식되었다. 그래서 그들은 서양 자본주의 문화의 원리와 구조를 정확히 인식하지 못해 ____________________

① 빈부격차의 심화, 독점자본의 폐해, 금융질서의 혼란 등 서양 자본주의 문화의 폐해에 대처할 능력이 없었다.
② 겉으로는 보편적 인권과 민주주의를 표방하면서도 실제로는 제국주의적 야욕을 드러내는 서구 열강의 이중성을 깊게 인식할 수 없었다.
③ 당시 조선의 지식인들은 서양문화의 장 · 단점을 깊이 이해하고 우리나라의 현실에 맞도록 잘 받아들였다.
④ 당시 조선의 지식인들은 서양의 문화에 대한 해석이 서로 판이하게 달랐다.
⑤ 서양의 발달된 과학기술은 받아들이되 정신문화는 그대로 유지하자는 지식인들도 많이 존재했다.

69 다음 지문의 내용을 통해 알 수 없는 것은?

이탈리아의 작곡가 비발디는 1678년 베네치아 상 마르코 극장의 바이올리니스트였던 지오반니 바티스타 비발디의 장남으로 태어났다. 어머니가 큰 지진에 놀라는 바람에 칠삭둥이로 태어났다는 그는 어릴 때부터 시름시름 앓으면서 간신히 성장했다. 당시 이탈리아의 3대 음악 명문 중 한 집안 출신답게 비발디는 소년 시절부터 바이올린 지도를 아버지에게 충분히 받았고, 이것이 나중에 그가 바이올린의 대가로 성장할 수 있는 밑받침이 되었다.

15세 때 삭발하고 하급 성직자가 된 비발디는 25세 때 서품을 받아 사제의 길로 들어섰다. 그리고 그해 9월 베네치아의 피에타 여자 양육원의 바이올린 교사로 취임했다. 이 양육원은 여자 고아들만 모아 키우는 일종의 고아원으로 특히 음악 교육에 중점을 두던 곳이었다. 비발디는 이곳에서 실기 지도는 물론 원생들로 구성된 피에타 관현악단의 지휘를 맡아 했으며, 그들을 위해 여러 곡을 작곡하기도 했다. 비발디의 음악이 대체로 아름답기는 하지만 다소 나약하다는 평을 듣는 이유가 이 당시 여자아이들을 위해 쓴 곡이 많기 때문이라는 이야기도 있다.

근대 바이올린 협주곡의 작곡 방법의 기초를 마련했다는 평을 듣는 그는 79개의 바이올린 협주곡, 18개의 바이올린 소나타, 12개의 첼로를 위한 3중주곡 등 수많은 곡을 썼다. 뿐만 아니라 38개의 오페라와 미사곡, 모데토, 오라토리오 등 교회를 위한 종교 음악도 많이 작곡했다.

허약한 체질임에도 불구하고 초인적인 창작 활동을 한 비발디는 자신이 명바이올리니스트였던 만큼 독특하면서 화려한 기교가 담긴 바이올린 협주곡들을 만들었고, 이 작품들은 아직 까지도 많은 사람들의 사랑을 받고 있다.

그러나 오페라의 흥행 사업에 손을 대고, 여가수 안나 지로와 염문을 뿌리는 등 그가 사제로서의 의무를 충실히 했는가에 대해서는 많은 의문의 여지가 있다. 자만심이 강하고 낭비벽이 심했던 그의 성격도 갖가지 일화를 남겼다. 이런 저런 이유로 사람들의 빈축을 사 고향에서 쫓겨나다시피 한 그는 각지를 전전하다가 오스트리아의 빈에서 객사해 그곳의 빈민 묘지에 묻혔다.

① 비발디는 피에타 여자 양육원의 바이올린 교사로 취임하기도 했다.
② 비발디는 수많은 바이올린 협주곡을 작곡하였다.
③ 비발디는 이탈리아의 유명한 작곡가이자 바이올리니스트였다.
④ 비발디는 교향곡 작곡가로도 명성을 날렸다.
⑤ 비발디는 바이올린 협주곡 외 종교 음악도 많이 작곡하였다.

70 다음 글의 내용과 부합하지 않는 것은?

> 인간은 광장에 나서지 않고는 살지 못한다. 표범의 가죽으로 만든 징이 울리는 원시인의 광장으로부터 한 사회에 살면서 끝내 동료인 줄도 모르고 생활하는 현대적 산업 구조의 미궁에 이르기까지 시대와 공간을 달리하는 수많은 광장이 있다.
> 그러면서도 한편으로 인간은 밀실로 물러서지 않고는 살지 못하는 동물이다. 혈거인의 동굴로부터 정신병원의 격리실에 이르기까지 시대와 공간을 달리하는 수많은 밀실이 있다.
> 사람들이 자기의 밀실로부터 광장으로 나오는 골목은 저마다 다르다. 광장에 이르는 골목은 무수히 많다. 그곳에 이르는 길에서 거상(巨象)의 자결을 목도한 사람도 있고 민들레 씨앗의 행방을 쫓으면서 온 사람도 있다.
>
> –〈중략〉–
>
> 어떤 경로로 광장에 이르렀건 그 경로는 문제될 것이 없다. 다만 그 길을 얼마나 열심히 보고 얼마나 열심히 사랑했느냐에 있다. 광장은 대중의 밀실이며 밀실은 개인의 광장이다.
> 인간을 이 두 가지 공간이 어느 한쪽에 가두어버릴 때, 그는 살 수 없다. 그 때 광장에 폭동의 피가 흐르고 밀실에서 광란의 부르짖음이 새어 나온다. 우리는 분수가 터지고 밝은 햇빛 아래 뭇꽃이 피고 영웅과 신들의 동상으로 치장이 된 광장에서 바다처럼 우람한 합창에 한몫 끼기를 원하며 그와 똑같은 진실로 개인의 일기장과 저녁에 벗어놓은 채 새벽에 잊고 간 애인의 장갑이 얹힌 침대에 걸터앉거나 광장을 잊어버릴 수 있는 시간을 원한다.

① 현대적 산업 구조의 미궁은 인간 관계의 단절과 관련된다.
② 광장과 밀실은 서로 통해야 한다.
③ 광장과 밀실 사이에서 중요한 것은 그 각각의 화려함이 아니라, 얼마나 열심히 그 길을 살았는가 하는 것이다.
④ '폭동의 피'와 '바다처럼 우람한 합창'은 광장과 관련된 대조적인 개념이다.
⑤ 인간의 속성은 광장에 대한 동경을 밀실에 대한 동경보다 우선시 한다.

71 **다음 글은 '신화란 무엇인가'를 밝히는 글의 마지막 부분이다. 이 글로 미루어 보아 본론에서 언급한 내용이 아닌 것은?**

> 지금까지 보았던 것처럼, 신화의 소성(素性)인 기원, 설명, 믿음이 모두 신화의 존재양식인 이야기의 통제를 받고 있음은 주지의 사실이다. 그러나 또한 신화가 단순히 이야기만은 아님도 알았다. 역으로 기원, 설명, 믿음이라는 종차가 이야기를 한정하고 있다. 이들은 상호 규정적이다. 그런 의미에서 신화는 역사, 학문, 종교, 예술과 모두 관련되지만, 그 중 어떤 하나도 아니며, 또 어떤 하나가 아니다. 예를 들어 '신화는 역사다.'라는 말이 하나의 전체일 수는 없다. 나머지인 학문, 종교, 예술이 배제되고서는 더 이상 신화가 아니기 때문이다. 이들의 복잡한 총체가 신화며, 또한 신화는 미분화된 상태로서 그것들을 한 몸에 안는다. 이들 네 가지 소성(素性) 중 그 어떤 하나라도 부족하면 더 이상 신화는 아니다. 따라서 신화는 단지 신화일 뿐이지, 그것이 역사나 학문이나 종교나 예술자체일 수는 없는 것이다.

① 신화는 종교적 상관물이다.
② 신화는 신화로서의 특수성이 있다.
③ 신화는 하나의 이야기라는 점에서 예술적인 문화작품이다.
④ 신화는 기원을 문제 삼는다는 점에서 역사와 관련이 있다.
⑤ 신화가 과학 시대 이전에는 학문이었지만 지금은 학문이 아니다.

72 다음 글에서 주장하는 바와 가장 거리가 먼 것은?

> 조선 중기에 이르기까지 상층 문화와 하층 문화는 각기 독자적인 길을 걸어왔다고 할 수 있다. 각 문화는 상대 문화의 존재를 그저 묵시적으로 인정만 했지 이해하려고 하지는 않았다. 말하자면 상·하층 문화가 평행선을 달려온 것이다. 그러나 조선 후기에 이르러 사회가 변하기 시작하였다. 두 차례의 대외 전쟁에서의 패배에 따른 지배층의 자신감 상실, 민중층의 반감 확산, 벌열(閥閱)층의 극단 보수화와 권력층에서 탈락한 사대부 계층의 대거 몰락이라는 기존권력 구조의 변화, 농공상업의 질적 발전과 성장에 따른 경제적 구조의 변화, 재편된 경제력 구조에 따른 중간층의 확대 형성과 세분화 등 조선 후기 당시의 사회 변화는 국가의 전체 문화 동향을 서서히 바꿔 상·하층 문화를 상호교류하게 하였다. 상층 문화는 하향화하고 하층 문화는 상향화하면서 기존의 문예 양식들은 변하거나 없어지고 새로운 문예 양식이 발생하기도 하였다. 양반 사대부 장르인 한시가 민요 취향을 보여주기도 하고, 민간의 풍속과 민중의 생활상을 그리기도 했다. 시조는 장편화하고 이야기화하기도 했으며, 가사 또한 서민화하고 소설화의 길을 걷기도 하였다. 시정의 이야기들이 대거 야담으로 정착되기도 하고, 하층의 민요가 잡가의 형성에 중요한 역할을 하였으며, 무가는 상층 담화를 수용하기도 하였다. 당대의 예술 장르인 회화와 음악에서도 변화가 나타났다. 풍속화와 민화의 유행과 빠른 가락인 삭대엽과 고음으로의 음악적 이행이 바로 그것이다.

① 조선 중기에 이르기까지 상층 문화와 하층 문화의 호환이 잘 이루어지지 않았다.
② 조선 후기에는 문학뿐만 아니라 회화·음악 분야에서도 양식의 변화를 보여 주었다.
③ 상층 문화와 하층 문화가 서로의 영역에 스며들면서 새로운 장르나 양식이 발생하였다.
④ 시조의 장편화와 이야기화는 무가의 상층 담화 수용과 같은 맥락에서 이해할 수 있다.
⑤ 국가의 전체 문화 동향이 서서히 바뀌어 가면서 기존 권력구조에 변화를 가져다주었다.

73 다음 중 밑줄 친 단어를 대체할 수 있는 단어로 가장 알맞은 것은?

> 오늘날 세계 거의 모든 나라의 사람들은 '빅맥'을 먹는다. 이는 세계화의 확산을 단적으로 나타내는 현상이다. 오늘날 세계화 시대의 양상은 두 가지로 <u>표현될 수 있다</u>. 그 하나는 "모든 나라의 사람들은 빅맥을 먹는다."는 것이고, 다른 하나는 "그렇다 하더라도 일부는 '김치'를 또한 먹고 있다."는 것이다.
> 세계화 시대의 지구촌을 '빅맥 국가'와 '비(非) 빅맥 국가' 간의 대립 구조로 규정하려는 경향이 있다. 그러나 이것은 매우 편협한 생각이다. 중동지역의 한 국가는 빅맥 척도에 의하면 세계화가 상당히 진행되었다. 그런데 이 나라에는 반세계화 투쟁을 재정적 · 이념적으로 지지해 온 세력이 존재한다. 이런 양면성은 그 나라의 '김치'를 알아야만 제대로 이해할 수 있는 사안이다.
> 오늘날 하나로 통합되어 있는 것처럼 보이는 세계시장에서도 완벽한 시장 원리의 작동은 보장되지 않는다. 한국과 같이 정치적 · 경제적으로 발전하고 세계화에 앞선 국가에서도 때로는 세계화가 민족 감정을 자극하여 정치적 반발을 불러일으키기도 한다. 이는 세계화에서 '김치'의 중요성을 증명해 주는 것이다. 예를 들어, 1990년대 후반에 있었던 마이크로소프트사의 한글과컴퓨터사에 대한 투자 계획은 한국인의 국민적 반대에 의해 좌절되었다. 한국의 자본시장은 일반적인 시장 원리가 적용되는 하나의 시장이지만 한국 사람들이 지키고자 했던 정체성은 이런 원리를 무력화시켰던 것이다.
> 한 국가의 세계화 과정을 '빅맥을 먹는다.'라는 것으로 표현할 수 있으나 세계화 과정에서도 중요한 것은 "김치를 알아야 한다."는 것이다. 다시 말해 세계화가 진행되고 있는 환경 속에서도 특정 국가 혹은 지역 상황이 국제사회에 미치는 영향력이 점점 커지고 있는 현상을 직시하고 예측할 수 있어야 한다.

① 반대될 수 있다.
② 찬성될 수 있다.
③ 결집시킬 수 있다.
④ 변화될 수 있다.
⑤ 나타낼 수 있다.

74 밑줄 친 부분의 근거로 제시하기에 적절하지 않은 것은?

> 개들은 다양한 몸짓으로 자신의 뜻을 나타낸다. 주인과 장난을 칠 때는 눈맞춤을 하면서 귀를 세운다. 꼬리를 두 다리 사이에 집어넣고 시선을 피하면서 몸을 낮출 때는 항복했다는 신호이다. 매를 맞아 죽는 개들은 슬픈 비명을 지른다. 요컨대, 개들도 사람처럼 감정을 느끼는 능력을 가지고 있는 것 같다. 그렇다면 동물들도 과연 사람과 같은 감정을 지니고 있을까? 사람이 정서를 느끼는 유일한 동물이라고 생각하는 생물학자들은 동물이 감정을 가지고 있다는 주장을 동의하기를 주저했다. 그러나 최근에 와서 그들의 입장에 변화가 일어나고 있다. 동물 행동학과 신경 생물학 연구에서 동물도 사람처럼 감정을 느낄 수 있다는 증가가 속출하고 있기 때문이다.
> 동물의 감정은 1차 감정과 2차 감정으로 나뉜다. 1차 감정이 본능적인 것이라면 2차 감정은 다소간 의식적인 정보 처리가 요구되는 것이다. 대표적인 1차 감정은 공포감이다. 공포감은 생존 기회를 증대시키므로 모든 동물이 타고난다. 예컨대 거위는 포식자에게 한 번도 노출된 적이 없는 새끼일지라도 머리 위로 독수리를 닮은 모양새만 지나가도 질겁하고 도망친다. 한편 2차 감정은 기쁨, 슬픔, 사랑처럼 일종의 의식적인 사고가 개입되는 감정이다. 동물이 사람처럼 감정을 가지고 있는지에 대해 논란이 되는 대상이 바로 2차 감정이다. 그러므로 동물도 감정을 가지고 있다고 할 때의 감정은 2차 감정을 의미한다.

① 새끼 거위가 독수리를 닮은 모양새를 보고 도망치는 행동
② 어린 돌고래 새끼가 물 위에 몸을 띄우고 놀이를 하는 행동
③ 교미하려는 암쥐의 뇌에서 도파민이라는 물질이 분비되는 현상
④ 수컷 침팬지가 어미가 죽은 뒤 단식을 하다가 굶어 죽은 행동
⑤ 코끼리가 새끼나 가족이 죽으면 시체 곁을 떠나지 않고 지키는 행동

75 다음 중 글의 내용과 일치하지 않는 것은?

비트코인(Bitcoin)과 블록체인(Blockchain)은 요즘 TV나 미디어뿐만 아니라 일반인 사이에서도 한창 화제가 되고 있다. 비트코인이 이처럼 인기를 끄는 가장 큰 이유는 지난해 한 해 동안 2,000% 가까이 오른 가격에 있다. 덕분에 비트코인의 기반인 블록체인 기술의 인기도 함께 올라갔다. 다만 블록체인은 장기적인 관점에서 투자해야 할 기술이다.
블록체인 기술은 큰 파급 효과를 일으킬 잠재력을 지녔다. 2017년 초 하버드 비즈니스 비류는 블록체인이 "경제 및 사회 시스템을 위한 새로운 토대를 창출할 잠재력을 지녔다"고 평가했다. 세계경제포럼이 2017년 1월 발행한 보고서는 2025년에는 전 세계 GDP의 10%가 블록체인 또는 블록체인 관련 기술에 저장될 것으로 전망했다. 10년 내에 GDP 10%를 차지할 것으로 예상되는 이 기술에 대해 아직 잘 모른다면 당장 공부를 시작할 것을 권한다.
블록체인은 암호화되어 보호되는 디지털 로그 파일이며 온라인 거래를 안전하게 보호하는 역할을 한다. 1991년에 처음 개념화된 분산 퍼블릭 블록체인을 최초로 실용화한 애플리케이션이 바로 비트코인이다. 블록은 거래를 기록한 디지털 기록물이며 이 거래의 유효성을 확인하기 위해서는 블록체인 참여자들의 합의가 필요하다.
일반적으로 블록에는 가격, 행위(구매, 판매, 양도 등), 시간 스탬프와 같은 거래 데이터가 포함된다. 모든 거래(또는 일련의 거래)는 블록을 생성한다. 각 미래 블록에는 이전 블록의 암호화 해시(현재 해시는 일반적으로 SHA-256)가 포함된다. 이렇게 해서 각 거래 블록은 암호화된 방식으로 이전 블록에 결속된다.
비트코인과 같이 블록체인이 공개적으로 분산되면 각 참여자는 블록체인의 모든 거래를 확인할 수 있다. 참여자가 가진 돈이나 재산의 정도는 해당 정보가 거래 기록에 포함되지 않는 한 알 수 없지만 두 참여자 사이에 교환된 가치는 볼 수 있으며 그 유효성을 확인할 수 있다.
참여자는 누구나 위조하기가 극히 어려운(암호화 분야의 용어로 표현하자면 '간단치 않은') 암호화 증명서를 제시함으로써 특정 블록체인 계정의 소유권을 입증할 수 있다. 블록체인의 동작 원리는 각 참여자에게 서명된 콘텐츠를 생성할 수 있는 프라이빗 키가 있고, 연결된 퍼블릭 키를 사용해 다른 모든 참여자들이 손쉽게 이 프라이빗 키를 확인할 수 있다는 점에서 퍼블릭/프라이빗 키 암호화와 비슷하다.
블록체인에는 클라우드 컴퓨팅과 같이 퍼블릭, 프라이빗, 하이브리드 블록체인이 있다. 자기만의 블록체인을 만들거나 이익을 공유하는 더 큰 그룹에서 만든 다른 블록체인을 사용할 수 있으며, 비트코인과 같이 퍼블릭 글로벌 블록체인에 참여하는 것도 가능하다. 비교적 최근부터는 프라이빗 블록체인은 퍼블릭 블록체인에, 퍼블릭 블록체인은 프라이빗 블록체인에 참여할 수도 있다.

① 비트코인은 지난 한 해 동안 가격이 20배 상승했다.
② 자기만의 블록체인을 만들거나 이익을 공유하는 더 큰 그룹에서 만든 다른 블록체인을 사용할 수 있다.
③ 블록체인 기술은 10년 내에 GDP 10%를 차지할 것으로 예상된다.
④ 블록체인은 암호화되어 보호되는 디지털 로그 파일이며 온라인 거래를 안전하게 보호하는 역할을 한다.
⑤ 블록체인이 비공개적으로 분산되면 각 참여자는 블록체인의 모든 거래를 확인할 수 있다.

CHAPTER

02 자료해석

핵심이론정리

section 01 수 유추

1 등차수열

첫째항부터 일정한 수를 더하여 다음 항이 얻어지는 수열이다.

예 2 4 6 8 10 12 일반항 $a_n = 2n-1$

+2 +2 +2 +2 +2

2 등비수열

첫째항부터 일정한 수를 곱해 다음 항이 얻어지는 수열이다.

예 1 2 4 8 16 32 일반항 $a_n = 2^{n-1}$

×2 ×2 ×2 ×2 ×2

3 계차수열

수열 a_n의 이웃한 두 항의 차로 이루어진 수열 b_n이 있을 때, 수열 a_n에 대하여 $a_{n+1} - a_n = b_n (n=1, 2, 3, \cdots)$을 만족하는 수열 b_n을 수열 a_n의 계차수열이라 한다.

$a_1 \quad a_2 \quad a_3 \quad \cdots\cdots \quad a_{n-1} \quad a_n$

$\vee \quad \vee \qquad\qquad \vee$

$b_1 \quad b_2 \quad \cdots\cdots \quad b_{n-1}$

$b_n = a_{n+1} - a_n$(단, n=1, 2, 3, ⋯)

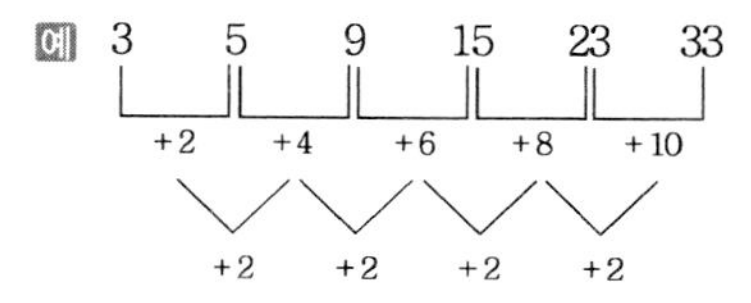

④ 조화수열

분수의 형태로 취하고 있던 수열의 역수를 취하면 등차수열이 되는 수열이다.

예 1 $\frac{1}{3}$ $\frac{1}{5}$ $\frac{1}{7}$ $\frac{1}{9}$ $\frac{1}{11}$ 일반항 $a_n = \frac{1}{2n-1}$

⑤ 피보나치수열

이탈리아의 수학자인 피보나치(E. Fibonacci)가 고안해 낸 수열로서 첫 번째 항의 값이 0이고 두 번째 항의 값이 1일 때, 이후의 항들은 이전의 두 항을 더한 값으로 이루어지는 수열을 말한다. 이를테면, 제3항은 제1항과 제2항의 합, 제4항은 제2항과 제3항의 합이 되는 것과 같이, 인접한 두 수의 합이 그 다음 수가 되는 수열이다. 즉, 0, 1, 1, 2, 3, 5, 8, 13, 21, 34, 55,… 인 수열이며, 보통 $a_1 = a_2 = 1$, $a_n + a_{n+1} = a_{n+2}$ (n=1, 2, 3…) 로 나타낸다.

예 1 1 $\frac{2}{1+1}$ $\frac{3}{1+2}$ $\frac{5}{2+3}$ $\frac{8}{3+5}$ $\frac{13}{5+8}$

⑥ 군수열

일정한 규칙성으로 몇 항씩 묶어서 나눈 수열이다.

예 1 1 3 1 3 5 1 3 5 7 1 3 5 7 9
⇨ (1) (1 3) (1 3 5) (1 3 5 7) (1 3 5 7 9)

⑦ 묶음형 수열

수열이 몇 개씩 묶어서 제시되어 묶음에 대한 규칙을 빠르게 찾아내야 한다.

예 $\frac{1\ 2\ 3}{1+2=3}$ $\frac{3\ 4\ 7}{3+4=7}$ $\frac{5\ 6\ 11}{5+6=11}$

8 문자 수열

숫자 대신 문자가 나오며 문자의 나열에서 +, −, ×, ÷를 사용하여 일정한 규칙을 찾아 빈칸에 나올 수를 추리하는 유형으로 수열추리와 똑같이 생각하고 풀면 된다.

POINT 수열의 주요 변화 패턴

㉠ 아래의 규칙으로 사칙연산 중 하나의 연산을 반복

- 자연수의 배수 : $x\times1$, $x\times2$, $x\times3$, $x\times4$, $x\times5$
- 홀수의 자연수 : $2x+1$, $2(x+1)+1$, … or $2x+1$, $2(x-1)+1$, … (단, x는 정수)
- 짝수의 자연수 : $2x$, $2(x+1)$, $2(x+2)$, … or $2x$, $2(x-1)$, $2(x-2)$, … (단, x는 정수)
- 지수 증가 : x^0, x^1, x^2, x^3, x^4, x^5, … (단, x는 정수)

㉡ 두 가지 이상의 연산을 반복

- $+x$, $-x$, $+x$, $-x$, $+x$, $-x$
- $+x$, $-x$, $\times x$, $+x$, $-x$, $\times x$
- $+1$, -3, $+5$, -7, $+9$, -11
- $+x^2$, $-x^2$, $\times x^2$, $+x^2$, $-x^2$, $\times x^2$

POINT 수 추리 문제 해결 요령

㉠ 보자마자 직감적으로 '제곱인지, 소수인지, 약수인지, 배수인지' 확인 작업을 한다.

㉡ 감소인지, 증가인지 수의 방향을 확인한다.

- 증가의 경우 +인지, ×인지 확인하는데, 먼저 ×을 의심한다.
- 감소의 경우 −인지, ÷인지 확인하는데, 먼저 ÷를 의심한다.

section 02 자료해석

1 자료읽기 및 독해력

제시된 표나 그래프 등을 보고 표면적으로 제공하는 정보를 정확하게 읽어내는 능력을 확인하는 문제가 출제된다. 특별한 계산을 하지 않아도 자료에 대한 정확한 이해를 바탕으로 정답을 찾을 수 있다.

2 자료 이해 및 단순계산

문제가 요구하는 것을 찾아 자료의 어떤 부분을 갖고 그 문제를 해결해야 하는지를 파악할 수 있는 능력을 확인한다. 문제가 무엇을 요구하는지 자료를 잘 이해해서 사칙연산부터 나오는 숫자의 의미를 알아야 한다. 계산 자체는 단순한 것이 많지만 소수점의 위치 등에 유의한다. 자료 해석 문제는 무엇보다도 꼼꼼함을 요구한다. 숫자나 비율 등을 정확하게 확인하고, 이에 맞는 식을 도출해서 문제를 푸는 연습과 표를 보고 정확하게 해석할 수 있는 연습이 필요하다.

3 응용계산 및 자료추리

자료에 주어진 정보를 응용하여 관련된 다른 정보를 도출하는 능력을 확인하는 유형으로 각 자료의 변수의 관련성을 파악하여 문제를 풀어야 한다. 하나의 자료만을 제시하지 않고 두 개 이상의 자료가 제시한 후 각 자료의 특성을 정확히 이해하여 하나의 자료에서 도출한 내용을 바탕으로 다른 자료를 이용해서 문제를 해결하는 유형도 출제된다.

4 대표적인 자료해석 문제 해결 공식

① 증감률

㉠ 전년도 매출 : P

㉡ 올해 매출 : N

㉢ 전년도 대비 증감률 : $\frac{N-P}{P} \times 100$

② 비례식

㉠ 비교하는 양 : 기준량 = 비교하는 양 : 기준량

㉡ 전항 : 후항 = 전항 : 후항

㉢ 외항 : 내항 = 내항 : 외항

③ 백분율

$\text{비율} \times 100 = \frac{\text{비교하는 양}}{\text{기준량}} \times 100$

02 출제예상문제

≫ 정답 및 해설 p.427

01 응시자가 모두 30명인 시험에서 20명이 합격하였다. 이 시험의 커트라인은 전체 응시자의 평균보다 5점이 낮고, 합격자의 평균보다는 30점이 낮았으며, 또한 불합격자의 평균 점수의 2배보다는 2점이 낮았다. 이 시험의 커트라인을 구하면?

① 90점　　② 92점

③ 94점　　④ 96점

Q 다음 ( ) 안에 들어갈 값으로 적절한 것을 고르시오. 【02~03】

02

2　2　4　12　48　(　)　1440

① 240　　② 260

③ 280　　④ 300

03

3　8　6　24　9　72　(　)　216　15

① 9　　② 10

③ 11　　④ 12

04 S전자는 작년에 매출액 대비 20%의 수익을 올렸고, 올해에는 할인하여 30% 하락한 가격으로 제품을 판매하려 한다. 작년과 동일한 개수의 제품을 생산하고 판매한다고 할 때 원가를 몇 % 절감하여야 작년과 동일한 수익을 낼 수 있는가?

① 20.5%
② 27.5%
③ 37.5%
④ 42.5%

05 A팀과 B팀의 농구 경기가 동점으로 끝나자 자유투 하나로 승패를 결정하기로 하였다. A팀이 자유투를 실패할 확률은 30%이고, 무승부가 될 확률은 46%일 때, B팀이 자유투를 성공할 확률은 얼마인가?

① 20%
② 30%
③ 40%
④ 50%

06 A, B 두 사람이 가위바위보를 하여 이긴 사람은 세 계단씩 올라가고 진 사람은 한 계단씩 내려가기로 하였다. 이 게임이 끝났을 때 A는 처음보다 27계단, B는 7계단 올라가 있었다. A가 이긴 횟수는?

① 8회
② 9회
③ 10회
④ 11회

07 가로의 길이가 24cm로 일정한 직사각형이 있다. 이 직사각형의 둘레의 길이를 60cm 이상으로 할 때, 세로의 길이를 최소 몇 cm 이상으로 해야 하는가?

① 3cm
② 4cm
③ 5cm
④ 6cm

08 어떤 책을 읽는데 하루에 6쪽씩 읽으면 45일이 채 걸리지 않고, 우선 2쪽을 읽고 하루에 7쪽씩 읽으면 38일보다 조금 더 걸린다고 한다. 이 책은 모두 몇 쪽인가?

① 253쪽
② 260쪽
③ 265쪽
④ 269쪽

09 어떤 학교의 운동장은 둘레의 길이가 200m이다. 경석이는 자전거를 타고, 나영이는 뛰어서 이 운동장을 돌고 있다. 두 사람이 같은 지점에서 동시에 출발하여 같은 방향으로 운동장을 돌면 1분 40초 뒤에 처음으로 다시 만나고, 서로 반대 방향으로 돌면 40초 뒤에 처음으로 다시 만난다. 경석이의 속력은 나영이의 속력의 몇 배인가?

① $\frac{3}{7}$배
② $\frac{1}{2}$배
③ $\frac{7}{3}$배
④ $\frac{8}{3}$배

10 한 층의 계단 길이가 15m인 빌딩 1층에서 37층까지 시속 3.6km의 속력으로 계단을 뛰어 올라간다면 몇 분 만에 도착하겠는가?

① 8분
② 9분
③ 10분
④ 11분

11 다음 표로부터 알 수 없는 것은?

구분	영업거리 (km)	정거장수 (역)	표정속도 (km/h)	최고속도 (km/h)	편성 (량)	정원 (인)	운행간격 (분/초)	수송력 (인/h)	총건설비 (억 원)
T레일	16.9	9	43.5	80	6	584	4분00초	8,760	2,110
K레일	8.4	12	28	35	4	478	6분00초	4,780	6,810
O레일	13.3	12	35	75	4	494	6분42초	3,952	11,530
D레일	16.2	12	27	60	4	420	6분00초	4,200	17,750

※ 표정속도=구간거리(km) / 정차시간을 포함한 구간 소요시간(h)
※ 편성 : 레일 하나를 이루는 객차량의 대수

① 영업거리를 운행하는 데 걸리는 시간
② 차량 1대당 승차인원
③ 적정운임의 산정
④ 평균 역간거리

12 두 자리의 자연수가 있다. 이 수는 각 자리의 숫자의 합의 4배이고, 십의 자리의 숫자와 일의 자리 숫자를 서로 바꾸면 바꾼 수는 처음 수보다 27이 크다고 한다. 처음 자연수를 구하면?

① 24
② 30
③ 36
④ 60

13 어떤 종이에 색깔을 칠하는데, 녹색은 종이 전체의 3분의 1을 칠하고 분홍색은 종이 전체의 45%만큼 칠하며 어떤 색도 칠하지 않은 넓이는 전체의 32%가 되었다. 녹색과 분홍색이 겹치게 칠해진 부분이 27.9cm^2일 때, 전체 종이의 넓이는?

① 260cm^2
② 270cm^2
③ 310cm^2
④ 330cm^2

14 다음 표는 학생 20명의 혈액형을 조사하여 나타낸 것이다. 이 중에서 한 학생을 임의로 택했을 때, 그 학생의 혈액형이 A형이 아닐 확률은?

혈액형	A	B	AB	O	합계
학생 수(명)	7	6	3	4	20

① $\frac{7}{20}$ ② $\frac{1}{2}$

③ $\frac{13}{20}$ ④ $\frac{17}{20}$

15 농도 25%인 소금물 xg이 있다. 이 소금물에 소금의 양만큼 물을 더 넣고, 소금을 추가로 25g 넣었을 때의 농도가 25%였다면 마지막 소금물의 양은 몇 g인가?

① 300g ② 350g

③ 400g ④ 450g

16 정가가 x원인 물건을 20%의 이익을 더해 13개를 판매한 것과 45%의 이익을 더해 300원을 할인하여 12개를 판매한 금액이 동일할 때, 이 물건의 정가는 얼마인가?

① 1,500원 ② 2,000원

③ 2,500원 ④ 3,000원

17 학생 수가 50명인 초등학교 교실이 있다. 이 중 4명을 제외한 나머지 학생 모두가 방과 후 교실 프로그램으로 승마 또는 골프를 배우고 있다. 승마를 배우는 학생이 26명이고 골프를 배우는 학생이 30명일 때, 승마와 골프를 모두 배우는 학생은 몇 명인가?

① 9명　　② 10명
③ 11명　　④ 12명

18 어느 건물에 설치된 자동판매기가 있다. 커피는 한 잔에 300원이고 코코아는 한 잔에 400원이다. 어느 날 커피와 코코아가 총 60잔이 판매되어 판매액이 19,800원이었다면 코코아는 몇 잔이 판매된 것인가?

① 15잔　　② 18잔
③ 20잔　　④ 25잔

19 어떤 농장에서 닭과 토끼를 150마리를 기르고 있다. 다리의 수가 400개일 때, 토끼는 몇 마리인가?

① 50마리　　② 65마리
③ 75마리　　④ 90마리

20 어느 학교의 금년의 학생 수는 작년에 비하여 남학생은 3% 늘고, 여학생은 4% 줄어서 전체 학생 수는 1명 줄어 549명이 되었다고 한다. 금년의 여학생 수는 몇 명인가?

① 240명　　② 250명
③ 290명　　④ 300명

21 어느 일을 하는데 甲의 경우 9일이 걸리고, 乙의 경우 18일이 걸린다. 3일 동안 甲이 혼자하고 남은 일은 甲과 乙 두 사람이 함께 했다면, 일을 끝마치는 데 모두 며칠이 걸리는가?

① 5일
② 6일
③ 7일
④ 8일

22 강물이 15km/h의 속도로 흐르고 있다. 배가 하류에서 상류로 도착하는 시간이 상류에서 하류로 도착하는 시간의 3배가 걸렸다면 배의 속도는 몇 km/h인가?

① 10km/h
② 20km/h
③ 30km/h
④ 40km/h

23 10,000원을 두 형제에게 나누어 주려고 한다. 형의 몫의 2배가 동생 몫의 3배 이상이 되게 하려면 형이 받을 몫의 최소 금액은 얼마가 되어야 하는가?

① 5,000원
② 6,000원
③ 6,500원
④ 7,000원

24 바구니에 4개의 당첨 제비를 포함한 10개의 제비가 들어있다. 이 중에서 갑이 먼저 한 개를 뽑고, 다음에 을이 한 개의 제비를 뽑는다고 할 때, 을이 당첨제비를 뽑을 확률은? (단, 한 번 뽑은 제비는 바구니에 다시 넣지 않는다)

① 0.2
② 0.3
③ 0.4
④ 0.5

25

휘발유 1리터로 12km를 가는 자동차가 있다. 연료계기판의 눈금이 $\frac{1}{3}$을 가리키고 있었는데 20리터의 휘발유를 넣었더니 눈금이 $\frac{2}{3}$를 가리켰다. 이후 300km를 주행했다면, 남아 있는 연료는 몇 리터인가?

① 15L
② 16L
③ 17L
④ 18L

26

다음은 서원고등학교 A반과 B반의 시험성적에 관한 표이다. 이에 대한 설명으로 옳지 않은 것은?

(단위 : 점)

분류	A반 평균		B반 평균	
	남학생(20명)	여학생(15명)	남학생(15명)	여학생(20명)
국어	6.0	6.5	6.0	6.0
영어	5.0	5.5	6.5	5.0

① 국어과목의 경우 A반 학생의 평균이 B반 학생의 평균보다 높다.
② 영어과목의 경우 A반 학생의 평균이 B반 학생의 평균보다 낮다.
③ 2과목 전체 평균의 경우 A반 여학생의 평균이 B반 남학생의 평균보다 높다.
④ 2과목 전체 평균의 경우 A반 남학생의 평균은 B반 여학생의 평균과 같다.

27 다음 자료는 연도별 자동차 사고 발생상황을 정리한 것이다. 다음의 자료로부터 추론하기 어려운 내용은?

(단위 : %)

구분 연도	발생건수(건)	사망자수(명)	10만명당 사망자 수(명)	차 1만대당 사망자 수(명)	부상자 수(명)
1997	246,452	11,603	24.7	11	343,159
1998	239,721	9,057	13.9	9	340,564
1999	275,938	9,353	19.8	8	402,967
2000	290,481	10,236	21.3	7	426,984
2001	260,579	8,097	16.9	6	386,539

① 연도별 자동차 수의 변화
② 운전자 1만명당 사고 발생 건수
③ 자동차 1만대당 사고율
④ 자동차 1만대당 부상자 수

28 표준 업무시간이 80시간인 업무를 각 부서에 할당해 본 결과, 다음과 같은 표를 얻었다. 어느 부서의 업무효율이 가장 높은가?

부서명	투입인원(명)	개인별 업무시간(시간)	회의	
			횟수(회)	소요시간(시간/회)
A	2	41	3	1
B	3	30	2	2
C	4	22	1	4
D	3	27	2	1

※ 1) 업무효율$=\frac{\text{표준 업무시간}}{\text{총 투입시간}}$

2) 총 투입시간은 개인별 투입시간의 합이다.
개인별 투입시간=개인별 업무시간+회의 소요시간

3) 부서원은 업무를 분담하여 동시에 수행할 수 있다.

4) 투입된 인원의 업무능력과 인원당 소요시간이 동일하다고 가정한다.

① A
② B
③ C
④ D

Q 다음은 생활 폐기물 발생현황을 나타낸 표이다. 자료를 보고 물음에 답하시오. 【29~30】

(단위 : kg)

지역＼구분	가연성				불연성			
	종이류	나무류	고무류	플라스틱류	유리류	금속류	토사류	기타
서울	920	199.7	151	483.9	29.3	18.2	9.6	104.8
부산	260.3	31.2	32.3	363.3	3	6.2	0	111.1
대구	266.8	54.2	35.9	320.3	27.6	22.1	14	70.7
인천	181.1	54.1	33.2	406.3	21.5	33.3	76.9	198.6

29 다음 자료를 바르게 해석한 것은?

① 모든 지역은 가연성 폐기물이 불연성 폐기물보다 적게 발생된다.
② 생활 폐기물 중 유리류는 금속류보다 항상 많이 발생한다.
③ 대구에서 가연성 폐기물 중 가장 많이 배출되는 것은 플라스틱류이다.
④ 나무류는 가연성 폐기물 중 배출량이 항상 3위에 해당한다.

30 가연성 생활 폐기물이 가장 적게 배출되는 지역은?

① 서울　　② 부산
③ 대구　　④ 인천

Q 〈표 1〉은 대재이상 학력자의 3개월간 일반도서 구입량에 대한 표이고 〈표 2〉는 20대 이하 인구의 3개월간 일반도서 구입량에 대한 표이다. 물음에 답하시오. 【31~33】

〈표 1〉 대재이상 학력자의 3개월간 일반도서 구입량

구분	2006년	2007년	2008년	2009년
사례 수	255	255	244	244
없음	41%	48%	44%	45%
1권	16%	10%	17%	18%
2권	12%	14%	13%	16%
3권	10%	6%	10%	8%
4~6권	13%	13%	13%	8%
7권 이상	8%	8%	3%	5%

〈표 2〉 20대 이하 인구의 3개월간 일반도서 구입량

구분	2006년	2007년	2008년	2009년
사례 수	491	545	494	481
없음	31%	43%	39%	46%
1권	15%	10%	19%	16%
2권	13%	16%	15%	17%
3권	14%	10%	10%	7%
4~6권	17%	12%	13%	9%
7권 이상	10%	8%	4%	5%

31 2007년 20대 이하 인구의 3개월간 일반도서 구입량이 1권 이하인 사례는 몇 건인가? (소수 첫째 자리에서 반올림하시오)

① 268건 ② 278건
③ 289건 ④ 290건

32 2008년 대재이상 학력자의 3개월간 일반도서 구입량이 7권 이상인 경우의 사례는 몇 건인가? (소수 첫째 자리에서 반올림하시오)

① 7건 ② 8건
③ 9건 ④ 10건

33 위 표에 대한 설명으로 옳지 않은 것은?

① 20대 이하 인구가 3개월간 1권 정도 구입한 일반도서량은 해마다 증가하고 있다.
② 20대 이하 인구가 3개월간 일반도서 7권 이상 읽은 비중이 가장 낮다.
③ 20대 이하 인구가 3권 이상 6권 이하로 일반도서 구입하는 량은 해마다 감소하고 있다.
④ 대재이상 학력자가 3개월간 일반도서 1권 구입하는 것보다 한 번도 구입한 적이 없는 경우가 더 많다.

34 아래 표는 고구려대, 백제대, 신라대의 북부, 중부, 남부지역 학생 수이다. 표의 (나)대와 3지역을 올바르게 짝지은 것은?

구분	1지역	2지역	3지역	합계
(가)대	10	12	8	30
(나)대	20	5	12	37
(다)대	11	8	10	29

㉠ 백제대는 어느 한 지역의 학생 수도 나머지 지역 학생 수 합보다 크지 않다.
㉡ 중부지역 학생은 세 대학 중 백제대에 가장 많다.
㉢ 고구려대의 학생 중 남부지역 학생이 가장 많다.
㉣ 신라대 학생 중 북부지역 학생 비율은 백제대 학생 중 남부지역 학생 비율보다 높다.

① 고구려대 – 북부지역
② 고구려대 – 남부지역
③ 신라대 – 북부지역
④ 신라대 – 남부지역

Ⓠ 다음은 H자동차회사의 고객만족도결과이다. 물음에 답하시오. 【35~36】

분류	출고 1년 이내	출고 1년 초과 2년 이내	고객평균
애프터서비스	20%	16%	18%
정숙성	2%	1%	1.5%
연비	15%	12%	13.5%
색상	10%	12%	11%
주행편의성	12%	8%	10%
안정성	40%	50%	45%
옵션	1%	1%	1%
합계	100%	100%	100%

35 출고시기와 상관없이 조사에 참가한 전체대상자 중 2,700명이 애프터서비스를 장점으로 선택하였다면 이 설문에 응한 고객은 모두 몇 명인가?

① 5,000명 ② 10,000명
③ 15,000명 ④ 20,000명

36 차를 출고한지 1년 초과 2년 이내의 고객 중 120명이 연비를 만족하는 점으로 선택하였다면 옵션을 선택한 고객은 몇 명인가?

① 5명 ② 10명
③ 15명 ④ 20명

Q 가사분담 실태에 대한 통계표이다. 표를 보고 물음에 답하시오. 【37~38】

〈표1〉 연령별 가사분담

(단위 : %)

구분	부인 전적	부인 주로	부인 주도	공평 분담	남편 주도	남편 주로	남편 전적
15~29세	40.2	12.6	27.6	17.1	1.3	0.9	0.3
30~39세	49.1	11.8	27.3	9.4	1.2	1.1	0.1
40~49세	48.8	15.2	23.5	9.1	1.9	1.6	0.3
50~59세	47.0	17.6	20.4	10.6	2.0	2.2	0.2
60세 이상	47.2	18.2	18.3	9.3	3.5	2.3	1.2
65세 이상	47.2	11.2	25.2	9.2	3.6	2.2	1.4

〈표2〉 소득형태별 가사분담

(단위 : %)

구분	부인 전적	부인 주로	부인 주도	공평 분담	남편 주도	남편 주로	남편 전적
맞벌이	55.9	14.3	21.5	5.2	1.9	1.0	0.2
비맞벌이	59.1	12.2	20.9	4.8	2.1	0.6	0.3

37 **위 표에 대한 설명으로 옳은 것은?**

① 비맞벌이 부부가 공평하게 가사 분담하는 비율이 맞벌이 부부에서 공평 가사 분담 비율보다 높다.
② 비맞벌이 부부는 가사를 부인이 전적으로 담당하는 경우가 가장 높은 비율을 차지하고 있다.
③ 60세 이상은 비맞벌이 부부가 대부분이기 때문에 부인이 가사를 주로하는 경우가 많다.
④ 대체로 부인이 가사를 주로하는 경우가 가장 높은 비율을 차지하고 있다.

38 **50세에서 59세 부부의 가장 높은 비율을 차지하는 가사분담 형태는?**

① 부인 주도로 가사 담당
② 부인이 전적으로 가사 담당
③ 공평하게 가사 분담
④ 남편이 주로 가사 담당

Q 다음은 암 발생률에 대한 통계표이다. 표를 보고 물음에 답하시오. 【39~40】

암종	발생자수(명)	상대빈도(%)
위	25,809	18.1
대장	17,625	12.4
간	14,907	10.5
쓸개 및 기타담도	4,166	2.9
췌장	3,703	2.6
후두	1,132	0.8
폐	16,949	11.9
유방	9,898	6.9
신장	2,299	1.6
방광	2,905	2.0
뇌 및 중추신경계	1,552	1.1
갑상선	12,649	8.9
백혈병	2,289	1.6
기타	26,727	18.7

39 기타 경우를 제외하고 상대적으로 발병 횟수가 높은 암 종류는?

① 위암 ② 간암
③ 폐암 ④ 유방암

40 폐암 발생자수는 백혈병 발생자수의 몇 배인가? (소수 첫째 자리에서 반올림하시오)

① 5배 ② 6배
③ 7배 ④ 8배

Q 2010년 사이버 쇼핑몰 상품별 거래액에 관한 표이다. 물음에 답하시오. 【41~42】

(단위 : 백만 원)

구분	1월	2월	3월	4월	5월	6월	7월	8월	9월
컴퓨터	200,078	195,543	233,168	194,102	176,981	185,357	193,835	193,172	183,620
소프트웨어	13,145	11,516	13,624	11,432	10,198	10,536	45,781	44,579	42,249
가전 · 전자	231,874	226,138	251,881	228,323	239,421	255,383	266,013	253,731	248,474
서적	103,567	91,241	130,523	89,645	81,999	78,316	107,316	99,591	93,486
음반 · 비디오	12,727	11,529	14,408	13,230	12,473	10,888	12,566	12,130	12,408
여행 · 예약	286,248	239,735	231,051	241,051	288,603	293,935	345,920	344,931	245,285
아동 · 유아용	109,344	102,325	121,955	123,118	128,403	121,504	120,135	111,839	124,250
음 · 식료품	122,498	137,282	127,372	121,868	131,003	130,996	130,015	133,086	178,736

41 1월 컴퓨터 상품 거래액은 다음 달 거래액과 얼마나 차이나는가?

① 4,455백만 원
② 4,535백만 원
③ 4,555백만 원
④ 4,655백만 원

42 1월 서적 상품 거래액은 음반 · 비디오 상품의 몇 배인가? (소수 첫째 자리에서 반올림하시오)

① 8배
② 9배
③ 10배
④ 11배

Q 다음은 OECD회원국의 총부양비 및 노령화 지수를 나타낸 표이다. 물음에 답하시오. 【43~44】

(단위 : %)

국가별	인구			총부양비		노령화지수
	0~14세	15~64세	65세 이상	유년	노년	
한국	16.2	72.9	11.0	22	15	67.7
일본	13.2	64.2	22.6	21	35	171.1
터키	26.4	67.6	6.0	39	9	22.6
캐나다	16.3	69.6	14.1	23	20	86.6
멕시코	27.9	65.5	6.6	43	10	23.5
미국	20.2	66.8	13.0	30	19	64.1
칠레	22.3	68.5	9.2	32	13	41.5
오스트리아	14.7	67.7	17.6	22	26	119.2
벨기에	16.7	65.8	17.4	25	26	103.9
덴마크	18.0	65.3	16.7	28	26	92.5
핀란드	16.6	66.3	17.2	25	26	103.8
프랑스	18.4	64.6	17.0	28	26	92.3
독일	13.4	66.2	20.5	20	31	153.3
그리스	14.2	67.5	18.3	21	27	128.9
아일랜드	20.8	67.9	11.4	31	17	54.7
네덜란드	17.6	67.0	15.4	26	23	87.1
폴란드	14.8	71.7	13.5	21	19	91.5
스위스	15.2	67.6	17.3	22	26	113.7
영국	17.4	66.0	16.6	26	25	95.5

43 위 표에 대한 설명으로 옳지 않은 것은?

① 장래 노년층을 부양해야 되는 부담이 가장 큰 나라는 일본이다.
② 위에서 제시된 국가 중 세 번째로 노령화 지수가 큰 나라는 그리스이다.
③ 아일랜드는 일본보다 노년층 부양 부담이 적은 나라이다.
④ 0~14세 인구 비율이 가장 낮은 나라는 독일이다.

44 65세 이상 인구 비율이 다른 나라에 비해 높은 국가를 큰 순서대로 차례로 나열한 것은?

① 일본, 독일, 그리스
② 일본, 그리스, 독일
③ 일본, 영국, 독일
④ 일본, 독일, 영국

Q 다음은 농업총수입과 농작물수입을 영농형태와 지역별로 나타낸 표이다. 표를 보고 물음에 답하시오. 【45~46】

〈표1〉 영농형태별 농업총수입과 농작물수입

(단위 : 천 원)

영농형태	농업총수입	농작물수입
논벼	20,330	18,805
과수	34,097	32,382
채소	32,778	31,728
특용작물	45,534	43,997
화훼	64,085	63,627
일반밭작물	14,733	13,776
축산	98,622	14,069
기타	28,499	26,112

〈표2〉 지역별 농업총수입과 농작물수입

(단위 : 천 원)

행정지역	농업총수입	농작물수입
경기도	24,785	17,939
강원도	27,834	15,532
충청북도	23,309	17,722
충청남도	31,583	18,552
전라북도	26,044	21,037
전라남도	23,404	19,129
경상북도	28,690	22,527
경상남도	28,478	18,206
제주도	29,606	28,141

45 위 표에 대한 설명으로 옳지 않은 것은?

① 화훼는 과수보다 약 2배의 농업총수입을 얻고 있다.
② 축산의 농업총수입은 다른 영농형태보다 월등히 많은 수입을 올리고 있다.
③ 경기도는 농업총수입과 농작물수입이 충청남도보다 높다.
④ 강원도의 농작물수입은 다른 지역에 비해 가장 낮다.

46 농업총수입이 가장 높은 영농형태와 농작물수입이 가장 낮은 영농형태를 순서대로 이은 것은?

① 일반밭작물 – 축산
② 축산 – 일반밭작물
③ 특용작물 – 축산
④ 과수 – 채소

Q 다음은 남녀의 흡연비율을 나타낸 표이다. 자료를 이용하여 물음에 답하시오. 【47~48】

〈표 1〉 19세 이상 남녀의 흡연율 추이

(단위 : %)

	2014	2015	2016	2017	2018	2019
남	41.4	42.3	38.3	39.4	37	35.8
여	5.7	5.1	5.3	6.1	5.2	6.5

〈표 2〉 남녀의 하루 평균 흡연량

(단위 : %)

	1~5개비	6~8개비	9~11개비	11개비 이상
남	8	29	30	33
여	29	16	20	25

47 다음 표에 대한 설명으로 옳지 않은 것은?

① 흡연 비율은 남성보다 여성이 높지 않다.
② 2014 ~ 2019년 남녀의 흡연율 증감 추이는 동일하다.
③ 남성은 하루에 11개비 이상의 흡연량이 가장 높은 비율을 보인다.
④ 여성은 하루에 6개비 이상 8개비 이하의 흡연량이 가장 낮은 비율을 보인다.

48 2017년 흡연에 대한 설문조사를 한 여성이 25,000명일 때, 이 중 하루 평균 흡연량이 5개비 이하인 여성은 몇 명인가?(소수점 이하는 생략한다)

① 439명　　② 440명
③ 441명　　④ 442명

49 다음은 어느 여행사의 관광 상품 광고이다. 갑동이 부부가 주중에 여행을 갈 경우, 하루 평균 가격이 가장 저렴한 관광 상품은?

관광지	일정	일인당 가격	비고
백두산	5일	599,000원	
일본	6일	799,000원	주중 20% 할인
호주	10일	1,999,000원	동반자 50% 할인

① 백두산
② 일본
③ 호주
④ 모두 같다.

50 어느 통신회사가 A, B, C, D, E 5개 건물을 전화선으로 연결하려고 한다. 여기서 A와 B가 연결되고, B와 C가 연결되면 A와 C도 연결된 것으로 간주한다. 다음은 두 건물을 전화선으로 직접 연결하는데 드는 비용을 나타낸 것이다. A, B, C, D, E를 모두 연결하는데 드는 비용은 얼마인가?

(단위 : 억 원)

구분	A	B	C	D	E
A		10	8	7	9
B	10		5	7	8
C	8	5		4	6
D	7	7	4		4
E	9	8	6	4	

① 19억 원
② 20억 원
③ 21억 원
④ 24억 원

51 다음은 A 자치구가 관리하는 전체 13개 문화재 보수공사 추진현황을 정리한 자료이다. 이에 대한 설명 중 옳은 것은?

(단위 : 백만 원)

문화재 번호	공사내용	사업비				공사기간	공정
		국비	시비	구비	합		
1	정전 동문보수	700	300	0	1,000	2008. 1. 3 ~ 2008. 2. 15	공사완료
2	본당 구조보강	0	1,106	445	1,551	2006. 12. 16 ~ 2008. 10. 31	공사완료
3	별당 해체보수	0	256	110	366	2007. 12. 28 ~ 2008. 11. 26	공사 중
4	마감공사	0	281	49	330	2008. 3. 4 ~ 2008. 11. 28	공사 중
5	담장보수	0	100	0	100	2008. 8. 11~ 2008. 12. 18	공사 중
6	관리실 신축	0	82	0	82	계획 중	
7	대문 및 내부 담장공사	17	8	0	25	2008.11. 17 ~ 2008. 12. 27	공사 중
8	행랑채 해체보수	45	45	0	90	2008.11. 21~ 2009. 6. 19	공사 중
9	벽면보수	0	230	0	230	2008. 11. 10 ~ 2009. 9. 6	공사 중
10	방염공사	9	9	0	18	2008. 11. 23 ~ 2008. 12. 24	공사 중
11	소방 · 전기 공사	0	170	30	200	계획 중	
12	경관조명 설치	44	44	0	88	계획 중	
13	단청보수	67	29	0	96	계획 중	

※ 공사는 제시된 공사기간에 맞추어 완료하는 것으로 가정함.

① 이 표가 작성된 시점은 2008년 11월 10일 이전이다.
② 전체 사업비 중 시비와 구비의 합은 전체 사업비의 절반 이하이다.
③ 사업비의 80% 이상을 시비로 충당하는 문화재 수는 전체의 50% 이상이다.
④ 국비를 지원받지 못하는 문화재 수는 구비를 지원받지 못하는 문화재 수보다 적다.

52 다음은 A 회사의 2000년과 2010년의 출신 지역 및 직급별 임직원 수에 대한 자료이다. 이에 대한 설명으로 옳지 않은 것은?

〈표1〉 2000년의 출신 지역 및 직급별 임직원 수

(단위 : 명)

직급＼지역	서울 · 경기	강원	충북	충남	경북	경남	전북	전남	합계
이사	0	0	1	1	0	0	1	1	4
부장	0	0	1	0	0	1	1	1	4
차장	4	4	3	3	2	1	0	3	20
과장	7	0	7	4	4	5	11	6	44
대리	7	12	14	12	7	7	5	18	82
사원	19	38	41	37	11	12	4	13	175
계	37	54	67	57	24	26	22	42	329

〈표2〉 2010년의 출신 지역 및 직급별 임직원 수

(단위 : 명)

직급＼지역	서울 · 경기	강원	충북	충남	경북	경남	전북	전남	합계
이사	3	0	1	1	0	0	1	2	8
부장	0	0	2	0	0	1	1	0	4
차장	3	4	3	4	2	1	1	2	20
과장	8	1	14	7	6	7	18	14	75
대리	10	14	13	13	7	6	2	12	77
사원	12	35	38	31	8	11	2	11	148
계	36	54	71	56	23	26	25	41	332

① 출신 지역을 고려하지 않을 때, 2000년 대비 2010년에 직급별 인원의 증가율은 이사 직급에서 가장 크다.
② 출신 지역별로 비교할 때, 2010년의 경우 해당 지역 출신 임직원 중 과장의 비율은 전라북도가 가장 높다.
③ 2000년에 비해 2010년에 과장의 수는 증가하였다.
④ 2000년에 비해 2010년에 대리의 수가 늘어난 출신 지역은 대리의 수가 줄어든 출신 지역에 비해 많다.

53 다음은 위험물안전관리자 실무교육현황에 관한 표이다. 표를 보고 이수율을 구하면? (단, 소수 첫째자리에서 반올림하시오)

실무교육현황별(1)	실무교육현황별(2)	2008년
계획인원(명)	소계	5,897.0
이수인원(명)	소계	2,159.0
이수율(%)	소계	x
교육일수(일)	소계	35.02
교육회차(회)	소계	344.0
야간/휴일	교육회차(회)	4.0
교육실시현황	이수인원(명)	35.0

① 36.7
② 41.9
③ 52.7
④ 66.5

54 다음은 '갑'지역의 친환경농산물 인증심사에 대한 자료이다. 2011년부터 인증심사원 1인당 연간 심사할 수 있는 농가수가 상근직은 400호, 비상근직은 250호를 넘지 못하도록 규정이 바뀐다고 할 때, 조건을 근거로 예측한 내용 중 옳지 않은 것은?

(단위 : 호, 명)

인증기관	심사 농가수	승인 농가수	인증심사원		
			상근	비상근	합
A	2,540	542	4	2	6
B	2,120	704	2	3	5
C	1,570	370	4	3	7
D	1,878	840	1	2	3
계	8,108	2,456	11	10	21

※ 인증심사원은 인증기관 간 이동이 불가능하고 추가고용을 제외한 인원변동은 없음.
※ 각 인증기관은 추가 고용 시 최소인원만 고용함.

조건

- 인증기관의 수입은 인증수수료가 전부이고, 비용은 인증심사원의 인건비가 전부라고 가정한다.
- 인증수수료 : 승인농가 1호당 10만 원
- 인증심사원의 인건비는 상근직 연 1,800만 원, 비상근직 연 1,200만 원이다.
- 인증기관별 심사 농가수, 승인 농가수, 인증심사원 인건비, 인증수수료는 2010년과 2011년에 동일하다.

① 2010년에 인증기관 B의 수수료 수입은 인증심사원 인건비보다 적다.
② 2011년 인증기관 A가 추가로 고용해야 하는 인증심사원은 최소 2명이다.
③ 인증기관 D가 2011년에 추가로 고용해야 하는 인증심사원을 모두 상근으로 충당한다면 적자이다.
④ 만약 정부가 '갑'지역에 2010년 추가로 필요한 인증심사원을 모두 상근으로 고용하게 하고 추가로 고용되는 상근 심사원 1인당 보조금을 연 600만 원씩 지급한다면 보조금 액수는 연간 5,000만 원 이상이다.

Q 다음 표는 8개 기관의 장애인 고용 현황이다. 물음에 답하시오. 【55~56】

기관별 장애인 고용 현황

(단위 : 명, %)

기관	전체 고용인원	장애인 고용의무인원	장애인 고용인원	장애인 고용률
남동청	4,013	121	58	
서부청	2,818	85	30	1.06
동부청	22,323	670	301	1.35
북동청	92,385	2,772	1,422	1.54
남부청	22,509	676	361	1.60
북부청	19,927	598	332	1.67
남서청	53,401	1,603	947	1.77
북서청	19,989	600	357	1.79

※ 장애인고용률(%) $= \frac{\text{장애인 고용인원}}{\text{전체 고용인원}} \times 100$

55 다음 중 남동청의 장애인 고용률로 옳은 것은?

① 1.12%
② 1.34%
③ 1.45%
④ 1.52%

56 다음 설명 중 옳지 않은 것은?

① 장애인 고용률은 서부청이 가장 낮다.
② 장애인 고용의무인원은 북부청이 남부청보다 적다.
③ 동부청은 남동청보다 장애인 고용인원은 많으나, 장애인 고용률은 낮다.
④ 북동청은 전체 고용인원이 가장 많으며, 장애인 고용률도 가장 높다.

Q 다음은 영희, 미영, 준서, 철수 네 사람의 과목별 점수를 나타낸 표이다. 자료를 보고 물음에 답하시오. 【57~58】

	국어	영어	과학	사회	수학
영희	88	65	72	96	91
미영	62	90	88	89	87
준서	89	88	86	75	90
철수	93	98	77	69	75

57 네 사람 중 전체 과목의 평균이 가장 높은 사람은?

① 영희
② 미영
③ 준서
④ 철수

58 철수의 성적 중 국어, 영어, 과학, 사회 점수는 변화가 없으나 전체 평균은 3점이 높아졌다면, 수학을 지금보다 몇 점 높게 받아야 하는가?

① 14점
② 15점
③ 16점
④ 17점

59 다음 연도별 인구분포비율표에 대한 설명으로 옳지 않은 것은?

구분 \ 연도	2007	2008	2009
평균가구원 수	4.0명	3.0명	2.4명
광공업 비율	56%	37%	21%
생산가능 인구비율	50%	56%	65%
노령 인구비율	4%	6%	8%

① 광공업의 비율을 보면 경제적 비중이 줄어들고 있음을 알 수 있다.
② 인구의 노령화에 따라 평균 가구원 수가 증가하고 있다.
③ 생산가능 인구의 증가는 경제발전에 도움을 준다.
④ 노령인구의 증가로 노령화사회로 다가가고 있다.

60 다음 표는 국방비 관련 자료이다. 이에 대한 〈보기〉의 설명 중 옳은 것을 모두 고른 것은?

[표 1]

국가	GDP (억 $)	국방비 (억 $)	GDP대비 국방비 (%)	병력 (천 명)	1인당 군사비 (억 $)
A	92,000	2,831	3.1	1,372	1,036
B	43,000	404	0.9	243	319
C	19,000	311	1.6	333	379
D	14,000	379	2.7	317	640
E	11,000	568	5.2	1,004	380
F	14,000	369	2.6	212	628
G	2,830	54	1.9	71	148
H	7,320	399	5.5	2,820	32
I	990	88	8.9	174	1,465
J	840	47	5.6	73	1,174
K	150	21	14.0	1,055	98

[표 2]

구분 \ 연도	2005	2010	2017	2018	2019	2020
국방비	66,378	110,744	138,000	137,490	144,774	153,884
재정 대비 국방비 구성비	24.2	21.3	18.3	16.4	16.3	15.5
GDP 대비 국방비 구성비	3.7	3.1	2.9	2.8	2.7	2.6

[표 3]

연도	국방비		경상운영비			전략투자비		
	금액	증가율	금액	증가율	구성비	금액	증가율	구성비
2014	110,744	9.9	71,032	9.9	64.1	39,712	1.00	35.9
2015	122,434	10.6	79,772	12.3	65.2	42,662	7.4	34.8
2016	137,865	12.6	86,032	7.8	62.4	51,833	21.5	37.6
2017	138,000	0.1	87,098	1.2	63.1	50,902	−1.8	36.9
2018	137,490	−0.4	85,186	−2.2	62.0	52,304	2.8	38.0
2019	144,774	5.3	91,337	7.2	63.1	53,437	2.2	36.9
2020	153,884	6.3	101,743	11.4	63.1	52,141	−2.4	33.9

〈보기〉

㉠ 국방비가 많은 나라일수록 1인당 군사비가 높다.
㉡ 한국의 2020년도 국방비와 경상운영비 모두 전년대비 증가했으나 전략투자비는 전년에 비해 감소하였다.
㉢ 2017~2019년 사이에 한국의 국방비 증가율이 전년보다 높은 연도에는 경상운영비의 증가율도 전년보다 높다.
㉣ 2005년 이후 한국의 GDP 대비 국방비 구성비와 재정 대비 국방비 구성비 모두 지속적으로 감소하였다.
㉤ GDP 대비 국방비의 비율이 높은 나라일수록 1인당 군사비가 높다.

① ㉠㉢
② ㉠㉤
③ ㉡㉢㉣
④ ㉢㉣㉤

CHAPTER 03 공간능력

출제예상문제

≫ 정답 및 해설 p.440

Q 다음 입체도형의 전개도로 알맞은 것을 고르시오. 【01 ~ 12】

※ 주의사항

- 입체도형을 전개하여 전개도를 만들 때, 전개도에 표시된 그림(예 : ▮, ◪ 등)은 회전의 효과를 반영함. 즉, 본 문제의 풀이과정에서 보기의 전개도 상에 표시된 "▮"와 "▬"은 서로 다른 것으로 취급함.
- 단, 기호 및 문자(예 : ☎, ♤, ♨, K, H)의 회전에 의한 효과는 본 문제의 풀이과정에 반영하지 않음. 즉, 입체도형을 펼쳐 전개도를 만들었을 때에 "☎"의 방향으로 나타나는 기호 및 문자도 보기에서는 "☎"방향으로 표시하며 동일한 것으로 취급함.

01

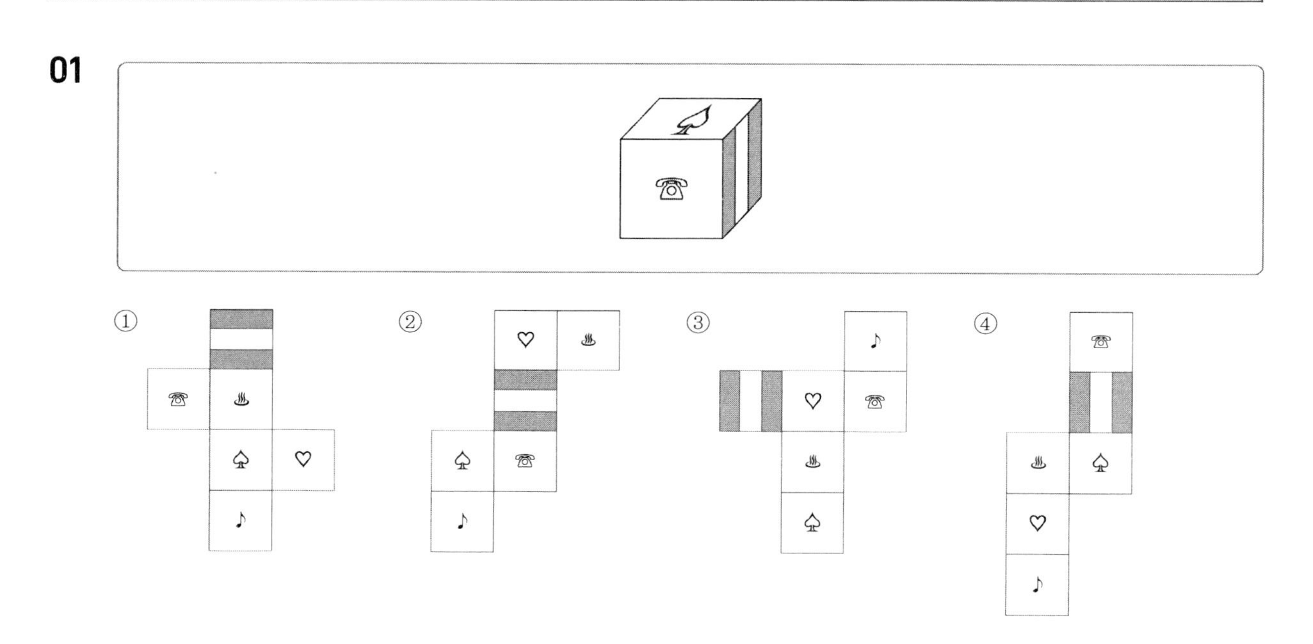

02

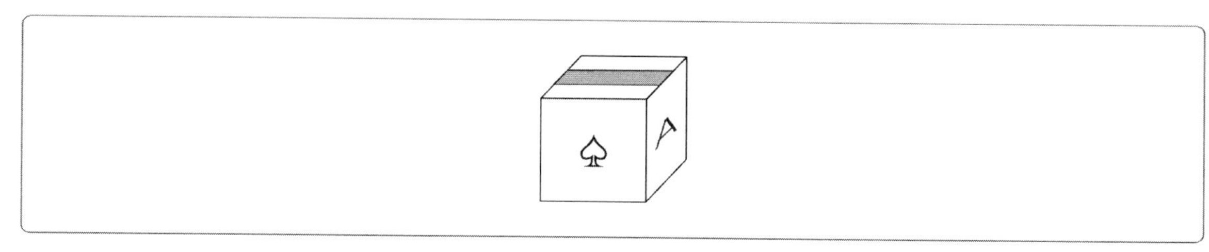

①

② 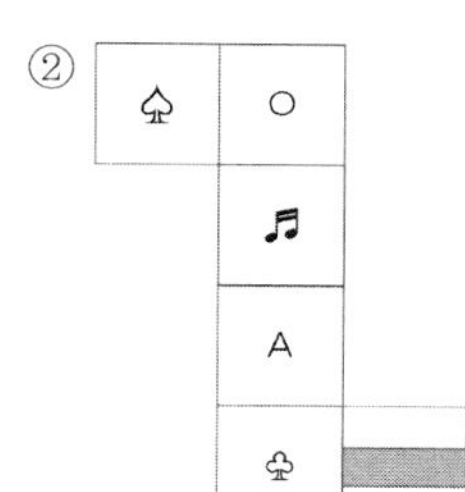

③ 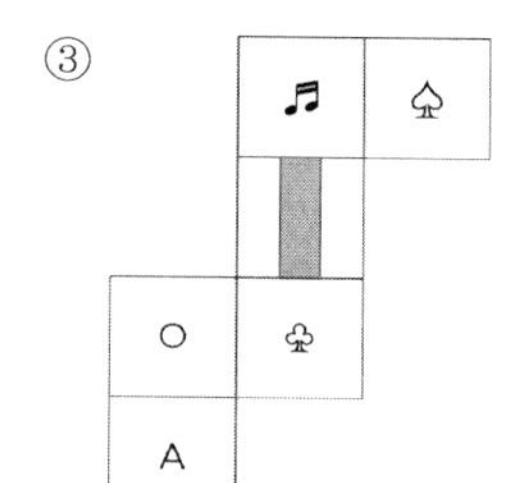

④ 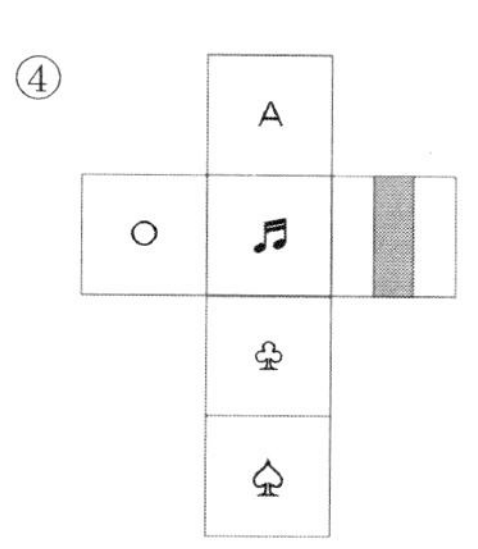

03

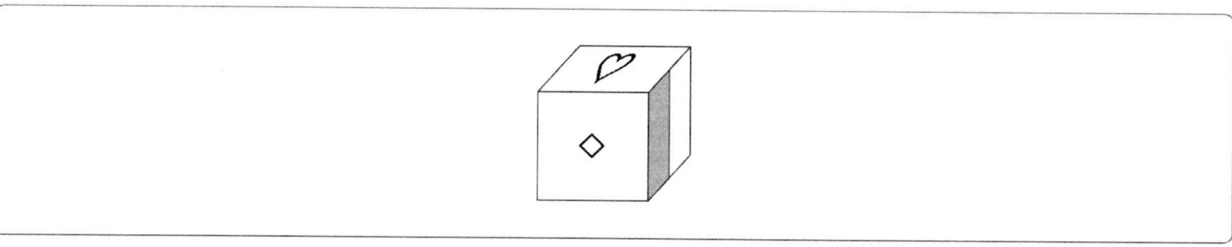

① 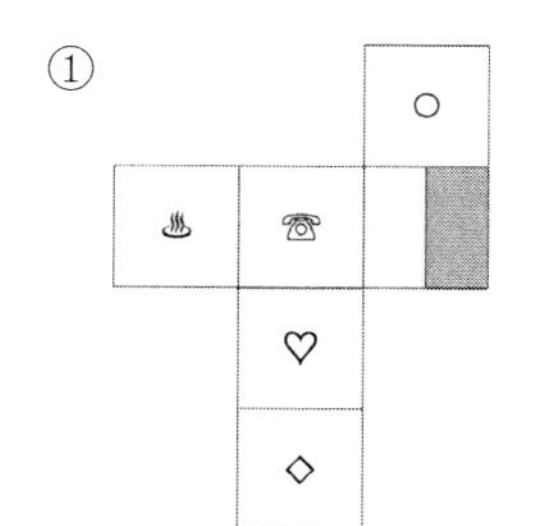

② 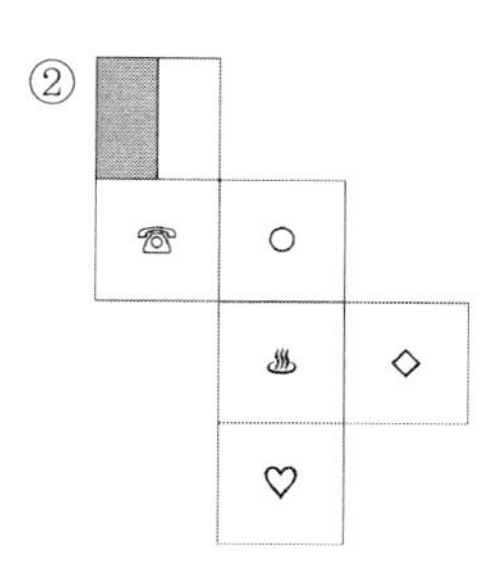

③ 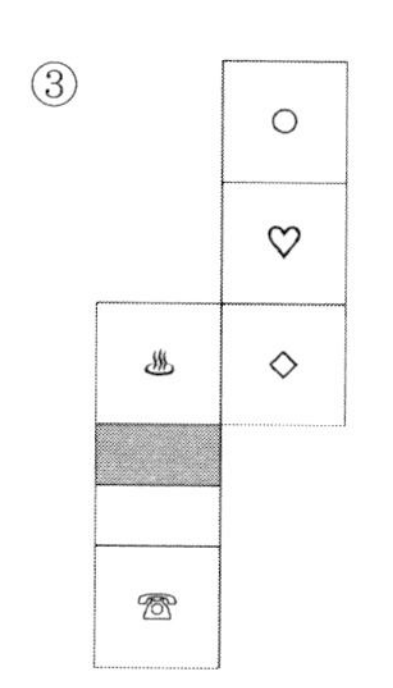

④ 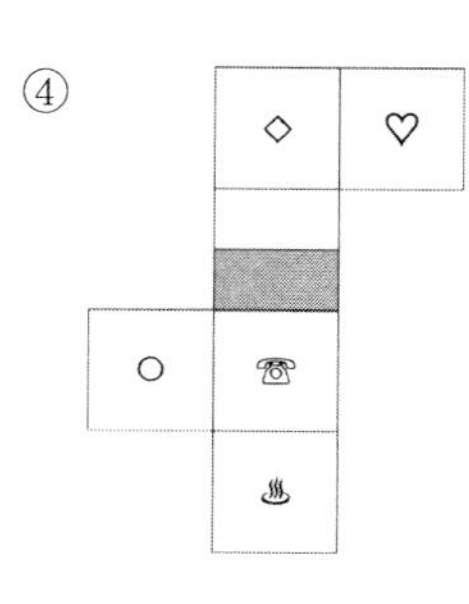

04

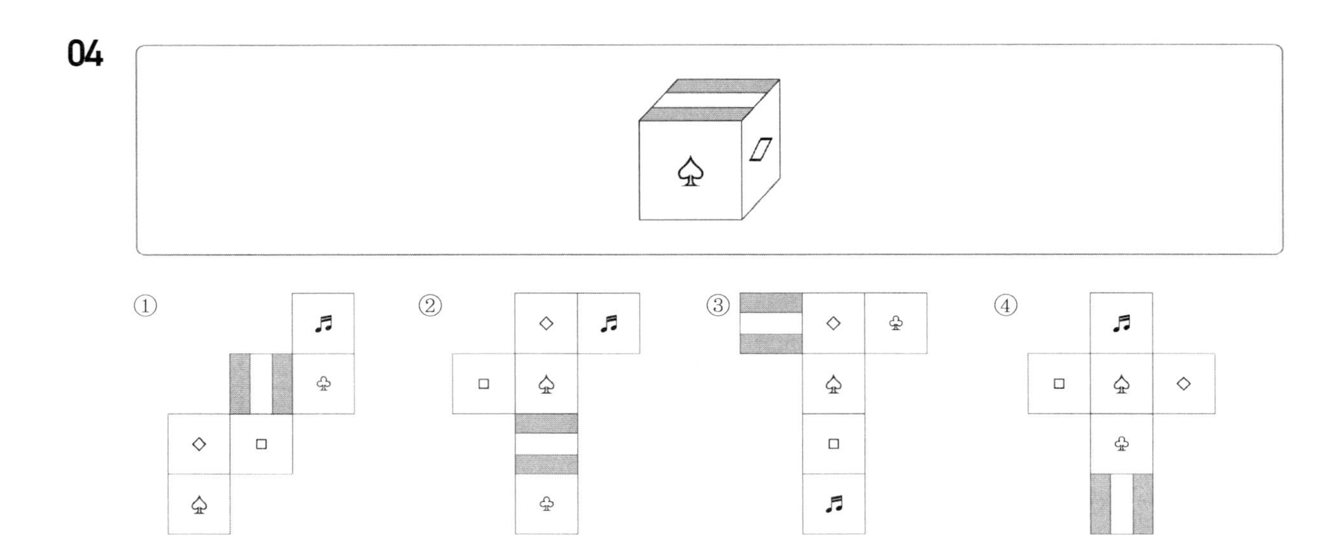

05

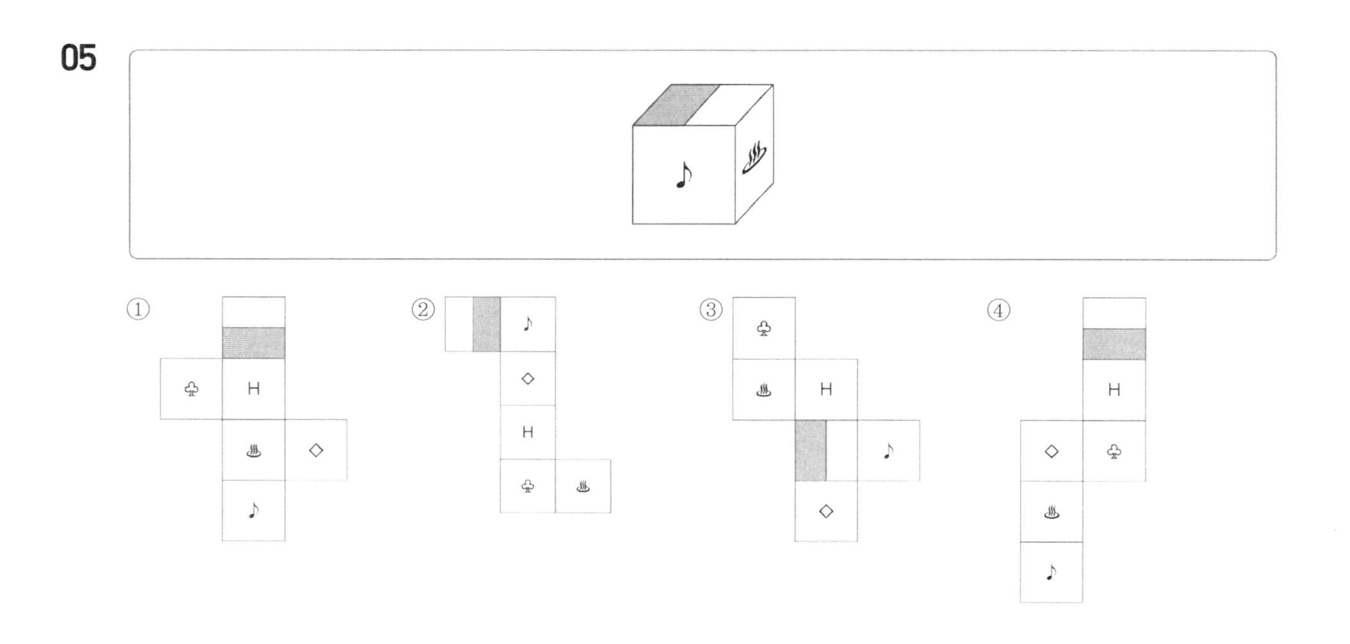

06

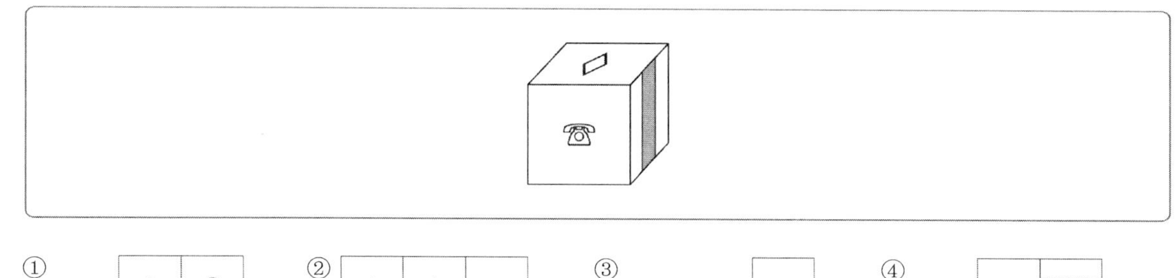

① 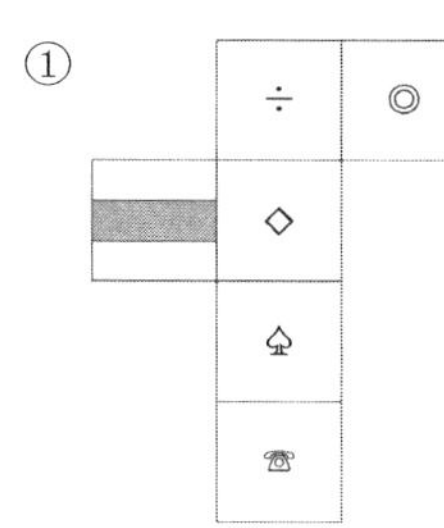
② 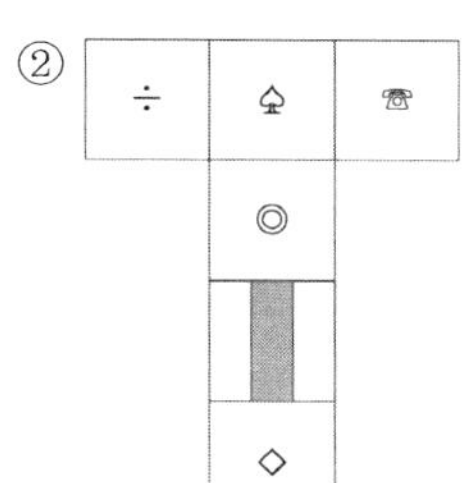
③ 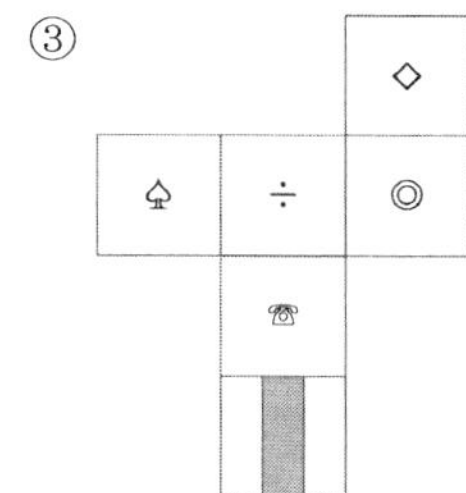
④ 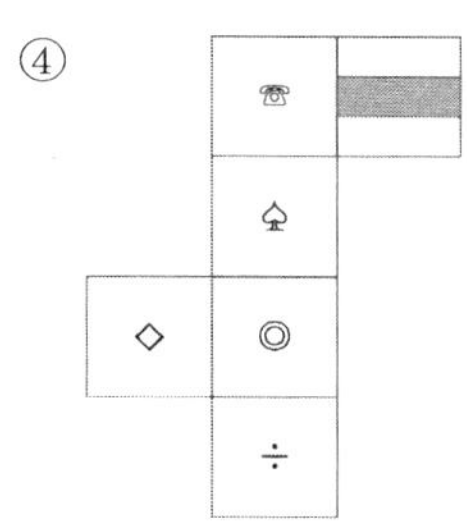

07

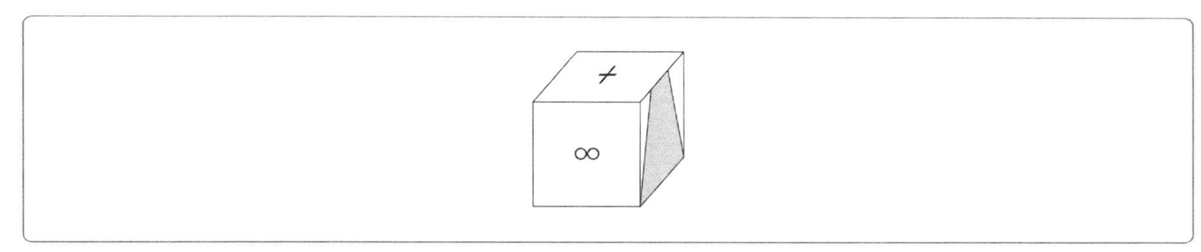

① 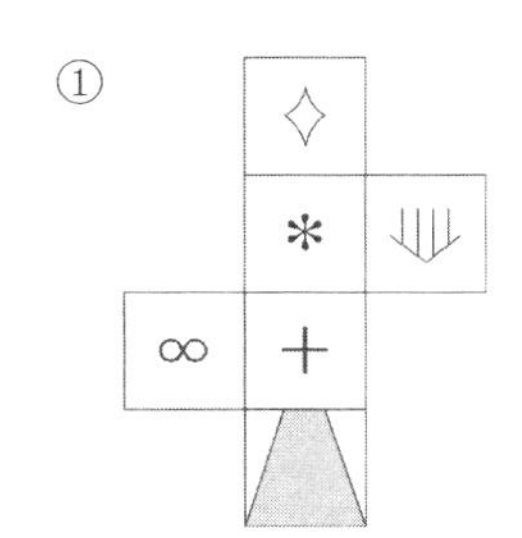
② 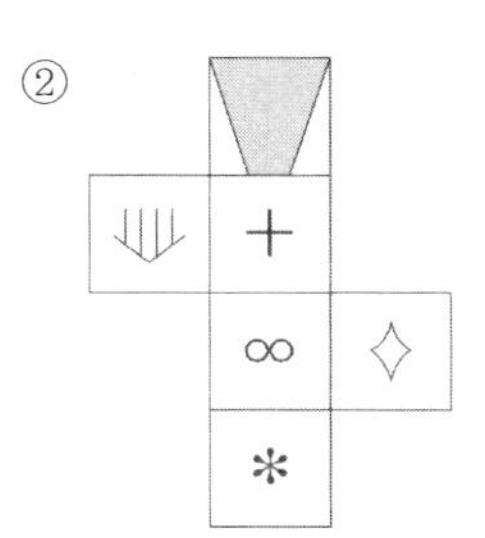
③ 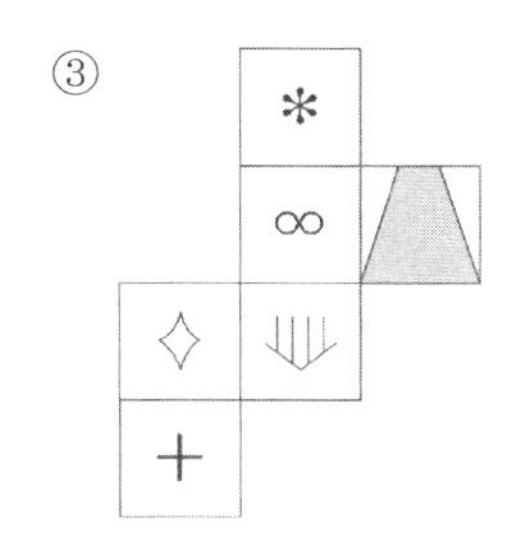
④ 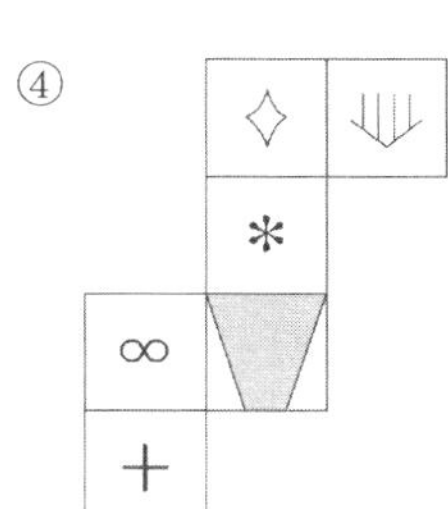

08

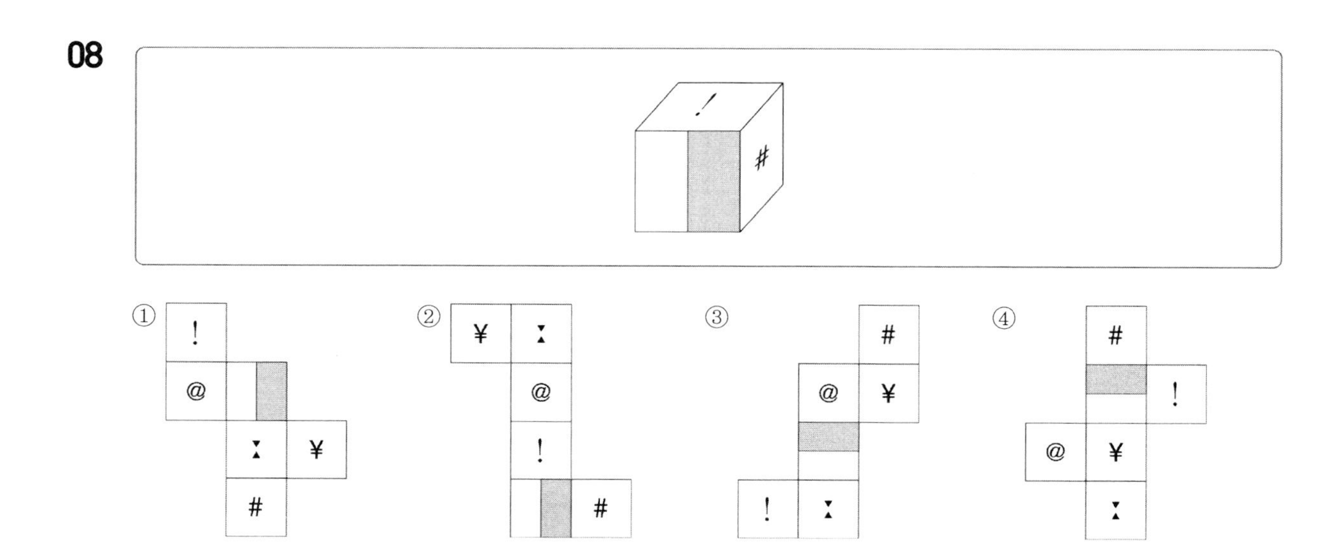

09

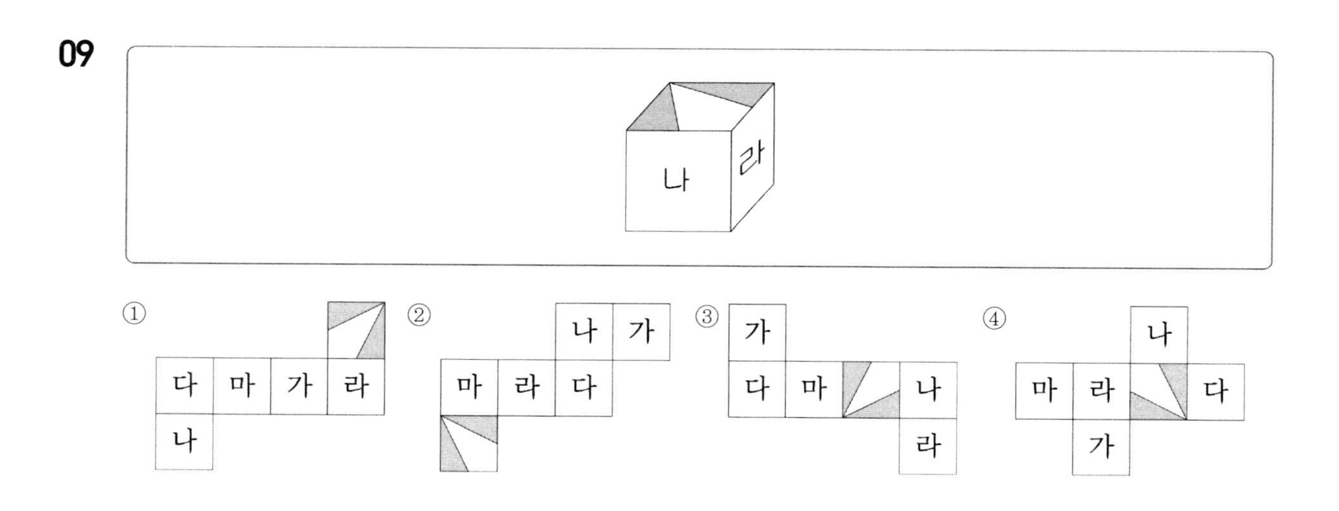

10

① ② ③ ④

11

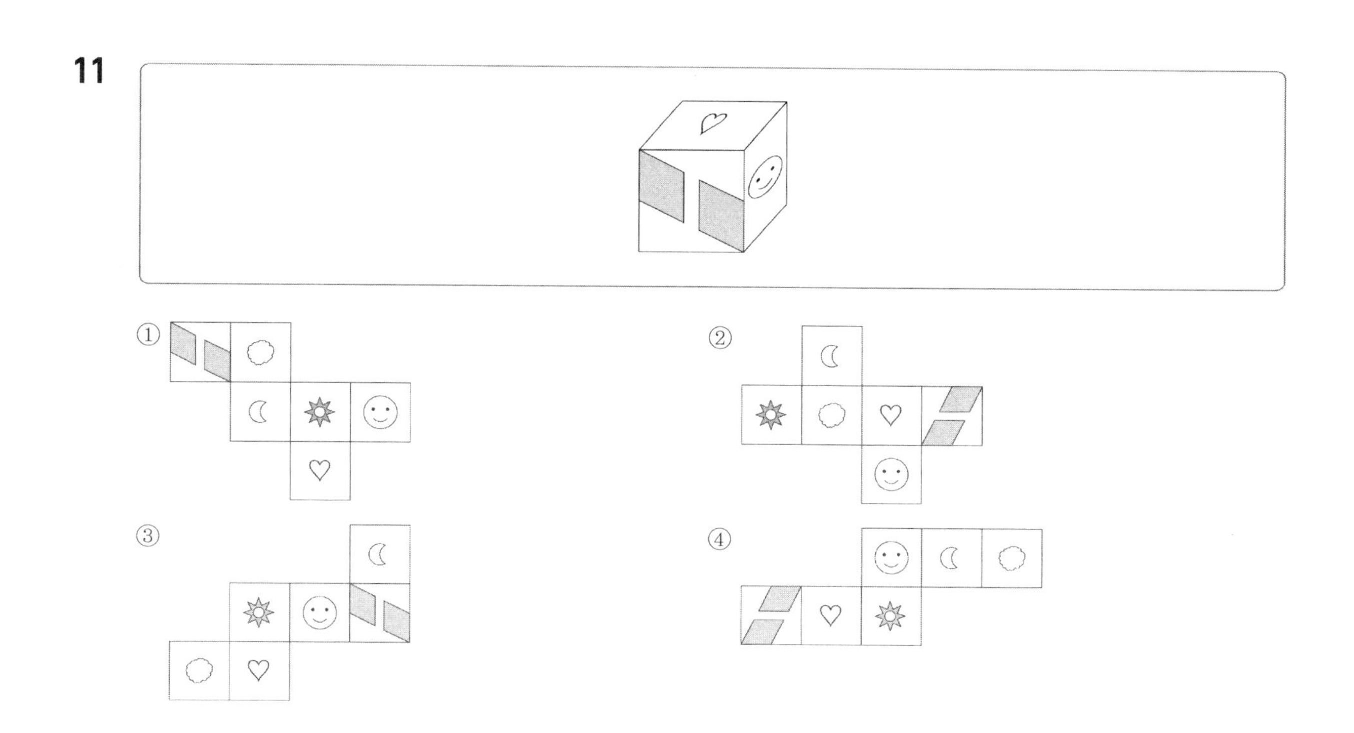

12

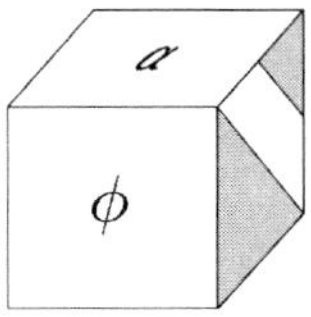

α
ϕ

① ϕ Δ φ β α

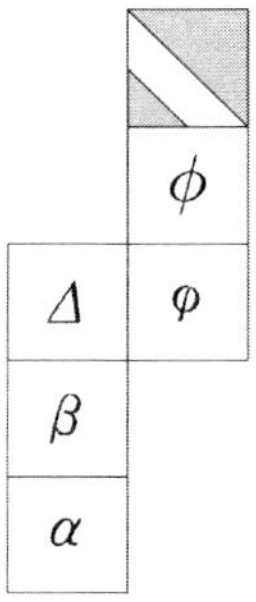

② α Δ φ β ϕ

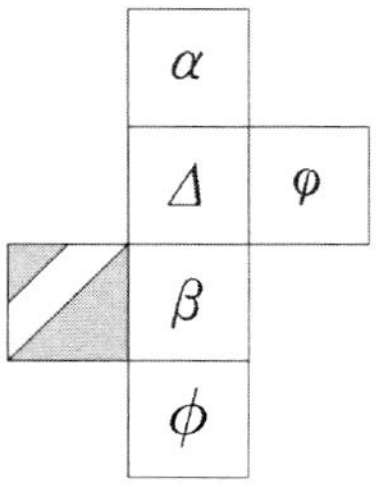

③ ϕ β α φ Δ

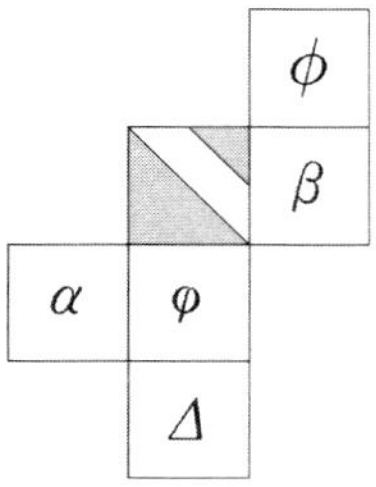

④ β Δ ϕ φ α

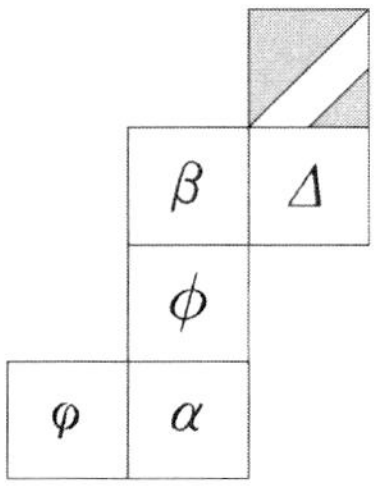

Q 다음 전개도를 접었을 때 나타나는 도형으로 알맞은 것을 고르시오. 【13~27】

※ 주의사항
- 전개도를 접을 때 전개도 상의 그림, 기호, 문자가 입체도형의 겉면에 표시되는 방향으로 접음.
- 전개도를 접어 입체도형을 만들 때, 전개도에 표시된 그림(예 : ▮, ◪ 등)은 회전의 효과를 반영함. 즉, 본 문제의 풀이과정에서 보기의 전개도 상에 표시된 "▮"와 "▬"은 서로 다른 것으로 취급함.
- 단, 기호 및 문자(예 : ☎, ♤, ♨, K, H)의 회전에 의한 효과는 본 문제의 풀이과정에 반영하지 않음. 즉, 전개도를 접어 입체도형을 만들었을 때에 "☎"의 방향으로 나타나는 기호 및 문자도 보기에서는 "☎" 방향으로 표시하며 동일한 것으로 취급함.

13

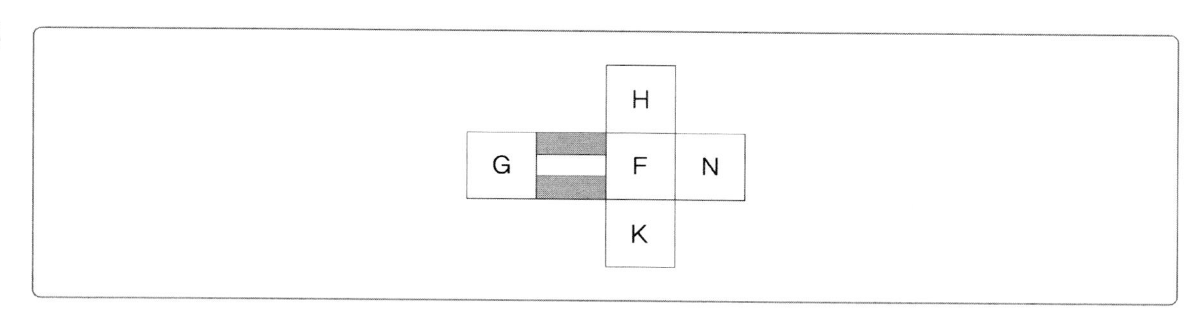

① 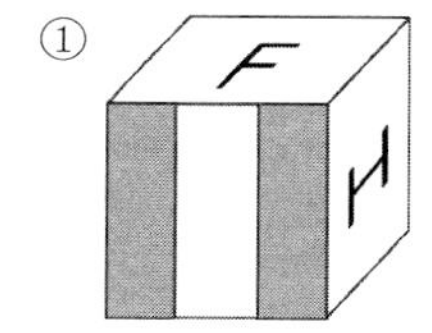

② 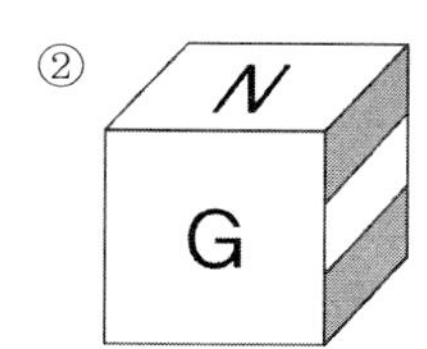

③ 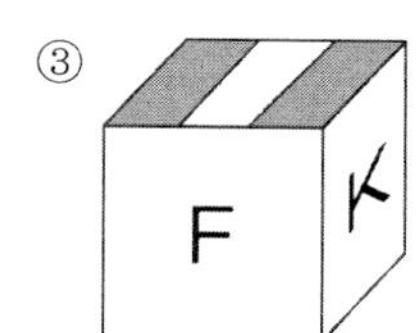

④ 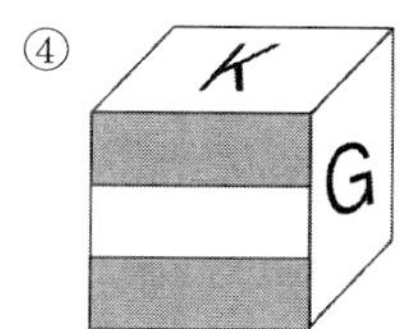

14

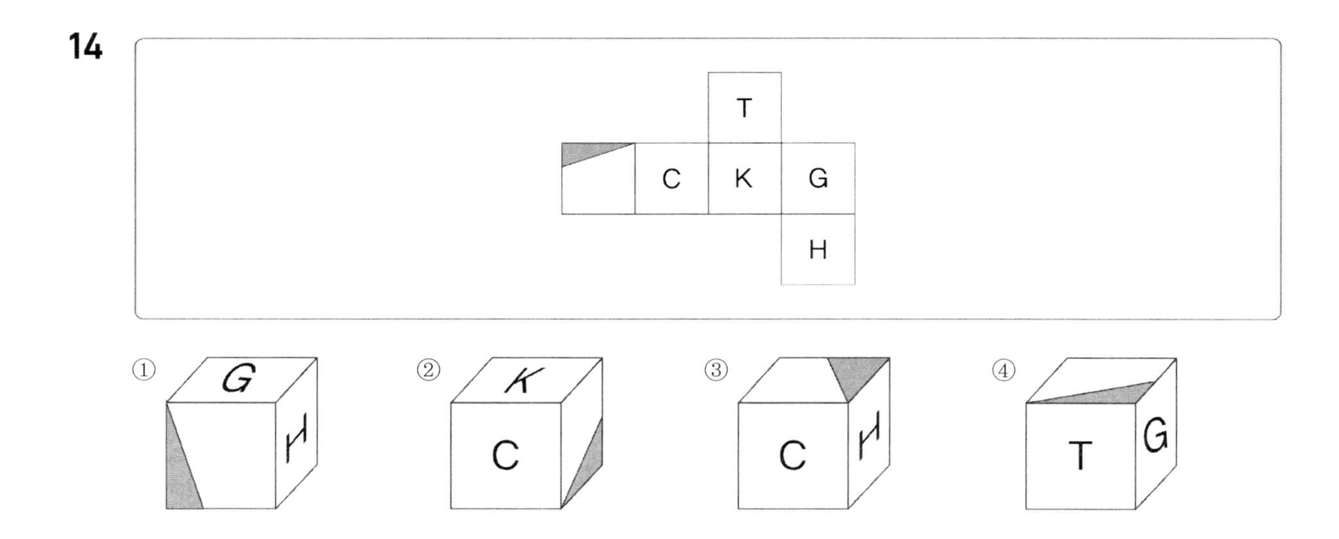

15

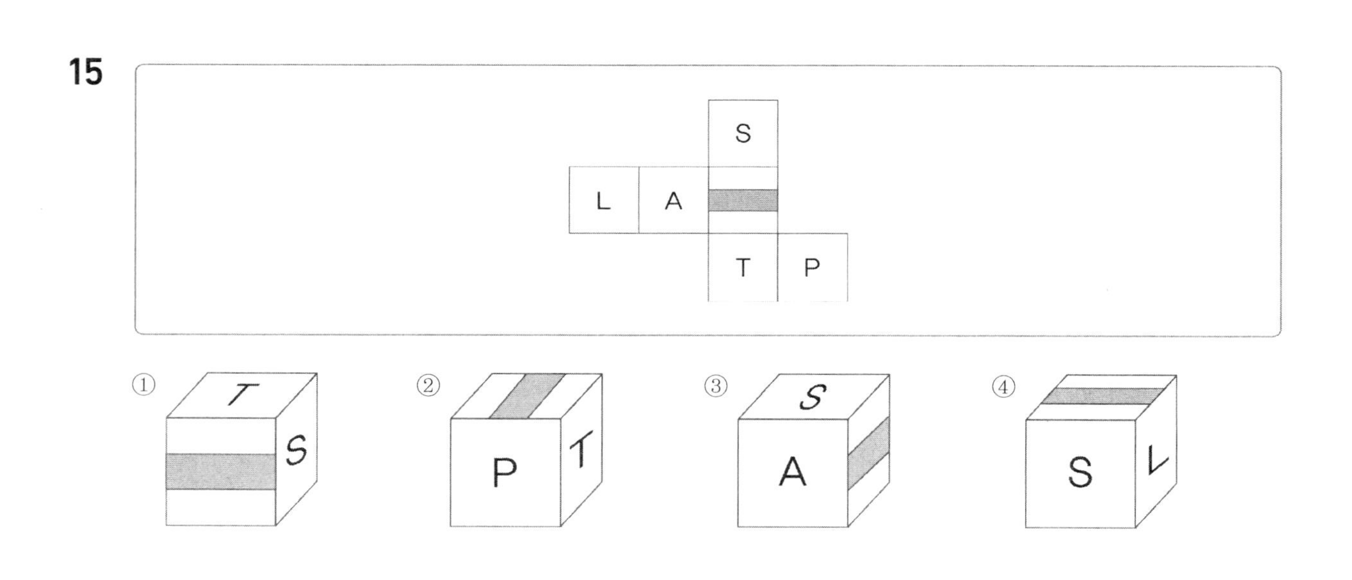

16

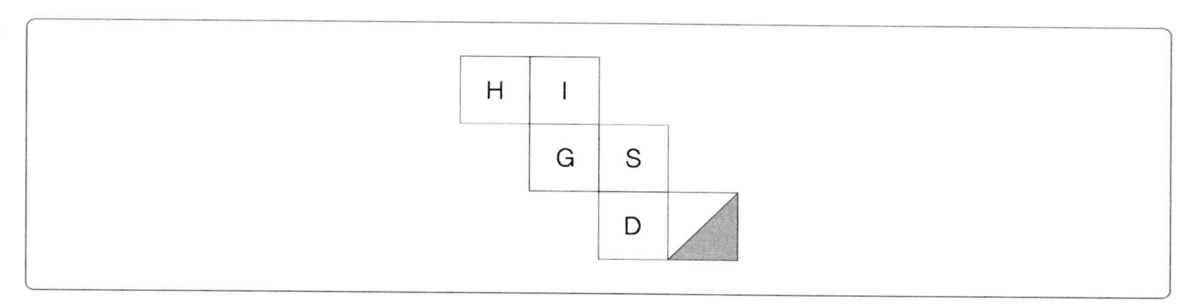

① 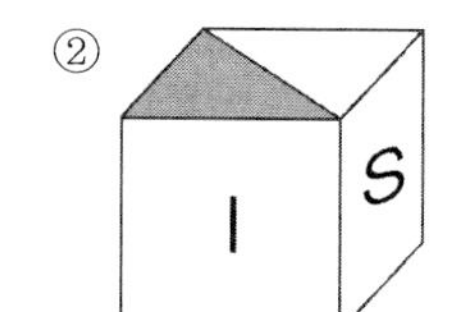

② 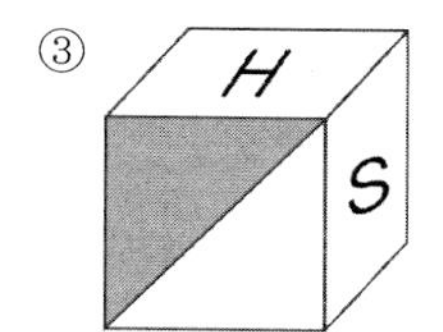

③ 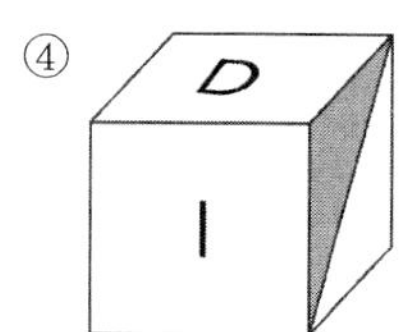

④

17

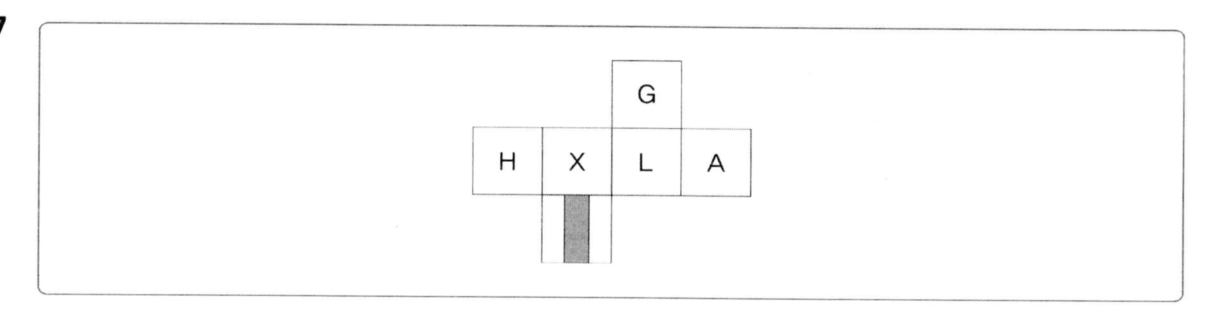

① 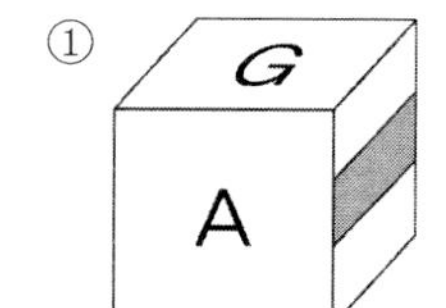

② 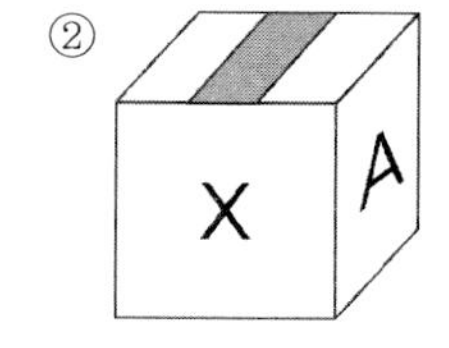

③ 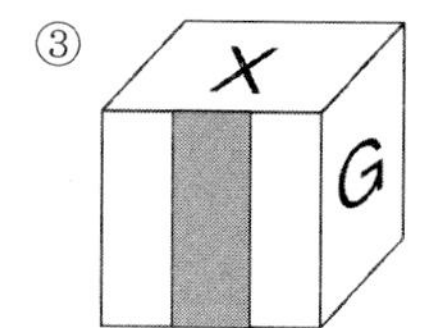

④ 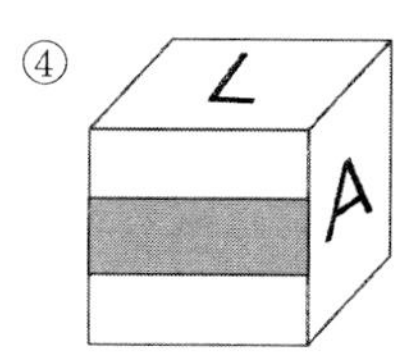

18

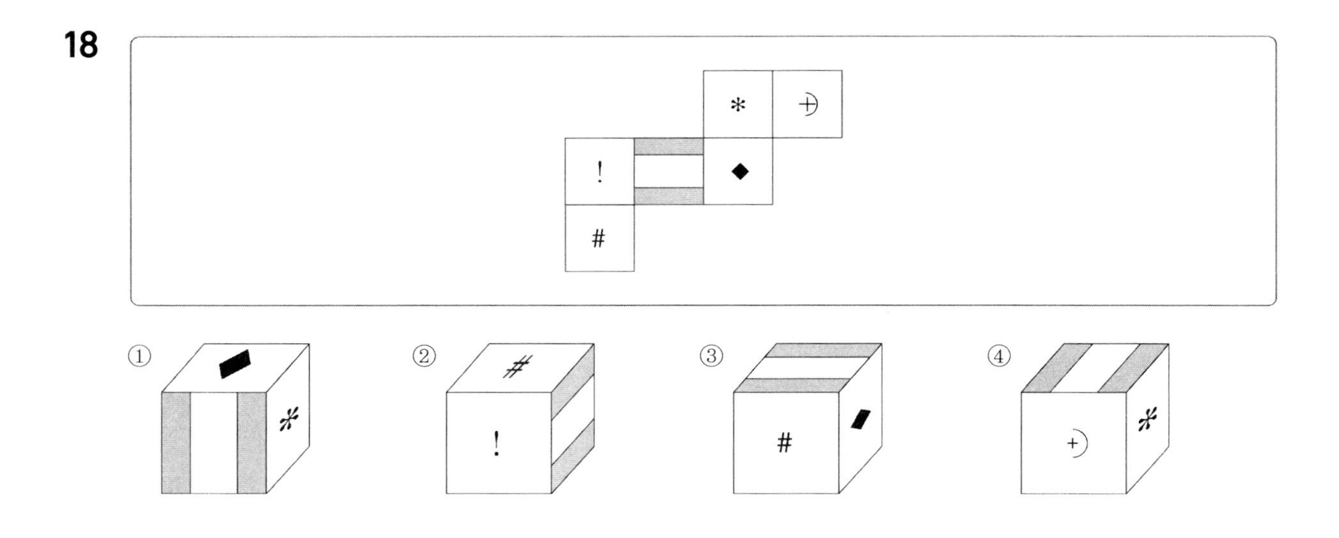

19

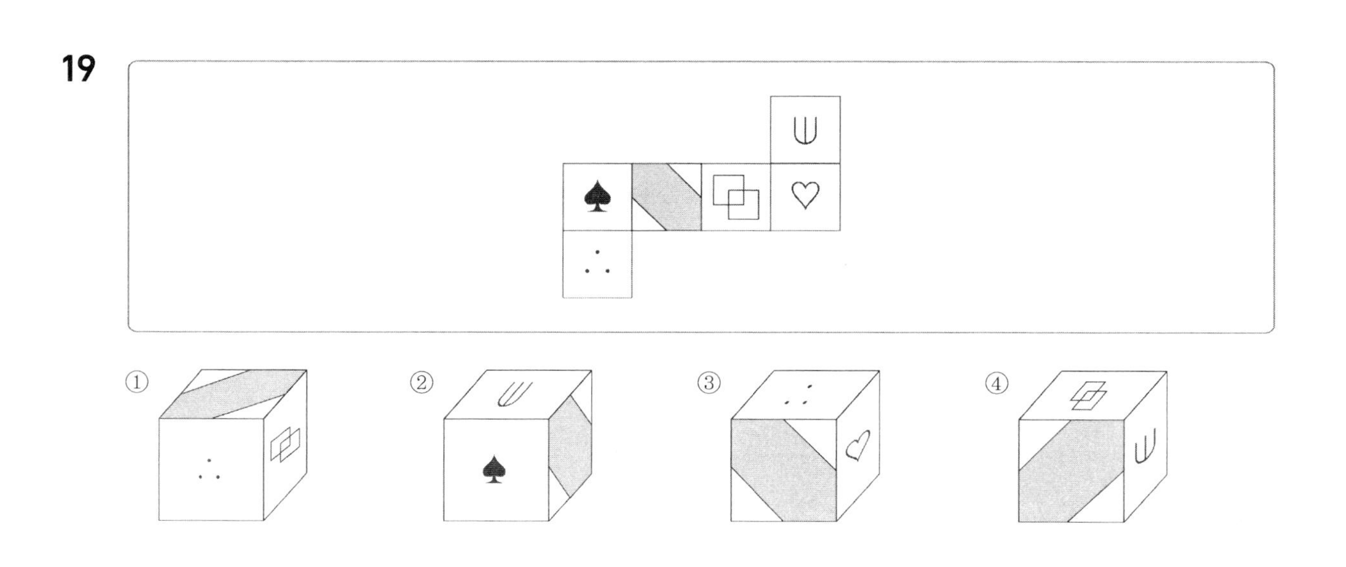

20

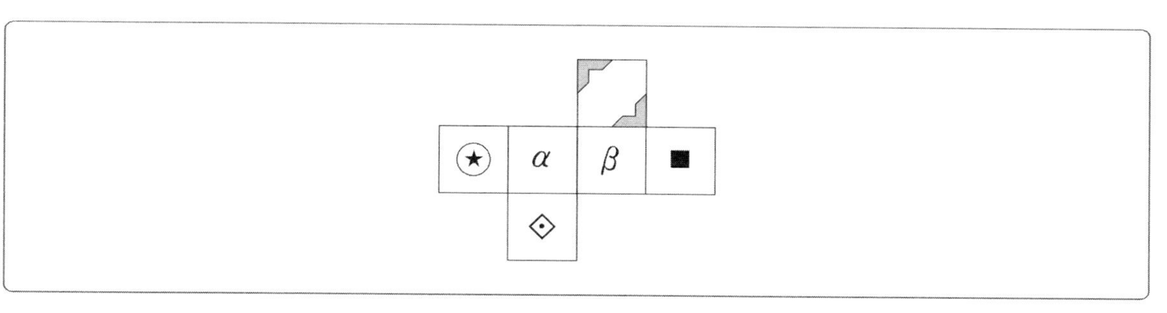

① 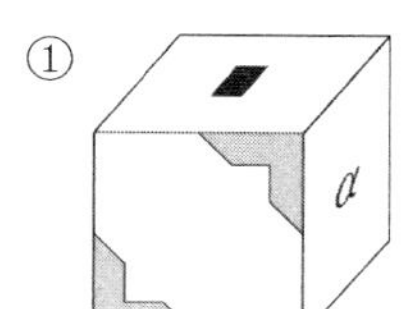
② 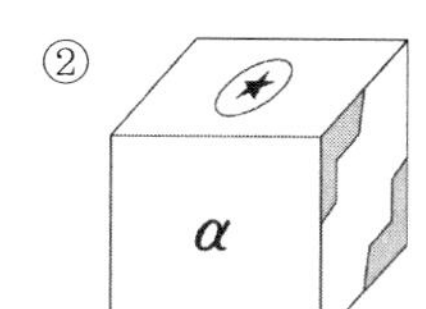
③ 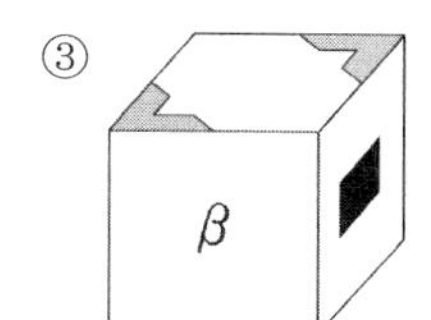
④ 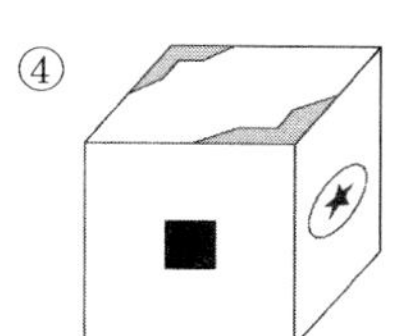

21

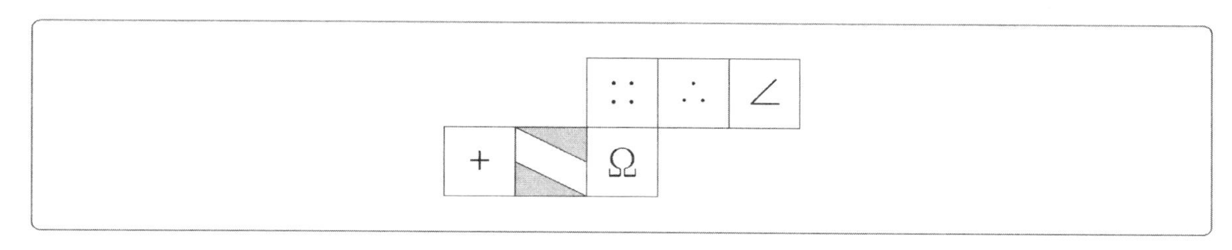

① 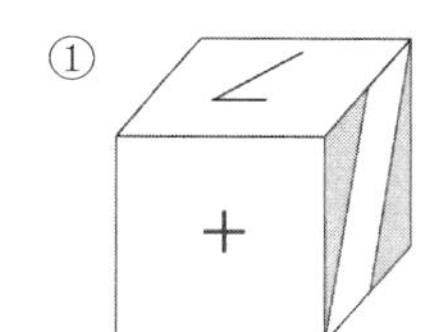
② 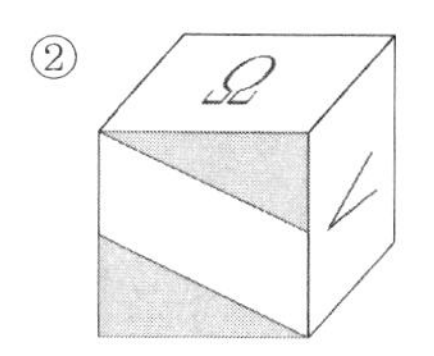
③ 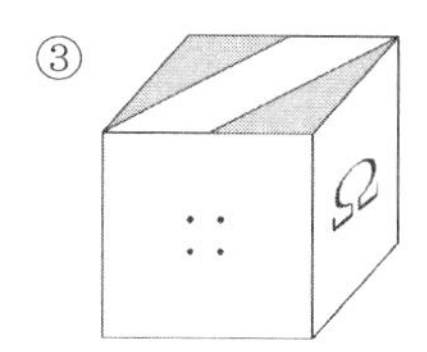
④ 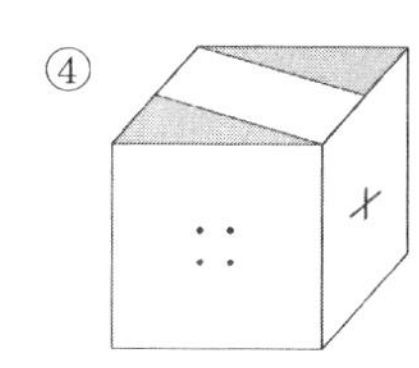

22

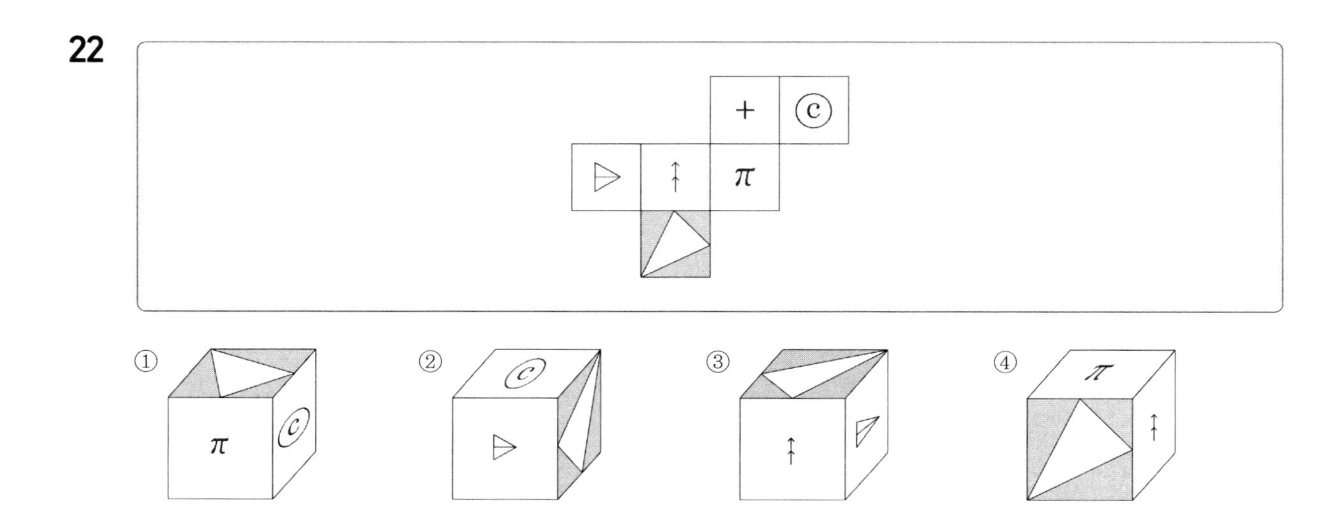

23

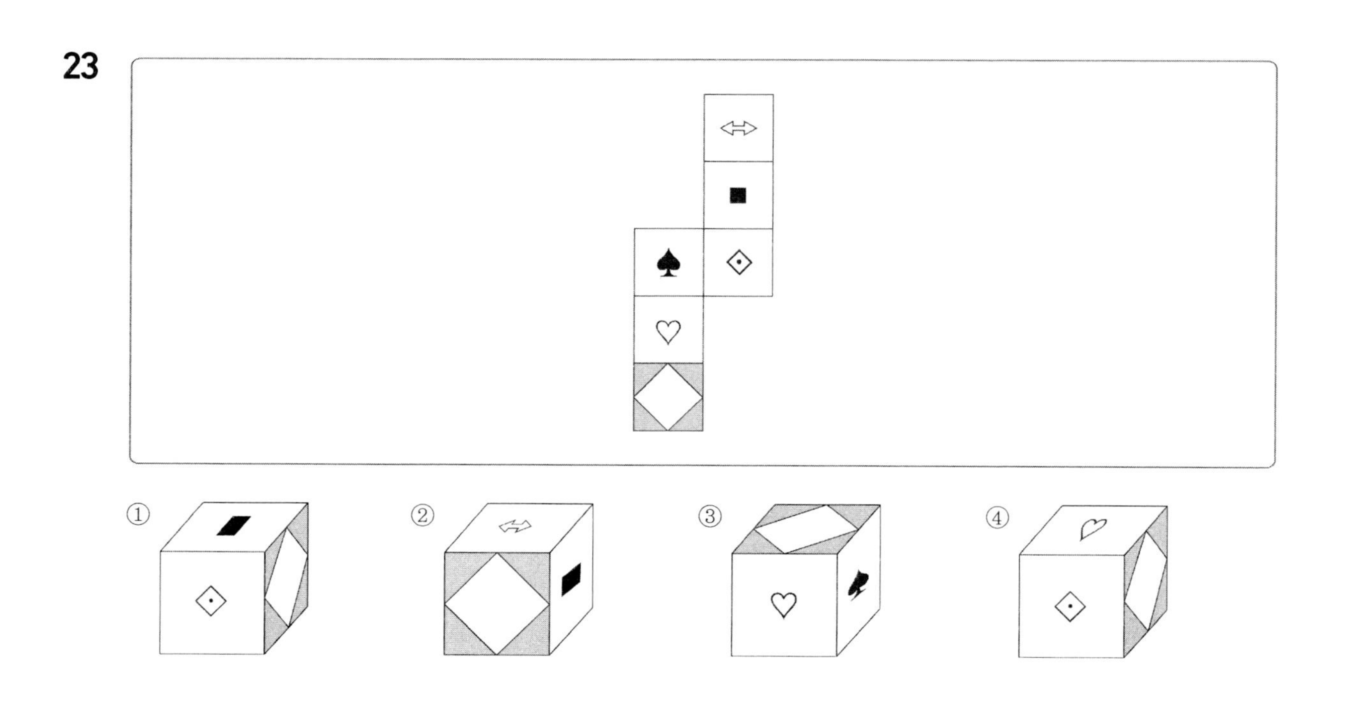

24

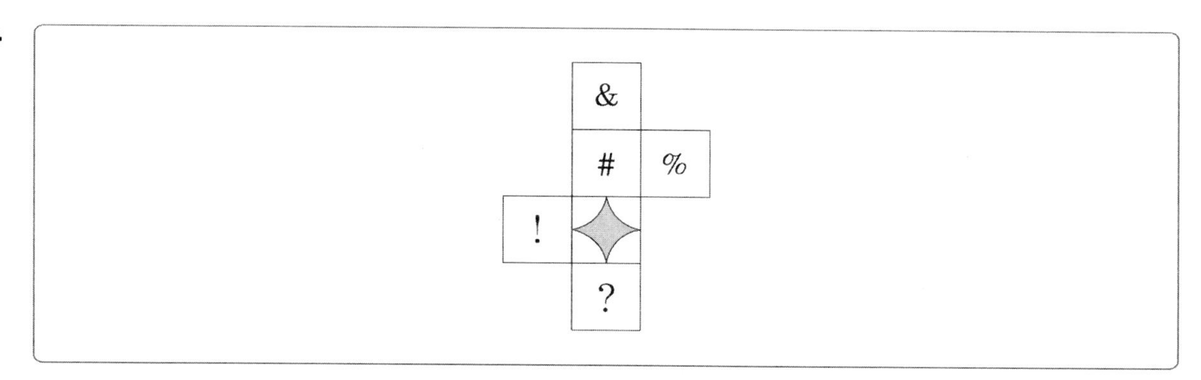

①
② 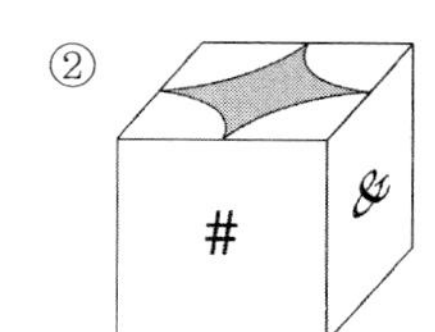

③ 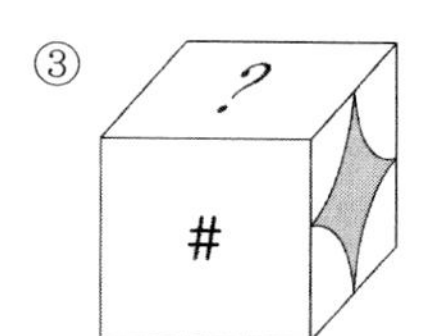

④ 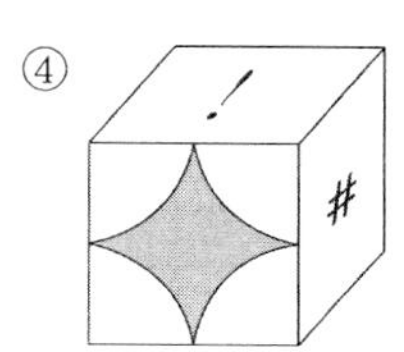

25

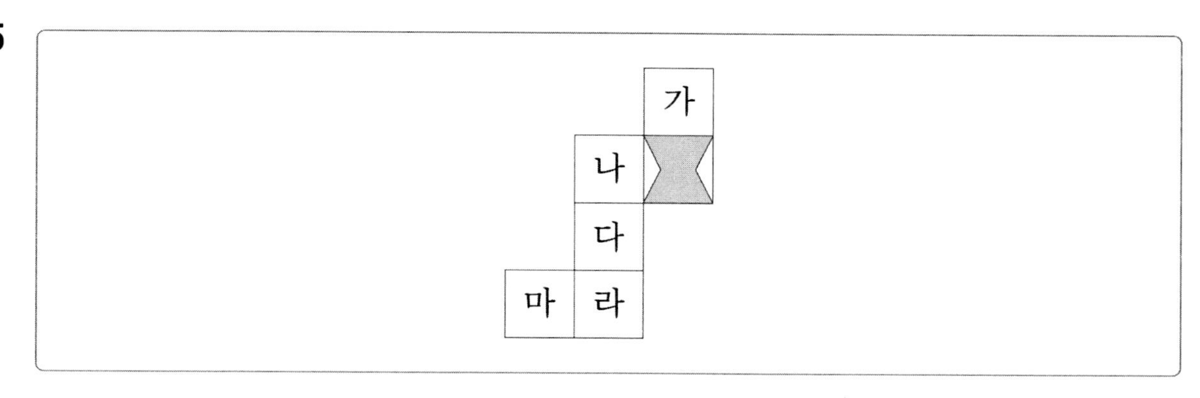

① 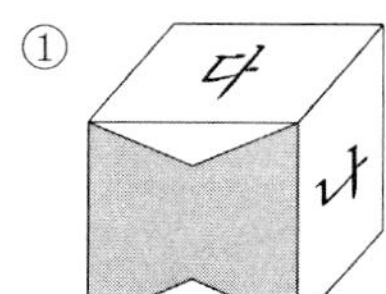

② 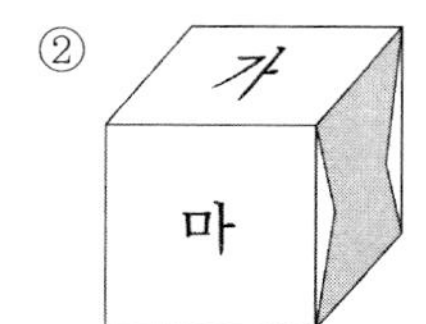

③ 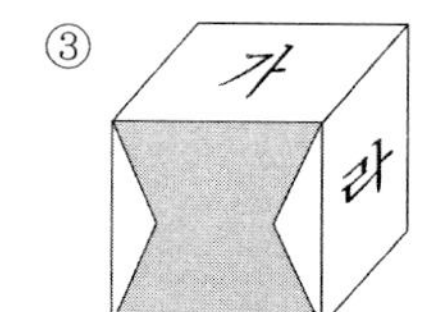

④ 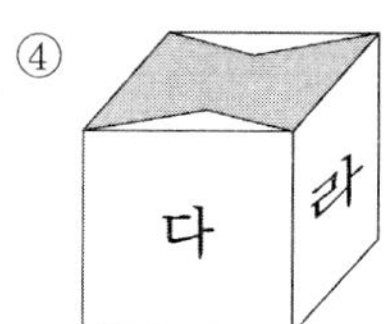

26

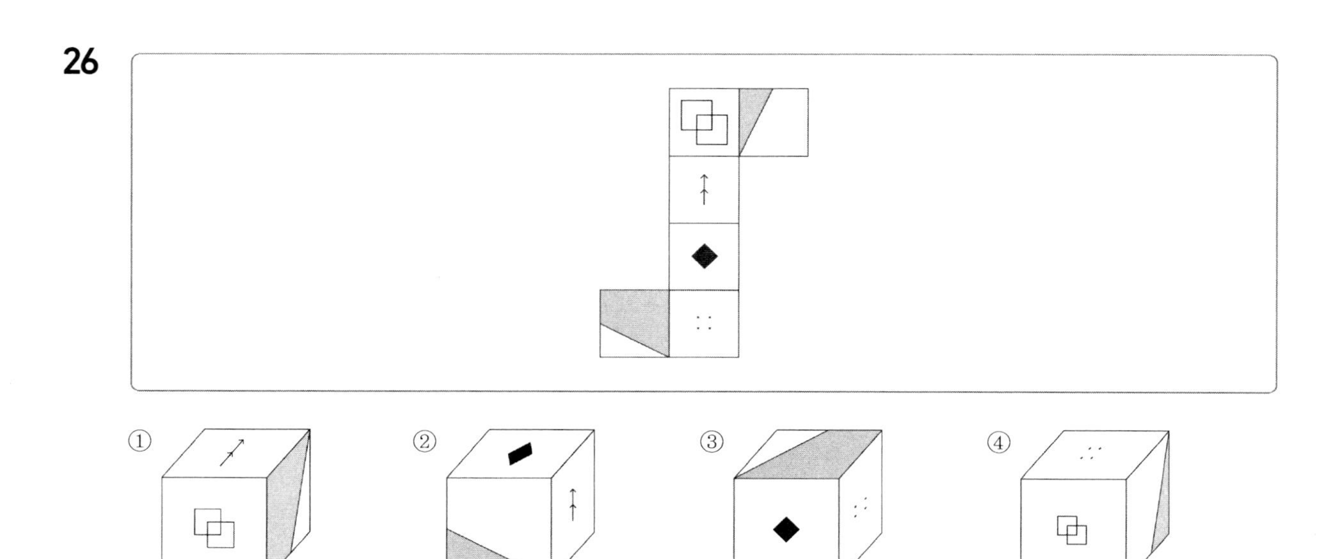

27

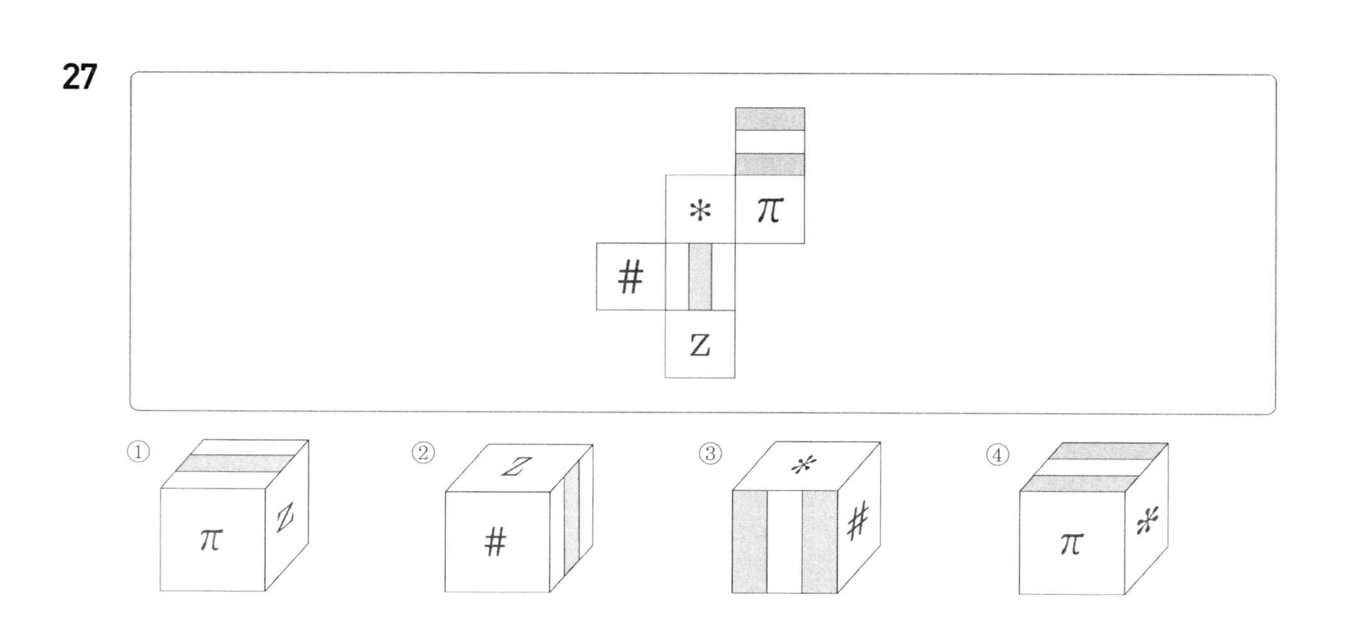

Q 아래에 제시된 그림과 같이 쌓기 위해 필요한 블록의 수는? 【28~42】

※ 블록의 모양과 크기는 모두 동일한 정육면체임

28

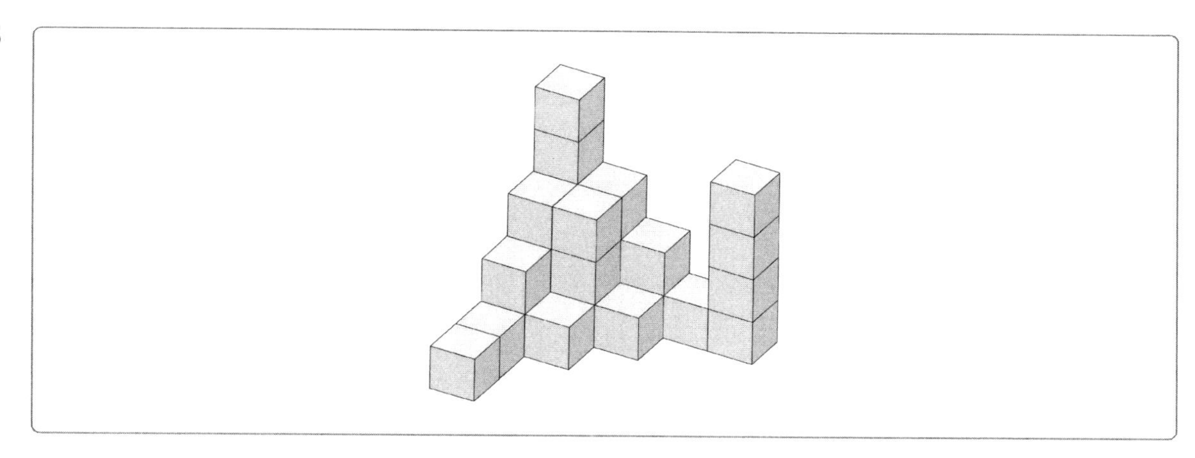

① 27 ② 28
③ 29 ④ 30

29

① 30 ② 31
③ 32 ④ 33

30

① 19
② 21
③ 23
④ 25

31

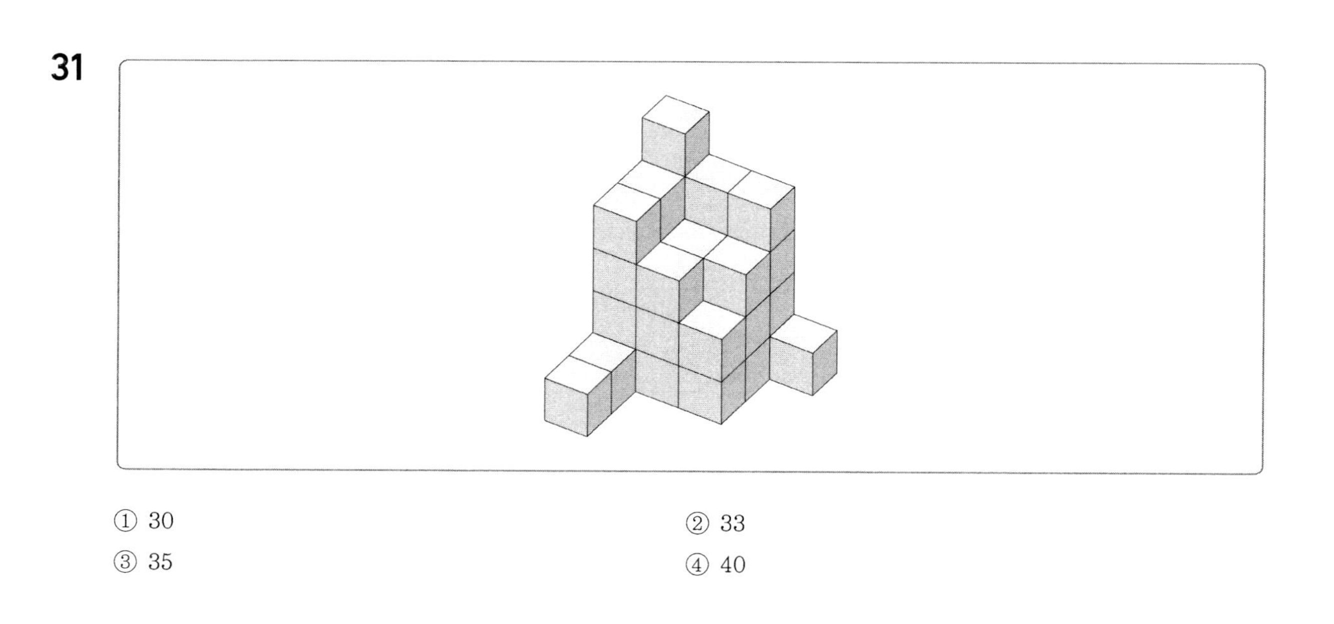

① 30
② 33
③ 35
④ 40

32

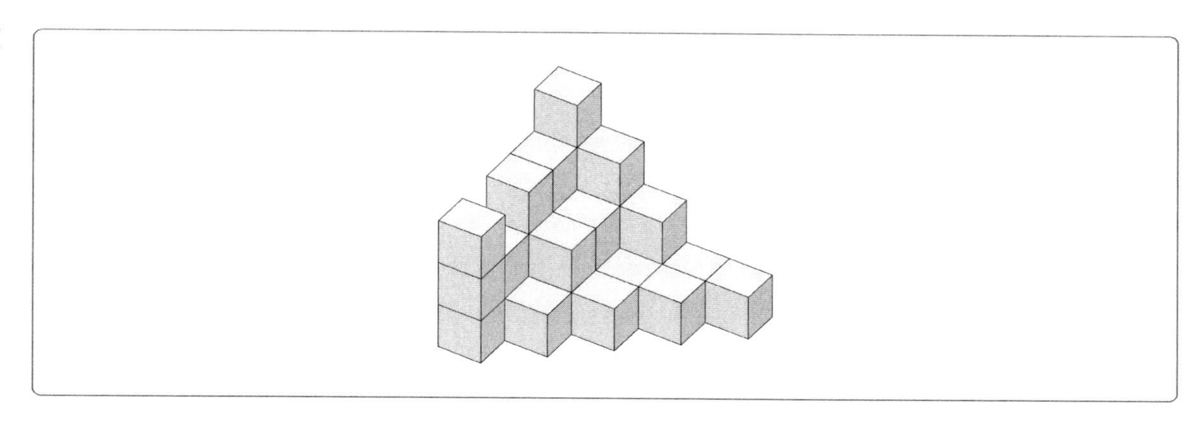

① 20　② 25
③ 30　④ 35

33

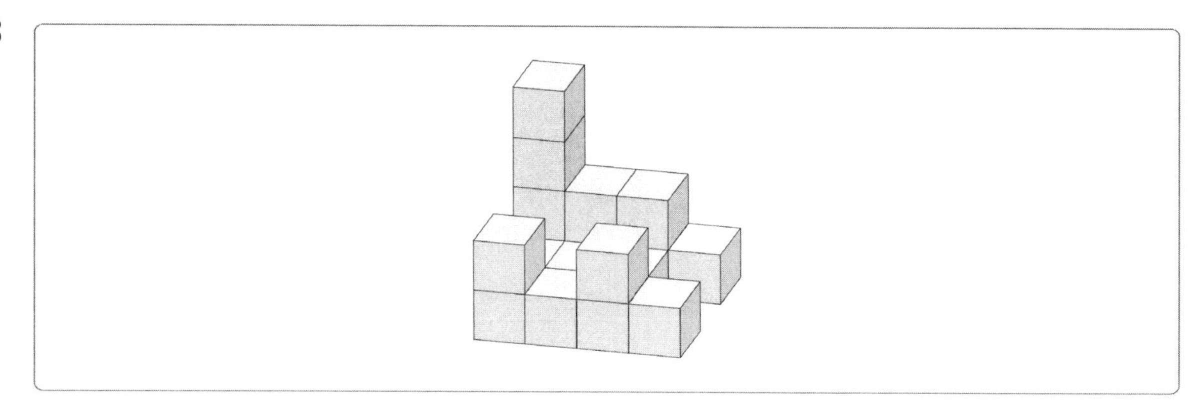

① 16　② 17
③ 18　④ 19

34

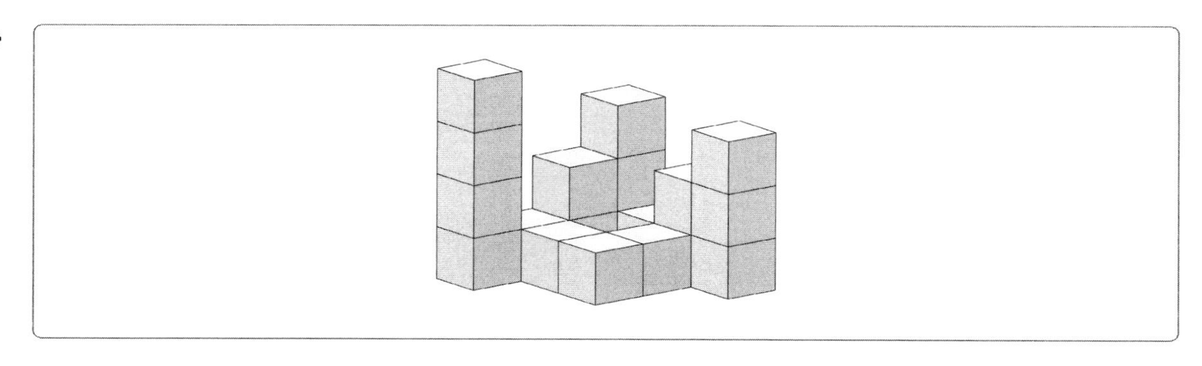

① 16 ② 17
③ 18 ④ 19

35

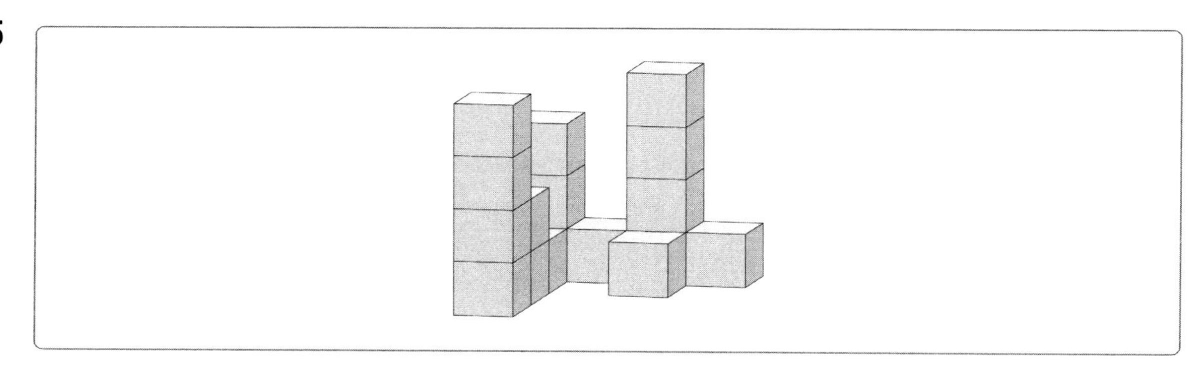

① 16 ② 17
③ 18 ④ 19

36

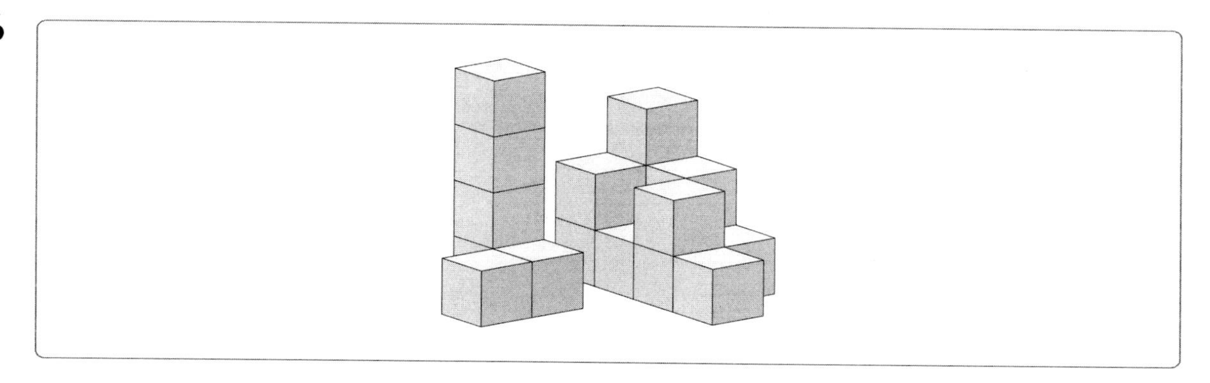

① 16
② 17
③ 18
④ 19

37

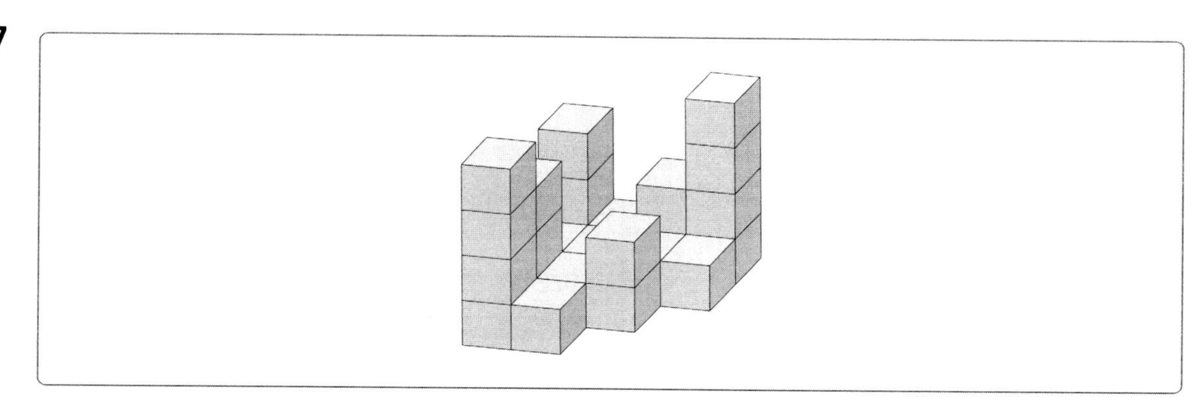

① 19
② 21
③ 23
④ 25

38

① 28 ② 29
③ 30 ④ 31

39

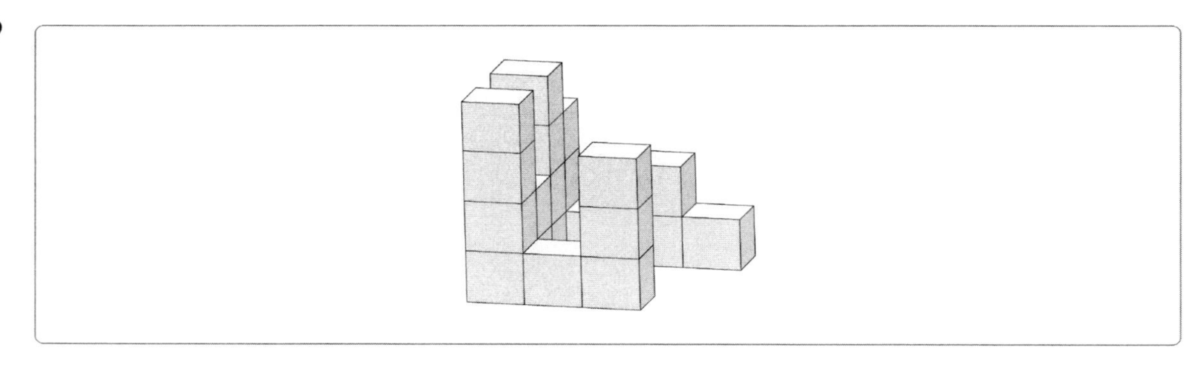

① 19 ② 20
③ 21 ④ 22

40

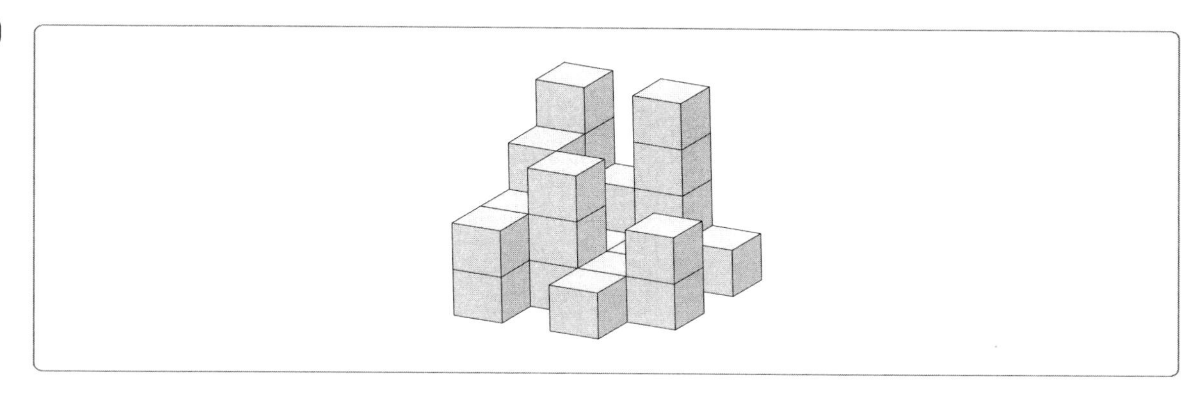

① 27
② 28
③ 29
④ 30

41

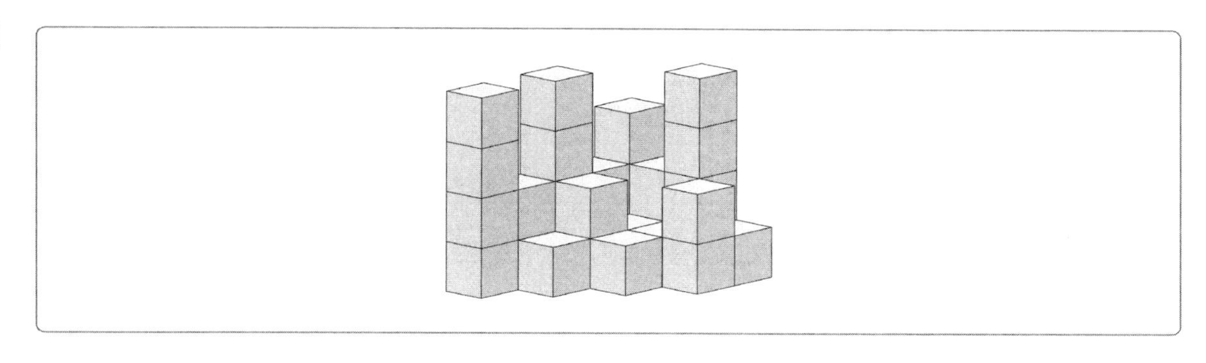

① 29
② 30
③ 31
④ 32

42

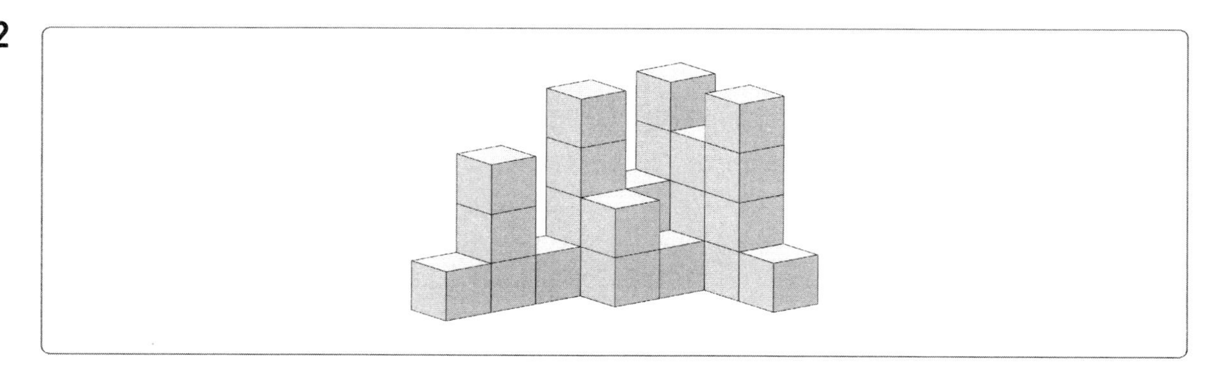

① 26
② 27
③ 28
④ 29

Q 아래에 제시된 블록들을 화살표 표시한 방향에서 바라봤을 때의 모양으로 알맞은 것은? 【43~54】

> ※ 주의사항
>
> • 블록은 모양과 크기는 모두 동일한 정육면체임
> • 바라보는 시선의 방향은 블록의 면과 수직을 이루며 원근에 의해 블록이 작게 보이는 효과는 고려하지 않음

43

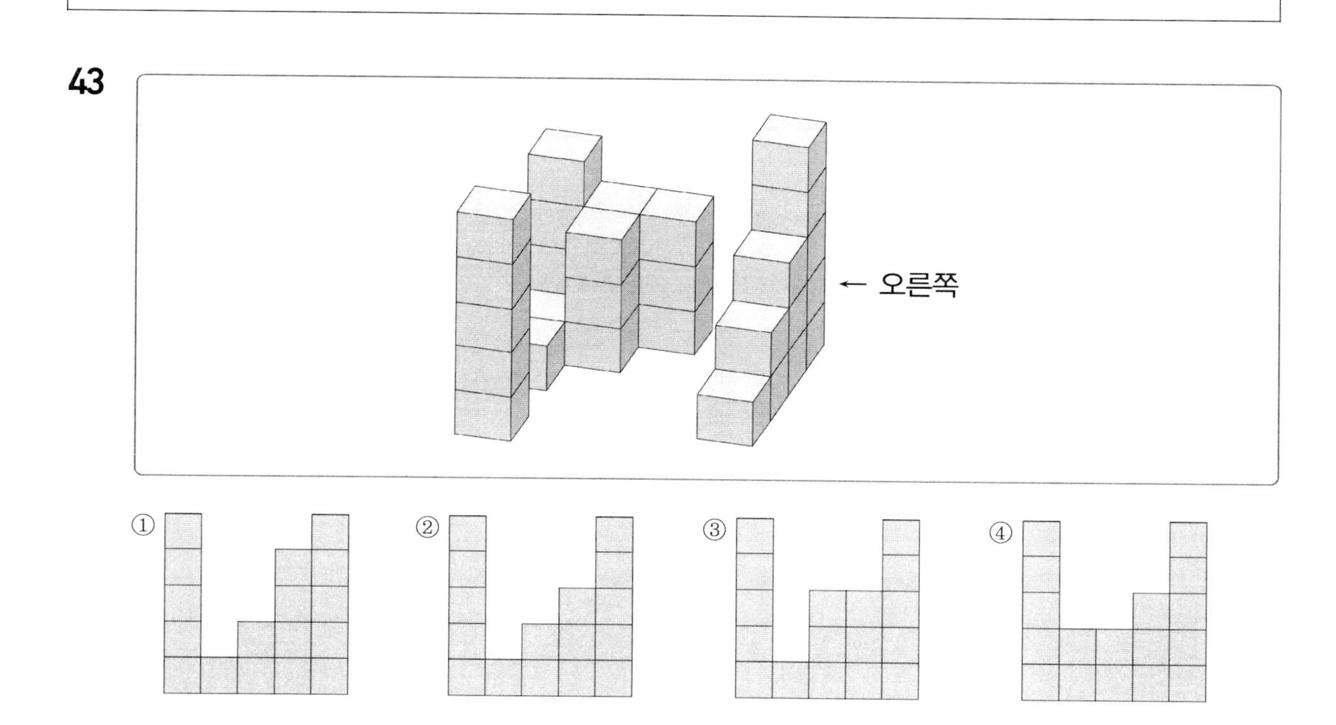

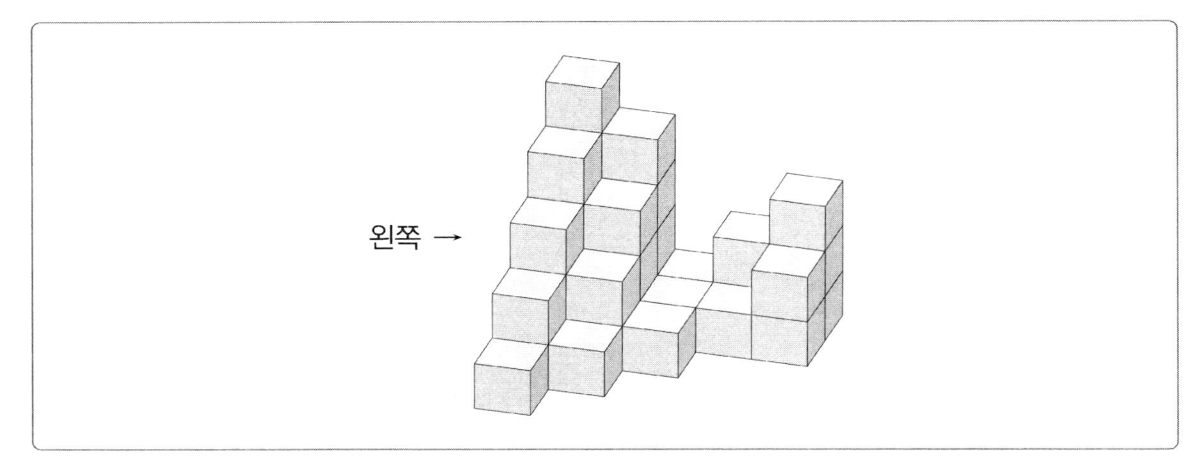

① 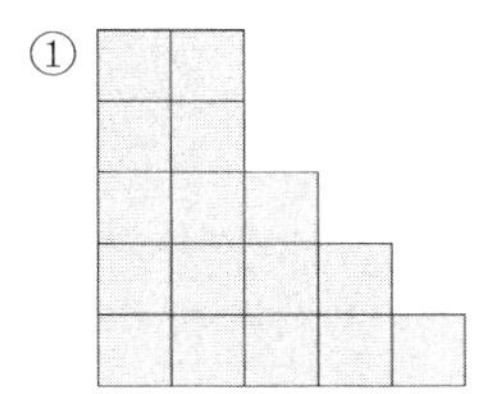
② 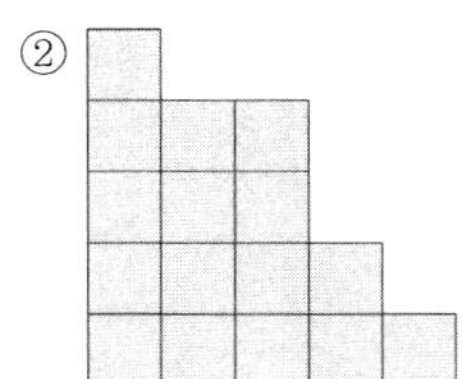
③ 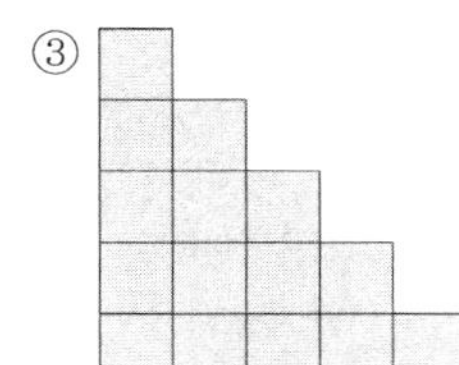
④ 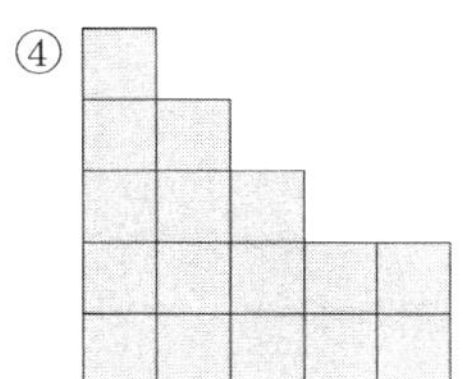

45

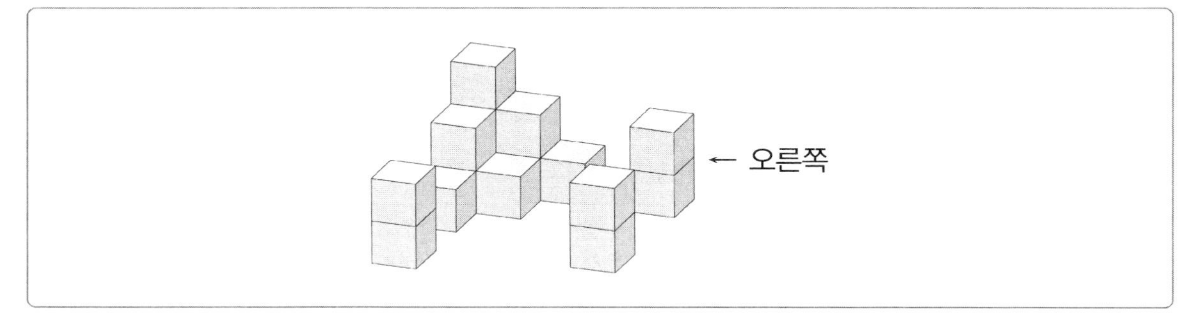

① 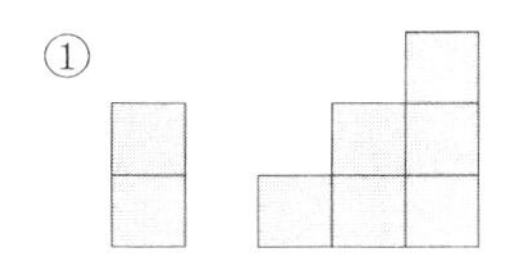
② 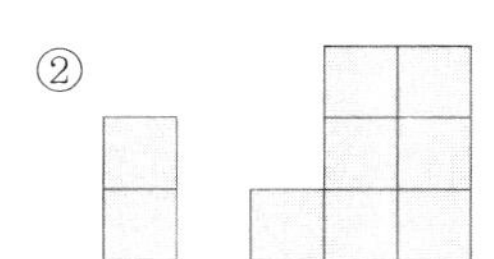
③ 
④ 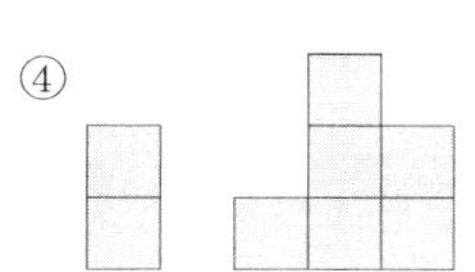

46

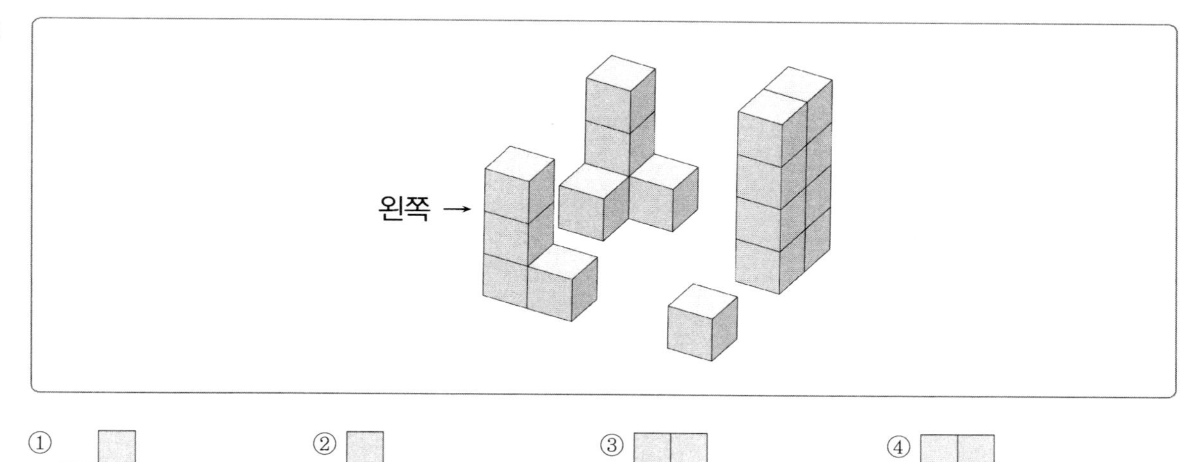

① ② ③ ④

47

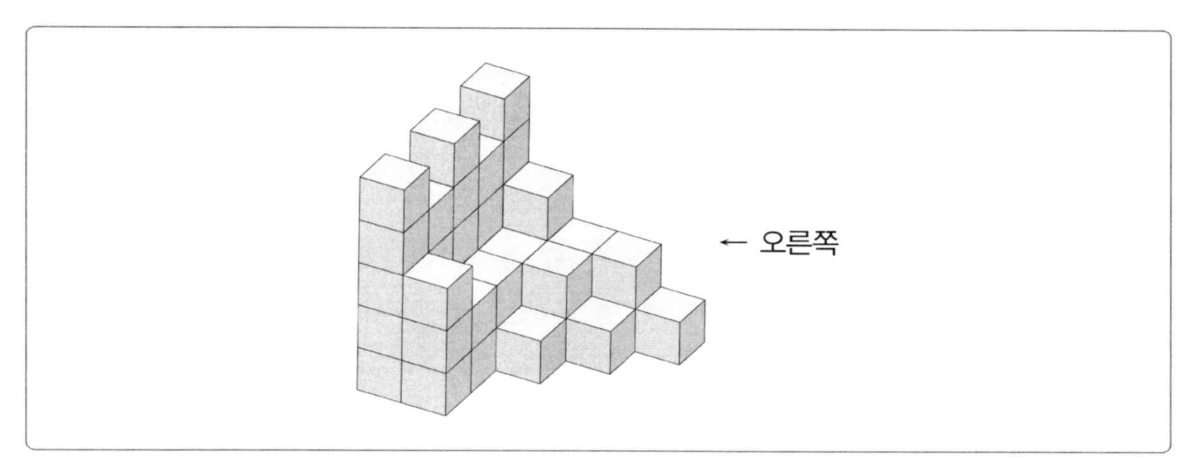

①
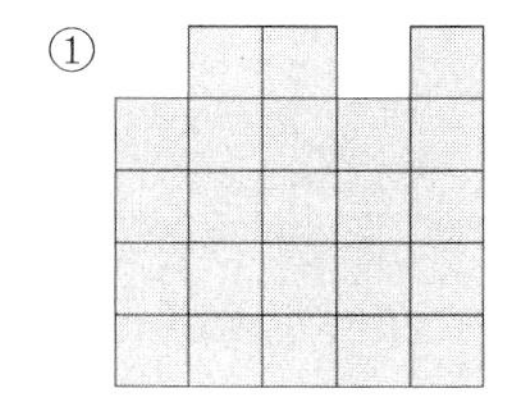

②
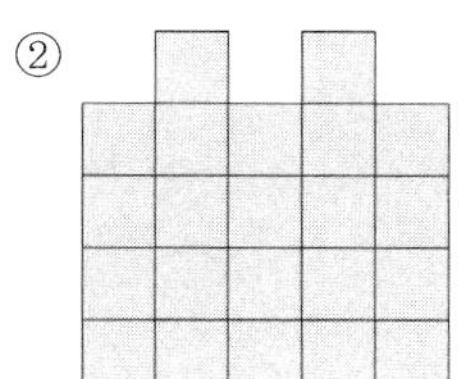

③
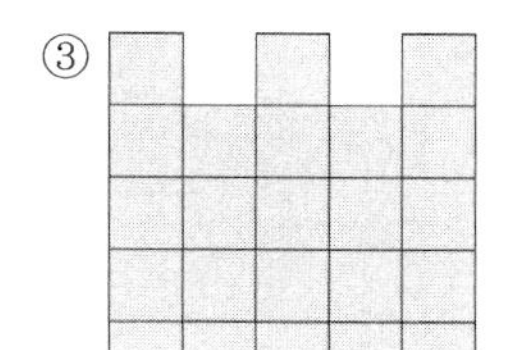

④
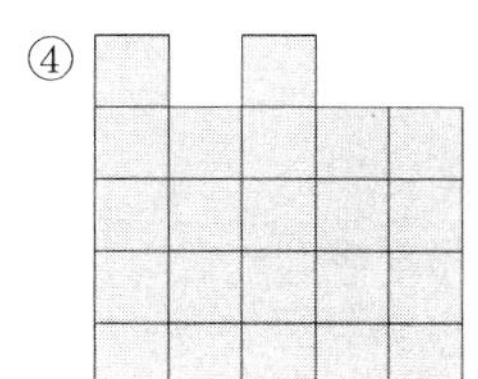

48

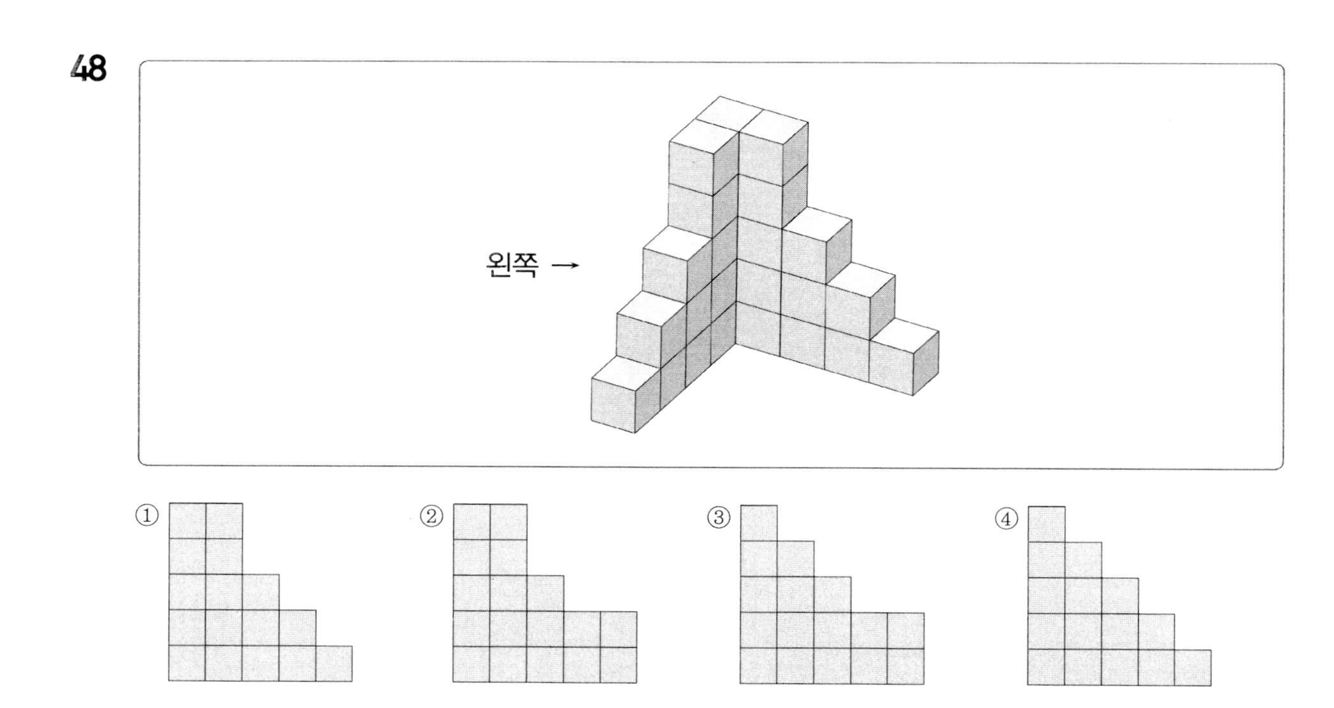

49

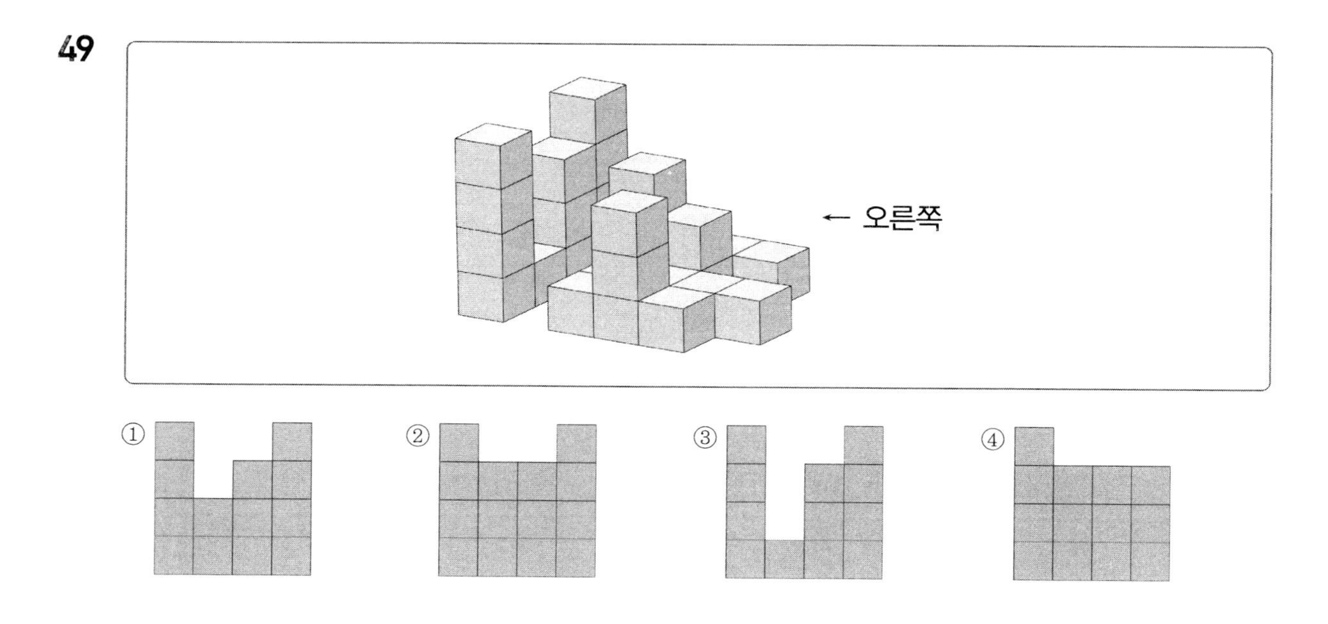

50

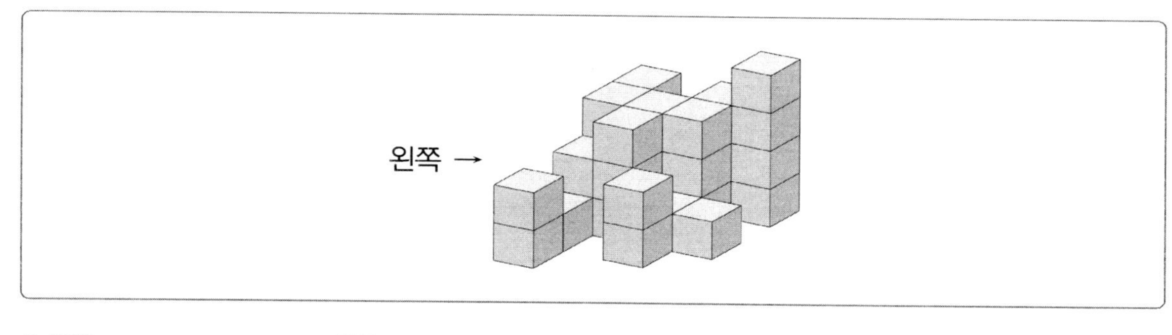

①
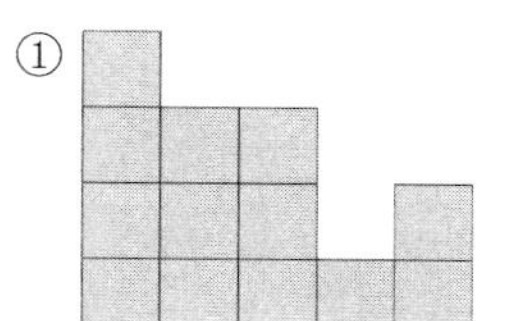
②
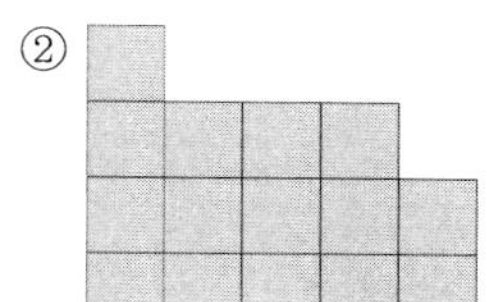
③
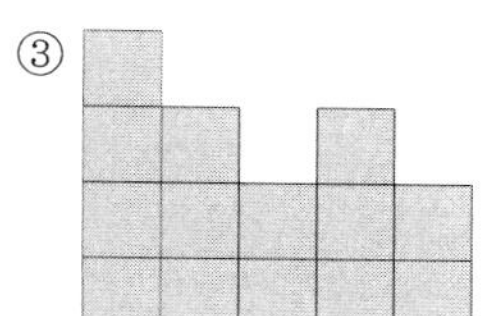
④
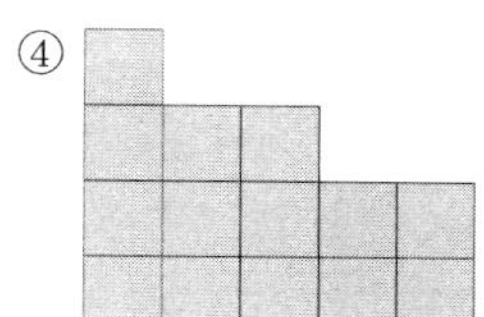

51

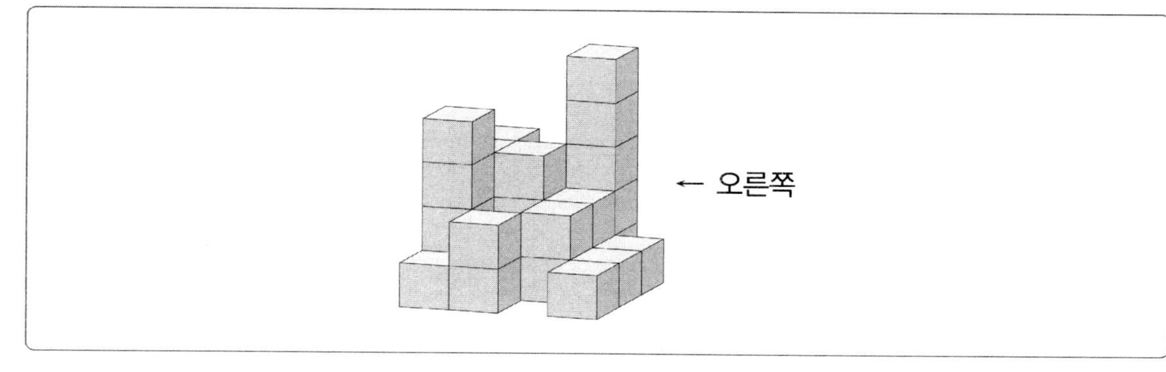

①
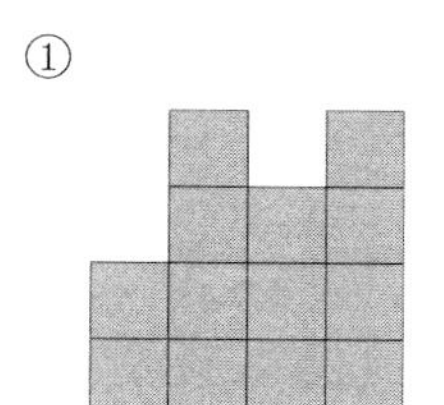
②
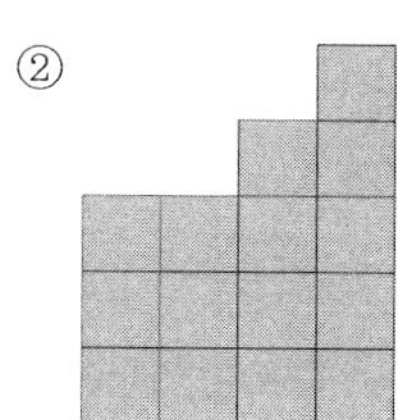
③
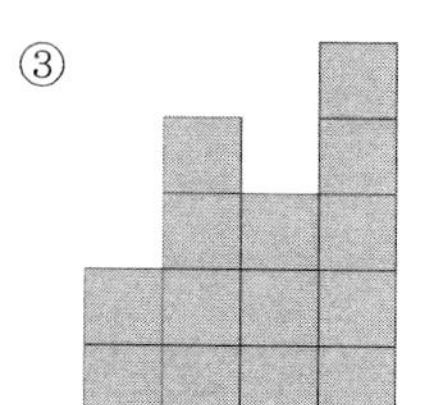
④
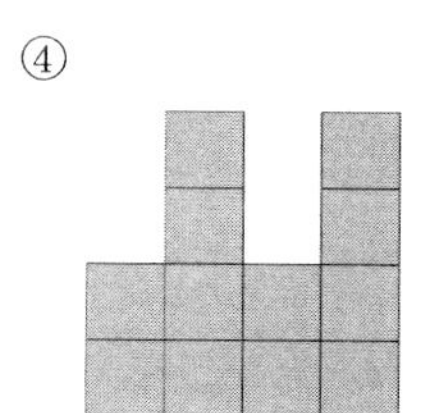

52

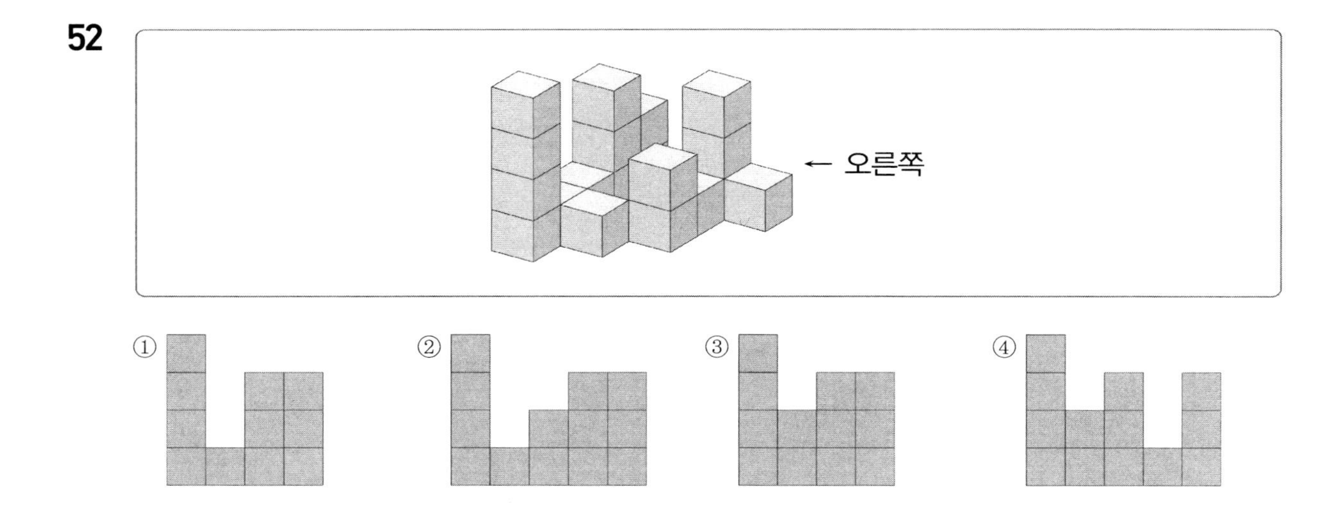

53

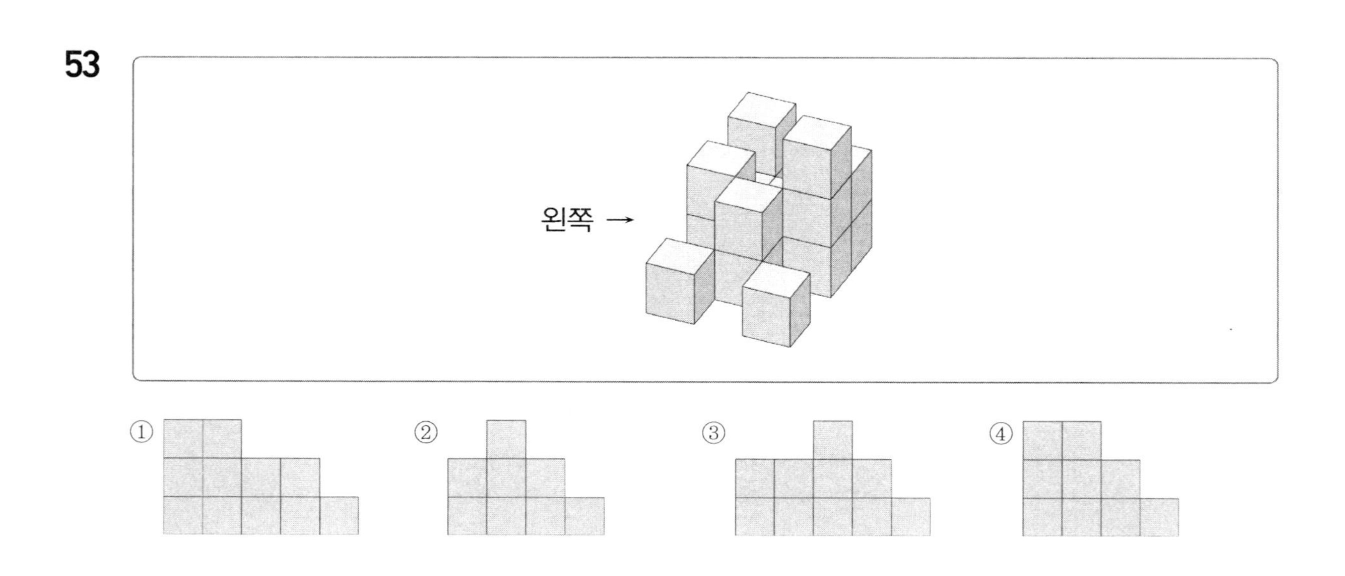

54

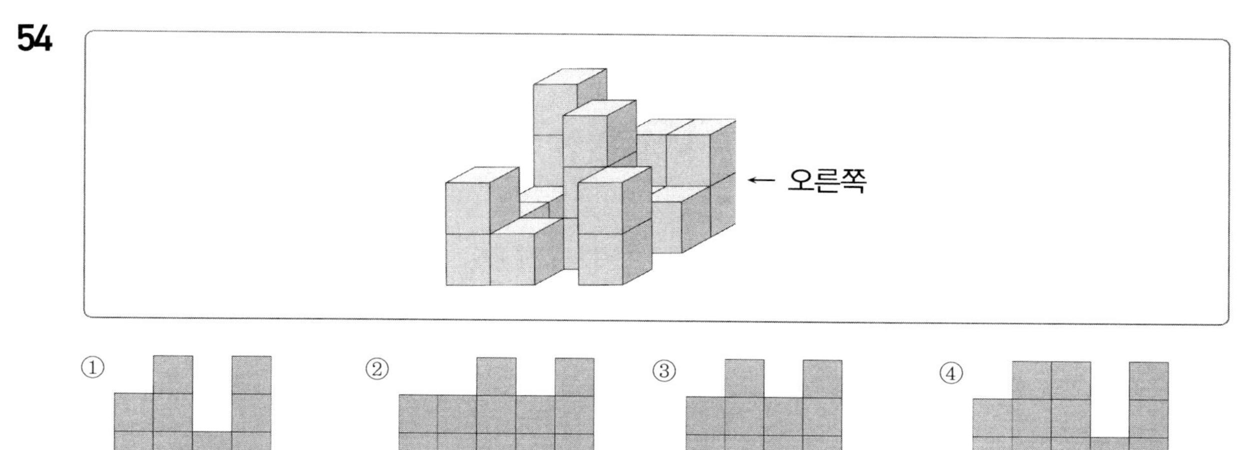

CHAPTER

04 지각속도

출제예상문제

≫ 정답 및 해설 p.451

Q 다음 왼쪽과 오른쪽 기호의 대응을 참고하여 각 문제의 대응이 같으면 '① 맞음'을, 틀리면 '② 틀림'을 선택하시오. 【01~03】

a = 어	b = 야	c = 가	d = 즈
e = 나	f = 시	g = 마	h = 디

01 어 디 가 시 나 − a h c f e　　① 맞음　② 틀림

02 나 디 야 가 즈 야 − e h b c d b　　① 맞음　② 틀림

03 마 야 어 가 디 가 즈 나 − g b c a h c d e　　① 맞음　② 틀림

Q 다음 왼쪽과 오른쪽 기호의 대응을 참고하여 각 문제의 대응이 같으면 '① 맞음'을, 틀리면 '② 틀림'을 선택하시오. 【04~06】

ㄱ = e	ㄴ = i	ㄷ = l	ㄹ = m	ㅁ = n
ㅂ = o	ㅅ = r	ㅇ = s	ㅈ = t	ㅊ = v

04 s i l v e r − ㅇ ㄴ ㄷ ㅊ ㄱ ㅅ　　① 맞음　② 틀림

05 v e r s i o n − ㅊ ㄱ ㅅ ㄴ ㅇ ㅂ ㅁ　　① 맞음　② 틀림

06 l i m i t − ㄷ ㄴ ㄹ ㄴ ㅈ　　① 맞음　② 틀림

Q 다음 왼쪽과 오른쪽 기호의 대응을 참고하여 각 문제의 대응이 같으면 '① 맞음'을, 틀리면 '② 틀림'을 선택하시오. 【07~09】

㉠=2	㉢=3	㉤=6	㉦=5	㉨=8
㉡=7	㉣=0	㉥=4	㉧=1	㉩=9

07 1 2 3 4 5 6 – ㉧ ㉠ ㉢ ㉥ ㉤ ㉦ ① 맞음 ② 틀림

08 8 5 0 1 0 3 – ㉨ ㉦ ㉣ ㉧ ㉣ ㉢ ① 맞음 ② 틀림

09 1 4 8 9 2 6 – ㉧ ㉥ ㉨ ㉩ ㉠ ㉤ ① 맞음 ② 틀림

Q 다음 왼쪽과 오른쪽 기호의 대응을 참고하여 각 문제의 대응이 같으면 '① 맞음'을, 틀리면 '② 틀림'을 선택하시오. 【10~12】

a=ㄱ	b=ㄴ	c=ㄷ	d=ㄹ	e=ㅁ
f=ㅂ	g=ㅅ	h=ㅇ	i=ㅈ	j=ㅊ

10 ㄱ ㅇ ㅂ ㄷ ㄹ – a e f c d ① 맞음 ② 틀림

11 ㅈ ㅇ ㅁ ㅂ ㅅ ㅇ ㄴ ㄷ – i j e f g j b c ① 맞음 ② 틀림

12 ㅇ ㅂ ㄴ ㄷ ㄱ ㄱ ㅅ – h f b c a a g ① 맞음 ② 틀림

Q 다음 왼쪽과 오른쪽 기호의 대응을 참고하여 각 문제의 대응이 같으면 '① 맞음'을, 틀리면 '② 틀림'을 선택하시오. 【13~15】

0=유	1=사	2=진	3=선	4=갑
5=미	6=을	7=리	8=스	9=병

13 미 스 진 선 미 － 5 8 2 3 5

① 맞음 ② 틀림

14 을 미 사 병 유 진 － 6 5 1 9 0 2

① 맞음 ② 틀림

15 갑 리 유 선 미 － 4 7 0 3 5

① 맞음 ② 틀림

Q 다음 각 문제의 왼쪽에 표시된 굵은 글씨체의 기호, 문자, 숫자의 개수를 모두 세어 오른쪽 개수에서 찾으시오. 【16~30】

16 **4** 512096452913128704534973242505070423302

① 3개 ② 5개 ③ 7개 ④ 9개

17 **ㅅ** 새로운 연구를 통해 생명체의 운동에 관한 또 다른 인식

① 0개 ② 1개 ③ 2개 ④ 3개

18 **ㄹ** 여름철에는 음식물을 꼭 끓여 먹자

① 3개 ② 4개 ③ 5개 ④ 6개

19 **o** a drop in the ocean high top hope little

① 1개 ② 2개 ③ 3개 ④ 4개

20 2 2a−bplus−sqrtb^2−4ac*2fmrhqtown

① 1개 ② 2개 ③ 3개 ④ 4개

21 🔔 🔔📖🗄🗐👓☎✆✉🖫😐☺🔔✈☼⌖✠☪

① 1개 ② 2개 ③ 3개 ④ 4개

22 ㅇ 여러분모두합격을기원합니다열공하세요

① 4개 ② 5개 ③ 6개 ④ 7개

23 ← ↘↗↕↔↓→↔↓↑⟷↕↖↕↓↑→↓↔↕

① 1개 ② 2개 ③ 3개 ④ 4개

24 三 三 二 上 下 入 中 三 一 | 三 上 下 中 四 二 三 三

① 4개 ② 5개 ③ 6개 ④ 7개

25 a thinkistrickonyouchintingsitmust

① 0개 ② 1개 ③ 2개 ④ 3개

26 水 火斤气斗文支文=气水爻爿木月彐弓弋廾廴

① 0개 ② 1개 ③ 2개 ④ 3개

27 5 85264793810231469875095173682403146725980

① 3개 ② 4개 ③ 5개 ④ 6개

28 Ⓕ 3.Ⓤ⒩⒥⒴ⒸⒻⒾⒶⓄⓌⒻ⒵11.⑾⑳

① 0개 ② 1개 ③ 2개 ④ 3개

29 맜 맜만립맜릷릦맜릿린릆릇류만맜맶

① 1개 ② 2개 ③ 3개 ④ 4개

30 ㅁ 매스미디어의 선구자 마셜 맥루언은 매체가 메시지다라고 하였다

① 2개 ② 4개 ③ 6개 ④ 8개

Q 다음 왼쪽과 오른쪽 기호의 대응을 참고하여 각 문제의 대응이 같으면 '① 맞음'을, 틀리면 '② 틀림'을 선택하시오. 【31~33】

←=이	→=지	↑=현	↓=가	↔=텀
⇦=우	⇨=논	⇧=벌	⇩=월	⇳=담

31 우 지 텀 가 월 − ⇦ → ⇳ ↓ ⇩ ① 맞음 ② 틀림

32 텀 벌 월 현 우 이 − ↔ ⇧ ⇩ ↑ ⇦ ← ① 맞음 ② 틀림

33 논 가 담 이 지 가 − ⇨ ↓ ⇳ ← → ↓ ① 맞음 ② 틀림

Q 다음 왼쪽과 오른쪽 기호의 대응을 참고하여 각 문제의 대응이 같으면 '① 맞음'을, 틀리면 '② 틀림'을 선택하시오. 【34~36】

a=10	b=9	c=8	d=7	e=6
f=4	g=3	h=2	i=1	j=0

34 1 6 3 9 0 10 − i e g b j a ① 맞음 ② 틀림

35 2 4 6 8 10 7 3 − h f e c j d g ① 맞음 ② 틀림

36 0 9 2 8 2 1 − j b h c h i ① 맞음 ② 틀림

Q 다음 왼쪽과 오른쪽 기호의 대응을 참고하여 각 문제의 대응이 같으면 '① 맞음'을, 틀리면 '② 틀림'을 선택하시오. 【37~39】

육 = Ⓓ	해 = Ⓐ	공 = Ⓝ	군 = Ⓞ	사 = Ⓠ
부 = Ⓩ	생 = Ⓜ	보 = Ⓕ	후 = Ⓚ	관 = Ⓟ

37 Ⓓ Ⓞ Ⓕ Ⓠ Ⓟ Ⓜ – 육 군 부 사 관 생 ① 맞음 ② 틀림

38 Ⓜ Ⓕ Ⓚ Ⓝ Ⓐ Ⓓ – 생 보 후 공 해 육 ① 맞음 ② 틀림

39 Ⓞ Ⓠ Ⓟ Ⓕ Ⓩ Ⓝ– 군 사 관 보 부 공 ① 맞음 ② 틀림

Q 다음 왼쪽과 오른쪽 기호의 대응을 참고하여 각 문제의 대응이 같으면 '① 맞음'을, 틀리면 '② 틀림'을 선택하시오. 【40~42】

A=이	B=백	C=중	D=전	E=발
F=골	G=오	H=각	I=주	J=심

40 백 골 전 심 오 – B F D J A ① 맞음 ② 틀림

41 중 백 발 백 주 각 – C B E B I H ① 맞음 ② 틀림

42 전 골 이 심 중 전– D F A J I D ① 맞음 ② 틀림

Q 다음 왼쪽과 오른쪽 기호의 대응을 참고하여 각 문제의 대응이 같으면 '① 맞음'을, 틀리면 '② 틀림'을 선택하시오. 【43~45】

1=△̊	2=▷̇	3=⧐	4=◁̇	5=⍋	6=△̣
7=√	8=√̣	9=⋏	10=⋏̣	11=⊃	12=⊂

43 ⋏ ⋏̣ ▷̇ ◁̇ ⊃ ⊂ – 9 10 2 4 11 12

① 맞음 ② 틀림

44 △̊ √ √̣ ▷̇ ⧐ ⍋ – 1 8 7 2 3 5

① 맞음 ② 틀림

45 △̣ ⧐ ⍋ ⋏̣ √̣ ⋏ – 6 3 5 10 8 1

① 맞음 ② 틀림

Q 다음 각 문제의 왼쪽에 표시된 굵은 글씨체의 기호, 문자, 숫자의 개수를 모두 세어 오른쪽 개수에서 찾으시오. 【46~60】

46 **l** iloveyouwhenyoucallmesenorita

① 1개 ② 2개
③ 3개 ④ 4개

47 **ㅔ** 카로미오벤크레디미알멘센자티테

① 3개 ② 4개
③ 5개 ④ 6개

48 **ㅅ** 엄마야누우나야강변사알자금모래빛

① 1개 ② 2개
③ 3개 ④ 4개

49 **白** 白石以心傳心白文泥佛旅逸見白晝句檢

① 1개 ② 2개
③ 3개 ④ 4개

50 ㅺ

ㅦㅬㅸ ㅷㅷㅳ ㅱ ㅺ ㅸ ㅺ ㅼ ㅽ ㄸㅅ ㅲ ㆂ

① 1개 ② 2개 ③ 3개 ④ 4개

51 6

1637409451846354697856

① 1개 ② 2개 ③ 3개 ④ 4개

52 ㄴ

육군공군해군부사관연습생후보생대위

① 4개 ② 5개 ③ 6개 ④ 7개

53 ⩑̇

)(Ū ⩛ ≑ ⩡ ≗ ≑ ⩑̇ ⩒ ⩢ ∓ ⩹ ⩺ ⩡ ⧋ ⊕ ⩗ ⩒

① 1개 ② 2개 ③ 3개 ④ 4개

54 ✆

❖✓✚✆✷✆✉✎✭✣✌✿❍❞✱✩∞

① 1개 ② 2개 ③ 3개 ④ 4개

55 !

applejuiceorangepinebanana

① 0개 ② 1개 ③ 2개 ④ 3개

56 !

02!~"'13/!??:*−43?1&@%$&!!!!5$

① 4개 ② 5개 ③ 6개 ④ 7개

57 ⑧

⊃❼③ { ④⊃①⑧➶⑩→❹→❽❾⑧➶❣

① 0개 ② 1개 ③ 2개 ④ 3개

58 v

askdljrfpqwemfaseooiwbnc

① 0개 ② 1개 ③ 2개 ④ 3개

59 ix

iv Ⅱ ix xi ix vi vii Ⅳ Ⅱ vii xi ix Ⅻ v iv ix Ⅳ

① 1개 ② 2개 ③ 3개 ④ 4개

60 ♩

⚂⚅♪♭♹⚄⚁♩♯♮♬♮♮♟

① 1개 ② 2개 ③ 3개 ④ 4개

Q 다음 왼쪽과 오른쪽 기호의 대응을 참고하여 각 문제의 대응이 같으면 '① 맞음'을, 틀리면 '② 틀림'을 선택하시오. 【61~63】

~=1	!=2	@=3	#=4	$=5
%=6	^=7	&=8	*=9	+=0

61 2 5 9 0 3 － ! $ * + @ ① 맞음 ② 틀림

62 7 1 8 2 4 － ^ ~ & # ! ① 맞음 ② 틀림

63 6 3 0 8 1 5 － % @ + & ~ $ ① 맞음 ② 틀림

Q 다음 왼쪽과 오른쪽 기호의 대응을 참고하여 각 문제의 대응이 같으면 '① 맞음'을, 틀리면 '② 틀림'을 선택하시오. 【64~66】

ㄱ=a	ㄴ=b	ㄷ=c	ㄹ=d	ㅁ=e
ㅂ=f	ㅅ=g	ㅇ=h	ㅈ=i	ㅊ=j

64 e i f g h c － ㅁ ㅈ ㅂ ㅅ ㅇ ㄷ ① 맞음 ② 틀림

65 h i h g d e － ㅇ ㅈ ㅇ ㅅ ㄹ ㅁ ① 맞음 ② 틀림

66 b j a d f h － ㄴ ㅊ ㄱ ㄹ ㅂ ㅇ ① 맞음 ② 틀림

Q 다음 왼쪽과 오른쪽 기호의 대응을 참고하여 각 문제의 대응이 같으면 '① 맞음'을, 틀리면 '② 틀림'을 선택하시오. 【67~69】

기=∴	씨=▽	추=Σ	절=∫	춘=∞
하=∷	계=≦	날=∉	동=△	온=∅

67 춘 하 추 동 − ∞ ∷ Σ △ ① 맞음 ② 틀림

68 기 온 날 씨 계 절 − ∴ ∅ ∉ ▽ ≦ ∫ ① 맞음 ② 틀림

69 온 동 하 절 계 기 − ∅ △ ∴ ∫ ≦ ∷ ① 맞음 ② 틀림

Q 다음 왼쪽과 오른쪽 기호의 대응을 참고하여 각 문제의 대응이 같으면 '① 맞음'을, 틀리면 '② 틀림'을 선택하시오. 【70~72】

⒜=▶	⒞=▷	⒠=◆	⒢=◇	⒤=□
Ⓐ=◈	Ⓒ=◉	Ⓔ=◎	Ⓖ=◐	Ⓘ=◑

70 ◈ □ ◆ ◑ ◐ ◉ − Ⓐ ⒤ ⒠ Ⓘ Ⓖ Ⓒ ① 맞음 ② 틀림

71 ▷ ◉ ◆ ◇ □ ◈ − ⒞ Ⓒ ⒠ ⒢ ⒤ ⒜ ① 맞음 ② 틀림

72 ◎ ◐ ◑ ◉ ▶ ▷ − Ⓔ Ⓖ Ⓘ Ⓒ ⒜ ⒞ ① 맞음 ② 틀림

Q 다음 왼쪽과 오른쪽 기호의 대응을 참고하여 각 문제의 대응이 같으면 '① 맞음'을, 틀리면 '② 틀림'을 선택하시오. 【73~75】

p=2	q=진	r=%	s=하	t=9
u=÷	w=6	x=육	y=?	z=정

73 2 진 정 % 6 － p q z r x

① 맞음　② 틀림

74 ÷ % 하 ? 9 육 2 － u r s y t x p

① 맞음　② 틀림

75 육 6 2 진 % ÷ 정 － x w p q u r z

① 맞음　② 틀림

Q 다음 각 문제의 왼쪽에 표시된 굵은 글씨체의 기호, 문자, 숫자의 개수를 모두 세어 오른쪽 개수에서 찾으시오. 【76~90】

76 ㅑ　3월모의고사수학능력시험과학평가11월15일

① 0개　② 1개　③ 2개　④ 3개

77 T　NCSCATHSATLIONTESTLOGICTOIC

① 3개　② 4개　③ 5개　④ 6개

78 6　1238797804560419434268

① 1개　② 2개　③ 3개　④ 4개

79 ㅅㅁ　ㅅㅌ ㄴㄷ ㅅㅁ ㅇㅁ ㄴㄴ ㅂㅅㄱ ㅂㅅ ㅂㅍ ㅅㄴ ㅈ ㅊㅎ 처 ㆆ ㅇㅿ ㅆㅅ ㅂㅈ

① 0개　② 1개　③ 2개　④ 3개

80 ㅎ 동해물과백두산이마르고하느님이보우하사우리나라

① 1개 ② 2개 ③ 3개 ④ 4개

81 ᚾ ᛚᚾᚼᚽᛡᚼᚾᛂᚾᛁᛧᛋᛁᛚᛁᛚᛋᛦᛁᚾᚾᛯᚠᛁᚾᛘ

① 1개 ② 2개 ③ 3개 ④ 4개

82 1 191931194581519805180508

① 5개 ② 6개 ③ 7개 ④ 8개

83 s englishmoderncellphonesam

① 1개 ② 2개 ③ 3개 ④ 4개

84 ≒ ∺≆≁≒≔≋≍≘≖≓≐≑≃≔≕≒

① 1개 ② 2개 ③ 3개 ④ 4개

85 ⓔ ⒼⒿⓇ⓪ⓨⓡ⓴⒦⓹⒡ⓙⓑ②⑩

① 0개 ② 1개 ③ 2개 ④ 3개

86 a^a $a^1 b^2 c^3 a^0 b^d c^c a^a b^0 c^2 a^2 b^1$

① 0개 ② 1개 ③ 2개 ④ 3개

87 ㅇ 나랏말싸미듕귁에달아문자와로서르

① 1개 ② 2개 ③ 3개 ④ 4개

88 e adfepqkjfkljaeifvksfetwem

① 1개 ② 2개 ③ 3개 ④ 4개

89 e Never regret If it's good it's wonderful

① 5개 ② 6개 ③ 7개 ④ 8개

90 餗 餗秊肆乘厄乌餗餗脈乙瓜乌餗

① 1개 ② 2개 ③ 3개 ④ 4개

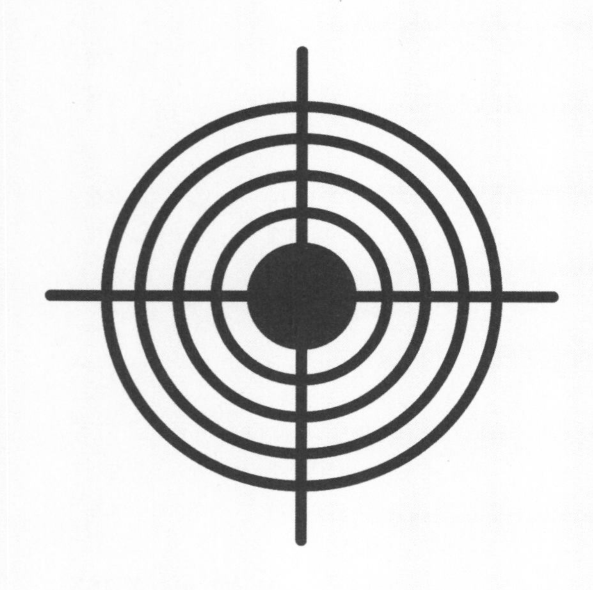

02

상황판단평가 및 직무성격평가

CHAPTER

01 상황판단평가

Q 다음 상황을 읽고 제시된 질문에 답하시오. 【01~15】

※ 상황판단평가는 별도의 정답이 없습니다.

01

당신은 당직사관이다. 부대 면회 · 외출 · 외박은 주중에 신청하며, 중대장이 부대 규정에 의거하여 선정하고 있다. 토요일 오전, 중대 행정반으로 A일병의 부모님이 전화하여 부대 근처라며 A일병과 외박을 하고 싶다고 전해왔다. 당신은 외출 · 외박 규정을 제시하며 불가함을 설명하였으나 A일병의 부모는 언성을 높이며 민원을 제기할 것이라며 강하게 반발하고 있다.

이 상황에서 당신이 ⓐ 가장 할 것 같은 행동은 무엇입니까?
ⓑ 가장 하지 않을 것 같은 행동은 무엇입니까?

ⓐ 가장 할 것 같은 행동 ( )
ⓑ 가장 하지 않을 것 같은 행동 ( )

선 택 지	
①	A일병에게 부모님을 설득(설명)하도록 지시한다.
②	규정과 방침을 말씀드리고 전화를 끊는다.
③	당직사령에게 보고하고 지침을 기다린다.
④	중대장에게 보고하고 지침을 기다린다.
⑤	A일병 부모님이 동의할 때까지 규정과 방침을 반복적으로 설명한다.
⑥	A일병이 건강이 좋지 않아 외박이 불가하다고 전한다.
⑦	A일병의 부모님에게 민원을 제기하라고 말하고 전화를 끊는다.

02

당신은 의무 부사관이다. 매주 감기몸살이라며 일과시간 의무대를 찾는 C상병이 있다. 막상 일과가 끝나고 보면 PX를 이용하거나, 운동을 하는 등 감기환자라 보기 어렵다. 오늘도 일과시간 중인 오전 10시 C상병이 감기몸살을 호소하며 의무대에서 휴식을 취하겠다고 한다. 군의관은 구설수에 오르기 싫다며 그냥 의무대에서 쉬게 하라고 한다.

이 상황에서 당신이 ⓐ 가장 할 것 같은 행동은 무엇입니까?
ⓑ 가장 하지 않을 것 같은 행동은 무엇입니까?

ⓐ 가장 할 것 같은 행동 ( )
ⓑ 가장 하지 않을 것 같은 행동 ( )

선택지	
①	C상병 소속 중대에 연락하여 감기몸살 여부를 확인한다.
②	매주 감기몸살을 호소하는 만큼, 더 큰 병원에서 진료 받을 수 있도록 외진 조치한다.
③	C상병에게 꾀병이 아닌 지 따끔하게 다그치고 일과를 지시한다.
④	의무대에서 C상병이 어떠한 행동을 하는지 의무병들에게 면밀히 관찰토록 지시한다.
⑤	군의관에게 C상병 소속 중대장과 이야기 해 볼 것을 권유한다.
⑥	C상병이 감기몸살에 걸릴 때까지 얼차려를 실시한다.
⑦	군의관에게 C상병 소속 행정보급관과 이야기 해 볼 것을 권유한다.

03

당신은 부소대장이다. 평소 소대장의 강압적인 태도와 독선적인 소대운영에 불만이 있다. 소대원들도 소대장에 대한 불만을 토로하고 있다. 중대장에게 소대장의 지휘 방식 등을 보고하였으나 적절한 조치가 취해지지 않았다. 행정보급관은 몇 달 지나면 소대장이 전역을 한다며 참으라고 한다. A이병은 소대장 때문에 소대를 바꾸고 싶다며 당신에게 상담을 신청하였다.

이 상황에서 당신이 ⓐ 가장 할 것 같은 행동은 무엇입니까?
ⓑ 가장 하지 않을 것 같은 행동은 무엇입니까?

ⓐ 가장 할 것 같은 행동 ( )
ⓑ 가장 하지 않을 것 같은 행동 ( )

선 택 지	
①	소대장 때문에 힘들다며 대대장에게 소원수리 한다.
②	대대 주임원사에게 소대장 교체를 요청한다.
③	A이병의 어려움을 중대장에게 알리고, 소대장 교체를 다시금 강하게 요청한다.
④	소대장에게 당신과 소대원들의 입장을 명확히 이야기한다.
⑤	전역하는 소대원에게 신문고 등을 활용하여 민원 제기해 줄 것을 부탁한다.
⑥	전우애가 더 중요하다 판단하여 별다른 조치를 취하지 않는다.
⑦	A이병에게 소대원들과 다르게 소대장의 지지자가 되도록 하라고 지시한다.

04

당신은 소대장이다. 그런데 당신의 부하가 변심한 여자친구 때문에 괴로워하고 있다.

이 상황에서 당신이 ⓐ 가장 할 것 같은 행동은 무엇입니까?
ⓑ 가장 하지 않을 것 같은 행동은 무엇입니까?

ⓐ 가장 할 것 같은 행동 (　　　　)
ⓑ 가장 하지 않을 것 같은 행동 (　　　　)

선 택 지	
①	모르는 척 한다.
②	군기가 빠졌다고 하면서 얼차려 등을 실시한다.
③	PX에 가서 술을 사주면서 이야기를 들어준다.
④	힘든 훈련에서 열외시켜 준다.
⑤	중대장에게 가서 조언을 구한다.
⑥	휴가나 외박 등 특혜를 준다.
⑦	부하의 여자 친구에게 연락하여 현재 부하의 힘든 상황을 이야기 해 준다.

05

당신은 소대장이다. 대대장이 당신에게 군 관련 홍보물을 제작할 것을 지시했다. 그러나 홍보물과 관련한 제작비에 관한 언급이 없다.

이 상황에서 당신이 ⓐ 가장 할 것 같은 행동은 무엇입니까?
ⓑ 가장 하지 않을 것 같은 행동은 무엇입니까?

ⓐ 가장 할 것 같은 행동 ( )
ⓑ 가장 하지 않을 것 같은 행동 ( )

선 택 지	
①	그냥 사비로 홍보물을 제작한다.
②	제작비를 줄 때까지 홍보물을 만들지 않는다.
③	홍보물을 만든 후 제작비를 청구한다.
④	제작비를 지원할 곳을 수소문하여 제작비를 지원받을 수 있도록 한다.
⑤	상관에게 정중하게 제작비에 관해 물어본다.
⑥	홍보물을 제작하고 제작비는 군으로 청구할 수 있게끔 한다.
⑦	다른 동료에게 상의해 본다.

06

> 당신은 소대장이다. 그런데 우연히 당신의 부하들이 당신에 대한 험담을 하는 것을 듣게 되었다.
>
> 이 상황에서 당신이 ⓐ 가장 할 것 같은 행동은 무엇입니까?
> ⓑ 가장 하지 않을 것 같은 행동은 무엇입니까?

ⓐ 가장 할 것 같은 행동 (   )
ⓑ 가장 하지 않을 것 같은 행동 (   )

선 택 지	
①	모르는 척 한다.
②	험담하는 부하들에게 얼차려를 시킨다.
③	험담하는 부하들에게 힘든 훈련을 지속적으로 시킨다.
④	부하들이 험담하는 내용을 경청하여 반성한다.
⑤	험담하는 부하들에게 주의를 기울여 내 편으로 만든다.
⑥	다른 소대 소대장들에게 조언을 구한다.
⑦	험담하는 부하들의 동료들에게 자신이 들은 내용을 우회적으로 알리면서 본인이 알고 있음을 알린다.

07

당신은 소대장이다. 당신의 어머니가 편찮으시다고 병원에서 급히 호출이 왔다. 그런데 막상 병원으로 출발하려고 하는데, 군에서도 갑자기 중요한 일이 발생하게 되었다.

이 상황에서 당신이 ⓐ 가장 할 것 같은 행동은 무엇입니까?
ⓑ 가장 하지 않을 것 같은 행동은 무엇입니까?

ⓐ 가장 할 것 같은 행동 ( )
ⓑ 가장 하지 않을 것 같은 행동 ( )

선 택 지	
①	군에 양해를 구하고 병원으로 간다.
②	어머니는 지인들에게 부탁하고 군의 업무를 본다.
③	병원에 연락하여 어머니의 상태와 군의 업무를 비교 형량하여 경하다고 생각하는 일에 양해를 구한다.
④	무조건 군대로 간다.
⑤	영창 갈 것을 각오하고 병원으로 간다.
⑥	대대장에게 가서 자신의 상황을 말하고 휴가를 몇 번 반납할테니 지금 병원에 보내줄 것을 부탁한다.
⑦	자신의 현재 상황을 어머니에게 알리고 군으로 간다.

08

어느 날부터 군대 내의 비품이 하나씩 사라지고 있다. 처음에는 그 정도가 미비하여 눈치챌 수 없었으나 점점 심해졌다. 부대원들이 모두 비품을 횡령하는 사람에 대해서 궁금해 하고 있을 때 당신의 부하가 비품을 횡령하는 것을 목격하게 되었다. 그런데 그 부하의 행동이 딸의 병원비 마련을 위한 것임을 알게 되었다.

이 상황에서 당신이 ⓐ 가장 할 것 같은 행동은 무엇입니까?
ⓑ 가장 하지 않을 것 같은 행동은 무엇입니까?

ⓐ 가장 할 것 같은 행동 ( )
ⓑ 가장 하지 않을 것 같은 행동 ( )

선 택 지	
①	모르는 척 한다.
②	상관에게 부하의 횡령 사실을 알린다.
③	부하를 돕기 위해 횡령을 쉽게 할 수 있도록 도와준다.
④	부하를 불러 횡령사실을 알고 있음을 말하고 횡령 행위를 멈출 것을 말한다.
⑤	비품관리자에게 물품이 사적으로 이용된다고 이야기하고 철저한 관리를 부탁한다.
⑥	동료들에게 부하의 딱한 사실을 알리고 작게나마 병원비를 마련해 준다.
⑦	부하의 횡령사실을 부하와 친한 동료에게 우회적으로 말한다.

09

당신은 소대장이다. 새로운 소대에 배치되게 되었다. 그런데 당신의 소대원의 많은 수가 당신보다 나이가 많다.

이 상황에서 당신이 ⓐ 가장 할 것 같은 행동은 무엇입니까?
ⓑ 가장 하지 않을 것 같은 행동은 무엇입니까?

ⓐ 가장 할 것 같은 행동 ( )
ⓑ 가장 하지 않을 것 같은 행동 ( )

선 택 지	
①	현재 소대의 분위기를 최대한 존중한다.
②	병장이나 분대장 혹은 내무실에서 가장 영향력이 큰 사병을 휘어잡기 위해 노력한다.
③	명령에 불성실한 부하에겐 혹독한 훈련을 시킨다.
④	영향력이 가장 큰 사병들과 친해져서 부대 분위기를 빨리 파악하고 분위기를 화기애애하도록 만든다.
⑤	군대는 계급이므로 자신보다 나이가 많은 사병이라도 엄하게 대한다.
⑥	군대는 계급 사회이지만 자신보다 나이가 많은 사병에겐 인간적으로 존중한다.
⑦	선임 소대장에게 조언을 구한다.

10

당신은 소대장이다. 내무반에서 병들(병장, 상병, 일병)간에 싸움이 일어났다.

이 상황에서 당신이 ⓐ 가장 할 것 같은 행동은 무엇입니까?
ⓑ 가장 하지 않을 것 같은 행동은 무엇입니까?

ⓐ 가장 할 것 같은 행동 ( )
ⓑ 가장 하지 않을 것 같은 행동 ( )

선 택 지	
①	모르는 척 한다.
②	내무실 전체 사병들을 운동장에 집합시켜 얼차려를 시킨다.
③	병들을 불러 어떻게 된 일인지 상황을 파악한다.
④	이유 불문하고 군대는 계급이 우선이므로 일병에게 가장 엄한 처벌을 한다.
⑤	소대 내가 소란스러워진 것이므로 이유 불문하고 병장에게 가장 엄한 처벌을 한다.
⑥	싸움에 가담한 병들을 영창에 보낸다.
⑦	싸움에 가담한 병들을 불러 기합을 준 후 화해시킨다.

11

당신은 소대장이다. 최근 들어 소대원들 및 부사관들이 현재 생활에 대하여 고충이 상당히 많은 것 같이 보인다. 그런데 다른 소대장들은 자기 부하들의 고충을 아주 잘 해결해 주고 있다고 들었다. 소대 부사관 중 한 명이 고충이 너무 심하여 소원수리를 몇 번이나 했다고 한다.

이 상황에서 당신이 ⓐ 가장 할 것 같은 행동은 무엇입니까?
ⓑ 가장 하지 않을 것 같은 행동은 무엇입니까?

ⓐ 가장 할 것 같은 행동 ( )
ⓑ 가장 하지 않을 것 같은 행동 ( )

선택지	
①	부사관들의 고충에 대해 그다지 고려하지 않는다.
②	부사관들의 고충에 주의를 기울이고 완화시키기 위한 필수적인 조정을 실시하도록 한다.
③	지속적인 얼차려의 실시로 대부분의 고충을 없앨 수 있는지를 판단하여, 얼차려를 실시한다.
④	가장 빈번한 고충이 무엇인지를 판단하여 그 고충의 발생원인을 예방하는 대책을 강구하도록 한다.
⑤	중대장에게 보고하여 조언을 구한다.
⑥	대대장에게 보고하여 조언을 구한다.
⑦	다른 소대의 소대장들에게 조언을 구하고 그들과 똑같이 행동한다.

12

당신은 부사관이다. 임관한 지 2년이 되어 3년의 연장근무 심사를 받게 되었는데 심사가 끝난 며칠 후 자가차량을 몰지 못하는 규정을 위반한 채 차량을 몰고 부대를 나서다가 대대장에게 적발되고 말았다.

이 상황에서 당신이 ⓐ 가장 할 것 같은 행동은 무엇입니까?
ⓑ 가장 하지 않을 것 같은 행동은 무엇입니까?

ⓐ 가장 할 것 같은 행동 (　　　　)
ⓑ 가장 하지 않을 것 같은 행동 (　　　　)

선 택 지	
①	내 차가 아니라고 주장한다.
②	중대장이 급한 일을 시켜 어쩔 수 없다고 핑계를 댄다.
③	다른 소대 지휘관이 자가차량을 운전해도 묵인된다는 말을 했다고 전한다.
④	인사사고 등이 피해를 유발하지도 않았는데 뭐가 어떠냐고 따진다.
⑤	재빨리 그 자리를 떠나버린다.
⑥	자가차량을 운전하는 다른 부사관들의 이름을 다 불러준다.
⑦	잘못을 시인하고 인사사고 및 입원 등 부대결원의 발생 등이 나타나지 않도록 하겠다고 말을 하고 적법한 기간까지 차량을 운전하지 않겠다고 한다.

13

> 당신은 소대장이다. 당신이 소대원들의 소지품을 검사하는 도중 전역이 한 달 정도 남은 병장에게서 닌텐도 게임기를 압수하였다. 그런데 동료 소대장이 그 병장을 불러 병장에게 직접 자기가 보는 앞에서 닌텐도 게임기를 발로 밟아 부수라고 명령하였다. 알고 보니 그 병장은 얼마 전 초소 근무 중 공포탄을 발사하는 실수를 저지른 장본인이었다. 주위의 다른 부사관과 소대장들은 모두 병장을 봐주지 말라는 분위기였다.
>
> 이 상황에서 당신이 ⓐ 가장 할 것 같은 행동은 무엇입니까?
> ⓑ 가장 하지 않을 것 같은 행동은 무엇입니까?

ⓐ 가장 할 것 같은 행동 (　　　　)
ⓑ 가장 하지 않을 것 같은 행동 (　　　　)

선 택 지	
①	전역이 얼마 남지 않았으므로 봐주자고 한다.
②	닌텐도 게임기는 고가이므로 압수만 하도록 한다.
③	망치를 가져와 직접 게임기를 박살낸다.
④	반입불가물품을 외워보라고 한 후 게임기가 해당되는지를 확인한 후 압수하고 1주일 동안 일과 후 하루 2시간씩 군장을 돌라고 명령한다.
⑤	게임기를 압수한 후 영창을 보내버린다.
⑥	다른 소대원의 사기를 저하시키면 안되므로 그 자리에서 바로 얼차려를 실시한다.
⑦	그 자리에서 압수한 뒤 나중에 몰래 병장을 불러 잘 타이른 후 돌려주도록 한다.

14

> 당신은 소대장이다. 모처럼 포상휴가를 얻어 지리산에 등반을 가게 되었다. 찌는 듯한 여름이었기 때문에 많이 지치고 힘든 등반이었다. 그런데 산 중턱쯤 다다랐을 때 더위에 지친 한 노인이 쓰러져 있는 것을 발견하게 되었다. 주변에는 당신 외엔 아무도 없으며, 휴대폰은 통화불능지역이다.
>
> 이 상황에서 당신이 ⓐ 가장 할 것 같은 행동은 무엇입니까?
> ⓑ 가장 하지 않을 것 같은 행동은 무엇입니까?

ⓐ 가장 할 것 같은 행동 ( )
ⓑ 가장 하지 않을 것 같은 행동 ( )

선 택 지	
①	모르는 척 하고 지나간다.
②	다른 사람들이 올 때까지 기다리면서 관찰한다.
③	노인을 신속히 시원한 그늘로 옮기고 찬물을 마시게 한 후 마사지를 하면서 응급조치를 실시한다.
④	산을 내려와 다른 사람들에게 도움을 요청한다.
⑤	노인의 의식상태를 확인한 후 인공호흡을 실시한다.
⑥	휴대폰이 터지는 지역을 찾아 119에 신고한다.
⑦	노인의 가방을 조사하여 노인의 신원을 확인한다.

15

> 당신은 부사관이다. 후임병과 함께 야간보초를 서고 있는데 초소 근처에 수상한 그림자가 나타났다. 아직 교대시간은 멀었으며, 대대장이나 중대장도 아닌 것 같았다. 수상한 그림자가 점점 다가왔고 당신의 소대원이 그를 불러세워 수하 및 관등성명을 요구하였으나 이에 불응하고 갑자기 도주를 하기 시작하였다.
>
> 이 상황에서 당신이 ⓐ 가장 할 것 같은 행동은 무엇입니까?
> ⓑ 가장 하지 않을 것 같은 행동은 무엇입니까?

ⓐ 가장 할 것 같은 행동 ( )

ⓑ 가장 하지 않을 것 같은 행동 ( )

선 택 지	
①	후임병한테 쫓아가서 잡아오라고 한다.
②	꼭 잡으리라 생각하며 재빨리 쫓아간다.
③	아직 근무시간이므로 초소를 떠나지 말라고 명령한다.
④	즉각적으로 중대장에게 보고를 한다.
⑤	공포탄을 발사한다.
⑥	일계급 특진을 위해 후임병에게 초소를 맡긴 후 필사적으로 수상한 사람을 잡는다.
⑦	초소장에게 보고를 한 후 명령을 기다린다.

CHAPTER

직무성격평가

Q 다음 상황을 읽고 제시된 질문에 답하시오. 【001~180】

① 전혀 그렇지 않다	② 그렇지 않다	③ 보통이다	④ 그렇다	⑤ 매우 그렇다

001	신경질적이라고 생각한다.	① ② ③ ④ ⑤
002	주변 환경을 받아들이고 쉽게 적응하는 편이다.	① ② ③ ④ ⑤
003	여러 사람들과 있는 것보다 혼자 있는 것이 좋다.	① ② ③ ④ ⑤
004	주변이 어리석게 생각되는 때가 자주 있다.	① ② ③ ④ ⑤
005	나는 지루하거나 따분해지면 소리치고 싶어지는 편이다.	① ② ③ ④ ⑤
006	남을 원망하거나 증오하거나 했던 적이 한 번도 없다.	① ② ③ ④ ⑤
007	보통사람들보다 쉽게 상처받는 편이다.	① ② ③ ④ ⑤
008	사물에 대해 곰곰이 생각하는 편이다.	① ② ③ ④ ⑤
009	감정적이 되기 쉽다.	① ② ③ ④ ⑤
010	고지식하다는 말을 자주 듣는다.	① ② ③ ④ ⑤
011	주변사람에게 정떨어지게 행동하기도 한다.	① ② ③ ④ ⑤
012	수다떠는 것이 좋다.	① ② ③ ④ ⑤
013	푸념을 늘어놓은 적이 없다.	① ② ③ ④ ⑤
014	항상 뭔가 불안한 일이 있다.	① ② ③ ④ ⑤
015	나는 도움이 안 되는 인간이라고 생각한 적이 가끔 있다.	① ② ③ ④ ⑤
016	주변으로부터 주목받는 것이 좋다.	① ② ③ ④ ⑤

017	사람과 사귀는 것은 성가시다라고 생각한다.	① ② ③ ④ ⑤
018	나는 충분한 자신감을 가지고 있다.	① ② ③ ④ ⑤
019	밝고 명랑한 편이어서 화기애애한 모임에 나가는 것이 좋다.	① ② ③ ④ ⑤
020	남을 상처 입힐 만한 것에 대해 말한 적이 없다.	① ② ③ ④ ⑤
021	부끄러워서 얼굴 붉히지 않을까 걱정된 적이 없다.	① ② ③ ④ ⑤
022	낙심해서 아무것도 손에 잡히지 않은 적이 있다.	① ② ③ ④ ⑤
023	나는 후회하는 일이 많다고 생각한다.	① ② ③ ④ ⑤
024	남이 무엇을 하려고 하든 자신에게는 관계없다고 생각한다.	① ② ③ ④ ⑤
025	나는 다른 사람보다 기가 세다.	① ② ③ ④ ⑤
026	특별한 이유없이 기분이 자주 들뜬다.	① ② ③ ④ ⑤
027	화낸 적이 없다.	① ② ③ ④ ⑤
028	작은 일에도 신경쓰는 성격이다.	① ② ③ ④ ⑤
029	배려심이 있다는 말을 주위에서 자주 듣는다.	① ② ③ ④ ⑤
030	나는 의지가 약하다고 생각한다.	① ② ③ ④ ⑤
031	어렸을 적에 혼자 노는 일이 많았다.	① ② ③ ④ ⑤
032	여러 사람 앞에서도 편안하게 의견을 발표할 수 있다.	① ② ③ ④ ⑤
033	아무 것도 아닌 일에 흥분하기 쉽다.	① ② ③ ④ ⑤
034	지금까지 거짓말한 적이 없다.	① ② ③ ④ ⑤
035	소리에 굉장히 민감하다.	① ② ③ ④ ⑤
036	친절하고 착한 사람이라는 말을 자주 듣는 편이다.	① ② ③ ④ ⑤
037	남에게 들은 이야기로 인하여 의견이나 결심이 자주 바뀐다.	① ② ③ ④ ⑤
038	개성있는 사람이라는 소릴 많이 듣는다.	① ② ③ ④ ⑤

039	모르는 사람들 사이에서도 나의 의견을 확실히 말할 수 있다.	①	②	③	④	⑤
040	붙임성이 좋다는 말을 자주 듣는다.	①	②	③	④	⑤
041	지금까지 변명을 한 적이 한 번도 없다.	①	②	③	④	⑤
042	남들에 비해 걱정이 많은 편이다.	①	②	③	④	⑤
043	자신이 혼자 남겨졌다는 생각이 자주 드는 편이다.	①	②	③	④	⑤
044	기분이 아주 쉽게 변한다는 말을 자주 듣는다.	①	②	③	④	⑤
045	남의 일에 관련되는 것이 싫다.	①	②	③	④	⑤
046	주위의 반대에도 불구하고 나의 의견을 밀어붙이는 편이다.	①	②	③	④	⑤
047	기분이 산만해지는 일이 많다.	①	②	③	④	⑤
048	남을 의심해 본적이 없다.	①	②	③	④	⑤
049	꼼꼼하고 빈틈이 없다는 말을 자주 듣는다.	①	②	③	④	⑤
050	문제가 발생했을 경우 자신이 나쁘다고 생각한 적이 많다.	①	②	③	④	⑤
051	자신이 원하는 대로 지내고 싶다고 생각한 적이 많다.	①	②	③	④	⑤
052	아는 사람과 마주쳤을 때 반갑지 않은 느낌이 들 때가 많다.	①	②	③	④	⑤
053	어떤 일이라도 끝까지 잘 해낼 자신이 있다.	①	②	③	④	⑤
054	기분이 너무 고취되어 안정되지 않은 경우가 있다.	①	②	③	④	⑤
055	지금까지 감기에 걸린 적이 한 번도 없다.	①	②	③	④	⑤
056	보통 사람보다 공포심이 강한 편이다.	①	②	③	④	⑤
057	인생은 살 가치가 없다고 생각된 적이 있다.	①	②	③	④	⑤
058	이유없이 물건을 부수거나 망가뜨리고 싶은 적이 있다.	①	②	③	④	⑤
059	나의 고민, 진심 등을 털어놓을 수 있는 사람이 없다.	①	②	③	④	⑤
060	자존심이 강하다는 소릴 자주 듣는다.	①	②	③	④	⑤

061	아무것도 안하고 멍하게 있는 것을 싫어한다.	① ② ③ ④ ⑤
062	지금까지 감정적으로 행동했던 적은 없다.	① ② ③ ④ ⑤
063	항상 뭔가에 불안한 일을 안고 있다.	① ② ③ ④ ⑤
064	세세한 일에 신경을 쓰는 편이다.	① ② ③ ④ ⑤
065	그때그때의 기분에 따라 행동하는 편이다.	① ② ③ ④ ⑤
066	혼자가 되고 싶다고 생각한 적이 많다.	① ② ③ ④ ⑤
067	남에게 재촉당하면 화가 나는 편이다.	① ② ③ ④ ⑤
068	주위에서 낙천적이라는 소릴 자주 듣는다.	① ② ③ ④ ⑤
069	남을 싫어해 본 적이 단 한 번도 없다.	① ② ③ ④ ⑤
070	조금이라도 나쁜 소식은 절망의 시작이라고 생각한다.	① ② ③ ④ ⑤
071	언제나 실패가 걱정되어 어쩔 줄 모른다.	① ② ③ ④ ⑤
072	다수결의 의견에 따르는 편이다.	① ② ③ ④ ⑤
073	혼자서 영화관에 들어가는 것은 전혀 두려운 일이 아니다.	① ② ③ ④ ⑤
074	승부근성이 강하다.	① ② ③ ④ ⑤
075	자주 흥분하여 침착하지 못한다.	① ② ③ ④ ⑤
076	지금까지 살면서 남에게 폐를 끼친 적이 없다.	① ② ③ ④ ⑤
077	내일 해도 되는 일을 오늘 안에 끝내는 것을 좋아한다.	① ② ③ ④ ⑤
078	무엇이든지 자기가 나쁘다고 생각하는 편이다.	① ② ③ ④ ⑤
079	자신을 변덕스러운 사람이라고 생각한다.	① ② ③ ④ ⑤
080	고독을 즐기는 편이다.	① ② ③ ④ ⑤
081	감정적인 사람이라고 생각한다.	① ② ③ ④ ⑤
082	자신만의 신념을 가지고 있다.	① ② ③ ④ ⑤

083	다른 사람을 바보 같다고 생각한 적이 있다.	① ② ③ ④ ⑤
084	남의 비밀을 금방 말해버리는 편이다.	① ② ③ ④ ⑤
085	대재앙이 오지 않을까 항상 걱정을 한다.	① ② ③ ④ ⑤
086	문제점을 해결하기 위해 항상 많은 사람들과 이야기하는 편이다.	① ② ③ ④ ⑤
087	내 방식대로 일을 처리하는 편이다.	① ② ③ ④ ⑤
088	영화를 보고 운 적이 있다.	① ② ③ ④ ⑤
089	사소한 충고에도 걱정을 한다.	① ② ③ ④ ⑤
090	학교를 쉬고 싶다고 생각한 적이 한 번도 없다.	① ② ③ ④ ⑤
091	불안감이 강한 편이다.	① ② ③ ④ ⑤
092	사람을 설득시키는 것이 어렵지 않다.	① ② ③ ④ ⑤
093	다른 사람에게 어떻게 보일지 신경을 쓴다.	① ② ③ ④ ⑤
094	다른 사람에게 의존하는 경향이 있다.	① ② ③ ④ ⑤
095	그다지 융통성이 있는 편이 아니다.	① ② ③ ④ ⑤
096	숙제를 잊어버린 적이 한 번도 없다.	① ② ③ ④ ⑤
097	밤길에는 발소리가 들리기만 해도 불안하다.	① ② ③ ④ ⑤
098	자신은 유치한 사람이다.	① ② ③ ④ ⑤
099	잡담을 하는 것보다 책을 읽는 편이 낫다.	① ② ③ ④ ⑤
100	나는 영업에 적합한 타입이라고 생각한다.	① ② ③ ④ ⑤
101	술자리에서 술을 마시지 않아도 흥을 돋굴 수 있다.	① ② ③ ④ ⑤
102	한 번도 병원에 간 적이 없다.	① ② ③ ④ ⑤
103	나쁜 일은 걱정이 되어 어쩔 줄을 모른다.	① ② ③ ④ ⑤
104	금세 무기력해지는 편이다.	① ② ③ ④ ⑤

105	비교적 고분고분한 편이라고 생각한다.	①	②	③	④	⑤
106	독자적으로 행동하는 편이다.	①	②	③	④	⑤
107	적극적으로 행동하는 편이다.	①	②	③	④	⑤
108	금방 감격하는 편이다.	①	②	③	④	⑤
109	밤에 잠을 못 잘 때가 많다.	①	②	③	④	⑤
110	후회를 자주 하는 편이다.	①	②	③	④	⑤
111	쉽게 뜨거워지고 쉽게 식는 편이다.	①	②	③	④	⑤
112	자신만의 세계를 가지고 있다.	①	②	③	④	⑤
113	말하는 것을 아주 좋아한다.	①	②	③	④	⑤
114	이유없이 불안할 때가 있다.	①	②	③	④	⑤
115	주위 사람의 의견을 생각하여 발언을 자제할 때가 있다.	①	②	③	④	⑤
116	생각없이 함부로 말하는 경우가 많다.	①	②	③	④	⑤
117	정리가 되지 않은 방에 있으면 불안하다.	①	②	③	④	⑤
118	슬픈 영화나 TV를 보면 자주 운다.	①	②	③	④	⑤
119	자신을 충분히 신뢰할 수 있는 사람이라고 생각한다.	①	②	③	④	⑤
120	노래방을 아주 좋아한다.	①	②	③	④	⑤
121	자신만이 할 수 있는 일을 하고 싶다.	①	②	③	④	⑤
122	자신을 과소평가 하는 경향이 있다.	①	②	③	④	⑤
123	책상 위나 서랍 안은 항상 깔끔히 정리한다.	①	②	③	④	⑤
124	건성으로 일을 하는 때가 자주 있다.	①	②	③	④	⑤
125	남의 험담을 한 적이 없다.	①	②	③	④	⑤
126	초조하면 손을 떨고, 심장박동이 빨라진다.	①	②	③	④	⑤

127	말싸움을 하여 진 적이 한 번도 없다.	① ② ③ ④ ⑤
128	다른 사람들과 덩달아 떠든다고 생각할 때가 자주 있다.	① ② ③ ④ ⑤
129	아첨에 넘어가기 쉬운 편이다.	① ② ③ ④ ⑤
130	이론만 내세우는 사람과 대화하면 짜증이 난다.	① ② ③ ④ ⑤
131	상처를 주는 것도 받는 것도 싫다.	① ② ③ ④ ⑤
132	매일매일 그 날을 반성한다.	① ② ③ ④ ⑤
133	주변 사람이 피곤해하더라도 자신은 항상 원기왕성하다.	① ② ③ ④ ⑤
134	친구를 재미있게 해주는 것을 좋아한다.	① ② ③ ④ ⑤
135	아침부터 아무것도 하고 싶지 않을 때가 있다.	① ② ③ ④ ⑤
136	지각을 하면 학교를 결석하고 싶어진다.	① ② ③ ④ ⑤
137	이 세상에 없는 세계가 존재한다고 생각한다.	① ② ③ ④ ⑤
138	하기 싫은 것을 하고 있으면 무심코 불만을 말한다.	① ② ③ ④ ⑤
139	투지를 드러내는 경향이 있다.	① ② ③ ④ ⑤
140	어떤 일이라도 헤쳐나갈 자신이 있다.	① ② ③ ④ ⑤
141	착한 사람이라는 말을 자주 듣는다.	① ② ③ ④ ⑤
142	조심성이 있는 편이다.	① ② ③ ④ ⑤
143	이상주의자이다.	① ② ③ ④ ⑤
144	인간관계를 중요하게 생각한다.	① ② ③ ④ ⑤
145	협조성이 뛰어난 편이다.	① ② ③ ④ ⑤
146	정해진 대로 따르는 것을 좋아한다.	① ② ③ ④ ⑤
147	정이 많은 사람을 좋아한다.	① ② ③ ④ ⑤
148	조직이나 전통에 구애를 받지 않는다.	① ② ③ ④ ⑤

145	잘 아는 사람과만 만나는 것이 좋다.	① ② ③ ④ ⑤
146	파티에서 사람을 소개받는 편이다.	① ② ③ ④ ⑤
147	모임이나 집단에서 분위기를 이끄는 편이다.	① ② ③ ④ ⑤
148	취미 등이 오랫동안 지속되지 않는 편이다.	① ② ③ ④ ⑤
149	다른 사람을 부럽다고 생각해 본 적이 없다.	① ② ③ ④ ⑤
150	꾸지람을 들은 적이 한 번도 없다.	① ② ③ ④ ⑤
151	시간이 오래 걸려도 항상 침착하게 생각하는 경우가 많다.	① ② ③ ④ ⑤
152	실패의 원인을 찾고 반성하는 편이다.	① ② ③ ④ ⑤
153	여러 가지 일을 재빨리 능숙하게 처리하는 데 익숙하다.	① ② ③ ④ ⑤
154	행동을 한 후 생각을 하는 편이다.	① ② ③ ④ ⑤
155	민첩하게 활동을 하는 편이다.	① ② ③ ④ ⑤
156	일을 더디게 처리하는 경우가 많다.	① ② ③ ④ ⑤
157	몸을 움직이는 것을 좋아한다.	① ② ③ ④ ⑤
158	스포츠를 보는 것이 좋다.	① ② ③ ④ ⑤
159	일을 하다 어려움에 부딪히면 단념한다.	① ② ③ ④ ⑤
160	너무 신중하여 타이밍을 놓치는 때가 많다.	① ② ③ ④ ⑤
161	시험을 볼 때 한 번에 모든 것을 마치는 편이다.	① ② ③ ④ ⑤
162	일에 대한 계획표를 만들어 실행을 하는 편이다.	① ② ③ ④ ⑤
163	한 분야에서 1인자가 되고 싶다고 생각한다.	① ② ③ ④ ⑤
164	규모가 큰 일을 하고 싶다.	① ② ③ ④ ⑤
165	높은 목표를 설정하여 수행하는 것이 의욕적이라고 생각한다.	① ② ③ ④ ⑤
166	다른 사람들과 있으면 침착하지 못하다.	① ② ③ ④ ⑤

167	수수하고 조심스러운 편이다.	①	②	③	④	⑤
168	여행을 가기 전에 항상 계획을 세운다.	①	②	③	④	⑤
169	구입한 후 끝까지 읽지 않은 책이 많다.	①	②	③	④	⑤
170	쉬는 날은 집에 있는 경우가 많다.	①	②	③	④	⑤
171	돈을 허비한 적이 없다.	①	②	③	④	⑤
172	흐린 날은 항상 우산을 가지고 나간다.	①	②	③	④	⑤
173	조연상을 받은 배우보다 주연상을 받은 배우를 좋아한다.	①	②	③	④	⑤
174	유행에 민감하다고 생각한다.	①	②	③	④	⑤
175	친구의 휴대폰 번호를 모두 외운다.	①	②	③	④	⑤
176	환경이 변화되는 것에 구애받지 않는다.	①	②	③	④	⑤
177	조직의 일원으로 별로 안 어울린다고 생각한다.	①	②	③	④	⑤
178	외출시 문을 잠그었는지 몇 번을 확인하다.	①	②	③	④	⑤
179	성공을 위해서는 어느 정도의 위험성을 감수해야 한다고 생각한다.	①	②	③	④	⑤
180	남들이 이야기하는 것을 보면 자기에 대해 험담을 하고 있는 것 같다.	①	②	③	④	⑤

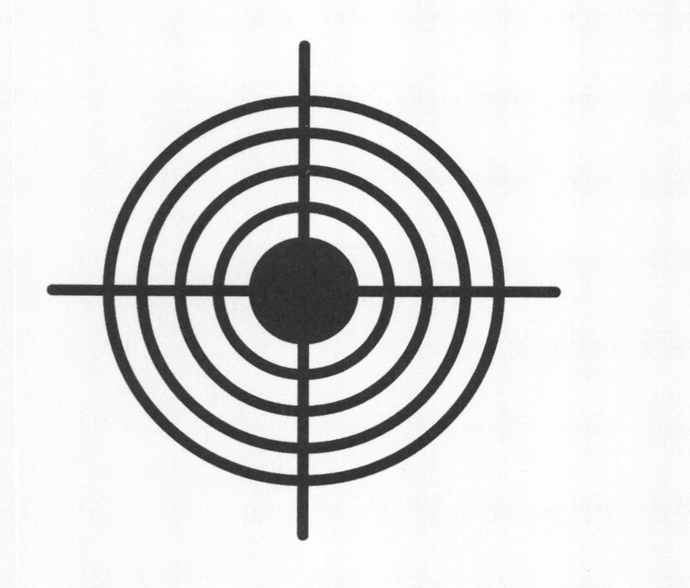

03

한국사 및 공군 핵심가치

CHAPTER

01 개항기 / 일제 강점기 독립운동사

핵심이론정리

section 01 개화정책과 열강의 이권 침탈

1 흥선대원군의 정책

① 흥선대원군의 집권과 개혁 정치
- ㉠ 배경 : 세도정치 타파 및 왕권의 안정, 삼정(군정 · 전정 · 환곡)의 문란 시정
- ㉡ 개혁 내용 : 통치체제 정비, 삼정의 문란 시정, 서원 철폐, 경복궁 중건
- ㉢ 의의 : 국가 기강의 확립과 민생 안정에 노력
- ㉣ 한계 : 전제 왕권 강화를 목표로 추진, 근대적 개혁에는 미흡

② 통상 수교 거부와 양요
- ㉠ 제너럴셔먼호 사건 : 미국 상선 제너럴셔먼호의 통상 요구와 평양 군민의 격퇴

POINT 제너럴셔먼호 사건

1866년(고종 3) 8월 미국 상선 제너럴셔먼호가 평양에서 군민(軍民)의 화공(火攻)으로 불타버린 사건을 말한다. 제너럴셔먼호 선원들은 통상을 요구하며 조선의 관리를 납치하고 민간인을 죽이는 등 만행을 저지르다 평양 주민들의 공격을 받았다.

- ㉡ 병인양요(1866년)
  - 병인박해를 구실로 한 프랑스 함대의 침공
  - 외규장각 장서를 비롯한 문화재 약탈 (※ 외규장각 도서는 2011년 5월 반환됨)
  - 문수산성과 정족산성에서 프랑스군 격퇴
- ㉢ 오페르트 도굴 사건(1868년 5월) : 독일 상인 오페르트의 남연군묘(대원군의 부친) 도굴 시도
- ㉣ 신미양요(1871년)
  - 제너럴셔먼호 사건을 구실로 한 미국 함대의 침입
  - 미군의 초지진과 덕진진 점령
  - 광성보 전투에서 어재연의 분전, 미군 철수
- ㉤ 척화비 건립(1871년)
  - 내용 : 서양 오랑캐가 침범했을 때, 싸우지 않음은 곧 화친(화의, 화해)하는 것이요, 화친을 주장하는 것은 곧 나라를 파는 것이다.
  - 신미양요 직후 전국 각지에 건립, 서양의 침입에 대한 투쟁 의지와 민심 결속 강화

2 개항과 불평등조약 체제의 성립

① 강화도 조약 체결과 개항 … 최초의 근대적 · 불평등 조약

㉠ 강화도 조약(1876년)의 배경

- 국내 : 흥선대원군의 하야와 고종의 친정, 통상개화파의 개항 주장
- 국외 : 운요호 사건과 일본의 문호개방 요구

㉡ 강화도 조약의 주요 내용

- 부산을 비롯한 3개 항구 개항
- 일본의 해안측량권 허가
- 개항장에서의 치외법권 인정

② 서양 열강과 조약 체결

㉠ 조 · 미 수호통상조약 체결(1882년)

- 일본 주재 청국외교관 황준헌의 「조선책략」과 대미수교의 분위기 형성
- 치외법권, 최혜국 대우 인정, 불평등 조약
- 서양과 맺은 최초의 근대적 조약

㉡ 서구 여러 나라와의 조약 체결 : 영국, 독일, 러시아, 이탈리아, 프랑스

3 개화 정책의 추진과 갈등

① 개화사상의 형성과 초기 개화정책

㉠ 개화사상의 형성

- 19세기 중엽 형성, 자주적인 문호 개방과 근대적 개혁 주장
- 실학의 북학파 · 일본의 메이지 유신 · 청의 양무운동에 영향 → 통상개화론으로 발전

㉡ 개화정책

- 통리기무아문과 12사 설치
- 5군영은 2영으로 통합하고 신식 군대인 별기군 창설
- 해외사절단 파견

–수신사(일본) : 개항 이후 일본에 파견한 외교사절로 2차 수신사 김홍집은 1880년 「조선책략」을 가지고 옴
–영선사(청) : 무기제조법과 근대식 군사 훈련법을 습득하고 옴
–신사유람단(일본) : 일본의 정부기관, 산업시설, 군사시설을 시찰하고 옴
–보빙사(미국) : 조 · 미 수호통상조약 채결 후 파견

② 개화사상의 분화

㉠ 온건 개화파

- 김홍집, 김윤식, 어윤중
- 민씨 정권과 원만한 관계 유지
- 동도서기론에 입각한 점진적인 개혁을 추구

POINT 동도서기론
유교전통(정신문화)을 유지하면서, 서양의 과학 기술(물질문화)만 수용

- 청의 양무운동에 영향을 받음

㉡ 급진 개화파

- 김옥균, 박영효, 홍영식
- 일본의 문명개화론(메이지유신)의 영향을 받음
- 서양의 과학 기술, 사상 수용 및 정치 · 사회의 급진적 개혁을 추구

③ 위정척사 운동

㉠ 외세의 침략적 접근과 일본에 의한 개항 및 정부의 개화 정책, 천주교의 유포, 개화사상, 개화정책에 대한 반발 등을 배경으로 발발

㉡ 성리학 이외의 종교, 사상을 사학으로 규정하여 배격

㉢ **전개** : 기정진, 이항로(1860년대 통상 반대)-척화주전론, 흥선대원군의 대외 정책 지지 → 최익현, 유인석(1870년대 개항 반대)-왜양일체론, 개항불가론 등 주장 → 이만손, 홍재학(1880년대 개화 반대)-상소 운동(영남만인소) 전개 → 유인석, 기우만(1890년대 항일 의병)-일본의 침략에 저항

㉣ 외세의 침략에 강력히 저항하였으며, 봉건적 사회 질서를 유지하고 세계사의 흐름을 거부

㉤ 일부는 서양 문물과 전통 문화의 발전적 계승을 주장

④ 임오군란(1882년)

㉠ 군제개혁, 구식 군인에 대한 차별 대우, 민씨 정권과 개화정책에 대한 반발 및 일본으로의 곡물 유출로 인한 가격 폭등, 서민 생활의 궁핍화 가중을 배경을 발발

㉡ **전개** : 구식 군대의 폭동과 도시 하층민 가담(민씨 정권의 고관 살해, 궁궐 난입, 일본 공사관 습격) → 흥선대원군의 재집권(개화정책 중단, 군제 복구) → 청군의 개입과 민씨 세력 재집권(청나라의 흥선대원군 납치)

㉢ 결과

- 청군의 조선 주둔과 고문 파견 : 내정과 외교 문제 간섭, 청의 조선 속방화 정책 강화
- 조 · 청 상민수륙무역장정 체결 : 청 상인의 특권 보장
- 제물포 조약 : 일본에 배상금 지불, 일본 공사관의 경비병 주둔 허용

⑤ **갑신정변**(1884년) … 근대 국민국가 건설을 위한 최초의 정치적 개혁 운동

㉠ 배경

- 국내 : 온건개화파가 개화정책을 주도하고 급진개화파는 반발

• 국외 : 청국 군대가 청국과 프랑스의 전쟁으로 인하여 조선에서 임시 철수하고 일본의 개화당 지원을 약속

㉡ 전개 : 우정국 개국 축하연에서 거사 → 친청파와 민씨 일파 제거 → 개화당 정부 수립 → 청군의 개입으로 3일 만에 실패 → 14개조 정강 발표(청과의 사대관계 단절, 인민 평등권 확립, 지조법 개혁, 모든 재정의 호조 관할, 내각 중심 정치 실시 등의 내용임)

㉢ 결과

• 청과 일본의 대립 격화, 친청 보수세력의 장기 집권, 개화세력의 위축
• 한성조약(조선과 일본) : 일본에 배상금을 지불하고 공사관 신축 비용을 부담
• 천진(텐진)조약(청과 일본) : 청 · 일 동시 철수, 이후 조선 출병 시 사전 통보하는 것으로 청 · 일 전쟁 발생의 빌미가 됨

4 동학농민운동과 청 · 일 전쟁

① 동학농민운동 … 농민 주도의 근대적 개혁 운동이었으나 끝내 좌절됨

㉠ 배경

• 외세의 침략, 정부의 압제, 삼정의 문란, 곡물 유출로 인한 식량 부족 등
• 동학 : 교단 조직을 통해 농민 · 지식인들을 조직화하여 정치운동으로 승화시킴
  - 공주 · 삼례 집회 : 교조 신원 운동 전개, 종교 운동
  - 보은 집회 : 농민 참가, 탐관오리 배격, 농민 중심의 정치 운동으로 발전함

㉡ 전개 : 고부민란(조병갑의 횡포가 심해지자 전봉준 주도로 고부에서 민란 발생) → 1차 봉기(백산 집결, 황토현 전투, 정주 화약[농민군 승리]) → 2차 봉기(일본의 침략 본격화, 동학농민군의 재봉기, 공주 우금치 전투 패배)

POINT 전주화약 … 전라도 일대에 집강소 설치, 폐정 개혁 실천, 농민군과 타협 모색

㉢ 의의

• 반봉건 · 반외세 농민 운동, 갑오개혁에 영향, 의병전쟁의 활성화에 기여
• 구체적인 근대 국가 건설 방안 결여, 농민 이외의 지지 기반 확보에 실패

② 청 · 일 전쟁

㉠ 배경

• 조선에서 청과 일본의 대립이 격화됨(양국 상인의 대립이 시초)
• 동학농민운동 당시 텐진조약에 의한 청 · 일 양국 군대 조선 파병

㉡ 전개 : 조선에서의 철병을 거부한 일본군이 청 함대 기습 → 일본의 제해권 장악, 산둥 반도의 청 해군 기지 공격

㉢ 결과

• 시모노세키 조약 체결 : 요동반도, 타이완 할양
• 러시아, 프랑스, 독일의 삼국간섭으로 요동반도는 청에게 반환

❺ 서구 열강의 침탈과 사회 · 경제적 변화

① 서구 열강의 침탈과 조선중립화론

㉠ 영국의 거문도 점령(거문도 사건) : 조선과 러시아의 비밀 협약 소문을 빌미로 영국이 거문도를 불법을 점령(1885 ~ 1887년)

㉡ 조선 중립화론 : 한반도를 둘러싼 열강의 대립 심화로 독일인 부들러, 유길준 등이 제기

② 개항 이후의 사회 · 경제적 변화

㉠ 일본 상인들의 무역 활동

- 1876년 강화도 조약 체결, 조일수호조규 부록, 조일무역규칙 체결
- 일본 상인들의 개항장 진출 : 약탈적 무역 활동
- 일본 상인 : 영국산 면제품과 조선 원자재의 중계 무역으로 이윤을 창출

㉡ 대외 무역의 변화

- 1882년 발발한 임오군란으로 인해 조 · 청 상민수륙무역장정이 체결되었고, 청의 상인이 대거 침투
- 청 상인이 가격 면에서 우위를 차지하면서 상권을 장악한 결과 청 · 일 상인 간에 경쟁이 심화됨
- 일본 상인은 곡물 수출에 주력, 입도선매, 고리대, 조선의 흉작으로 조 · 일 무역 쇠퇴
- 조 · 일 무역의 쇠퇴와 청 상인의 상권 장악 결과 청 · 일 전쟁의 한 원인이 됨

㉢ 개항 후 경제 침탈에 대한 대응

- 일본의 곡물 유출에 대응, 조 · 일 통상장정(1883년)에 근거, 조선 정부의 방곡령 실시, 그러나 실패하여 일본 상인에 배상금 지불
- 1890년대 초부터 각종 상회사 설립, 회사 설립 운동, 운수업, 금융업, 철도 부설, 농 · 수산업 부문에 두각을 나타냄

section 02 일제의 국권침탈과 국권수호 운동

❶ 갑오 · 을미개혁

① 동학농민군의 개혁 요구, 개화 세력의 개화 의지, 일본의 내정 개혁 강요가 배경이 됨

② 개혁의 추진

㉠ 1차 갑오개혁

- 군국기무처 주도 : 초정부적 기구
- 정치 : 개국 연호 사용, 왕권 약화, 내각 권한 강화, 과거제 폐지
- 사회 : 신분제 철폐, 봉건적 폐습 타파, 고문 · 연좌제 폐지

- 경제 : 재정 일원화, 도량형 통일, 조세 금납화

㉡ 2차 갑오개혁
- 박영효 중심으로 추진
- 홍범 14조 발표
- 청의 간섭과 왕실의 정치 개입 배제
- 중앙 · 지방 행정 개편
- 사법권과 행정권의 분리
- 군제 개혁 소홀

㉢ 을미개혁
- 친일 내각 수립(1895년)
- 단발령 실시
- 태양력 사용
- 종두법 실시
- 우편 사무 시작
- 소학교 설치

③ 의의

㉠ 봉건 사회의 모순을 극복하려는 근대적 개혁, 농민층의 개혁 요구 일부 수용

㉡ 일본의 침략 의도 개입, 민중의 지지 획득 실패

2 독립협회 활동

① 열강의 이권 침탈(아관파천), 근대 문물의 필요성, 민중 계몽에 대한 관심이 배경으로 대두

② 서재필 등 개화 지식층을 중심으로 이루어졌으며, 점차 각계각층의 인사들이 참여

③ 주요 활동

㉠ 민중계몽, 독립문 건립, 강연회 · 토론회 개최, 신문 · 잡지 발간

㉡ **윤치호 · 남궁억 중심** : 관민공동회 개최(헌의 6조), 전제 황권 강화 주장

㉢ **서재필 중심** : 만민공동회 중심, 군주권 제한을 주장

④ 독립협회가 공화정을 추진하려 한다는 보수파의 모함으로 정부에서 황국협회와 군대를 동원하여 강제 해산시킴

⑤ 의의

㉠ **자주국권운동** : 근대적 민족주의 사상에 기초, 열강의 이권 침탈 반대

㉡ **자유민권운동** : 근대 국민국가 건설 목표, 국민 기본권, 참정권 보장 요구

㉢ **자강개혁운동** : 자주적 근대 개혁을 통한 국력 배양 목표, 의회 설립 요구

3 대한제국과 광무개혁

① 성립

㉠ 고종의 경운궁 환궁, 독립 협회와 국제 여론의 요구가 배경

㉡ 대한제국 국제 제정(1899)

- 국호는 대한제국, 연호는 광무
- 전제 황권의 강화 추구, 군대통수권, 입법권, 사법권을 황제 권력에 집중시킴

② 전개

㉠ 구본신참의 정신, 점진적 개혁 추구

㉡ 양전 사업, 지계 발급, 상공업 진흥책, 지방 제도 개편, 근대적 교육 제도 마련, 근대 시설 도입 추진

③ 의의

㉠ 근대 주권 국가 지향, 국방 · 산업 · 교육 등의 분야에 성과

㉡ 복고주의(전제황권 강화), 민권 운동 탄압, 집권층의 보수적 성격과 열강의 간섭으로 성과 미흡

4 일제의 국권 침탈 과정

① 한 · 일 의정서(1904년) … 러 · 일전쟁 중에 체결, 한반도의 군사 요지 사용권 획득

② 제1차 한 · 일협약(1904년) … 재정 · 외교 등에 고문 파견

③ 화폐정리사업(1905년) … 재정고문 메가타가 대한제국의 화폐 발행권을 빼앗기 위해서 실시, 구 백동화와 상평통보를 제일은행권으로 바꿔주는 정책으로 실제 교환기간이 짧았으며 일부는 교환을 거부, 국내 상공업자들이 타격을 받음, 일본제일은행이 한국의 중앙은행이었음

④ 제2차 한 · 일협약(을사늑약, 1905년) … 대한제국의 외교권 박탈, 통감부 설치, 초대 통감에 이토 히로부미 임명

⑤ 헤이그 특사사건(1907년) … 국제사회의 무관심, 고종 황제의 강제 퇴위

⑥ 제3차 한 · 일협약(정미7조약, 한 · 일신협약, 1907년) … 행정 각부에 일본인 차관 임명, 부수 각서에 군대 해산 명시

⑦ 기유각서(1909년) … 사법권, 감옥 사무를 일본에 위탁, 사법권 · 경찰권 박탈

⑧ 한 · 일병합조약(1910년, 국권 피탈) … 대한제국의 주권 강탈, 식민지로 전락

POINT **간도협약**(1909년)

백두산정계비의 해석을 둘러싼 청과 대한제국의 갈등, 대한제국은 간도를 함경도의 행정구역으로 편입(1902년), 일제는 청과 간도협약(1909년)을 체결하여 만주의 철도부설권과 탄광 채굴권을 획득하고 간도를 청의 영토로 인정하였다.

5 제국주의 열강의 반응

① 가쓰라–테프트 밀약(1905년 7월) … 미국의 필리핀 지배와 일본의 조선 지배를 양국이 서로 인정

② 제2차 영 · 일동맹(1905년 8월) … 영국의 인도 지배와 일본의 조선 지배를 양국이 서로 인정

③ 포츠머스 조약(1905년 9월) … 러 · 일 전쟁 이후 체결된 조약으로 러시아는 일본의 조선 지배를 인정

section 03 애국계몽운동

1 성립

개화파 계열의 계몽 운동가, 교육과 산업을 통한 실력 양성을 주장

2 주요 단체

① 보안회 … 일제의 황무지 개간권 요구 반대

② 헌정연구회 … 을사늑약 체결 후 독립 협회를 계승하여 조직, 정치의식 고취 및 입헌 군주제 수립 주장, 일진회 규탄

③ 대한자강회 … 교육 진흥, 산업 개발 등 실력 양성에 의한 국권 회복 운동, 헤이그 특사 파견에 따른 고종이 퇴위하자 이에 대한 격렬한 반대 운동을 전개하다 일제의 탄압으로 해산

④ 대한협회 … 교육 보급, 산업의 진흥, 민권 신장 추구

⑤ 신민회 … 민족 운동가들의 비밀 결사, 공화 정체의 국민 국가 수립, 실력 양성 운동, 국외 독립군 기지 건설과 신흥 무관 학교 설립

3 주요 활동

① 교육 운동 … 국권 회복을 위한 구국 교육 운동, 서북 학회, 기호 흥학회 등

② 언론 운동 … 국민 계몽과 애국심 고취, 황성신문, 대한 매일 신보 등

③ 산업 운동 … 경제 단체 조직, 상권 보호, 근대 경제 의식 고취, 국채 보상 운동

④ 의의

① 국권 회복과 근대 국민 국가 건설을 동시에 추구, 실력 양성 운동으로 계승

② 일본의 방해와 탄압, 실질적인 성과를 거두는 데에 어려움

section 04 항일 의병 운동

① 항일 의병 운동의 전개

① 을미의병(1895년)
- ㉠ 을미사변과 친일 내각의 단발령 시행이 원인
- ㉡ 유인석 · 이소응 등 유생들이 주도, 농민과 동학농민군의 잔여 세력 참여
- ㉢ 아관파천 후 고종의 해산 권고 조칙으로 자진 해산

② 을사의병(1905년)
- ㉠ 을사늑약의 체결, 국권 회복을 전면에 제기
- ㉡ 참여 계층의 확대(평민 의병장 신돌석 출현), 전술 변화, 반침략 운동의 성격

③ 정미의병(1907년)
- ㉠ 고종의 강제 퇴위, 군대 해산, 해산 군인의 의병 가담, 전투력 향상이 원인
- ㉡ 의병 전쟁의 양상, 서울 진공 작전 실패, 남한 대토벌 이후 만주, 연해주로 이동, 독립 운동 기지 마련
- ㉢ 의의
  - 일본군에 비해 조직과 화력 열세, 유생 출신 의병장의 보수적 성격, 국제적 고립
  - 항일 무장 독립 투쟁의 기반 마련, 국권 상실 이후 독립군 가담

② 일제의 식민지 통치

① 조선총독부의 무단통치
- ㉠ 헌병 경찰을 앞세운 일제의 폭력적 통치 방식, 관리와 교사들까지 칼을 휴대, 태형제도 부활
- ㉡ 한국인의 정치 활동 금지, 언론 · 집회 · 출판 · 결사의 자유 등 기본권 제한

② 토지조사사업

㉠ 목적 : 근대적 토지 소유 관계 확립, 기한부 신고주의, 소작인의 경작권 부정

㉡ 결과 : 조선총독부의 조세 수입 증가, 합법적인 토지 약탈, 소작농의 지위 하락, 식민지 지주제 확립, 농민의 해외 이주

③ 회사령, 삼림령, 어업령, 광업령 등 제정, 식민 지배 체제 확립

3 문화통치와 민족분열정책

① 문화통치

㉠ 한국인의 강인한 독립의지를 표출한 3 · 1운동의 영향

㉡ 내용

- 유화적인 식민통치 방식을 제시한 기만책
- 헌병경찰제도를 보통경찰제도로 전환하면서 경찰 수 3배 증가
- 부분적인 언론 · 출판 · 집회 · 결사의 자유를 허용했으나, 철저한 검열 · 감시
- 한국인에 대한 교육 기회를 확대하였으나, 초등교육과 기술교육에 치중

㉢ 목적 : 한국인의 이간 · 분열 유도, 친일파 양성, 독립운동의 역량 약화 기도

㉣ 결과 : 민족독립운동 내부의 분열과 혼선 발생

② 산미증식계획

㉠ 일본의 급격한 공업화로 도시 노동자 증가 · 농촌 인구 감소, 쌀 수요 증대가 원인

㉡ 내용 : 한국에 대규모 농업 투자, 쌀 생산 증대, 일본으로 유출

㉢ 결과 : 한국인의 식량 사정 악화(만주에서 수입한 잡곡으로 충당)

③ 민족말살 정책과 병참기지화 정책

㉠ 민족말살 정책

- 배경 : 만주사변(1931년), 중 · 일전쟁(1937년), 태평양 전쟁(1941년) 등, 전시 동원체제 강화
- 내용 : 민족 운동 봉쇄를 위한 각종 악법 제정, 언론 탄압, 군과 경찰력 증강

–황국신민화 : 내선 일체, 일선 동조론 주장

–신사 참배, 황궁 요배, 황국 신민 서사 암송 강요

–우리말 사용 금지, 학술 · 언론 단체 해산, 창씨개명, 한국인을 침략 전쟁에 효율적으로 동원할 목적

㉡ 병참기지화 정책

- 목적 : 한국의 인적 · 물적 자원 활용, 전쟁 물자 생산기지로 이용
- 한국의 공업화 : 일본 독점 자본의 진출, 북부 지방을 중심으로 군수 공업, 중화학 공업 시설 확충
- 전시 수탈체제 강화 : 국가 총동원법(1938년), 전쟁 말기로 갈수록 심화

–인적자원 수탈 : 지원병제, 징용, 징병, 학도병, 정신대, 일본군 위안부로 동원

–물적자원 수탈 : 식량 공출과 배급제 실시, 전쟁물자 공출, 산미증식계획 재개, 가축증식계획, 금속물자 수탈

section 05 국내 · 외 독립운동 기지건설

1 3 · 1운동 이전의 민족운동

① **독립의군부**(1912년) … 의병전쟁 계열의 독립 단체로서 복벽주의를 표방, 비밀 결사 단체

② **대한광복회**(1915년) … 계몽운동 계열의 독립 단체로서 복벽주의를 반대하고 공화주의를 주장, 군대식 조직을 갖춘 비밀 결사 단체

2 3 · 1운동

① 배경

㉠ **국제정세의 변화** : 윌슨의 '민족 자결주의', 소련의 '소수 민족 해방운동' 지지 선언

㉡ **신한청년당의 활동** : 독립청원서를 작성하여 파리 강화 회의에 김규식을 대표로 파견

㉢ **무오(대한) 독립선언서**(1918년) : 중광단이 중심이 되어 발표한 선언, 무장 투쟁의 혈전을 통한 완전한 독립을 주장

㉣ **2 · 8 독립선언서**(1919년) : 일본 도쿄에서 유학생이 중심이 되어 독립선언서 발표

② 전개

㉠ **독립선언** : 대외적으로 독립 청원, 대내적으로 비폭력 원칙을 표방

㉡ **민족대표 33인** : 천도교계 15명, 기독교계 16명, 불교계 2명으로 구성

㉢ **일제의 탄압** : 제암리 학살 사건 등 일제는 군대와 헌병 경찰을 동원하여 유혈 진압

㉣ **해외로 확산** : 만주와 연해주 지역 동포들의 만세 시위, 미국 필라델피아에서 독립 선언식 거행, 일본 유학생들의 만세 시위 전개

③ 의의

㉠ **일제 식민통치 방식의 변화** : 기존의 억압적이기만 했던 일제의 통치방식이 유화책을 제시하는 방향으로 바뀌는 전기 마련

㉡ **민주공화정 운동의 확산** : 기존의 복벽주의를 타파하고 모든 국민이 주인이 되는 공화정체 주장

㉢ **민족 독립운동의 조직화, 체계화 필요성 대두** : 대한민국 임시정부의 수립

㉣ **세계 반제국주의 운동과 약소 민족 해방운동에 영향** : 중국의 5 · 4운동, 인도의 반영운동

㉤ **자주 독립을 추구한 거족적인 민족 운동** : 민족의 독립 의지 고취

❸ 국외 민족 운동의 전개

① **독립전쟁론의 대두** … 실력 양성론과 의병 전쟁론 결합, 독립 운동 기지 건설 운동

② **만주 지역의 독립운동기지**

㉠ **삼원보** : 자치 기관인 경학사와 부민단 조직, 신흥무관학교를 설립하여 독립군 사관 양성

㉡ **북간도** : 용정에 서전서숙, 명동학교 등 설립, 대종교 계통의 항일 단체인 중광단 결성

③ **연해주 지역의 독립운동기지** … 신한촌 중심, 밀산부(한흥동) 중심, 권업회 조직, 대한광복군정부 조직, 대한국민의회로 발전

④ **미주 지역의 독립운동기지** … 안창호, 이승만 등이 대한인국민회 조직 후 외교 활동을 통한 구국운동 전개, 박용만 등이 대조선국민군단 조직 후 독립군 양성 시도

01 출제예상문제

≫ 정답 및 해설 p.463

01 다음 강화도 조약의 내용에 대한 설명으로 옳은 것은?

〈조약의 일부〉

제1관 조선은 자주국이며 일본과 똑같은 권리를 갖는다.

⋮

제10관 일본국 인민이 조선국이 지정한 항구에서 죄를 범하였을 경우 모두 일본국에 돌려보내 심리하여 판결한다.

① 세도정치의 원인이 되었다.
② 척화비 건립의 배경이 되었다.
③ 금난전권 폐지의 계기가 되었다.
④ 치외법권이 포함된 불평등 조약이었다.

02 다음 중 ㉠에 들어갈 사건은?

㉠

- 인물 : 김옥균, 박영효, 홍영식, 서광범 등
- 장소 : 우정총국, 경우궁 등
- 내용 : 1884년 급진 개화파들이 일으킨 변란(3일 천하)

① 갑신정변　② 기묘사화
③ 병자호란　④ 만적의 난

03 다음 가상의 대화에서 밑줄 친 ㉠ ~ ㉣과 관련된 정책이 옳게 연결되지 않은 것은?

> 甲 : 흥선 대원군의 개혁으로 우리 ㉠ 양반 유생들의 부담만 늘어났어.
> 乙 : 그래도 민생 안정의 대의에는 합당한 조치가 아닌가?
> 甲 : 민생 안전이라고? 오히려 ㉡ 물가 상승으로 민생고만 가중되지 않았는가?
> 乙 : 하지만 흥선 대원군은 중농적인 입장에서 전체적으로 백성을 염두에 두고 있다고 보네.
> 甲 : 그렇다면 ㉢ 왕실의 위엄을 세운다고 일반 백성들을 동원하는 것도 백성을 고려한 정책인가?
> 乙 : 이 사람아, 그것은 어쩔 수 없는 조치 아니었는가?
> 甲 : 그뿐인가, 세도가를 몰아낸 것은 잘했지만 ㉣ 학문의 공간을 없앤 것은 부당한 조치야.

① ㉠ – 호포제 시행
② ㉡ – 당백전 발행
③ ㉢ – 경복궁 중건
④ ㉣ – 비변사 철폐

04 다음의 밑줄 친 조약에 관한 설명 중 옳은 것은 모두 몇 개인가?

> 조약의 서문
> 제1관 조선국은 자주의 나라이며, 일본과의 평등한 권리를 갖는다.
> 제2관 15개월 후에 양국은 서로 사신을 파견한다.
> 제3관 이 조약 이후 양국 공문서는 일본어를 쓰되 향후 10년간은 조선어와 한문을 사용한다(이하 중략).

> ㉠ 이 조약은 조선이 일본과 불평등하게 맺은 강화도조약(조 · 일 수호조규)이다.
> ㉡ 부산 · 인천 · 울산 3항구를 개항하여 무역을 허용하였다.
> ㉢ 영사재판권을 허용하였다.
> ㉣ 조선의 해안의 자유로운 측량권을 부여하였다.
> ㉤ 일본공사관의 호위를 명목으로 일본군의 서울 주둔을 허용하였다.

① 2개
② 3개
③ 4개
④ 5개

05 다음의 사건을 주도했던 세력에 대한 설명으로 가장 적절한 것은?

> 청나라에 대한 종속관계를 청산하고 인민 평등권의 내용과 능력에 따른 인재의 등용을 표방하였으며 행정 조직의 개편과 조세제도의 개혁을 모색하였다. 우리나라에서 처음으로 근대국가를 건설하려 하였던 사건으로 큰 의미가 있다. 또한 양반 지주층 일부가 중심이 되어 위로부터의 근대화를 꾀하였다는 점에서 의의가 있다고 하겠다. 그러나 이 사건은 외세의 조선침략을 촉진하는 결과를 가져왔으며, 농민들의 바람인 토지문제의 해결에 적극적이지 않았다는 한계가 있다.

① 영은문(迎恩門)과 모화관(慕華館)을 없앴다.
② 구본신참(舊本新參)의 원칙 아래 개혁정책을 수행하였다.
③ 일제가 날조한 105인 사건으로 인해 와해되었다.
④ 일본에서 차관을 도입하여 국가 재정을 보충하자고 하였다.

06 다음 중 동학농민운동에 관한 설명으로 옳은 것을 모두 고르면?

> ㉠ 1894년 전라북도 전주에서 시작되었다.
> ㉡ 정부는 동학농민군을 무력 진압하기 위해 일본에 파병을 요청하였다.
> ㉢ 일본은 톈진조약에 의해 군사를 파병하였다.
> ㉣ 전통적 지배체제를 부정하는 반봉건적 성격을 지닌다.
> ㉤ 동학농민운동의 주장은 후에 갑오개혁 때 일부 반영되었다.

① ㉠㉡㉢ ② ㉡㉢㉤
③ ㉡㉣㉤ ④ ㉢㉣㉤

07 다음의 단체에 대한 설명으로 옳은 것은?

- 1907년 안창호 · 양기탁 등이 주도하여 국권 회복을 목표로 조직되었다.
- 서간도에 신한민촌을 건설하고 경학사를 조직하였다.

① 1920년대 무장투쟁을 주도하였다.
② 해외 독립운동기지 건설을 주도하였다.
③ 광주 항일학생운동을 지원하였다.
④ 소수결사로 일제와 매국노에 대한 암살과 파괴활동을 수행하였다.

08 동학 농민 운동 기념일을 제정하기 위한 토론회에서 제시된 A~D 주장의 근거로 옳지 않은 것은?

〈주장〉

A : 고부 농민 봉기가 일어난 날로 합시다.
B : 농민군이 1차 봉기한 날로 합시다.
C : 전주 화약을 맺은 날로 합시다.
D : 공주 우금치에서 전투한 날로 합시다.

① A – 창의소를 세워 농민군을 조직하고 황토현 전투에서 승리하였다.
② B – 전봉준은 농민 봉기를 알리는 격문과 4대 행동 강령을 선포하였다.
③ C – 탐관오리의 처단과 잡세의 폐지 등 폐정 개혁을 정부에 요구하였다.
④ D – 일본군의 경복궁 점령과 내정 간섭에 맞선 반일 민족 운동이었다.

09 다음 글의 밑줄 친 '법령들'에 의해 이루어진 개혁으로 옳지 않은 것은?

> 새로 발표된 법령들에는 배타적인 과거의 낡은 관습을 고수하고 있는 것은 옳지 않다는 내용이 들어 있었다. 그리하여 성문을 닫고 통행금지 시간을 알리는 종각의 타종을 없애버리고, 우체사를 설치하여 편지 왕래가 가능하게 하였으며 태양력도 채택하였다. 그런데 이 새로운 법령들에 일본인이 관련되어 있다고 믿었기 때문에 국민들의 반대 감정은 매우 격앙되었다.

① 신분제 폐지
② 단발령 시행
③ 건양 연호 사용
④ 종두법 실시

10 대한제국에 대한 설명으로 가장 옳지 않은 것은?

① 양지아문을 설치하고 양전 사업을 실시하였다.
② 궁내부 내장원에서 관리하던 수입을 탁지아문에서 관장하게 하여 국가재정을 건전하게 운영하였다.
③ 대한국 국제는 황제에게 육해군의 통수권, 입법권, 행정권 등 모든 권한을 집중시켰다.
④ 블라디보스토크와 간도 지방에 해삼위통상사무관과 북변도 관리를 설치하였다.

11 밑줄 친 '그'가 속한 정치 세력에 대한 설명으로 옳은 것은?

> 그는 청국의 종주권 아래 있는 굴욕감을 참지 못하고 어떻게 하면 이 치욕에서 벗어나 조선을 세계 각국 중의 평등과 자유의 일원이 되게 하느냐 하고 불철주야로 노심초사하였다. …… 그는 서양의 문명이 일조일석에 이루어진 것이 아니고 열국 간의 경쟁과 점진적인 노력의 결과로서 몇 세기가 걸렸는데, 일본은 이것을 일대(一代)에 속성한 것으로 이해했다. 그래서 일본을 모델로 하기로 하고 백방 분주하였다.

① 흥선 대원군의 대외 정책을 지지하였다.
② 조선책략에 반대하여 만인소를 올렸다.
③ 토지를 재분배하여 자영농을 육성하고자 하였다.
④ 급진적 개혁을 통해 근대 국가를 수립하려고 하였다.

12 **신민회에 대한 설명으로 가장 옳지 않은 것은?**

① 일제의 탄압을 피해 비밀결사 조직의 형태를 유지하였다.
② 신교육과 신사상 보급 등 교육운동에서 활발한 활동을 하였다.
③ 이동휘는 의병운동에 고무되어 무장투쟁론을 주장하였다.
④ 원산 노동자의 총파업과 단천의 농민운동 그리고 광주학생 항일운동을 지원하였다.

13 **다음과 같은 운동이 일어나게 된 배경으로 가장 옳은 것은?**

> 국채 1,300만 원은 우리 대한의 존망에 관계가 있는 것이다. 갚아 버리면 나라가 존재하고 갚지 못하면 나라가 망하는 것은 대세가 반드시 그렇게 이르는 것이다. 현재 국고에서는 이 국채를 갚아 버리기 어려운즉 장차 삼천리 강토는 우리나라와 백성의 것이 아닌 것으로 될 위험이 있다. 토지를 한번 잃어버리면 다시 회복하기 어려운 것이다.
>
> -대한 매일 신보, 1907년 2월 22일-

① 일제는 화폐 정리와 시설 개선 등의 명목을 내세워 우리 정부로 하여금 일본으로부터 거액의 차관을 들여오게 하였다.
② 러시아가 일본의 선례에 따라 석탄고의 설치를 위해 절영도의 조차를 요구하였다.
③ 일제는 우리 정부가 소유하고 있던 막대한 면적의 황무지에 대한 개간권을 일본인에게 넘겨주도록 강요하였다.
④ "조선국은 일본국의 항해자가 자유로이 해안을 측량하도록 허가한다."는 조약을 맺었다.

14 다음은 항일 의병에 대한 설명이다. 밑줄 친 ㉠, ㉡에 들어갈 내용으로 옳은 것은?

> 항일 의병 투쟁은 을사조약과 일본의 침략에 항거하는 을사의병으로 다시 불타올랐다. 이어서 ___㉠___와 ___㉡___을 계기로 정미의병이 거세게 일어나 항일 의병 전쟁이 전국적으로 전개되었다. 그러나 일본군의 무자비한 진압 작전과 남한 대토벌 작전 등으로 의병 투쟁의 기세가 꺾였으며, 많은 의병들이 만주와 연해주로 이동하여 훗날 독립군으로 전환하였다.

① ㉠ 고종 황제의 강제퇴위 ㉡ 단발령
② ㉠ 명성 황후의 시해 ㉡ 단발령
③ ㉠ 명성 황후의 시해 ㉡ 군대 해산
④ ㉠ 고종 황제의 강제퇴위 ㉡ 군대 해산

15 다음 시기에 대두된 것은?

> 영국이 러시아의 남하를 견제하기 위해 불법적으로 거문도를 점령하였다.

① 고종이 러시아 공사관으로 거처를 옮겼다.
② 청의 파병에 따라 일본도 파병하였다.
③ 열강들의 조선 침략이 격화되면서 한반도중립화론이 대두되었다.
④ 일본은 청으로부터 할양 받은 요동반도를 반환하였다.

16 다음 중 ㉠의 시기에 해당하는 것은?

> 1860년대 – 1870년대 – ㉠ 1880년대 – 1890년대

① 최익현이 왜양일체론을 주장하면서 개항을 반대하였다.
② 이항로의 어양척사론을 통해 위정척사사상이 집대성되었다.
③ 보수 유생층에 의해 항일의병운동이 처음으로 발생하였다.
④ 이만손은 영남만인소를 통해 조선책략에 소개된 외교책을 비판하였다.

17 다음은 항일 의병 운동의 시기별 특징을 설명한 것이다. ㉡시기에 일어난 역사적 사실이 아닌 것은?

> ㉠ 존왕양이를 내세우며 지방관아를 습격하여 단발을 강요하는 친일 수령들을 처단하였다.
> ㉡ 일본의 외교권 박탈을 계기로 국권 회복을 위한 무장항전을 전개하였다.
> ㉢ 유생과 군인, 농민, 광부 등 각계각층을 포함하여 전력이 향상된 의병은 일본군과 직접 전투를 벌였다.

① 민종식은 1천여 의병을 이끌고 홍주성을 점령하였다.
② 평민 출신 의병장 신돌석이 처음으로 등장하여 강원도와 경상도의 접경지대에서 크게 활약하였다.
③ 의병 지도자들은 서울 진공 작전을 시도하여 경기도 양주에서 13도 창의군을 결성하였다.
④ 최익현은 정부 진위대와의 전투에 임해서 스스로 부대를 해산시키고 체포당하였다.

18 다음의 조약이 체결될 당시 우리의 저항으로 옳은 것은?

- 일본 정부는 한국이 외국과의 사이에 맺어진 모든 조약의 시행을 맡아보고 한국은 일본정부를 통하지 않고는 어떠한 국제적 조약이나 약속을 맺을 수 없다.
- 일본 정부는 대표자로 통감을 서울에 두되, 통감은 오직 외교를 관리하고 또 한국의 각 항구를 비롯하여 일본이 필요로 하는 지역에 이사관을 두어 사무일체를 지휘 · 관리하게 한다.

① 평민 의병장 신돌석이 일월산을 거점으로 활약하였다.
② 의병들이 연합전선을 형성하여 서울진공작전을 시도하였다.
③ 유인석은 격고팔도열읍이라는 격문을 통해 지구전에 대비하고자 하였다.
④ 강제해산된 군인들이 의병활동에 참여하였다.

19 다음에서 설명하는 근대적 개혁은?

- 과거제 폐지
- 신분제 폐지
- 과부의 재가 허용

① 갑오개혁
② 임오군란
③ 을사조약
④ 시무 28조

20 다음 중 독립협회의 설명으로 옳지 않은 것은?

① 만민공동회를 개최하여 자주민권운동을 전개하였다.
② 고종의 비협조와 황국협회의 방해로 해산하였다.
③ 독립신문을 발간하였으며 국민계몽을 위해 애썼다.
④ 구본신참의 원칙에 따른 개혁을 추진하였다.

21 다음 인물들의 공통점으로 알맞은 것은?

• 박규수 • 오경석 • 유홍기

① 통상 수교를 거부하였다.
② 통상 개화를 주장하였다.
③ 토지 제도를 개혁하였다.
④ 신분 제도를 폐지하였다.

22 다음에 설명하고 있는 나라와의 사건에 대한 설명으로 옳은 것은?

잃어버린 문화재를 되찾는 것이 이루어지고 있으며 이 나라와는 외규장각에 있던 도서반환을 요구하고 있다.

① 대동강 지역에서 제너럴셔먼호를 격퇴하였다.
② 이 사건을 계기로 천주교 박해가 이루어졌다.
③ 운요호 사건으로 인하여 강화도조약이 체결되었다.
④ 강화도에서 한성근과 양헌수가 문수산성과 정족산성에서 격퇴하였다.

23 다음 시기에 대두된 것은?

영국이 러시아의 남하를 견제하기 위해 불법적으로 거문도를 점령하였다.

① 고종이 러시아 공사관으로 거처를 옮겼다.
② 청의 파병에 따라 일본도 파병하였다.
③ 열강들의 조선침략이 격화되면서 한반도 중립화론이 대두되었다.
④ 일본은 청으로부터 할양받은 요동반도를 반환하였다.

24 개항(1876) 이후에 일반 백성들의 의식이 향상되면서 봉건적 신분제도에 대한 거부감이 늘어나게 되었다. 이러한 신분제 타파에 기여하게 된 사건이 아닌 것은?

① 동학운동
② 임오군란
③ 갑오개혁
④ 갑신정변

25 다음 자료와 관련된 단체의 활동으로 옳지 않은 것은?

> 105인 사건은 일제가 안중근의 사촌 동생 안명근이 황해도 일원에서 독립 자금을 모금하다가 적발되자 이를 빌미로 일제는 항일 기독교 세력과 단체를 탄압하기 위해 총독 암살 미수 사건을 조작하여 수백 명의 민족 지도자를 검거한 일이다.

① 만주 지역에 독립운동 기지를 건설하였다.
② 공화정체의 근대국민국가 건설을 주장하였다.
③ 대성학교와 오산학교를 설립하였다.
④ 고종의 강제 퇴위 반대 운동을 전개하였다.

26 다음 중 3 · 1운동에 대한 설명으로 옳지 않은 것은?

① 윌슨의 민족자결주의에 영향을 받았다.
② 대한민국 임시 정부의 지원을 받았다.
③ 3 · 1운동 이후 일제의 통치방식에 변화가 생겼다.
④ 중국의 5 · 4운동, 베트남의 독립운동 등에 영향을 미쳤다.

27 다음 중 3·1운동의 대내외적 배경에 대한 설명으로 가장 적절하지 않은 것은?

① 1910년대 일제의 경제적 약탈과 사회적·정치적 억압으로 인해 일제에 대한 분노와 저항은 전 민족적으로 고조되었다.
② 1917년 러시아 혁명 직후 레닌은 자국 내 100여 개 이상의 소수민족에 대해 민족자결의 원칙을 선언하였다.
③ 1918년 미국 대통령 윌슨은 제1차 세계대전 후 지구상의 모든 식민지 처리에 민족자결주의를 적용하자고 주창하였다.
④ 1919년 신한청년당에서는 독립청원서를 작성하여 김규식을 파리강화회의에 대표로 파견하였다.

28 다음은 일제의 식민 통치에 대한 서술이다. 시대 순으로 바르게 나열된 것은?

> ㉠ 재판없이 태형을 가할 수 있는 즉결 처분권을 헌병경찰에게 부여하였다.
> ㉡ 한반도를 대륙침략을 위한 병참기지로 삼았다.
> ㉢ 국가총동원령을 발표하여 인적·물적자원의 수탈을 강화하였다.
> ㉣ 사상통제와 탄압을 위하여 고등경찰제도를 실시하였다.

① ㉠㉡㉢㉣ ② ㉠㉣㉡㉢
③ ㉣㉠㉡㉢ ④ ㉣㉠㉢㉡

29 일제 시기의 경제정책에 관한 설명으로 옳지 않은 것은?

① 일제는 산미증산계획을 이루기 위해 지주제를 철폐하였다.
② 일제는 1930년대 이후에 조선의 공업구조를 군수공업체제로 바꾸었다.
③ 일제의 토지조사사업으로 많은 양의 토지가 총독부 소유지로 편입되었다.
④ 일제는 1910년에 회사령을 공포하여 조선인의 회사설립을 통제하였다.

30 일제의 식민지 정책을 시기 순으로 바르게 나열한 것은?

> ㉠ 농촌경제의 안정화를 명분으로 농촌진흥운동을 전개하였다.
> ㉡ 학도지원병 제도를 강행하여 학생들을 전쟁터로 내몰았다.
> ㉢ 회사령을 철폐하여 일본 자본이 조선에 자유롭게 유입될 수 있게 하였다.
> ㉣ 토지의 소유권과 가격에 대한 대대적인 조사를 진행하였다.

① ㉢㉣㉠㉡
② ㉢㉣㉡㉠
③ ㉣㉢㉠㉡
④ ㉣㉢㉡㉠

31 다음 설명 중 옳은 것은?

> ㈎ 토지 소유자는 조선 총독이 정하는 기간 내에 주소, 씨명, 명칭 및 소유지의 소재, 지목, 자번호(字番號), 사표(四標), 등급, 지적 결수(結數)를 임시 토지조사 국장에게 신고해야 한다.
> ㈏ 회사의 설립은 조선총독의 허가를 받아야 한다.

① ㈎는 화폐정리사업의 기반이 되었다.
② ㈎를 시행하면서 자작농이 증가하였다.
③ ㈏는 조선의 민족기업들의 자본축적을 막기 위해 시행되었다
④ ㈏는 일본의 경제대공황 타개책의 일환이었다.

32 **다음에서 설명하는 식민 통치 기구는?**

- 일제가 우리나라를 병합한 뒤 우리 민족을 통치하기 위해 설치한 조선 식민 통치의 최고 기관이었다.
- 현역 육·해군 대장 가운데 이곳의 우두머리가 임명되었고, 그는 입법, 사법, 행정, 군사 등 식민지 통치에 관한 모든 권한을 지니고 있었다.

① 통감부
② 집강소
③ 군국기무처
④ 조선 총독부

33 **다음에 나타난 식민 통치 정책의 목적에 대한 설명으로 가장 적절한 것은?**

조선 문제 해결의 성공 여부는 친일 인물을 많이 얻는 데 있다. 따라서 핵심적 친일 인물을 골라 친일 단체를 조직하게 하고 각종 편의와 원조를 제공하라.

– 조선 민족 운동에 대한 대책, 사이토 총독

① 우리 민족을 분열시키려 하였다.
② 일본의 식량 부족 문제를 해결하려 하였다.
③ 우리 민족의 문화와 관습을 존중하려 하였다.
④ 한반도를 일제의 병참 기지로 이용하려 하였다.

34 산미 증식 계획의 결과에 대한 설명으로 옳지 않은 것은?

① 일본으로의 쌀 수출량이 증가하였다.
② 우리나라의 식량 사정이 크게 나빠졌다.
③ 수리 시설 확충, 종자 개량 등을 통해 쌀 생산을 늘렸다.
④ 쌀 생산량이 증가하여 한국인의 쌀 소비량도 증가하였다.

35 1920년대에 다음 정책을 시행한 원인은?

• 벼 품종 교체	• 수리 시설 확대
• 화학 비료 사용	• 쌀 수출량 증대

① 물산 장려 운동
② 임야 조사 사업
③ 산미 증식 계획
④ 민립 대학 설립 운동

임시 정부 수립과 광복군 창설의 의의

CHAPTER 02

핵심이론정리

section 01 대한민국 임시 정부 수립과 활동

1 배경과 주요 활동

① 배경 … 3 · 1운동을 통해 효율적인 독립 운동 단체의 필요성 대두

② 과정 … 연해주의 대한 국민 의회, 상하이의 임시 정부, 국내 한성 정부의 통합 → 상하이에 대한민국 임시 정부 수립(1919년)

③ 성격 … 최초의 민주공화제 정부, 대한민국 임시 헌장 선포, 외교 활동에 중심, 무장투쟁 노선 병행(1920년 독립전쟁 원년 선포, 임시육군무관학교 운영)

④ 주요 활동 … 연통제 · 교통국 조직, 독립 자금 모금(독립 공채 발행), 외교 활동 전개, 군사 활동, 문화 활동(한 · 일 관계 사료집 및 독립신문 간행)

2 임시 정부의 위기와 재편

① 정부 기능 약화 … 일제의 탄압으로 국내와의 연락망 붕괴, 자금난 · 인력난 직면

② 내분의 심화 … 외교독립론 · 독립전쟁론 등 이념과 노선의 차이로 독립 노선에 대한 갈등 심화

③ 임시 정부의 재편

㉠ 국민대표회의(1923년) : 창조파와 개조파로의 분열, 최종적인 합의를 찾지 못한 채 결렬되면서 임시 정부의 위상 크게 약화

㉡ 지도체제 개편 : 대통령 중심제(1919년)에서 내각 중심 국무령제(1925년)로 개편, 이후 국무 위원 중심의 집단 지도 체제(1927년)로 개편

㉢ 충칭정부(1940년) : 중 · 일 전쟁 이후 장제스의 국민당 정부를 따라 충칭으로 이동

section 02 국내 민족 운동의 전개

1 실력 양성 운동

① 배경 … 즉각 독립에 대한 회의(선 실력 양성, 후 독립 주장), 문화 정치에 대한 기대, 사회 진화론의 영향

② 물산 장려 운동
- ㉠ 배경 : 일본 자본의 한국 진출 확대로 민족 자본의 위기 심화, 민족 자립 경제 추구
- ㉡ 과정 : 평양에서 조만식 주도로 조선 물산장려회 발기(1920년) → 전국으로 확산
- ㉢ 내용 : 국산품 애용, 근검저축, 생활 개선, 금주 · 단연 운동 등
- ㉣ 한계 : 민족기업의 생산력 부족, 일제의 방해 및 자본가들의 이기적인 이윤 추구, 사회주의 계열과 민중들이 자본가들을 위한 것이라고 비난, 민중의 외면

③ 민립대학 설립 운동
- ㉠ 교육열 증대에도 한국 내 고등교육 기관 부재, 총독부의 사립학교 설립 불허가 원인
- ㉡ 조선 민립대학 기성회 조직(1923년), 모금 운동 전개
- ㉢ 일제의 방해, 지방 부호 참여 저조, 총독부 주도로 경성 제국 대학을 설립(1924년)하여 교육열에 대한 열망 무마

④ 문맹 퇴치 운동
- ㉠ 1920년대 후반 언론기관을 중심으로 농촌 계몽 운동의 일환으로 진행
- ㉡ 문자보급운동 : 조선일보가 주도, 한글교재 보급, 전국 순회강연 개최
- ㉢ 브나로드 운동 : 동아일보가 주도, 학생 중심 농촌 계몽 운동 전개
- ㉣ 조선어 학회 : 전국에 한글 강습소 개최

2 민족 유일당 운동과 신간회의 결성

① 배경
- ㉠ 일부 민족주의 계열에서 일제와 타협적인 경향(자치론) 증대
- ㉡ 6 · 10 만세 운동을 계기로 민족주의 세력과 사회주의 세력의 연합 필요성 증대
- ㉢ 중국의 제1차 국 · 공 합작 등으로 인한 민족 유일당 운동 활성화

② 과정 … 비타협적 민족주의자들과 사회주의자 일부 조선 민흥회 결성(1926년) → 정우회 선언(1926) → 신간회 결성(1927년)

③ 내용 … 민중 계몽활동, 각종 사회 운동 지도, 광주 학생 항일 운동 지원 등

④ 한계 … 일제의 탄압, 집행부 내부 노선 갈등 및 좌우 합작 운동에 대한 소극적 자세 등으로 해체

⑤ 의의 … 최대 규모의 반일 사회 운동 단체로서 민족주의 세력과 사회주의 세력의 연합을 통한 국내 민족 운동 세력 역량 결집

3 민족 문화 수호 운동

① 한글의 연구와 보급
- ㉠ 조선어 연구회(1921년) : 한글 보급 운동과 대중화 노력, '가갸날' 제정, 잡지 '한글' 발간
- ㉡ 조선어 학회(1931년) : 조선어 연구회를 개편하여 결성, '한글 맞춤법 통일안'과 '조선어 표준어' 제정, '우리말 큰사전 편찬'을 시도하였으나 일제의 방해로 실패, 조선어 학회사건(1942년)으로 강제 해산

② 한국사 연구의 발전
- ㉠ 일제의 식민주의 사학에 대항하여 민족사 및 민족정신 수호 목적
- ㉡ 내용
  - 민족주의 사학 : 한국사의 주체적 발전과 정신 사관 강조(박은식, 신채호 등)
  - 사회경제 사학 : 한국사의 보편적 발전성 강조(백남운 등)
  - 실증주의 사학 : 철저한 문헌 고증을 통한 역사의 객관적 서술 강조, 진단 학회 중심(이병도, 손진태 등)

4 사회적 민족 운동

① 여성운동 … 민족 유일당 운동의 일환으로 여성 운동계에서도 근우회 결성(1927년), 여성의 의식 및 지위 향상, 단결 도모

② 소년운동 … 방정환 중심으로 활동, 어린이 날 제정, 어린이 잡지 '어린이' 창간, 조선 소년 연합회 설립(1927년)

③ 형평운동 … 백정들에 의해 조직된 신분 해방 운동, 경남 진주에 조선 형평사 조직(1923년) → 전국으로 확대

④ 농민 · 노동운동 … 농민과 노동자의 권익요구, 암태도 소작쟁의(1923년), 원산 총파업(1929년)

5 청년 · 학생 항일 운동

① 6 · 10 만세 운동(1926년)
- ㉠ 일제의 수탈 정책과 식민지 교육에 대한 반발, 순종의 죽음을 계기로 민족 감정이 고조되어 발발
- ㉡ 전개 : 학생층 및 사회주의 계열의 준비, 사전에 일제에 의해 발각
- ㉢ 의의
  - 민족주의와 사회주의 계열의 연대 가능성 제시, 민족 유일당 운동과 신간회 설립에 영향
  - 학생 운동의 고양에 큰 영향을 미침, 학생이 국내 독립 운동 세력의 중심적 위치로 부상

② 광주 학생 항일 운동(1929년)

㉠ 민족 차별, 식민지 교육에 대한 불만에서 출발

㉡ 한 · 일 학생 간의 충돌, 신간회의 지원으로 전국적 항일 운동으로 발전

㉢ 3 · 1운동 이후 최대 규모의 민족 운동

section 03 국외의 독립 무장 투쟁 전개

1 의열 투쟁의 전개

① 의열단의 활동

㉠ 3 · 1운동 이후 보다 조직적이고 강력한 무장 투쟁 단체의 필요성이 대두

㉡ 1919년 만주 지린성에서 김원봉의 주도로 조직

㉢ 일제 요인 암살 및 식민 지배 기구 파괴(김익상, 김상옥, 나석주 등)

㉣ 조직적 투쟁의 필요성을 절감하고 개별적인 의열 활동의 한계를 인식하여 변화

- 황푸 군관 학교에 입학 : 체계적이고 조직적인 군사 훈련, 군사 간부 양성
- 조선 민족 혁명당 설립(1935년) : 당 조직을 결성하여 보다 대중적인 투쟁 시도

② 한인 애국단의 결성(1931년)

㉠ 임시 정부의 위기를 타개하고자 항일 무력 단체 결성 요구

㉡ 활동

- 이봉창 의거(1932년 1월) : 도쿄 일왕 폭살 기도 사건, 상하이 사변이 계기
- 윤봉길 의거(1932년 4월) : 상하이 훙커우 공원 폭탄 투척 사건, 중국 국민당 정부가 대한민국 임시 정부를 지원해 주는 계기

2 1920년대 만주와 연해주 독립군 부대의 활약

① 3 · 1운동 이후 무장 독립 전쟁의 조직적 전개 필요성 대두

② 독립군 부대의 조직

㉠ 서간도

- 서로 군정서군 : 신흥 무관학교 출신 중심
- 대한 독립단 : 의병장 출신 중심

㉡ 북간도

- 북로 군정서군 : 대종교 계통, 김좌진 중심
- 대한 독립군 : 의병장 출신의 홍범도 중심

③ 독립군의 승전 … 봉오동 전투(1920년 6월), 청산리 대첩(1920년 10월)

④ 독립군의 시련

㉠ **간도 참변**(1920년) : 봉오동 · 청산리 전투의 보복, 독립군의 기반을 무너뜨리기 위해 독립군을 지원하는 한인 촌락사회 초토화

㉡ **자유시 참변**(1921년) : 독립군 부대의 재정비 및 지휘 체계 통일 목적으로 대한 독립 군단 결성 → 러시아 혁명군 적군의 지원에 대한 기대로 자유시(스보보드니)로 이동 → 독립군 내부 지휘권을 둘러싼 갈등과 적군에 의한 무장 해제 요구 과정에서 독립군 희생

㉢ **미쓰야 협정**(1925년) : 일제와 만주 군벌 간에 맺은 협정, 만주 독립군 토벌에 상호 협조 약속

⑤ 독립군의 재편과 통합

㉠ **3부의 결성** : 만주 지역 독립군 세력 진영의 진영 재정비

- 참의부 : 압록강 연안의 임시 정부 직할 단체
- 정의부 : 하얼빈 이남 지린과 펑텐을 중심으로 한 남만주 일대
- 신민부 : 북만주 일대, 소련 영토에서 되돌아 온 독립군 중심

㉡ **3부의 성격** : 만주 한인 사회를 통치하는 자치 조직으로서 민정 기관과 군정 기관을 갖춤

㉢ **3부의 통합 운동** : 민족 유일당 운동의 흐름에 따라 활발한 통합 운동 전개

- 남만주 : 국민부로 재편, 조선 혁명당 결성, 군사조직으로 조선혁명군 결성
- 북만주 : 혁신 의회로 개편, 한국 독립당 결성, 군사조직으로 한국독립군 결성

3 1930년대 무장 독립 전쟁

① 한 · 중 연합 작전의 전개

㉠ 일제의 만주 침략과 만주국 수립으로 중국 내 반일 감정이 고조되어 전개

㉡ **한국 독립군의 활동**(지청천) : 중국의 호로군과 연합하여 일본에 대한, 쌍성보 전투, 대전자령 전투 승리

㉢ **조선 혁명군의 활동**(양세봉) : 중국 의용군과 연합하여 일본에 대항, 영릉가 전투, 홍경성 전투 승리

㉣ 한 · 중 연합 작전의 위축

- 일본군의 북만주 초토화 작전, 중국군의 사기 저하
- 중국 국민당과 공산당 사이의 항일전에 대한 의견 대립 발생
- 한국 독립군은 임시 정부의 요청에 따라 중국 본토로 이동
- 조선 혁명군은 양세봉이 일제에 의해 살해됨에 따라 세력이 급속이 위축(1934년)

② **동북 인민 혁명군**(1933년) … 중국 공산당이 동북 인민 혁명군을 조직하자 한국인 사회주의자들이 참여하여 항일 유격전 전개 → 동북 항일 연군으로 개편(1936년)

③ 중국 관내에서의 조선 의용대의 활약

㉠ 민족 혁명당(1935년) : 민족 독립 운동의 단일 정당을 목표로 의열단, 한국 독립당, 조선 혁명당 등 중국 본토의 항일 독립운동 세력이 통합하여 결성

㉡ 조선 의용대(1938년)

- 민족 혁명당을 계승한 조선 민족 혁명당이 중국 국민당 정부의 지원을 통해 창설
- 정보 수집 및 후방 교란 등 중국군 작전을 보조하는 부대로 중국 여러 지역에서 항일 투쟁 전개
- 1940년 이후 조선 의용대 화북 지대는 조선 의용군으로 흡수, 일부는 한국광복군으로 편성

section 04 대한민국 임시 정부와 한국광복군의 활동

1 대한민국 임시 정부의 조직 강화

① 한국 독립당의 결성(1940년)

㉠ 민족주의 계열의 3개 정당(한국 국민당, 한국 독립당, 조선 혁명당)이 연합하여 결성

㉡ 김구가 중심이 된 단체로서 대한민국 임시 정부의 집권 정당의 성격을 띰

② 충칭에 정착 후 주석제로 정치 지도 체계 변경(1940년) → 주석 · 부주석 중심제(1944년)

③ 조소앙의 삼균주의를 바탕으로 한 대한민국 건국 강령을 발표(1941년)

2 한국광복군의 활동

① 한국광복군의 창설(1940년) … 중국 충칭에서 지청천을 총사령관으로 창설, 김원봉의 조선 의용대를 흡수 통합(1942년)

② 한국광복군의 활동

㉠ 일제에 의한 태평양 전쟁 발발(1941년 12월) 후 대일 선전 포고

㉡ 인도, 미얀마 전선에서 영국군과 연합 작전 전개(1943년)

㉢ 미국 전략 정보처(O.S.S)와 협약을 맺어 국내 진입 작전 준비(일제 패망으로 무산)

02 출제예상문제

≫ 정답 및 해설 p.470

01 다음 설명에 해당하는 민족 운동의 영향으로 옳은 것은?

> 1919년 3월 1일 시작된 대규모 만세 시위는 모든 계층이 참여한, 우리 역사상 최대 규모의 민족 운동으로 전국적으로 확산되었다. 일제는 헌병 경찰, 군대 등을 동원하여 무력으로 진압하였고, 시위에 참여한 사람을 체포하였다.

① 단발령을 실시하였다.
② 광무개혁을 시작하였다.
③ 독립 협회를 창설하였다.
④ 대한민국 임시 정부를 수립하였다.

02 다음 자료는 대한민국 임시 정부와 관련된 내용을 정리한 것이다. (a)～(d) 시기에 있었던 사실을 〈보기〉에서 모두 고른 것은?

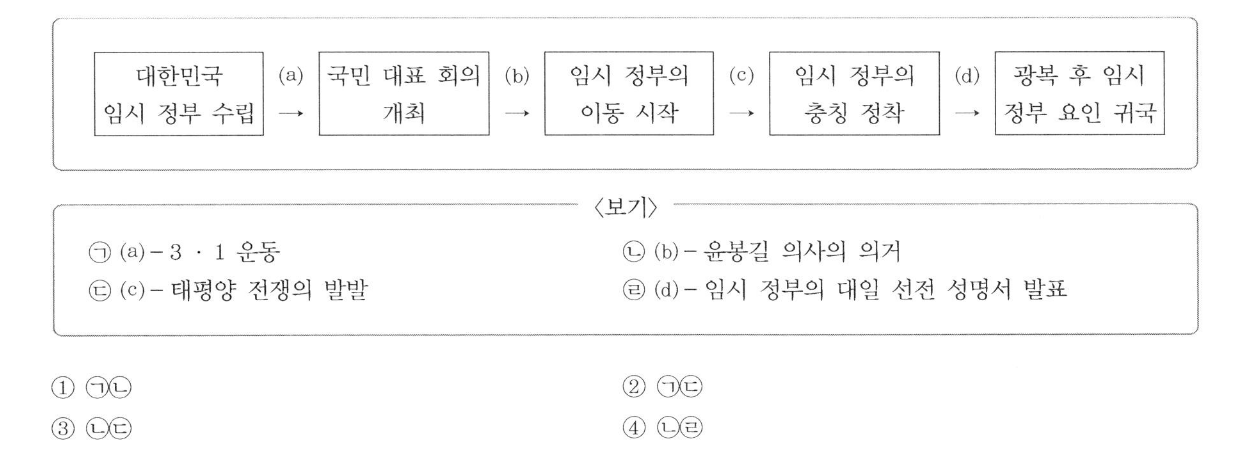

대한민국 임시 정부 수립 (a) → 국민 대표 회의 개최 (b) → 임시 정부의 이동 시작 (c) → 임시 정부의 충칭 정착 (d) → 광복 후 임시 정부 요인 귀국

〈보기〉

㉠ (a) – 3 · 1 운동
㉡ (b) – 윤봉길 의사의 의거
㉢ (c) – 태평양 전쟁의 발발
㉣ (d) – 임시 정부의 대일 선전 성명서 발표

① ㉠㉡
② ㉠㉢
③ ㉡㉢
④ ㉡㉣

03 다음은 대한민국 임시 정부의 헌법 조항이다. 이 헌법 체제에서의 임시 정부 활동으로 옳은 것은?

> 제23조 임시 정부는 국무위원회 주석 및 국무위원으로 조직하며, 국무위원의 수는 6인 이상 10인 이내로 한다.
> 제27조 국무위원회 주석의 권한은 다음과 같다.
> 1. 국무위원회를 소집한다.
> 2. 국무위원회 회의 시에 주석이 된다.
> 3. 임시 정부를 대표한다.
> 4. 한국 광복군을 총감한다.
> 5. 국무위원의 부서로 법률을 공포하고 명령을 발한다.

① 파리 강화 회의에 대표를 파견하였다.
② 국제 연맹에 위임 통치를 건의하였다.
③ 김원봉의 조선 민족 혁명당을 받아들였다.
④ 국민 대표 회의를 개최하였다.

04 해외 독립운동 기지와 관련되어 다음에서 설명하고 있는 지역은?

> • 대한광복군정부가 수립되었다.
> • 권업회(勸業會)가 조직되어 항일투쟁을 전개하였다.
> • 3 · 1운동 이후 대한국민의회가 결성되어 독립운동의 새로운 방향을 모색하였다.

① 연해주　　② 북간도
③ 밀산부　　④ 미주

05 **다음 독립운동과 관련된 설명으로 가장 적절하지 않은 것은?**

㉠ 3 · 1 운동	㉡ 6 · 10 운동	㉢ 광주학생항일운동

① ㉠은 비폭력적 시위에서 무력적인 저항운동으로 확대되어갔다.
② ㉡은 일제의 수탈정책과 식민지 교육에 대한 반발로 발생하였다.
③ ㉢은 3 · 1운동 이후 최대의 민족운동으로 신간회 설립에 영향을 주었다.
④ ㉠으로 인해 일제는 식민통치방식을 무단통치에서 문화통치로 바꾸었다.

06 **다음 보기의 강령을 내세운 단체의 활동으로 가장 적절한 것은?**

〈보기〉

- 우리는 정치적, 경제적 각성을 촉진한다.
- 우리는 단결을 공고히 한다.
- 우리는 기회주의를 일체 부인한다.

① 1929년 광주학생운동이 일어나자 '민중대회'를 열어 항일(抗日) 열기를 확산시키려고 하였다.
② 국민대표기관으로서 임시의정원을 두고, 기관지 「독립신문」을 발간하였다.
③ 홍범도가 이끄는 대한독립군은 봉오동에서 일본군 1개 대대를 격파하였다.
④ 김좌진이 이끄는 북로군정서는 청산리에서 일본군 1200여명을 사살하는 큰 승리를 거두었다.

07 다음은 국외에서 일어난 항일운동과 관련된 사건들이다. 일어난 순서대로 바르게 나열한 것은?

㉠ 봉오동 전투	㉡ 간도 참변
㉢ 청산리 전투	㉣ 자유시 참변

① ㉠㉡㉢㉣　　② ㉠㉢㉡㉣

③ ㉢㉠㉡㉣　　④ ㉢㉠㉣㉡

08 다음에서 설명하는 지역과 관련이 있는 것은?

> 19세기 말 함경도 지역에 가뭄이 들면서 대대적인 이주가 시작되었다. 일제시대에는 조선 내부에서의 저항 운동이 불가능하다고 여긴 사람들이 이주하여 국외 독립기지를 건설하기도 하였다. 특히 3·1운동을 계기로 독립운동이 더욱 활발해지고 청산리 전투에서 대패한 일본은 군대를 보내어 이 지역에 사는 한국인들을 대량 학살하는 만행을 저지르기도 하였다.

① 신한촌　　② 성명회

③ 흥사단　　④ 서전서숙

09 **다음 ㉠ 단체의 활동으로 옳은 것은?**

> 1927년 2월 15일 오후 7시, 서울 종로 기독청년회관 대강당에서 ㉠의 창립 대회가 열렸다. 이 날의 대회는 약 200여 명의 회원이 참석하여 방청인까지 합하면 1,000명이 넘는 성황이었다. 신석우가 임시 의장으로 선임되고 이어서 서기의 선출, 회원 호명, 조선 민흥회와의 합동 경과 보고 등이 있었다. 회장에는 이상재가 추대되었고 부회장에는 홍명희가 뽑혔다.

① 백정들의 조선 형평사 창립을 지원하였다.
② 어린이날을 제정하고 소년 운동을 주도하였다.
③ 농민 · 노동 운동 등의 사회 운동을 지원하였다.
④ 평양 메리야스 공장 등 민족 기업을 설립하였다.

10 **다음 책에서 다루고 있는 부대에 대한 옳은 설명을 〈보기〉에서 고른 것은?**

> 이 책은 중국 국민당 정부의 지원을 받아 중국 관내에서 최초로 창설된 조선인 무장 부대에 대한 이야기를 담고 있다. 초기에 한커우에서 200여 명으로 시작한 이 부대는 중국군과 함께 일본군을 상대로 필사적으로 항전하였다. 이 책에는 1939년 9월 8일부터 10월 10일까지 전선에서 있었던 실전 기록이 실려 있다.

〈보기〉

㉠ 조선 민족 전선 연맹 산하의 독립군 부대였다.
㉡ 태평양 전쟁 직후 대일 선전 성명서를 발표하였다.
㉢ 일부는 화북으로 이동하여 조선 의용군으로 편성되었다.
㉣ 인도 · 미얀마 전선에서 영국군과 합동 작전을 전개하였다.

① ㉠㉡
② ㉠㉢
③ ㉡㉢
④ ㉡㉣

11 **다음 독립운동 단체들이 활동하던 시기에 나타난 일제의 식민통치 정책은?**

• 독립의군부	• 조선국권회복단
• 대한광복회	• 송죽회

① 한국인의 회유를 위해 형식적으로 중추원을 설치하였다.
② 총동원령을 내려 징병, 징용의 명목으로 한국인을 끌고 갔다.
③ 치안유지법을 제정하고 사회주의 활동을 억압하였다.
④ 회사령을 폐지하여 일본 기업의 한국 진출을 추진하였다.

12 **다음 중 1920년대 민족운동에 대한 설명으로 옳지 않은 것은?**

① 의열단은 무정부주의와 무장투쟁론을 지향하는 테러조직이다.
② 신간회는 민족주의 진영과 사회주의 진영의 연합으로 결성된 민족운동단체이다.
③ 임시정부 내 개조파와 창조파의 갈등은 국민대표회의에서 해소되었다.
④ 물산장려운동, 민립대학설립운동 등 실력양성운동을 전개하였다.

13 **일제하에 일어났던 농민 · 노동운동에 대한 설명으로 옳지 않은 것은?**

① 1920년대 소작쟁의는 주로 소작인 조합을 중심으로 전개되었다.
② 1920년대 노동운동 중에서 가장 규모가 큰 투쟁은 원산총파업이었다.
③ 1920년대 농민운동으로 암태도 소작쟁의가 일어났다.
④ 1920년대에 이르러 농민 · 노동자의 쟁의가 절정에 달하였다.

14 다음 내용의 직접적 계기가 된 사건으로 옳은 것은?

> 한국의 독립운동에 냉담하던 중국인이 한국독립운동을 주목하게 되었고, 이후 중국 정부는 대한민국임시정부에 대한 지원을 강화하였다. 이 사건을 계기로 중국 정부가 중국 영토 내에서 우리 민족의 무장독립 활동을 승인함으로써 한국광복군이 탄생할 수 있었다.

① 파리강화회의에서 김규식의 활동
② 윤봉길의 상하이 홍커우 공원 의거
③ 홍범도, 최진동 연합부대의 봉오동 전투
④ 만주사변 이후 한·중연합작전의 전개

15 다음에서 서술하고 있는 역사적 사건은?

> 1937년 6월 동북항일연군 대원에 의해 발생하였다. 일제의 행정관청을 태우고 국내 조직의 도움을 받아 압록강을 건너다 추격하는 일본군에 상당한 피해를 입었다. 이 사건으로 일제는 조선광복회의 국내 조직 색출과 만주 지역의 독립군에 공세를 펼쳤다.

① 청산리 전투　② 봉오동 전투
③ 보천보 전투　④ 자유시 전투

16 1930년대에 전개된 소작쟁의에 관한 내용으로 옳은 것은?

① 일제의 식민지 지배에 저항하는 민족운동의 성격이었다.
② 일제의 탄압으로 쟁의가 감소하였다.
③ 전국 각 지역의 농민조합의 수가 1920년대에 비해 감소하였다.
④ 전국적인 농민조합인 조선농민총동맹이 결성되었다.

17 (가)에 해당하는 단체는?

> 김구는 (가) 을/를 조직하여 의열 투쟁을 벌임으로써 어려움에 빠진 대한민국 임시 정부에 활기를 불어넣으려 하였다. 그 일원인 윤봉길은 상하이 훙커우 공원에서 폭탄을 던져 일본군 장성과 다수의 고관을 처단하였다.

① 근우회
② 신민회
③ 조선형평사
④ 한인애국단

18 다음에서 설명하는 단체는?

> • 1927년에 비타협적 민족주의자들과 사회주의자들이 협력하여 조직하였다.
> • 광주 학생 항일 운동이 일어나자 진상 조사단을 파견하였다.

① 신간회
② 황국협회
③ 헌정연구회
④ 조선어학회

19 다음 중 한국광복군의 활동으로 옳지 않은 것은?

① 국내 진공작전을 준비하였다.
② 청산리 전투에서 일본군을 격파하였다.
③ 태평양 전쟁 때 일본에 선전 포고를 하였다.
④ 인도와 미얀마 전선에서 연합군과 공동 작전을 전개하였다.

20 **빈칸에 들어갈 독립군 부대에 대한 설명으로 옳은 것은?**

> 대한민국 임시 정부는 1940년 중국 충칭에서 　　　　　　를 창설하였다.

① 국내진공작전을 준비하였다.
② 고종의 밀지를 받아 임병찬이 조직하였다.
③ 의병장 출신인 홍범도를 중심으로 조직되었다.
④ 식산은행, 동양척식주식회사에 폭탄을 투척하였다.

CHAPTER

03 대한민국의 역사적 정통성

핵심이론정리

section 01 광복과 대한민국 정부 수립

1 광복과 분단

① **광복**(1945년 8월 15일)

㉠ **내적 요인** : 지속적인 독립운동의 결과

㉡ **외적 요인** : 연합군의 제2차 세계 대전 승리, 일본의 항복

POINT 회담
- 카이로회담(1941년 11월) : 미국, 영국, 중국이 참가하여 적당한 시기에 한국을 자유 독립국가로 해방시킨다는 것이 주요 내용이었다.
- 얄타회담(1945년 2월) : 미국, 영국, 소련이 참가하여 소련의 대일전 참전이 주요 내용이었다.
- 포츠담선언(1945년 7월) : 미국, 영국, 중국이 참가하여 한국의 독립을 재확인하였다.

② **38선 분할과 다양한 정치활동**

㉠ **38선 분할** : 미국과 소련의 진주, 38도선 분할과 주둔

㉡ **다양한 정치세력 활동** : 조선 건국 준비 위원회(조선 건국 동맹을 중심으로 조직, 좌우 합작, 조선 인민 공화국 선포), 한국 민주당(송진우 · 김성수 중심, 미군정과 긴밀한 관계 유지), 독립 촉성 중앙 협의회(이승만이 조직), 한국 독립당(김구 중심) 등

③ **미군정의 실시**(1945년 9월)

POINT 38도선 이북지역
소련군 진주, 소련군과 함께 돌아온 김일성 등 공산주의 세력을 중심으로 공산주의 정권수립을 추진하였다.

④ **모스크바 3국 외상 회의**(1945년 12월)

㉠ 미국, 영국, 소련 3국 외무장관의 한반도 문제 논의가 목적

㉡ 임시 민주정부 수립, 미소 공동위원회 설치, 최고 5년간 신탁통치 실시가 내용

㉢ **좌우의 반응과 대립**
- 좌익 : 박헌영, 반탁 → 찬탁
- 우익 : 김구, 이승만, 신탁통치 반대, 반탁 운동 전개

⑤ 국내 · 외의 독립문제 논의

㉠ 제1차 미 · 소 공동위원회 결렬(1946년 3월) : 협의 대상 범위를 놓고 대립

- 미국 : 모든 단체 포함 주장
- 소련 : 모스크바 3상 외상 회의에 반대하는 정당이나 단체 제외 주장

㉡ 이승만의 정읍 발언(1946년 6월) : 남한의 단독정부 수립 필요성 언급

POINT **발언 배경**(정읍 발언)
북한은 이미 실질적인 단독정부 수립을 준비하였다(1946년 2월, 북조선임시인민위원회).

㉢ 좌우 합작 7원칙 발표(1946년 10월): 좌우 연대 추진 노력

좌우 합작 7원칙

1) 조선의 민주독립을 보장한 3상회의 결정에 의하여 남북을 통한 좌우 합작으로 민주주의 임시정부를 수립할 것.
2) 미소공동위원회 속개를 요청하는 공동성명을 발표할 것.
3) 토지개혁에 있어 몰수, 유조건 몰수, 체감(遞減: 차등)매상 등으로 토지를 농민에게 무상으로 나누어주고, 시가지 등의 기타 및 대건물을 적정히 처리하며, 중요산업을 국유화하고, 사회노동법령 및 정치적 자유를 기본으로 지방자치제의 확립을 속히 실시하며, 통화 및 민생문제 등을 급속히 처리하여 민주주의 건국과업 완수에 매진할 것.
4) 친일파 · 민족반역자를 처리할 조례를 본 합작위원회 등에서 입법기구에 제안하여 입법기구로 하여금 심리 결정하여 실시케 할 것.
5) 남북을 통하여 현 정권 하에 검거된 정치운동자의 석방에 노력하고 아울러 남북, 좌우의 테러적 행동을 모두 즉시 제지토록 노력할 것.
6) 입법기구에 있어서는 일체 그 기능과 구성방법, 운영 등에 관한 대안을 본 합작위원회에서 작성하여 적극적으로 실행을 기도할 것.
7) 전국적으로 언론 · 집회 · 결사 · 출판 · 교통 · 투표 등의 자유를 절대 보장되도록 노력할 것.

㉣ 제1차 미 · 소 공동위원회 결렬(1947년 5 ~ 7월)

2 통일 정부 수립 노력과 대한민국 정부 수립

① 한국 문제의 유엔 이관

㉠ 유엔총회(1947년 11월) : 인구비례에 따른 총선거 실시, 통일 정부 수립 결의

㉡ 유엔 소총회(1948년 2월)

- 북한의 유엔 한국 임시위원단 입북 거부
- 선거 가능 지역에서만 총선거 결의(남한지역 총선거 결의)

② 총선거와 대한민국 정부 수립

㉠ 5 · 10 총선거(1948년)

- 국회의원 선출 : 임기 2년, 198/200명(제주도 일부 지역 투표 무산)
- 제헌국회 구성과 헌법 공포(1948년 7월 17일) : 삼권 분립의 대통령 중심제
- 제헌국회에서 대통령 이승만, 부통령 이시영 선출 · 간선제

㉡ 대한민국 정부 수립(1948년 8월 15일)

POINT 대한민국은 1948년 12월 유엔총회에서 민주적인 절차에 의해 수립된 유일한 합법 정부로 승인받음으로써 대외적 정통성을 확보하였다.

3 친일파 청산과 농지개혁

① 친일파 청산
- ㉠ 반민족 행위 처벌법 제정(1948년 9월), 특별 소급법 적용(공소시효 2년)
- ㉡ 반민족행위자 명부 작성, 친일파 체포 시작
- ㉢ 이승만 담화문(반공우선), 국회 프락치 사건, 반민특위 습격사건
- ㉣ 반민법 공소시효 단축 및 반민특위 해체(1949년 8월), 친일파 청산 실패

② 농지개혁법(1949년)
- ㉠ 농지개혁법 제정(1949년 6월) : 6 · 25전쟁으로 중단, 57년 완수
- ㉡ 지주의 농지 유상매입, 소작농에게 유상분배
- ㉢ 경자 유전의 원칙 실현, 지배 계급으로서 지주제 소멸, 공산화 방지

③ 귀속재산 처리법(1949년)
- ㉠ 신한 공사 : 귀속재산 접수, 처리 미비
- ㉡ 이승만 정부 수립 후 귀속재산 처리법 제정
- ㉢ 1950년대 독점 자본 형성

section 02 민주주의 정착과 발전 : 헌법 개헌

1 헌법제정(1948년 7월 17일 공포)

① 대통령 중심제, 임기 4년 중임제, 간선제(국회에서 선출)

② 부통령 · 국무총리를 두었으며 단원제 국회

❷ 제1차 개정(1952년 7월 7일, 발췌 개헌)

대통령 중심제, 임기 4년 중임제, 직선제

❸ 제2차 개정(1954년 11월 29일, 사사오입 개헌)

초대 대통령의 중임 제한 철폐, 부통령의 대통령 승계, 직선제

❹ 제3차 개정(1960년 6월 15일, 내각 책임제 개헌)

내각 책임제, 양원제, 사법권의 민주화, 경찰 중립화, 지방자치의 민주화

❺ 제4차 개정(1960년 11월 29일, 부정선거 처벌 개헌)

① 부정축재자 처벌 등 소급법 근거 마련

② 상기 형사사건 처리를 위한 특별재판서와 특별 검찰부 설치

❻ 제5차 개정(1962년 12월 26일, 제3공화국 헌법)

대통령 중심제, 임기 4년 중임제, 직선제, 단원제

❼ 제6차 개정(1969년 10월 21일, 3선 개헌)

① 대통령의 3선 연임 허용, 직선제

② 국회의원의 국무위원 겸직 허용, 대통령 탄핵소추 요건 강화

❽ 제7차 개정(1972년 12월 27일, 유신 헌법)

① 대통령 중심제, 대통령의 권한 강화, 임기 6년 중임제한 철폐

② 간선제(통일주체국민회의 신설), 국회권한 조정, 헌법개정절차 일원화

❾ 제8차 개정(1980년 10월 27일, 제5공화국 헌법)

① 대통령 중심제, 연좌제 금지, 임기 7년 단임제

② 간선제(대통령 선거인단에 의해 선출), 구속적부심 부활, 헌법개정절차 일원화

10 제9차 개정(1987년 10월 29일, 제6공화국 헌법 – 현행 헌법)

① 대통령 중심제, 임기 5년 단임제, 직선제

② 비상 조치권 및 국회해산권 폐지로 대통령 권한 조정

section 03 경제 발전과 세계 속의 한국

1 경제 발전과 국가 위상 제고

① 광복 직후의 경제 혼란

㉠ 일제 강점기 주요 산업과 기술을 일제가 독점

㉡ 광복 직후

• 남북한 경제 불균형

–남한 : 농업과 경공업 중심

–북한 : 전력과 중화학 공업 중심

• 경제 혼란

–미군정 : 미곡 자유 거래 허용으로 곡가 폭등 → 미곡 수집령

–부족한 재정 보충을 위한 화폐 남발 : 통화량 급증 → 인플레이션

–북한의 전력 공급 중단

–해외 동포 귀환과 북한 동포의 월남으로 인구 증가 → 실업자 증대, 식량부족

② 이승만 정부의 경제정책과 전후복구

㉠ 농지개혁법(공포 1949년 6월 / 시행 1950년 3월)

• 목적 : 농민 안정, 일제하 일본인 및 지주의 토지 재분배

• 방식 : 유상매입, 유상분배

㉡ 전후복구의 노력과 미국의 경제원조

• 전후 국가재정 악화와 물가 폭등

• 미국의 잉여 농산물 제공과 삼백 산업(소비재 산업) 발달 : 제분, 면방직, 제당

③ 산업화와 경제성장

㉠ 박정희 정부의 경제정책

- 1960년대 경제개발 5개년 계획 수립
- 외국자본 유치 : 한 · 일 국교 정상화, 베트남 전쟁
- 수출 중심의 경제 정책 수립 : 급격한 경제 성장, 경제의 대외의존도 심화
- 1970년대 중공업 육성 : 고도성장과 석유파동(1차 1973년, 2차 1979년)

㉡ 1980년대 중후반 경제호황과 시장개방

- 3저 호황 : 저금리, 저유가, 저달러
- 우루과이 라운드(1994년)와 세계무역기구(WTO, 1995년) 가입

POINT 1993년 김영삼 정부의 금융 실명제가 실시되었다.

㉢ 외환위기(1997년)와 국제통화기금(IMF)의 구제금융 신청

- 기업 구조조정과 실업 문제 발생
- 김대중 정부의 경제 위기 극복

2 세계 속의 한국

① 경제협력개발기구(OECD) 가입(1996년)과 세계 10위권 경제 규모

② 국제사회의 역할 증대 … PKO(평화 유지 활동) 등

POINT 대한민국 국군은 유엔의 일원으로 분쟁지역(레바논 등)에서 평화유지군 활동에 적극 참여하였다.

03 출제예상문제

≫ 정답 및 해설 p.474

01 ㉠에 들어갈 기관은?

> 제헌 국회는 광복 이후 친일파 청산이라는 국민의 열망에 따라 ㉠ 을/를 설치하였다. 그러나 반공 우선의 정책을 추구하던 이승만 정부의 비협조로 친일파 청산이 제대로 이루어지지 못하였다.

① 비변사
② 조선총독부
③ 통리기무아문
④ 반민족행위특별조사위원회

02 다음에 제시된 사건을 연대순으로 바르게 배열한 것은?

> ㉠ 사사오입 개헌
> ㉡ 발췌개헌
> ㉢ 거창사건
> ㉣ 진보당 사건
> ㉤ 2 · 4파동

① ㉢㉡㉠㉣㉤
② ㉡㉠㉣㉤㉢
③ ㉡㉣㉢㉤㉠
④ ㉣㉠㉡㉢㉤

03 그림의 회담이 결렬된 직후에 전개된 사실로 옳은 것은?

① 미국이 한국 문제를 유엔에 넘겼다.
② 조선 건국 준비 위원회가 조직되었다.
③ 38도선을 경계로 한반도가 분단되었다.
④ 미국과 소련의 군대가 한반도에 들어왔다.

04 다음과 같은 주장을 한 단체와 관련이 없는 것은?

- 전국적으로 정치범 · 경제범을 즉시 석방할 것
- 서울의 3개월 간의 식량을 보장할 것
- 치안유지와 건국을 위한 정치활동에 간섭하지 말 것

① 건국동맹을 모체로 한다.
② 송진우, 김성수 등이 주도하여 창설되었다.
③ 건국치안대를 조직하여 치안을 담당하였다.
④ 인민위원회로 전환되기도 하였다.

05 다음에서 설명하는 정부와 관련이 없는 것은?

> 이 정부는 '조국근대화'의 실현을 가장 중요한 국정목표로 삼아 경제성장에 모든 힘을 쏟는 경제제일주의 정책을 펼쳤다. 이로써 수출이 늘어나고 경제도 빠르게 성장함으로써 절대 빈곤의 상태에서 어느 정도 벗어날 수 있었다. 그러나 경제개발에 필요한 자본의 대부분은 외국에서 빌려온 것이었고, 개발을 효율적으로 추진한다는 구실로 국민의 자유를 억압하여 민주주의 발전을 저해하였다.

① 한 · 일 협정
② 남북적십자회담
③ 한 · 중 수교
④ 유신헌법제정

06 다음 중 1945년 12월에 열린 모스크바 3상회의에서 결의된 내용으로 옳지 않은 것은?

① 조선의 정당 및 사회 단체와 협의하여 임시조선민주주의 정부를 수립한다.
② 조선 임시정부수립을 원조하기 위해 미 · 소 공동위원회를 설치한다.
③ 2주일 이내에 미 · 소 양군 대표회의를 소집한다.
④ 친일파 및 민족반역자를 처벌하기 위한 관련 조례를 만든다.

07 다음의 결정이 미친 영향으로 옳지 않은 것은?

> 모스크바 3상 회의에서 한국임시민주정부를 수립하기 위해 미 · 소 공동위원회를 설치하고 한국을 최고5년 간 미 · 영 · 중 · 소 4개국이 신탁통치를 하기로 결정하였다.

① 미 · 소공동위원회가 두 차례 열렸다.
② 신탁통치에 대한 입장의 차이로 좌우대립이 심해졌다.
③ 김구 등은 반탁운동을 전개하였다.
④ 찬탁세력이 많아 신탁통치를 받았다.

08 다음 헌법을 만들었던 국회에 대한 옳은 설명을 〈보기〉에서 고른 것은?

> 대통령과 부통령은 국회에서 무기명 투표로써 각각 선출한다. 전항의 선거는 재적 의원 3분의 2 이상의 출석과 출석 의원 3분의 2 이상의 찬성 투표로써 당선을 결정한다. …(중략)… 대통령과 부통령은 국무총리 혹은 국회의원을 겸임하지 못한다.

〈보기〉

㉠ 4 · 19 혁명으로 해산되었다.
㉡ 이승만을 대통령으로 선출하였다.
㉢ 반민족 행위 처벌법을 제정하였다.
㉣ 대통령 직선제 개헌안을 통과시켰다.

① ㉠㉡
② ㉠㉢
③ ㉡㉢
④ ㉢㉣

09 다음 질문에 옳게 대답한 것을 모두 고르면?

〈질문〉
우리나라의 경제 개발을 상징하는 것은 경부 고속 국도와 포항 종합 제철 공장입니다. 두 공사가 시작될 당시의 경제 상황에 대해 말해보세요.
〈답변〉
甲 : 우루과이 라운드 협정 타결로 시장 개방이 가속화되고 있었어요.
乙 : 한 · 일 협정 체결 이후 일본에서 청구권 자금이 유입되고 있었어요.
丙 : 베트남 파병에 따른 베트남 특수로 우리 기업의 해외 진출이 활발했어요.
丁 : 저금리, 저유가, 저달러의 3저 현상으로 인해 수출이 계속 늘어나고 있었어요.

① 甲, 乙
② 甲, 丙
③ 乙, 丙
④ 丙, 丁

10 다음 중 1945년 광복 이후 우리나라의 정치변화에 대한 설명으로 옳은 것은?

① 이승만은 장기집권을 위하여 대통령간선제의 발췌개헌안을 강압적인 방법으로 통과시켰다.
② 이승만 정권이 붕괴된 후 수립된 과도정부시기에 헌법은 내각책임제와 양원제 국회로 개정되었다.
③ 유신체제로 인하여 우리나라는 의회주의와 삼권분립을 존중하는 민주적 헌정체제가 완성되었다.
④ 10 · 26사태(1979) 직후 민주화를 요구하는 국민들의 요구로 대통령직선제가 실시되었다.

11 다음 활동이 실패로 끝난 이유로 옳은 것은?

> 민족적 과제인 일제의 잔재를 청산하기 위하여 반민족행위처벌법이 제정된 후, 이 법에 따라 국회의원 10명으로 구성된 반민족행위특별군사위원회에서 친일혐의를 받았던 주요 인사들을 조사하였다.

① 반공을 우선시하던 이승만 정부의 소극적인 태도 때문에
② 분단을 우려한 인사들이 추진한 남북협상이 실패했기 때문에
③ 갑작스런 6 · 25전쟁의 발발 때문에
④ 자유당 정권이 장기집권을 노리고 부정선거를 자행했기 때문에

12 다음은 대한민국 정부수립을 전후하여 있었던 주요사건이다. 시기순으로 배열된 것은?

> ㉠ 여운형 암살
> ㉡ 조선민주주의 인민공화국 성립
> ㉢ 제주 4 · 3사건 발발
> ㉣ 대한민국 정부수립 반포
> ㉤ 농지개혁법 공포

① ㉠-㉡-㉣-㉢-㉤
② ㉠-㉢-㉡-㉣-㉤
③ ㉠-㉢-㉣-㉡-㉤
④ ㉢-㉠-㉣-㉡-㉤

13 남한과 북한의 농지개혁법에 대한 설명 중 옳지 않은 것은?

① 남한의 지주들은 산업자본가로 성장하였다.
② 북한은 무상몰수 무상분배의 원칙으로 개혁을 진행하였다.
③ 북한 농민의 생산의욕이 높아졌다.
④ 국민들은 지지하지 않았다.

14 다음 대한민국 정부수립과정 중 (　) 안에 들어갈 사실로 옳지 않은 것은?

광복 → 미소군정실시 → (　　) → 남한단독선거 → 정부수립

① 모스크바 3국외상회의
② 건국준비위원회
③ 미소공동위원회
④ 좌우합작위원회

15 다음 중 제헌국회에 대한 설명으로 옳지 않은 것은?

① 남한만의 단독 총선거에 반대한 김구, 김규식은 불참했다.
② 국회의원의 임기는 4년으로 정하였다.
③ 일제시대의 반민족 행위자를 처벌하기 위해 반민족행위처벌법을 제정했다.
④ 1948년 5월 10일 남한만의 단독 총선거로 구성되었다.

16 **다음 회의들의 공통점으로 알맞은 것은?**

• 카이로 선언	• 포츠담 선언

① 한반도의 남과 북에 각각 군대를 주둔시켰다.
② 최대 5년간 한반도를 신탁 통치하기로 하였다.
③ 건국 강령을 발표하고 정부 수립을 준비하였다.
④ 연합국 대표들이 우리 민족의 독립을 약속하였다.

17 **빈칸에 들어갈 단체와 그 단체를 조직한 중심인물을 바르게 연결한 것은?**

> 광복에 대비하기 위해 국내에서 조선 건국 동맹이 결성되었는데, 이 단체는 광복 이후 (　　)(으)로 발전하였다.

① 신간회 – 안창호
② 한인 애국단 – 김구
③ 조선의용대 – 김원봉
④ 조선 건국 준비 위원회 – 여운형

18 **다음 중 (가)의 시기에 일어난 일로 옳은 것은?**

> 모스크바 3국 외상회의 → 1차 미소공동위원회 → (가) → 2차 미소공동위원회 → 대한민국 건립

① 제주도 4 · 3사건
② 신탁통치반대운동의 범국민적 통합단체 발족
③ 5 · 10 총선거
④ 좌우합작운동

19 **모스크바 3국 외상 회의의 결과로 옳은 것은?**

① 임시 민주 정부 수립과 신탁 통치를 결정하였다.
② 미군과 소련군을 즉시 철수시키기로 결정하였다.
③ 유엔 한국 임시 위원단을 파견하기로 결정하였다.
④ 38도선을 경계로 미군과 소련군이 주둔하기로 결정하였다.

20 **4 · 19 혁명에 대한 설명으로 옳지 않은 것은?**

① 이승만 대통령의 독재정치와 장기집권이 배경이 되었다.
② 3 · 15 부정선거가 도화선이 되었다.
③ 대학교수단의 시국선언은 4월 19일 학생 시위를 촉발시켰다.
④ 학생이 앞장서고 시민이 참여한 민주혁명이었다.

21 **4 · 19혁명의 영향으로 볼 수 없는 것은?**

① 내각책임제 정부와 양원제 의회가 출범하였다.
② 반민족행위자에 대한 처벌법이 제정되었다.
③ 부정축재자에 대한 처벌 요구가 높아졌다.
④ 통일에 관한 논의가 활발하게 제기되었다.

22 다음 내용을 선언하여 한국의 독립을 최초로 결의한 국제회의는?

> "한국 인민의 노예상태를 유의하여, 적당한 시기에 한국을 해방시키며 독립시킬 것을 결의한다."

① 카이로회담
② 얄타회담
③ 포츠담선언
④ 모스크바 3국 외상회의

23 이승만 정부의 부정선거에 항거하여 일어난 사실로 옳은 것은?

① 3·15마산의거가 전국적으로 확산되어 학생들의 대규모 시위가 일어났다.
② 박정희 정부는 유신헌법을 발표하여 사태를 수습하였다.
③ 신군부 세력이 이승만 정부를 무너뜨리고 통치권을 장악하였다.
④ 1987년 6월 민주항쟁으로 대통령을 직접 선출하였다.

24 다음 중 현대사의 발전과정에서 정권 연장을 목적으로 일어난 사건이 아닌 것은?

① 사사오입 개헌
② 4·19혁명
③ 3선개헌
④ 10월유신

25 우리 민족의 역사적 전통과 능력을 무시하고, 5개년간의 한반도의 신탁통치를 결정한 것은?

① 카이로회담
② 포츠담회담
③ 얄타비밀협정
④ 모스크바 3국 외상회의

CHAPTER

6 · 25전쟁의 원인과 책임

핵심이론정리

section 01 6 · 25전쟁의 배경

1 광복 이후 한반도 내부의 불안정

① 38도선의 설정과 미 · 소의 진주

② 좌 · 우의 대립과 남북 분단

③ 대한민국과 조선민주주의인민공화국 수립

2 북한의 전쟁 준비

① 위장 평화 공세와 대남 적화 전략
  ㉠ 표면적으로 평화통일 주장, 통일 정부 수립 제안 등
  ㉡ 유격대 남파 등 사회 혼란 유도, 정부 수립 직후부터 38도선에서 군사적 충돌 유도 등

POINT 38도선 상에서 무력충돌은 1949년에 가장 빈번하게 발생하였고 6 · 25전쟁 발발 이전까지 지속되었다.

② 소련에서 다량의 현대식 최신 무기(항공기, 전차 등) 도입

③ 중국 내전에서 활약한 조선 의용군 수만 명 편입

POINT 소련과 중국의 북한군 지원
- 1948년 2월 : 인민군 창설, 소련이 탱크와 비행기 등 무기 원조
- 1949년 : 소련 및 중국과 군사 협정 체결
- 1949년 3월 : 김일성, 박헌영 모스크바 방문, 스탈린과 회담
- 1949년 7월 ~ 1950년 4월 : 중국 내전에 참전하였던 의용군이 귀국하여 북한 인민군에 편입
- 1950년 3 ~ 4월 : 김일성, 소련을 비밀리에 방문하여 스탈린과 회담, 스탈린 북한의 전쟁에 동의
- 1950년 5월 : 마오쩌둥, 미국 참전 시 중국군 파병 언급

POINT 6 · 25전쟁 개전 직전 북한은 지상군 20여 만 명 보유(남한 군사력의 약 2배에 해당), 소련과 중국의 지원으로 남한보다 우세한 장비 및 무기체제 보유하고 있었다.

❸ 국제정세 변화

① 소련의 핵무기 개발 성공(1949년), 중국 대륙의 공산화(1949년 10월)

② 애치슨 선언(1950년 1월) … 미국의 태평양 방어선에서 한반도 제외

section 02 전개

❶ 북한군의 전면적 기습 남침(1950년 6월 25일)과 서울 함락(1950년 6월 28일) → 낙동강 방어선 구축(1950년 8 ~ 9월) → 유엔군 참전(1950년 6월 27일) → 미 지상군 참전(1950년 7월 1일) → 국군 작전지휘권 이양(1950년 7월 14일)

POINT 6 · 25전쟁에 참여한 유엔 회원국

- 병력 지원국(16개국) : 미국, 오스트레일리아, 영국, 캐나다, 뉴질랜드, 터키, 네덜란드, 룩셈부르크, 콜롬비아, 벨기에, 에티오피아, 프랑스, 그리스, 필리핀, 남아프리카공화국, 태국
- 의료 지원국(5개국) : 인도, 이탈리아, 덴마크, 스웨덴, 노르웨이

❷ 인천상륙작전(1950년 9월 15일)과 서울 수복(1950년 9월 28일) → 북진 전개 → 평양 탈환(1950년 10월 19일)과 압록강 진격(1950년 11월 25일)

❸ 중국군 참전(1950년 10월 19일)과 1 · 4후퇴 – 중국군의 서울 점령

❹ 재반격과 전선 교착(1951 ~ 1953년) – 정전 회담 개최(1951년 7월 10일, 개성)

① 군사분계선 설정, 포로 송환 문제 등의 사안을 둘러싸고 2년간 지속 … 군사분계선은 현 접촉선 인정, 포로송환은 개인의 자유 의사 존중 등 합의

② 회담 기간 중 유리한 지역을 차지하기 위한 격전(백마고지 전투 등)에서 다수의 인명 피해 발생

❺ 이승만의 휴전 반대운동과 반공포로 석방(1953년 6월 18일)

❻ 정전 협정 조인(1953년 7월 27일, 판문점) – 유엔군, 중국군, 북한군 대표만 서명

section 03 전쟁의 결과와 영향

1. 전쟁으로 인해 수많은 사상자와 이산가족, 전쟁고아 발생

2. 도로, 주택, 철도, 항만 등 사회 간접시설의 대부분 파괴

3. 분단의 고착 – 적대 감정 심화, 남북 무력 대결 상태 지속

4. 한 · 미 군사동맹의 강화

5. 가족 제도와 촌락 공동체 의식 약화, 서구 문화의 무분별한 유입

04 출제예상문제

≫ 정답 및 해설 p.479

01 (가)에 들어갈 내용으로 옳은 것은?

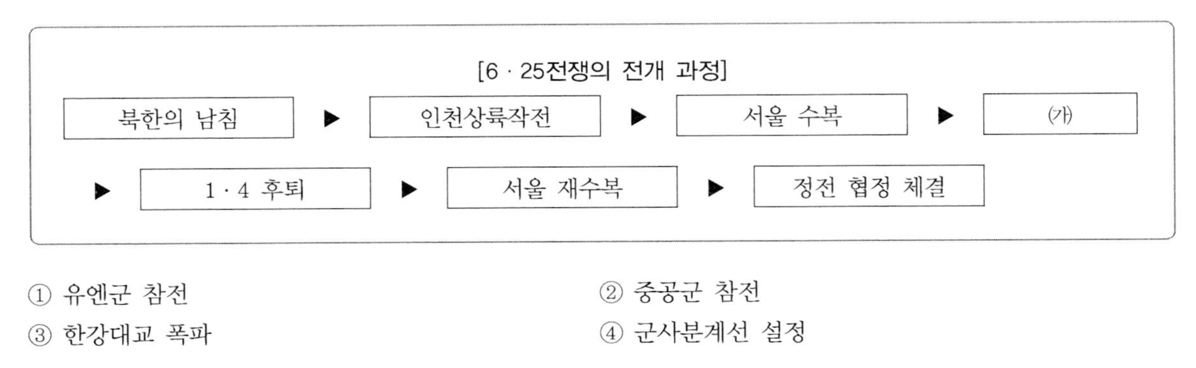

① 유엔군 참전
② 중공군 참전
③ 한강대교 폭파
④ 군사분계선 설정

02 다음 밑줄 친 '전쟁' 중에 있었던 사실로 옳은 것은?

> – 피란 중에도 천막 학교 운영 –
>
> 1950. 11. 11
>
> (전략) … 임시 수도인 부산을 비롯하여 곳곳에서 천막 학교가 등장하고 있다. 수업 현장에서는 <u>전쟁</u> 중에도 학업을 이어가려는 뜨거운 열기가 여실히 느껴졌다.

① 조선건국준비위원회가 조직되었다.
② 대한민국 헌법이 제정되었다.
③ 인천상륙작전이 전개되었다.
④ 5 · 10 총선거가 실시되었다.

03 다음 빈칸에 들어갈 전쟁이 발발하기 이전에 있었던 일이 아닌 것은?

– 통계로 보는   전쟁 –

- 전쟁 기간 : 1950~1953년
- 민간인 사망 : 65만 명 이상
- 전쟁고아 : 10만여 명
- 이산가족 : 1,000만여 명

① 모스크바 3상회의가 개최되었다.
② 이승만이 정읍에서 단독정부 수립을 주장하였다.
③ 제주도에서 단독선거에 반대하는 주민들을 무력으로 탄압하였다.
④ 내각 책임제 개헌으로 장면 내각이 들어섰다.

04 다음 연표의 (가), (나) 시기에 있었던 사실로 옳은 것은?

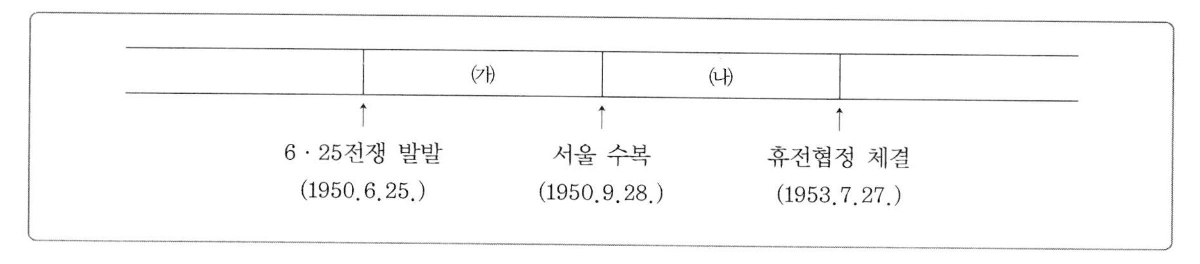

① (가)– 인천상륙작전이 실시되었다.
② (가)– 중국군의 참전으로 인해 한국군은 서울에서 후퇴하게 되었다.
③ (나)– 애치슨 선언이 발표되었다.
④ (나)– 유엔 안전보장이사회에서 유엔군 파병이 결정되었다.

05 **다음 중 6 · 25전쟁 이후 우리나라 경제에 대한 설명으로 옳은 것은?**

① 농업 분야의 복구가 가장 먼저 이루어져 안정적인 식량공급이 가능해졌다.
② 귀속 재산의 민간 불하 과정에서 부정 특혜를 입은 사람이 많았다.
③ 미국의 원조 물자는 주로 식량, 시멘트, 휘발유 등의 원자재 중심이었다.
④ 기계 공업과 같은 생산재 산업은 급성장하였으나 소비재 산업은 발전하지 못했다.

06 **다음은 6 · 25 전쟁 중에 일어난 사건들이다. 시기 순으로 옳게 나열한 것은?**

> (가) 국군과 유엔군이 평양을 탈환하였다.
> (나) 북한군이 낙동강까지 밀고 내려왔다.
> (다) 전쟁에 중국군이 개입하면서 서울을 빼앗기고 후퇴하였다.
> (라) 국군과 유엔군이 인천상륙작전으로 전세를 뒤집고 서울을 되찾았다.

① (가) − (나) − (다) − (라)
② (가) − (나) − (라) − (다)
③ (나) − (라) − (가) − (다)
④ (다) − (나) − (가) − (라)

07 (가)~(라) 사진을 보고 학생들이 나눈 대화의 내용으로 옳은 것을 〈보기〉에서 고른 것은?

〈보기〉

㉠ (가) – 서울 수복의 발판을 마련하였어.
㉡ (나) – 1 · 4 후퇴의 계기가 되었지.
㉢ (다) – 미국의 동의로 이루어졌어.
㉣ (라) – 애치슨 선언의 배경이 되었지

① ㉠㉡
② ㉠㉢
③ ㉡㉢
④ ㉡㉣

08 6 · 25 전쟁의 영향으로 옳은 것을 〈보기〉에서 고른 것은?

〈보기〉

㉠ 남북 간의 분단이 고착화되었다.
㉡ 남북의 민주주의 발전에 크게 기여하였다.
㉢ 전쟁 특수를 통해 산업 시설이 증가하였다.
㉣ 수많은 전쟁 고아와 이산가족이 발생하였다.

① ㉠㉡
② ㉠㉣
③ ㉡㉢
④ ㉡㉣

09 6 · 25 전쟁의 전개 과정을 나타낸 지도이다. 순서대로 바르게 나열한 것은?

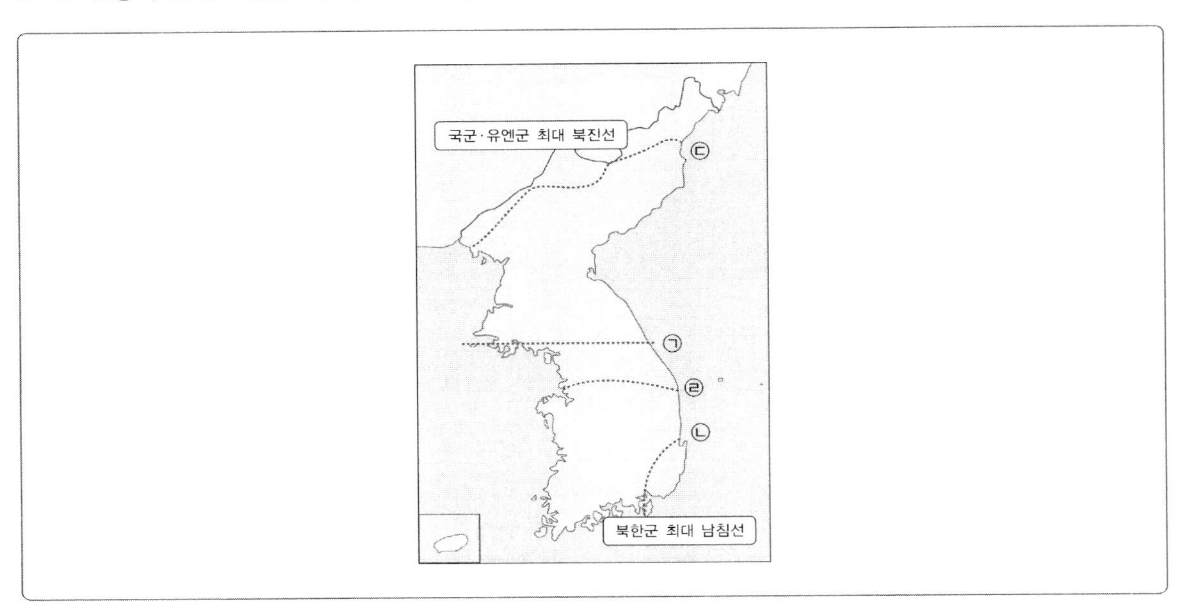

① ㉠ - ㉡ - ㉢ - ㉣
② ㉡ - ㉢ - ㉣ - ㉠
③ ㉠ - ㉣ - ㉡ - ㉢
④ ㉡ - ㉣ - ㉠ - ㉢

10 다음 지도는 6 · 25 전쟁의 순서와 관련된 것이다. 4개의 지도를 시간 순서대로 연결한 것은?

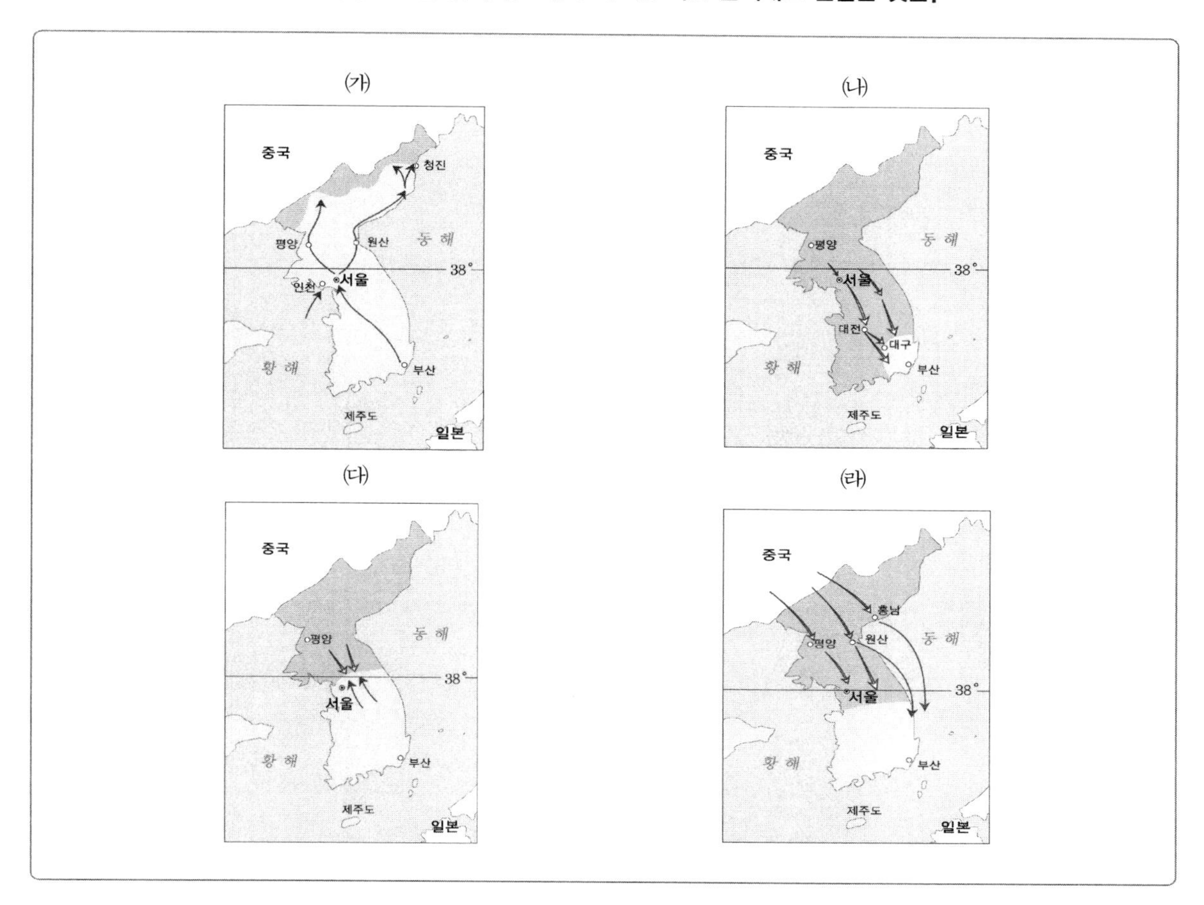

① (가) – (나) – (다) – (라)
② (가) – (다) – (나) – (라)
③ (나) – (가) – (다) – (라)
④ (나) – (가) – (라) – (다)

11 (가)에 들어갈 사실로 옳지 않은 것은?

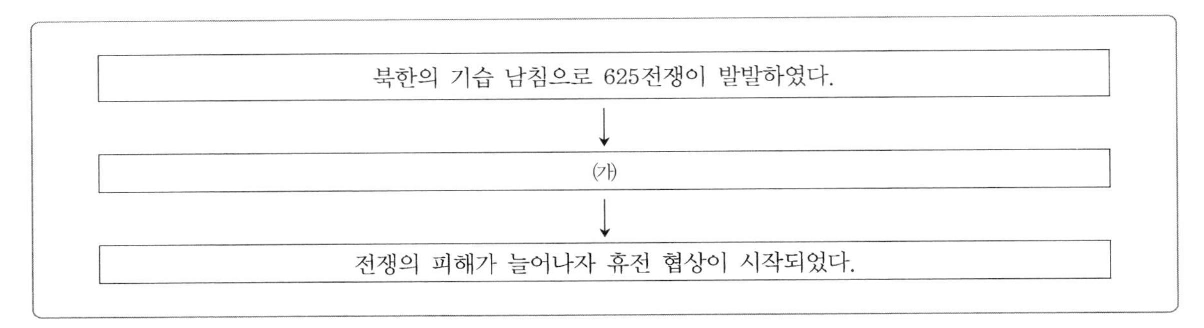

① 1 · 4 후퇴
② 중국군 참전
③ 애치슨 선언 발표
④ 인천 상륙 작전 전개

12 (가)~(라)는 6 · 25 전쟁 과정에서 일어난 일들이다. 이를 순서대로 나열한 것은?

(가) 1950년 6월 25일 북한이 남침을 강행하였다.
(나) 유엔군과 공산군은 휴전 협정을 체결하였다.
(다) 중국군이 개입하자 국군과 유엔군은 다시 서울을 빼앗겼다.
(라) 인천 상륙 작전을 통해 국군과 유엔군이 서울을 되찾고 압록강까지 진격하였다.

① (가) − (라) − (나) − (다)
② (가) − (라) − (다) − (나)
③ (나) − (다) − (가) − (라)
④ (나) − (다) − (라) − (가)

13 지도와 같이 전개된 전쟁에 대한 설명으로 옳지 않은 것은?

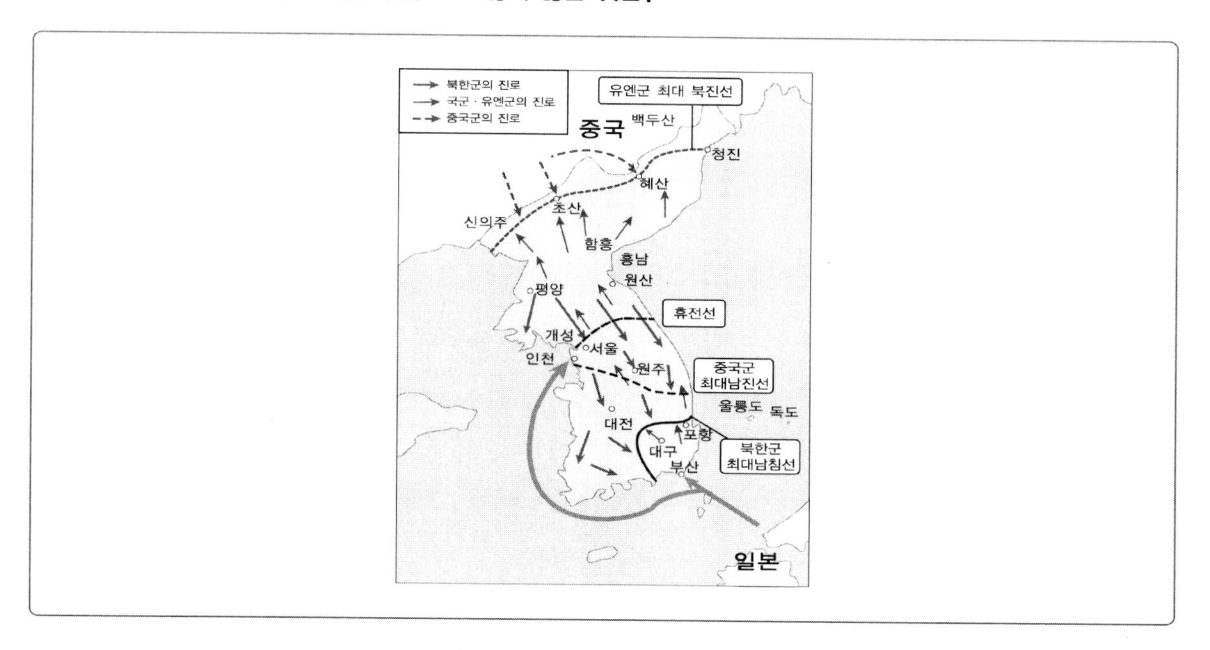

① 북한군의 남침으로 시작되었다.
② 북한은 미국의 지원을 받아 군사력을 키웠다.
③ 북한의 요청으로 중국군이 전쟁에 개입하였다.
④ 유엔 안전 보장 이사회가 열려 유엔군이 파병되었다.

14 6·25 전쟁의 결과로 옳지 않은 것은?

① 전쟁고아와 이산가족 발생
② 북한에 민주주의 정부 수립
③ 우리 민족 간의 불신과 적대감 증대
④ 분단의 고착화로 문화적 이질감 발생

15 6 · 25 전쟁에 참여한 각국에 대한 설명으로 옳은 것은?

① 북한 – 유엔군의 지원을 받았다.
② 중국 – 남한의 요청으로 전쟁에 개입하였다.
③ 미국 – 유엔군의 일부로 전쟁에 참여하였다.
④ 소련 – 북한에 대한 군사적 지원을 거부하였다.

16 (가)~(마)는 6 · 25 전쟁 과정에서 발생한 사건들이다. 이를 일어난 순서대로 나열한 것은?

(가) 중국군의 개입
(나) 인천 상륙 작전
(다) 휴전 협정의 조인
(라) 북한군의 기습 남침
(마) 낙동강 전선의 형성

① (가) – (라) – (마) – (다) – (나)
② (나) – (가) – (마) – (다) – (라)
③ (나) – (가) – (마) – (라) – (다)
④ (라) – (마) – (나) – (가) – (다)

17 다음 노래 가사는 6 · 25 전쟁의 상황을 표현한 것이다. 가사에서 표현하고 있는 시기를 연표에서 고르면?

눈보라가 휘날리는 / 바람 찬 흥남 부두에
목을 놓아 불러 보았다 / 찾아를 보았다
금순아 어데로 가고 / 길을 잃고 헤매었드냐
피눈물을 흘리면서 / 1 · 4 이후 나 홀로 왔다.

①	②	③	④	

북한군의 남침 · 인천 상륙 작전 · 중국군의 개입 · 반공 포로 석방

18 6·25 전쟁이 일어나기 직전 상황에 대한 설명으로 옳지 않은 것은?

① 한·미 상호 방위 조약이 체결되었다.
② 소련이 북한에 현대식 무기를 공급하였다.
③ 38도선 일대에서 크고 작은 무력 충돌이 빈번하게 일어났다.
④ 남한의 좌익 세력 일부가 지리산, 태백산 일대 등에서 게릴라전을 벌였다.

19 다음과 같은 미국의 외교 선언이 발표된 시기를 연표에서 고르면?

미국의 극동에 있어서의 방위선은 알류샨 열도로부터 일본, 오키나와를 거쳐 필리핀을 통과한다. 방위선 밖의 국가가 제3국의 침략을 받는다면, 침략을 받은 국가는 그 국가 자체의 방위력과 국제 연합 헌장의 발동으로 침략에 대항해야 한다.

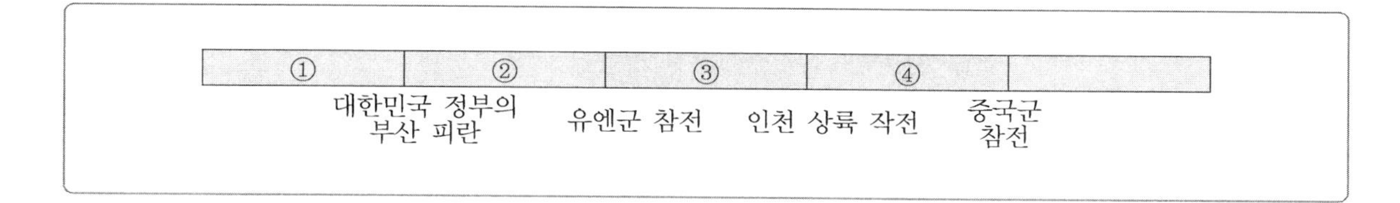

20 다음 결의문이 발표된 당시의 모습으로 가장 적절한 것은?

유엔 안전 보장 이사회는 …(중략)… 지금 상황이 대한민국 국민의 안전을 위협하고, 공공연한 군사 분쟁으로 이어질 수 있음을 우려하며 다음과 같이 결의한다.
– 북한에게 전쟁 행위를 즉시 멈추고, 그 군대를 38도선까지 철수할 것을 요구한다.
– 유엔 한국 위원단에 북한군의 38도선으로의 철수를 감시할 것을 요청한다.

① 휴전 협정 반대 시위를 벌이는 학생들
② 흥남에서 배를 타고 남하하는 피난민들
③ 북한군의 남침 소식에 놀라는 서울 시민들
④ 한·미 상호 방위 조약을 체결하는 당국자들

CHAPTER

05 대한민국의 발전과정에서 군의 역할

핵심이론정리

section 01 대한민국의 발전과 군의 역할

1 국군의 명맥, 건군

① 국군의 명맥과 전통

㉠ 구한말 항일 의병운동→일제 강점기 독립군→광복군→조선 경비대(1946년 1월)→대한민국 국군(1948년 8월)

POINT 미 군정청이 설립한 '군사영어학교'와 '조선 경비대'가 모체가 되어 '국군'으로 확대 개편되었다.

㉡ 대한민국 정부 수립(1948년 8월) 직후 국군으로 출범, 북한은 정부 수립(1948년 9월)에 앞서 정규군(인민군, 1948년 2월)가 먼저 창설됨

POINT 소련의 적극적인 지원을 받은 북한군이 규모, 장비 면에서 국군보다 우세하였다.

㉢ 대한민국 국군은 한말 의병, 독립군, 광복군의 정신 및 역사적 전통 계승

POINT 국방부 훈령 제1호(초대 국방부장관 이범석)–우리 육 · 해군 각급 장병은 대한민국 국방군으로 편성되는 영예를 획득하게 되었다.

② 국군 조직의 법적 근거

㉠ 국군조직법(법률 제9호, 1948년 11월 30일)

㉡ 국방부직제(대통령령 제37호, 1948년 12월 17일)

③ 정부 수립 직후 무장 게릴라 소탕 작전 … 남한 내에서 활동하던 좌익 세력 진압 노력

POINT 지리산지구 전투사령부(1949년 3월), 태백산지구 전투사령부(1949년 9월)–후방 지역 안정화 작전 수행 때문에 38도선에는 8개 사단 중 4개 사단만 배치되었다.

2 국가 발전 과정에서 군의 역할

① 1950년대

㉠ 한 · 미 상호방위조약과 군사력 강화

㉡ 전후 복구와 미국의 원조

② 1960년대

㉠ **베트남 파병**(1964년, 1965 ~ 1973년)

- 명분 : 6 · 25전쟁을 도와 준 우방국에 보답 및 자유 민주주의 수호

POINT 미국의 요청을 대한민국 정부가 수용하여 추진, 일부 정치인과 지식인의 파병 반대가 있었다.

- 비전투병(이동 외과 병원, 태권도 교관단 등)은 1964년부터 파견, 전투병 파견은 1965년부터 본격화, 1973년에 철수 완료

POINT 브라운 각서(1966년 3월)에 의해 미국이 국군 현대화 및 산업화에 필요한 기술, 차관을 제공하였다.

- 성과 : 국군의 전력 증강과 경제 개발을 위한 차관 확보, 파병 군인들의 송금, 군수품 수출, 건설업체의 베트남 진출로 외화 획득, 미국과 정치 · 군사적 동맹관계 강화

㉡ 향토 예비군 창설(1968년)

③ 1970년대

㉠ **국군 현대화 사업 추진** : 율곡 사업(1974년 ~) 등

㉡ 새마을 운동(1972년)에 적극 참여

section 02 평화유지활동

1 평화유지활동의 개념

① 유엔 평화유지활동은 국가 간의 분쟁을 평화적으로 해결하기 위해 1948년 시작, 1948년 팔레스타인 정전 감시단 설치

② 분쟁지역에서 정전감시, 평화 조성 및 재건, 치안활동, 난민 및 이재민 구호 활동

2 한국의 UN 평화유지활동 사례

① 소말리아 상록수부대(1993년 7월 ~ 1994년 3월) … 최초의 UN 평화유지활동 파병
 ㉠ 내전으로 황폐화된 도로 보수, 관개수로 개통, 사랑의 학교와 기술학교 운영
 ㉡ 국제사회로부터 한국군의 참여를 지속적으로 요청하는 계기

POINT 상록수부대
소말리아 땅을 푸른 옥토로 바꾸겠다는 의미이다.

② 서부사하라 국군의료지원단(1994년 8월 ~ 2006년 5월)
 ㉠ 현지 유엔요원에 대한 의료지원, 지역주민에 대한 방역 및 전염병 예방활동 수행
 ㉡ 국내에서 1만여 km 떨어진 서부사하라 국군의료부대까지의 보급과 지원 실시

POINT 우리 군의 군수지원체계를 발전시키는데 기여하였다.

③ 앙골라 공병부대(1995년 10월 ~1996년 12월)
 ㉠ 내전으로 파괴된 교량을 건설하고 비행장을 복구하는 등 평화지원 임무 수행
 ㉡ 1996년 우리나라가 유엔안전보장이사회 비상임이사국으로 진출하는데 기여

④ 동티모르 상록수부대(1999년 10월 ~2003년 10월) … 최초의 보병부대 UN 평화유지활동 파병
 ㉠ 우리 군 최초의 보병부대 파견
 ㉡ 지역 재건과 치안 회복을 지원하여 동티모르 평화정착에 기여

⑤ 레바논 동명부대(2007년 7월 ~ 현재)
 ㉠ 동티모르에 이은 두 번째 보병부대 파견, 정전 감시가 주 임무
 ㉡ 지역주민 진료 및 방역 활동, 도로 포장, 학교 및 관공서 시설물 개선 활동 실시
 ㉢ 동명부대 전 장병은 UN 평화유지군에게 주어지는 최고의 영예인 유엔메달 수여

POINT Peace Wave
동명부대의 민사작전 명칭으로 노후화된 학교의 건물 개 · 보수, 도로의 신설 및 개선, 전민들을 대상으로 한 의료 지원 활동 등 다양한 민사작전을 수행

⑥ 아이티 단비부대(2010년 2월 ~ 2012년 12월 24일)
 ㉠ 지진 잔해 제거, 도로복구, 심정개발 등 임무 수행
 ㉡ 콜레라가 창궐한 이후에는 응급환자 진료, 난민촌 방역활동 등 수행

⑦ 필리핀 아라우부대(2013년 12월 ~ 2014년 12월 23일)
 ㉠ 유엔 평화유지군이나 다국적군이 아닌 재해당사국의 요청에 의해 파병된 최초의 파병부대
 ㉡ 최초로 육 · 해 · 공 · 해병대가 모두 포함된 파병부대
 ㉢ 타클로반 일대에서 피해지역 정리, 공공시설 복구, 의료지원 및 방역활동 등 임무 수행

section 03 다국적군 평화활동

1 다국적군 평화활동의 개념

① 유엔 안보리 결의 또는 국제사회의 지지와 결의에 근거하여 지역안보기구 또는 특정 국가 주도로 다국적군을 구성하여 분쟁해결, 평화정착, 재건 지원 등의 활동 수행

② 유엔 평화유지활동과 더불어 분쟁지역의 안정화와 재건에 중요한 역할 담당

POINT UN평화유지 활동
㉠ 주체 : UN 직접 주도
㉡ 지휘통제 : UN 사무총장이 임명한 평화유지군 사령관
㉢ 소요경비 : UN에서 경비 보전

POINT 다국적군 평화활동
㉠ 주체 : 지역안보기구 또는 특정 국가
㉡ 지휘통제 : 다국적군 사령관
㉢ 소요경비 : 참여국가 부담

2 한국군의 다국적군 평화활동 사례

① 아프가니스탄 파병 … 최초의 다국적군 평화활동 재건지원팀 및 방호부대(오쉬노 부대) 파견

㉠ 2001년 9 · 11테러 이후 유엔 회원국으로서 다국적군에 본격적으로 참여하기 시작
- 항구적 자유작전으로 알려진 아프가니스탄 테러와의 전쟁에 동참
- 해 · 공군 수송지원단 해성 · 청마부대, 국군의료지원단 동의부대, 건설공병지원단 다산부대 파병

㉡ 2010년 지방재건팀 방호를 위해 오쉬노 부대 파견

㉢ 2014년 6월 재건지원팀과 함께 전원 철수

② 이라크 파병 … 최초의 다국적군 평화활동 민사지원부대 파병(자이툰 사단)

㉠ 2003년 미 · 영 연합군의 '이라크 자유작전'을 지원하기 위해 공병 · 의료지원단 서희 · 제마부대 파견
- 다국적군 지원과 인도적 차원의 전후복구 지원, 현지주민에 대한 의료지원
- 2004년 4월 추가 파병된 자이툰 부대에 통합되어 임무 수행

㉡ 2004년 이라크 평화지원단인 자이툰 사단을 파견
- 자이툰 사단은 한국군 최초로 파견된 민사지원부대
- 자이툰 병원 운영, 학교 및 도로 개통 등 주민 숙원사업을 지원

POINT 자이툰은 올리브를 뜻하며, 평화를 상징한다.

③ **소말리아 해역 파병** … 최초의 다국적군 평화활동을 위한 함정 파견(청해부대)

㉠ 1990년대 소말리아의 오랜 내전으로 정치 · 경제 상황 악화로 해적활동이 급증

㉡ 2008년 유엔은 우리에게 해적 퇴치 활동에 적극적인 동참 요청

㉢ 2009년 소말리아 해역의 해상안보 확보와 우리 선박과 국민을 보호하기 위해 창군 이래 최초로 함정(청해부대)을 파견하기로 결정

POINT 2011년 1월 소말리아 해적에 피랍된 삼호주얼리호와 우리 선원을 구출하기 위하여 '아덴만 여명작전'을 실시하여 우리 국민 전원을 구출하였다.

05 출제예상문제

≫ 정답 및 해설 p.483

01 다음 중 국가 발전 과정에서 군의 역할이 아닌 것은?

① 한 · 미 상호방위조약과 군사력 강화하였다.
② 6 · 25전쟁을 도와 준 우방국에 보답 및 자유 민주주의 수호로 베트남 파병을 하였다.
③ 국민의 안보 의식을 고취시키기 위해, 현역 장병을 중심으로 향토예비군을 창설하였다.
④ 대북 전력격차를 해소하기 위해 율곡 사업을 시행하였다.

02 다음 중 한국군의 다국적군의 평화활동 사례가 아닌 것은?

① 아프가니스탄 파병은 최초의 다국적군 평화활동이다.
② 최초의 다국적군 평화활동 민사지원부대로 이라크에 파병되었다.
③ 최초의 다국적군 평화활동을 위해 청해부대가 소말리아 해역으로 파병되었다.
④ 소말리아 해적에 피랍된 삼호주얼리호와 우리 선원을 구출하기 위한 '아덴만 여명작전'은 실패하였다.

03 다음 중 다국적군 평화활동에 대한 설명으로 옳지 않은 것은?

① 지휘통제는 다국적군 사령관이다.
② 유엔 평화유지활동과 전혀 다른 활동을 하고 있다.
③ 소요경비는 참여 국가가 부담한다.
④ 주체는 지역안보기구 또는 특정 국가이다.

04 **다음 중 대한민국 건국과 군의 역할에 대한 것으로 옳지 않은 것은?**

① 광복 직후 국군으로 출범하였다.
② 북한은 정부 수립에 앞서 군대가 먼저 창설하였다.
③ 국군 조직의 법적 근거로 국군조직법, 국방부직제가 있다.
④ 국군은 한말 의병, 독립군, 광복군의 정신 및 역사적 전통 계승하였다.

05 **다음 중 대한민국 건국과 군의 역할에 대한 것으로 옳지 않은 것은?**

① 건국 후 무장 게릴라 소탕 작전을 하였다.
② 대한민국 정부 수립 직후 국군으로 출범하였다.
③ 국군 조직의 법적 근거로 브라운 각서 등이 있다.
④ 국군의 명맥과 전통은 구한말 항일 의병운동에서 일제 강점기 독립군, 광복군에서 남조선 국방 경비대로 이어진다.

CHAPTER

6 · 25 전쟁 이후 북한의 대남도발 사례

핵심이론정리

section 01 북한의 대남행태 개관

1 전쟁 이후 북한은 의도적으로 한국과의 군사적 긴장관계 조성을 목적으로 행함

① 대내적으로 김일성 일가의 독재체제 정당성 확보

② 한국을 정치 · 사회적으로 불안하게 하여 한국 정부의 정통성 약화

③ 주한미군을 조기에 철수하도록 하여 한반도의 공산화를 시도할 수 있는 기회 조성

2 대남공작

① 한국 내 혁명에 유리한 여건 조성

② 무장간첩 남파 → 한국 사회 혼란 조성 → 한국 내 혁명기지 구축

3 화전양면 전술 활용

① 겉으로는 화해와 평화의 의도를 보이지만, 실제로는 전쟁과 무력으로 목적 성취

② 평화적인 협상 상황에서도 불리한 상황을 타계하기 위해 테러, 도발을 자행

section 02 시기별 도발행태

1 1950년대

① **배경** … 평화공세에 의한 선전전에 중점을 두고 각종 협상을 제안

㉠ 북한 측이 제안한 평화협상에는 외국군 철수 요구, 회의 소집 요구, 평화통일에 관한 선언, 군축 제의, 4개항 통일방안 제의 등이 있음

㉡ 남로당계를 숙청함과 동시에 대남공작기구와 게릴라 부대를 해체하는 변혁을 단행

② **내용**

㉠ 주로 북로당계 간첩요원 남파(개별적인 밀봉교육 형식)

㉡ 1950년대 후반에 학교, 군대, 정부기관 등에 소규모 간첩단을 은밀히 침투시켜 대남공작의 근거지 확보

㉢ **민간항공기 납치사건 발생**(1958년) : 부산을 출발, 서울로 향하던 대한항공기가 6명의 무장괴한에 의해 납치된 사건

③ **특징** … 1950년대의 전반적인 평화공세에도 불구하고 항공기 납치와 같은 도발 사례를 통해 볼 때 북한의 대남정책은 기본적으로 화전양면성을 나타냄

2 1960년대

① **배경**

㉠ 한국 내의 정치적 혼란

㉡ 전면전을 제외한 다양한 수단을 동원하여 대남적화공세를 강화

㉢ 중 · 소 분쟁 지속→4대 군사노선 추구 및 강경한 대남공작 전개 준비

㉣ 1961년 조선노동당 제4차 대회에서 강경노선의 통일전략을 채택하고, 대남공작기구를 통합 · 승격시킴

② **목표** … 남한에서의 혁명기지 구축(게릴라 침투와 군사도발 병행)

③ **내용**

㉠ 북한의 주요 지상도발 유형

- 군사분계선 근방에 위치한 한국군 습격
- 무장간첩 남파
- 해안선을 연하여 무장간첩단 남파

㉡ 정면 군사도발

- 북한 해군함정이 남한 해군함정을 피격하여 탑승원 40명 사망, 30여 명 실종
- 1968년 미국의 전자정찰함 푸에블로호가 북한 해 · 공군에 의해 납치

㉢ 게릴라식의 직접침투

- 청와대 기습사건(1·21 사태) : 1968년 1월 21일 북한군 무장공비 31명이 휴전선을 넘어 청와대를 습격하려다가 경찰 검문에 걸림. 북한 무장공비는 기관단총을 난사하고 4대의 시내버스에 수류탄을 던져 승객들을 살상. 7명의 군경과 민간인이 북한 무장공비에 의해 살해, 군경 수색대는 31명의 공비 중 1명을 생포하였고, 도주한 1명을 제외한 29명 사살
- 울진, 삼척지구 무장공비 침투사건(1968년) : 1968년 10월 30일 ~ 11월 2일까지 3차례에 걸쳐 울진, 삼척지구에 무장공비 120명 침투. 이들은 주민들을 모아놓고 남자는 남로당, 여자는 여성동맹에 가입하라고 위협. 주민들은 죽음을 무릅쓰고 릴레이식으로 신고하여 많은 희생을 치른 끝에 군경의 출동을 가능케 함. 약 2개월 간 계속된 작전에서 공비 113명 사살, 7명 생포, 아군도 군경과 일반인 등 20여 명이 사망
- 대한항공기 납치 : 1969년 12월 11일 강릉에서 출발하여 서울로 향하던 대한항공기가 북한간첩에 의하여 납치, 원산에 강제 착륙

④ 특징

㉠ **위기의 유형** : 무장간첩 또는 게릴라의 직접침투와 군사도발 병행

㉡ **위기사건의 빈도** : 1950년대보다 증가, 1960년대 후반기에 집중적으로 발생

3 1970년대

① 배경

㉠ 경제성장으로 남북한 국력격차가 현저히 좁혀짐(남한의 급속한 경제 성장)

㉡ 냉전 완화, 국제적 평화 공존 분위기 조성

- 1971년 이산가족 재회를 위한 남북 적십자 회담 개최
- 1972년 7·4 남북 공동 성명 발표

㉢ 김정일이 김일성의 유일한 후계자로 추대(1974년)된 이후 대남공작 강화

② 내용

㉠ **새로운 도발 방법 적용** : 남침용 땅굴 굴착과 해외를 통한 우회 간첩침투

㉡ 주요 사례

- 정부요인 암살 시도 : 1970년 6월 22일, 북한에서 남파된 무장공비 3명이 국립묘지에 시한폭탄을 설치 → 폭탄 설치 중 실책으로 목적 달성 실패
- 대통령 암살 시도 : 1974년 8월 15일, 문세광이 8·15 해방 29주년 기념식장에 잠입하여 연설 중인 박대통령을 저격했으나 미수
- 북한의 남침용 땅굴
  - 배경 : 1971년 김일성은 "남조선을 조속히 해방시키기 위해서는 속전속결전법을 도입, 기습남침을 감행할 수 있어야 하며 특수공사를 해서라도 남침땅굴의 굴착작업을 완료하라"고 지시
  - 전개 : 북한은 특수공사로 위장하면서 1972년 5월부터 땅굴을 파기 시작, 현재까지 4개가 발견되었고, 발견된 순서에 따라 순번이 부여됨

– 제1땅굴 : 1974년 고랑포 동북방(서부전선)에서 발견, 무장병력이 통과할 수 있고, 궤도차를 이용하면 중화기와 포신도 운반 가능
– 제2땅굴 : 1975년 강원도 철원 북방(중부전선)에서 발견, 병력과 중화기 통과 가능
– 제3땅굴 : 1978년 판문점 남방(서부전선)에서 발견, 서울에서 불과 44km 거리에 있기 때문에 더욱 위협적인 것으로 평가

POINT 제4땅굴

1990년 강원도 양구 동북방(동부전선)에서 발견 → 북한이 중 · 서부전선뿐만 아니라 전선전역에 걸쳐 남침용 땅굴을 굴착해 놓았음이 밝혀졌다.

- 판문점 도끼만행사건(1976년 8월 18일) : 북한군은 판문점, 공동경비구역에서 나뭇가지 치기 작업을 하던 UN군 소속 미군장교 2명을 도끼로 살해. 사건 발생 후 미국은 모든 책임을 북한이 져야한다는 성명을 발표, 미국은 전폭기 대대 및 해병대를 한국에 급파하고 항공모함 레인저호와 미드웨이호를 한국해역으로 이동시키는 등 긴박한 상황을 전개. 한 · 미 양국의 강경한 태세에 김일성은 인민군 총사령관 자격으로 21일 오후 스틸웰 UN군사령관에게 사과의 메시지를 보냄

③ 특징

㉠ 남침용 땅굴 발견으로 북한의 평화적 제스처는 단지 위장에 불과하다는 주장이 사실로 입증(북한은 한국과 대화하는 동안 땅굴을 파고 있었음)

㉡ 판문점 도끼만행사건은 북한이 야기한 위기에 대해 미국과 한국의 단호한 응징 조치가 이루어지면 북한은 저자세를 취할 수밖에 없다는 사실을 확인

4 1980년대

① 배경

㉠ 한국이 북한의 국력을 압도하는 시기, 북한은 권력 이양 등 정치적으로 민감한 시기

㉡ 총리회담 실무접촉 등 남북대화의 무드를 이용하여 고도의 화전양면전술을 구사 → 한국인의 정신적 해이 조장

㉢ 대남모략 비방선전에 적극 이용해 온 '통일혁명당'을 '한국민족민주전선'으로 개칭(1985년 7월, 중앙위원회 전원회의)

② 내용

㉠ 국제 테러 방법을 활용

㉡ 주요 사례

- 미얀마 아웅산 테러사건(1983년 10월 9일) : 북한은 미얀마를 친선 방문 중이던 전두환 대통령 및 수행원들을 암살하기 위해 아웅산 묘소건물에 설치한 원격조종폭탄을 폭발시켜 한국의 부총리 등 17명을 순국케 하고 14명을 부상시키는 테러를 감행. 미얀마 정부는 북한과의 외교단계를 단절하는 한편, 북한대사관 직원들의 국외추방 단행. 그 뒤 테러범에 대해 사형선고를 내렸음. 이 사건으로 코스타리카, 코모로, 서사모아 3개국이 북한과의 외교관계를 단절하였으며, 미국 · 일본 등 69개국이 대북한 규탄성명 발표

• 대한항공기 폭파사건(1987년) : 1987년 11월 28일 이라크를 출발한 대한항공기가 아랍에미리트에 도착한 뒤 방콕으로 향발. 미얀마 상공에서 방콕공항과 교신 후 소식이 끊어짐. 여객기 잔해가 태국 해안에서 발견. 30일 오후 해당 항공기 추락 공식 발표. 범인은 북한의 지령(88서울올림픽 개최방해를 위해 KAL기를 폭파하라)을 받은 공작원으로 밝혀짐

③ 특징

㉠ 위기발생의 배경이 한반도에 국한되지 않고 국제무대로 확장

㉡ 사건 자체가 고도의 기술을 요하는 국제 테러 수단에 의해 야기

㉢ 국제적 테러 사건에서 철저히 범행을 위장하려 노력

POINT 북한은 대남공작에 있어 끊임없이 새로운 위협수단 개발에 열중하고 있음이 입증되었다.

5 1990년대

① 배경

㉠ **대외적** : 냉전 해체, 한 · 중 국교 정상화 → 북한 고립 심화

㉡ **대내적** : 홍수 및 기근으로 심각한 식량난에 봉착

㉢ **화해 분위기 조성** : 1991년 남북한 동시 유엔 가입, 남북 기본 합의서 채택

㉣ 1990년대 중반부터 '우리 민족끼리'라는 민주주의 명분을 내세워 통일전선 공작 강화

㉤ **김정일의 '선군정치'** : 군을 강화하고 군을 중심으로 북한의 대내외적 위기 극복 주장

㉥ 경제적 어려움과 국제 정세의 급격한 변화 속에 체제 위기를 핵 개발을 통해 극복하려 노력 → 북 · 미 갈등 및 한반도 위기 초래

② 내용

㉠ **1994년 핵 위기** : 북한의 핵무기 개발 의혹이 국제사회에 증폭되면서 발생. 북한은 핵무기 비확산 조약(NPT)과 국제원자력기구(IAEA)를 탈퇴함 → 미국의 대 북한 경제제재 결의안 유엔 상정 → 지미 카터 전 미국대통령 평양 방문으로 위기상황 극복. 북 · 미 제네바 기본 합의서 체결로 위기 무마

㉡ **강릉지역 잠수함 침투**(1996년 9월 18일) : 1996년 9월 18일 강릉시 고속도로 상에서 택시기사가 거동수상자 2명과 해안가에 좌초된 선박 1척을 경찰에 신고. 좌초된 선박이 북한의 잠수함으로 확인됨에 따라 군경은 무장공비 소탕작전에 돌입. 대전차 로켓, 소총, 정찰용 지도 노획, 조타수 이광수 생포 및 승조원 11명의 사체를 발견. 북한군 13명 사살. 아군 11명 전사. 전쟁 대비 한국 군사시설 자료 수집, 전국체전 참석 주요 인사 암살이 목적

㉢ **북한 잠수함 한국 어선 그물에 나포** : 1998년 6월 22일 강원도 속초시 근방 우리 영해에서 북한의 유고급 잠수정 1척이 그물에 걸려 표류하다 해군 함정에 의해 예인. 자폭한 9명의 북한군 공작조 및 승조원 시신 발견

㉣ **1차 연평해전** : 1999년 6월 15일, 북한 경비정 6척이 연평도 서방에서 북방한계선(NLL)을 넘어 우리 해군의 경고를 무시하고 선제사격을 가하여 남북 함정 간 포격전 발생. 6 · 25전쟁 이후 남북의 정규군 간에 벌어진 첫 해상 전투

③ 특징

㉠ 북한의 대남 적화전략은 변함이 없다는 것을 입증

㉡ 북한이 대외적으로는 대화 제스처를 보이지만 내부적으로는 전쟁준비에 몰두한다는 사실을 일깨워 줌

POINT 1996년 강릉지역 잠수함 침투사건 때에도 대북 경수로건설사업 등 남북 간의 경제협력은 계속되고 있었다.

6 2000년대 이후

① 배경

㉠ 국제사회와 대한민국에 대해 공격 · 협박을 가하고 위협함으로써, 당면한 남북문제와 국제협상에서 이득을 취하고 보상 또는 태도변화 등을 획책하기 위한 목적

㉡ **화해 분위기 조성**: 6 · 15 남북 공동선언(2000년), 남북 협력 및 교류 사업 활성화, 10 · 4 남북 공동선언(2007년)

㉢ 최근 발생한 북한의 도발은 3대 세습체제 강화를 위한 정치적 목적이 강함

② 주요 사례

㉠ **제2차 연평해전**(2002년 6월 29일): 제2차 연평해전은 연평도 인근 해상에서 북한 경비정의 선제 기습 포격으로 발생한 남북 해군 함정 간 교전. 해군 6명 전사, 19명 부상, 고속정 1척 침몰. 북한 역시 큰 피해를 입음. 제2차 연평해전은 북한의 의도적이고 사전 준비된 기습공격으로 우리 해군이 많은 피해를 입었지만, 살신성인의 호국의지로 서해 북방한계선(NLL)을 지켜냄

㉡ **대청해전**(2009년 11월 10일): 대청도 인근 북방한계선(NLL) 부근 해상에서 북한 경비정의 조준사격에 대해 우리 고속정이 대응 사격 실시. 우리 해군은 인명피해가 없었으나, 북한 해군은 경비정 1척이 손상되고 다수의 사상자가 발생한 것으로 추정

㉢ **천안함 피격 사건**: 2010년 3월 26일, 북한은 북방한계선(NLL) 이남 우리 해역에 잠수함을 침투시켜, 백령도 인근 해상에서 경계 작전 임무를 수행하던 천안함을 어뢰 공격으로 침몰시킴. 아군 승조원 104명 중 46명이 전사

POINT 천안함 피격 사건 시 대북조치

- 남북간 교역과 교류의 전면 중단과 북한 선박의 우리 영해 항해 금지 등을 내용으로 하는 5 · 24 조치 발표
- 유럽회의, 북한 규탄 결의안 채택
- G8 정상회의, 북한 규탄 공동성명 발표
- 유엔, 안전보장이사회 의장성명으로 천안함 피격 사건 규탄

㉣ **연평도 포격 사건**: 2010년 11월 23일, 북한은 연평도의 민가와 대한민국의 군사시설에 포격을 감행. 군인 2명 전사, 민간인 2명 사망, 18명 중경상. 한국의 연평도 해병부대도 북한 지역에 대한 대응사격 실시

POINT 연평도 포격 사건 시 대북조치
- 북한의 책임있는 조치 강력 요구
- 미국, 영국, 일본, 독일 등 세계 각국은 북한의 비인간적 도발 행위에 대해 분노하고 규탄

ⓜ **DMZ 목함지뢰 도발**(2015년 8월 4일) : 경기도 파주의 아 지역 DMZ에서 지뢰가 폭발. 북한군이 군사분계선을 넘어와 목함지뢰를 매설한 것으로 밝혀짐. 사건 후 연천, 파주, 화천 등에서 대북 확성기 방송을 재개. 북한은 이에 대한 대응으로 서부전선에 포격, 우리 군은 대응사격 실시. 북한 전방지역에 '준전시상태' 선포 및 '완전무장' 명령. 남북 고위당국자 접촉을 통해 북한의 준전시상태 해제와 남한의 대북 확성기 방송 중단 합의. 한국군 부사관 2명 부상(각각 다리와 발목 절단). 북한 도발에 대한 대한민국의 독자적인 강경대응 후 북한이 유감을 표명

③ **특징**

㉠ 특수부대와 수중전 등 비대칭 전력을 이용한 대남 침투도발 지속

㉡ **북방한계선(NLL) 무력화 시도** : 북한 선박 월선 행위 증가 / 서해해상 도발 사례 증가

POINT 북방한계선

1953년 7월 27일 이루어진 정전협정에서는 남북한 간 육상경계선만 설정하고 해양경계선은 설정하지 않았다. 이후 1953년 8월 30일 당시 주한 유엔군 사령관이던 마크 클라크(Mark W. Clark)가 한반도 해역에서의 남북 간의 우발적 무력충돌 발생 가능성을 줄이기 위한 목적으로 서해상에 당시 국제적으로 통용되던 영해 기준 3해리에 입각하여 서해 5개 도서(백령도 · 대청도 · 소청도 · 연평도 · 우도)와 북한 황해도 지역의 중간선을 기준으로 '북방한계선(NLL ; Northern Limit Line)'을 설정하였다. 또한, 동해상에는 군사분계선(MDL) 연장선을 기준으로 하여 '북방경계선(NBL ; Northern Boundary Line)을 설정하였다. 1996년 7월 1일 동해상의 북방경계선을 북방한계선으로 명칭을 통일하여 지금에 이른다.

㉢ 이명박 정부 출범 이후에는 '천안함 피격사건'과 '연평도 포격 도발 사건'과 같은 군민(軍民)을 가리지 않는 무차별한 대남도발 자행

section 03 북한의 핵 · 미사일 도발

1 북한 핵 · 미사일 도발의 원인

① 남한과의 재래식 군비경쟁의 열세 극복 및 미국과의 핵 균형 달성

② 무력시위를 통한 대내적 안정성 도모

③ 남한 및 미국과의 협상을 통한 경제적 원조 확보

② 북한의 핵 도발

① 핵 실험을 통한 대남 도발 사례

구분	1차 실험	2차 실험	3차 실험	4차 실험	5차 실험	6차 실험
일자	2006.10.9	2009.5.25	2013.2.12	2016.1.6	2016.9.9	2017.9.3
위력	1kt 미만	2 ~ 6kt	6 ~ 7kt	6kt	10kt	50 ~ 70kt
유형	플루토늄탄	플루토늄탄	우라늄탄	증폭분열탄	증폭분열탄	수소탄

② 핵 실험 주기가 짧아지고 있으며, 위력이 점차 강화되는 패턴이 나타남

③ 북한은 핵 실험의 원료 유형이 점차 발전되어가고 있다고 주장

③ 북한의 미사일 도발

① 장거리 미사일 실험을 통한 대남 도발 사례

구분	대포동 1호	대포동 2호	대포동 2호	은하 3호	은하 3호	은하 3호	화성 14형
일자	1998.8.31	2006.7.5	2009.4.5	2012.4.13	2012.12.12	2016.2.7	2017.7.4
장소	무수단리	무수단리	무수단리	동창리	동창리	동창리	무평리
비행거리	1,620km	490km	3,600km	500km	궤도진입	500km	5,500km
결과	실패	실패	실패	실패	성공	성공	성공

② 초기에 실험에서는 궤도진입 및 미사일 분리에 실패했으나, 최근 성공

③ 미사일 사거리가 점차 증가하고 있으며, 미국 본토까지 도달할 수 있다고 주장

④ 북한 핵 · 미사일 도발의 특징

① 핵 도발과 미사일 도발을 연계하여 비슷한 시기에 실시

② 장거리 미사일 이외에도 중거리 미사일, 잠수함 발사 미사일 등 다양한 형태의 미사일 도발을 병행

③ 핵탄두의 소형화와 미사일 사거리의 증가를 목적으로 지속적 도발

section 04 대남도발의 유형 및 특징

1 다양한 대남도발 유형

군사적 습격, 무장간첩 침투, 요인 암살, 잠수함 침투, 땅굴 굴착 등

① 1960년대 전반 … 군사분계선을 연하는 지역에서 군사적 습격과 납치 강행

② 1960년대 후반 … 무장간첩을 침투시켜 게릴라전 시도

POINT 북한의 군사도발이 강화된 이유
월남전 형태의 게릴라전을 통해 무력에 의한 적화통일 달성 희망

③ 1970년대 … 소규모 무장간첩 침투 → 한국 정치 · 사회적 불안 조성 / 반미감정 고조

④ 1980년대 … 국제적 테러 감행

POINT 목적
상대적 열세에 대한 불안감 만회, 한국의 발전 제동

⑤ 1990년대 이후 … 잠수함 침투, 핵 위기, 해군 교전, 북방한계선(NLL) 무력화 시도 등 새로운 유형의 도발 시도

2 대남도발의 특징

① 정치 · 군사적 목적
㉠ 군사적 목적에 의한 도발이 가장 많음
㉡ 시민을 대상으로 한 테러행위 → 한국의 정치 · 사회적 혼란 조성 의도

② 화전양면전략
㉠ 북한의 위기도발은 남북대화와 무관하게 자행
㉡ 대화는 필요에 의해서 추진도지만 도발행위는 일관적으로 시행

③ 도발행위 은폐
㉠ 북한은 자신의 의도를 숨기고 한국에 의한 조작행위로 비난하는 행태를 보임
㉡ 도발행위 은폐가 어려운 경우 한반도의 군사적 긴장 구조로 원인을 돌림 → 미군 철수 등의 정치 선전 기회로 활용

06 출제예상문제

≫ 정답 및 해설 p.484

01 북한의 대남도발에 대한 설명으로 옳지 않은 것은?

① 군사적 목적에 의한 도발이 가장 많았다.
② 시민을 대상으로 한 테러행위를 통해 한국의 정치 · 사회적 혼란을 조성하고자 하였다.
③ 필요에 따른 위기도발을 통해 남북대화를 시도하려는 화전양면 전략을 구사하였다.
④ 도발행위에 대한 사실을 은폐하고 한국에 의한 조작행위로 비난하는 형태를 보였다.

02 다음 설명에 해당하는 북한의 전략은?

> 겉으로는 화해와 평화의 의도로 보이지만, 실제로는 전쟁과 무력으로 목적을 성취하고자 한다.

① 화전양면전술　　② 기습도발전술
③ 요인테러전술　　④ 선군정치전술

03 다음 중 북한의 도발이 시기적으로 잘못 연결된 것은?

① 창랑호 납북 사건 – 1950년대
② 울진 · 삼척지구 무장공비 침투 사건 – 1960년대
③ 미얀마 아웅산 테러 사건 – 1970년대
④ 대한항공기 폭파 사건 – 1980년대

04 다음 설명에 해당하는 북한의 도발이 자행된 시기로 옳은 것은?

> 북한군이 판문점 공동경비구역에서 나무의 가지치기 작업을 하던 UN군 소속 미군장교 2명을 도끼로 살해하였다.

① 1960년대 ② 1970년대
③ 1980년대 ④ 1990년대

05 다음 중 북한의 대남행태로 옳지 않은 것은?

① 전쟁 이후에도 북한은 의도적으로 한국과의 군사적 긴장관계를 조성하였다.
② 한국 내 혁명에 유리한 여건 조성하고자 대남공작을 하였다.
③ 한국을 정치 · 사회적으로 안정을 시켜 한국 정부의 정통성을 강화시키고자 하였다.
④ 주한미군을 조기에 철수하도록 하여 한반도의 공산화를 시도할 수 있는 기회를 조성하고자 하였다.

06 다음 중 북한의 시기별 도발행태로 옳지 않은 것은?

① 1990년대 1980년대 도발 사례처럼 직접적 군사도발을 재시도하였다.
② 1994년 국제원자력기구(IAEA)를 탈퇴하자 핵 위기가 고조되었다.
③ 1977년에 노동연락부 내에 대성총국을 신설하여 대남공작을 관장하였다.
④ 2000년대 이후 최근에 일으킨 북한의 도발은 김정은이 3대 세습체제 강화를 위한 정치적 목적이 강하다.

07 **다음 중 북한의 1950년대 도발행태로 옳지 않은 것은?**

① 북한은 평화공세에 의한 선전전에 두고 각종 협상을 제안하였다.
② 북한은 남로당계를 숙청함과 동시에 대남공작기구와 게릴라 부대를 해체하는 변혁을 단행하였다.
③ 대한민국 항공 역사상 최초의 항공기 공중 납치사건이 발생하였다.
④ 남한에서의 혁명기지 구축하여 게릴라 침투와 군사도발을 병행하고자 하였다.

08 **다음 중 북한의 1960년대 도발행태로 옳지 않은 것은?**

① 남침용 땅굴 굴착과 해외를 통한 우회 간첩침투를 시도하였다.
② 4대 군사노선을 서둘러 추구하고 보다 강경한 대남공작을 전개 준비하였다.
③ 북한은 전면전은 아니지만 다양한 수단을 동원하여 대남적화공세를 감행하였다.
④ 조선노동당 제4차 대회에서 강경노선의 통일전략을 채택하고, 대남공작기구를 통합 · 승격시켰다.

09 **다음 중 북한의 1970년대 도발행태로 옳지 않은 것은?**

① 판문점 도끼만행 사건이 발생하였다.
② 미얀마 아웅산 테러사건이 발생하였다.
③ 북한은 한국과 대화하는 동안 땅굴을 파고 있었다.
④ 8 · 15 해방 29주년 기념식장에 잠입하여 연설 중인 박대통령을 저격했으나 미수에 그쳤다.

10 **다음 중 북한의 1980년대 도발행태로 옳지 않은 것은?**

① 위기발생의 배경이 한반도에 국한되지 않고 국제무대로 확장하였다.
② 총리회담 실무접촉 등 남북대화의 무드를 이용하여 고도의 화전양면전술 구사하였다.
③ 대남모략 비방선전에 적극 이용한 온 통일혁명당을 한국민족민주전선으로 개칭하였다.
④ 북한 경비정이 연평도 서방에서 북방한계선(NLL)을 넘어 우리 함정에 선제사격을 가하면서 남북 함정간 1차 연평해전이 발생하였다.

11 **다음 중 북한의 1990년대 도발행태로 옳지 않은 것은?**

① 북한은 강릉 앞바다에 잠수함을 침투시켰다.
② 1960년대 도발 사례처럼 직접적 군사도발을 재시도하였다.
③ 북한은 연평도의 민가와 대한민국의 군사시설에 포격을 감행하였다.
④ 강원도 속초시 근방 우리 영해에서 북한의 유고급 잠수정이 어선그물에 나포되었다.

12 **다음 중 북한의 2000년대 도발행태로 옳지 않은 것은?**

① 최근에 일으킨 북한의 도발은 김정은이 3대 세습체제 강화를 위한 정치적 목적이 강하다.
② 국제 사회와 대한민국에 대해 공격 · 협박을 가하고 위협함으로써, 당면한 남북문제와 국제협상에서 이득을 취하고 보상 또는 태도변화 등을 획책하였다.
③ 대청도 인근 NLL에서 북한 경비정 퇴거 과정 중에 대청해전이 발생하였다.
④ 울진, 삼척지구에 무장공비 120명을 침투하여 주민들에게 남자는 남로당, 여자는 여성동맹에 가입하라고 위협하였다.

13 다음 중 북한의 대남도발 특징으로 옳지 않은 것은?

① 북한의 위기도발은 남북대화와는 연관성 있게 자행하였다.
② 대화는 필요에 의해서 추진되지만 도발행위는 일관적으로 시행하였다.
③ 북한은 자신의 의도를 숨기고 한국에 의한 조작행위로 비난하는 행태를 보였다.
④ 시민을 대상으로 한 테러행위를 통해 한국의 정치 사회적 혼란을 조성하고자 하였다.

14 다음 중 북한의 대남도발 특징으로 옳지 않은 것은?

① 북한은 군사적 목적에 의한 도발이 가장 많았다.
② 대화는 필요에 의해서 추진되지만 도발행위는 일관적으로 시행하였다.
③ 북한은 자신의 의도를 드러내고 한국에 의한 조작행위로 비난하는 행태를 보였다.
④ 도발행위 은폐가 어려운 경우 한반도의 군사적 긴장 구조로 원인을 돌리고 미군 철수 등의 정치 선전 기회로 활용하였다.

15 다음 중 천안함 폭침 사건과 관련이 없는 것은?

① 북한은 잠수함정을 이용한 어뢰 공격을 자행하였다.
② 북한은 방사포와 해안포로 170여발의 포사격을 자행하였다.
③ 북한은 자신의 소행이 아니라고 부인하며 남측의 날조를 주장하였다.
④ 북한제 어뢰에 의한 외부 수중폭발로 발생한 충격파와 버블효과에 의해 절단되어 천안함이 침몰되었다.

북한 정치체제의 허구성

section 01 북한 정치체제의 형성

1 해방 이후의 북한 정세

① 다양한 정파들이 각축하는 구도 형성

㉠ 국내파 : 조만식을 중심으로 한 우익 민족진영과 박헌영을 중심으로 한 좌익 공산주의 진영

㉡ 해외파 : 허가이 등의 소련파와 김두봉, 무정 등의 친 중국 연안파 등이 파별 구성

㉢ 김일성파 : 김일성 등의 이른바 빨치산 유격대세력이 경쟁에 가담

POINT 해방 당시 북한 내부 정치파벌

㉠ 국내파
- 대표자 : 박헌영
- 항일투쟁 : 민족해방운동
- 활동지역 : 국내

㉡ 연안파
- 대표자 : 김두봉
- 항일투쟁 : 항일무장투쟁
- 활동지역 : 중국(연안)

㉢ 소련파
- 대표자 : 허가이
- 활동지역 : 소련
- 소련의 지원을 받음

㉣ 빨치산파
- 대표자 : 김일성
- 항일투쟁 : 항일무장투쟁
- 활동지역 : 만주, 소련
- 소련의 지원을 받음

② 소련의 후원을 받은 김일성 세력이 북한권력의 주도적 세력으로 부상

③ 북한 공산당 일당독재체제의 형성 … 소비에트화 3단계 과정

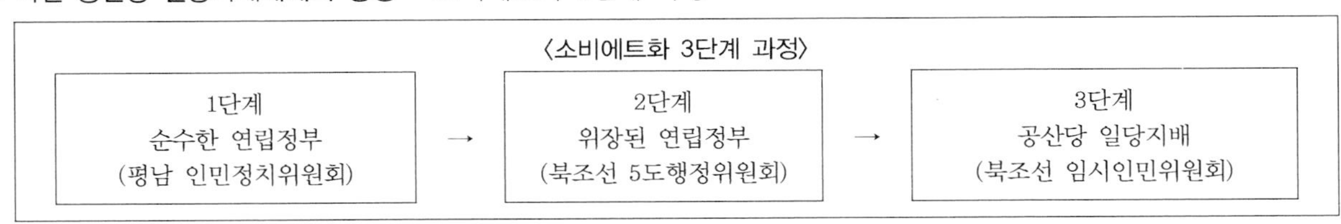

㉠ 1945년 8월 평남인민정치위원회 결성(민족주의 세력과 공산주의 세력 결합)

㉡ 1945년 10월 북조선 5도 인민위원회 설립(공산주의 세력이 실권 장악)

㉢ 1946년 2월 북조선임시인민위원회 조직(민족주의 세력 무력화)

㉣ 1947년 입법기관인 북조선인민회의는 정권수립을 위한 제반 준비 작업 진행

㉤ 1948년 헌법을 최종 채택하고 조선민주주의인민공화국 발족

④ 북한의 사회주의 계획경제제도 형성

㉠ 1946년 3월 토지개혁 단행(무상몰수 무상분배 원칙), 1953년 농민의 토지 몰수

㉡ 1948년 헌법에 모든 생산수단(토지, 농기계, 공장 등)의 국가 및 협동단체가 소유 명시

㉢ 1948년 9월 중앙집권적 계획경제 시행 : 국가의 모든 생산 활동 통제

2 1950년대 중 · 후반의 북한 정세

① 북한의 재건을 둘러싸고 향후 국가발전 전략과 관련하여 8월 종파사건 발생

㉠ 김일성은 자신의 중공업 우선의 사회주의 국가발전 전략에 반대하는 정파와 대립

㉡ 소련파 및 연안파 등을 외세 의존적인 정파로 지목하여 제거

㉢ 김일성의 대외적 자주성에 대한 강조는 주체사상 성립에 중대한 계기로 작용

POINT 8월 종파사건

1956년 8월 연안파 윤공흠 등이 주동이 되어 당 중앙위원회 개최를 계기로 일인독재자 김일성을 당에서 축출하고자 하였으나, 사전에 누설되어 주도자들이 체포된 사건. 김일성은 이 사건을 계기로 연안파와 소련파를 대대적으로 숙청하고, 당권을 완전히 장악하여 독재 권력의 기반을 공고히 하였다.

② 북한 정권의 사회주의 체제 구축작업 진행

㉠ 농업 협동화와 상공업과 수공업 분야의 협동화를 동시에 진행

㉡ 1950년대 말까지 생산수단을 완전히 국유화

③ 군중동원의 정치노선을 활성화

㉠ 6 · 25전쟁 이후의 노동력 부족현상을 극복하며 전후 경제를 건설하기 위한 방안

㉡ 인민대중이 사회주의의 주인이라는 논리로 군중의 자발적 참여를 독려

㉢ 군중동원 노선의 대표적인 사례 : 천리마운동, 청산리정신 및 청산리방법 등

POINT 천리마운동

하루에 천리를 달리는 천리마처럼 빠른 속도로 사회주의 경제를 건설하기 위해 주민들의 증산의욕을 고취하려는 노동 경쟁운동이자 사상 개조운동을 말한다.

3 1960년대의 북한 정세

① 중화학공업 위주의 산업기반이 정착되어가는 시기

② **김일성은 권력 독점적 단일지도체제 구축 모색** … 지속적인 숙청작업을 통한 일인권력의 공고화 및 주체사상의 강화

③ 과도한 유일체제화는 폐쇄성과 경직성을 초래함으로써 체제의 대응력 약화 초래

4 1970년대의 북한 정세

① **1972년 사회주의 헌법을 제정하고 주석에게 권력이 집중되는 권력구조 채택** … 독재권력 강화, 중앙집권적 계획경제, 감시체제 보유한 사회주의 독재체제 구축

② 1974년부터 20년에 걸친 권력승계 작업으로 1994년 김정일 체제로 이행

POINT 사회주의 헌법

1972년 12월 북한은 1948년 9월에 제정된 '조선민주주의인민공화국헌법'을 폐기하고, '조선민주주의인민공화국 사회주의헌법'을 공포. 새 헌법은 김일성의 절대 권력을 헌법적으로 보장하는 국가 주석제를 신설. 이는 이미 수령으로서 절대 권력을 확보한 김일성의 지위와 역할을 헌법에 명문화한 것이다.

5 김정일 체제의 형성

① **김정일 통치체제의 특징**

㉠ **일인지배체제**

- 당 총비서, 국방위원장으로서 사회주의 국가권력의 양대 축인 당과 군 장악
- 일인지배를 정당화하기 위한 이념체계로 주체사상 활용

㉡ **선군정치** : 군사를 제일 국사로 내세우고 군력 강화에 나라의 총력을 기울이는 정치

㉢ **강성대국론**

- 1990년대 중반 고난의 행군으로 불리는 위기시대를 극복하기 위한 목적
- 사상과 정치, 군사, 경제 강국을 실현 : 2012년 강성대국 완성 선전

POINT 국방위원회

국가주권의 최고 국방지도기관으로, 국방위원회 제1위원장은 북한의 영도자로 국가의 무력 일체를 지휘통솔. 대내외 사업을 비롯한 국가사업 전반을 지도, 외국과의 중요한 조약의 비준 및 폐기 등의 임무와 권한을 가진다.

② 김정일의 권력 승계 과정

㉠ 1980년 권력의 핵심 요직에 진출하면서 후계체제를 공식화

㉡ 1991년 인민군 최고 사령관에 취임, 2년 뒤 위상이 격상된 국방위원장에 취임

㉢ 1994년 김일성 사망 후 유훈통치 전개

㉣ 1998년 헌법 개정을 통해 국방위원회 중심으로 권력을 개편, 사실상 국가수반인 국방위원장에 다시 취임

6 김정은 체제의 형성

① 김정은 체제의 특징

㉠ 2012년 당 제1비서, 당 중앙군사위원회 위원장, 국방위원회 제1위원장 등 김정일의 직책을 모두 승계

㉡ 2012년 이후 당의 유일지도사상으로 주체사상 대신 김일성 · 김정일주의 표방

② 김정은의 권력 승계 과정

㉠ 2010년 김정은의 후계체제 구축과 우상화 작업 시작

㉡ 당 중앙 군사위 부위원장 임명, 군부 세력의 충성 유도

㉢ 2011년 김정일 사망 후 2012년 국방위원회 제1위원장으로 북한 통치

③ 김정은의 독재권력 강화

㉠ 2016년 헌법 개정을 통해 국무위원회 신설 및 김정은 '국무위원장' 취임

㉡ 김정은 노동장 위원장, 국무위원장, 인민군 총사령관 직위 독점

section 02 북한의 통치 이데올로기

1 주체사상

① 형성 배경

㉠ 정치적으로 일인독재지배체제에 대한 비판의 유입을 대내적으로 차단

㉡ 북한의 독재지배체제를 옹호하는데 주력

㉢ '사회정치적 생명체론'에 근거한 극단적인 전체주의 사상 주입

㉣ 대외적으로 중 · 소 이념분쟁이 가열되는 상황에서 북한의 중립적 위치 고수

POINT 사회정치적 생명체론

주체사상에 근거한 일인독재를 정당화하기 위한 논리적 배경으로서, 북한 사회를 구성하는 수령, 당, 인민들을 하나의 통합적인 생명체로 보는 시각. 사회를 구성하는 요소들의 유기적 결합과 통일성을 위해 수령에 의한 사회통제가 필수적이라고 주장한 것이다.

② 특징

㉠ 1950년대 이론적 체계화 시도
- 1995년 사상에서의 주체
- 1956년 경제에서의 자립
- 1957년 정치(내정)에서의 자주
- 1962년 국방에서의 자위
- 1966년 정치(외교)에서의 자주

㉡ 1970년 주체사상을 마르크스·레닌주의와 같이 노동당의 공식 이념으로 채택

㉢ 1980년 마르크스·레닌주의를 제외, 주체사상이 독자적 통치이념으로 정착

③ 한계 및 문제점

㉠ 사실상 개인의 권력독점 및 우상화를 통한 정략적 도구로 활용

㉡ 일인지배체제 강화와 우상화의 용도로 이용

㉢ 인민대중은 수령의 지도에 절대적으로 의존하고 복종해야 하는 수동적 객체로 전락

2 우리식 사회주의 / 조선민족제일주의

① 형성 배경 … 1980년대 후반 동구 사회주의권과 소련이 연속적으로 붕괴함에 따라 체제 위협 증가

② 특징

㉠ 주체사상이 논리적 보강을 통해 북한식 사회주의의 우월성을 강조

㉡ 북한식 사회주의를 이미 붕괴한 동구권 사회주의와 차별화

㉢ 북한 사회주의의 붕괴 가능성에 대한 우려 불식에 주력

POINT 우리식 사회주의와 조선민족제일주의

1980년대 후반 소련의 개혁·개방으로 시작된 동유럽 사회주의 국가 몰락, 독일 통일, 소련과 유고슬라비아 해체 등 정세변화는 독자적 노선을 고집한 북한 사회주의 체제의 존속을 위협. 이에 북한은 주체사상에 토대를 둔 우리식 사회주의를 강조하고, 이를 뒷받침하는 조선민족제일주의를 내세웠다.

❸ 선군정치

① 형성 배경

㉠ 김일성 이후 지속되는 경제난 속에서 당보다는 군에 의존하게 된 대내적 환경
- 정권에 대한 지지 및 정통성을 부여해 왔던 사회주의적 후원주의 체제를 와해
- 군의 자원과 역량을 활용하여 인민경제 회복, 당의 사회통제 기능 보완 시도

㉡ 군의 위상과 역할의 재정립을 통해 체제적 위기를 극복하고 정권의 정통성 만회

㉢ 외교적 고립으로부터 초래되는 북한의 불안
- 동구 사회주의권과 소련의 붕괴 이후 북한의 외교적 고립은 가속화
- 부시 행정부 이래 첨예화된 미국과 북한 간의 대결적 구도

㉣ 남한과의 체제 경쟁에서 경쟁력을 보존하는 군사 부문에 대한 자부심과 집착

② 특징

㉠ 2010년 개정 노동당 규약에서 선군정치를 사회주의 기본정치 양식으로 규정
- 1995년 초 내부적으로 논의되기 시작, 1998년 북한의 핵심적 통치 기치로 정착
- 2009년 개정헌법에 북한의 지도이념으로 명시

㉡ 군사력 강화를 최우선 목표로 군이 국가 제반 부문의 중심이 되는 정치방식
- 사회주의 혁명을 주도하며 북한의 발전적 추동력을 제공하는 군의 역할 강조
- 군의 영향력을 정치, 경제뿐만 아니라 교육, 문화, 예술 등 전 영역에 투영

㉢ 선군정치 하에서 군은 지도자와 사회주의 체제의 옹호를 위한 중심기구로 부상

POINT 선군정치
인민군대 강화에 최대의 힘을 넣고 인민군대의 위력에 의거하여 혁명과 건설의 전반 사업을 힘 있게 밀고 나가는 특유의 정치

③ 선군정치의 한계

㉠ 경제적 위기, 외교적 고립 속에서 정권유지를 위한 선택 : 김정일 정권이 체제 안정화를 도모하기 위한 마지막 수단

㉡ 김일성과 그 후계자들의 지배를 정당화하는 수단

section 03 북한의 경제정책

1 사회주의적 소유제도

① 생산수단과 생산물이 전사회적 또는 집단적으로 소유되는 제도

② 북한 내의 모든 부의 형태와 생산된 재화들이 국가의 소유

③ 북한의 사유 범위는 근로소득과 일용 소비품으로 한정

2 북한의 경제정책 기조

① 자립적 민족경제발전 노선
- ㉠ 대외경제 관계를 최소한의 필요 원자재, 자본재 수입하는 보완적 차원으로 인식
- ㉡ 국제 분업 질서로부터 유리된 폐쇄경제 형성
- ㉢ 1990년대 사회주의권 붕괴로 자기 완결적 자력갱생정책 수정
- ㉣ 2000년대 들어오면서부터 국제 분업 질서를 인정하는 개방형 자력갱생정책 추진

POINT 자립적 민족경제

생산의 인적, 물적 요소들을 자체로 보장할 뿐만 아니라 민족국가 내부에서 생산, 소비적 연계가 완결되어 독자적 재생산을 실현해나가는 체계를 말한다.

② 중공업 우선 발전정책
- ㉠ 사회주의 경제체제 수립 이후 중공업 우선 발전에 기초한 불균형 성장전략 추진
- ㉡ 김정일 시대에 중공업 우선 발전 정책이 국방공업 우선 발전 정책으로 변화
- ㉢ 국방공업 부문을 경제회복의 토대로 삼아야 단번에 도약 가능하다고 주장
- ㉣ 북한 경제구조를 왜곡시키고 민생경제 부문의 어려움을 악화시키는 결과 초래

③ 군사 경제 병진정책 추구
- ㉠ 1960년대 중반 국방 자위를 강조
- ㉡ 경제발전을 지연하더라도 군사력 강화 우선 추진
- ㉢ 북한의 군사비가 급증하여 총예산의 30% 이상 차지, 경제발전에 장애 초래

3 북한의 개혁 · 개방정책

① 1980년대 합영법을 제정해 외국인 투자 유치 시도

POINT 합영법

1984년 북한은 합영법을 제정하는 등 부분적인 경제 개방을 통해 경제 성장에 필요한 자본주의 국가들의 협력을 이끌어내려 하였으나 냉전체제 속에서 미국과의 대치, 외국 자본의 투기 기피 등으로 인해 이 구상은 큰 효과를 거두지 못했으며, 심각한 외채 문제를 안게 되었다.

② 2002년 7 · 1 경제관리 개선 · 개조 조치

㉠ 시장 기능의 부분 활용을 의도하는 7 · 1 경제관리 개선 · 개조 조치 시행

㉡ 군수산업은 계획경제 시스템을 통해 국가가 관리, 민수생산은 분권화 · 시장기능 도입

㉢ 계획경제 부문조차 시장에 의존하는 시장화 현상의 확대 초래

㉣ 2009년 화폐 개혁으로 경제의 양극화가 심해지고, 민생경제 악화

㉤ 2010년 중앙집권적 계획 시스템을 강화하는 방향으로 인민경제계획법 개정

POINT 7 · 1 경제관리 개선 · 개조 조치 이후의 변화

7 · 1 경제관리 개선 · 개조 조치 이후 물가와 임금 인상에 따라 북한 주민은 기존 화폐로 모든 예금 등의 재산가치가 하락하는 어려움을 겪게 되었다. 하지만 사적 경제활동이 확대되면서 기업소에서 임금에 인센티브를 도입함으로써 노력 여하에 따라 차등적인 보상을 받게 되었다. 그러나 이 조치 이후 물가 상승과 사재기 등의 문제가 나타나고 빈부 격차는 더 심해졌다. 사적 경제활동이 늘어나면서 물질주의가 팽배해져 부패와 일탈행위도 늘어난 것으로 보인다. 또한 중국과의 교역이 늘어나면서 대중국 경제의존도 역시 크게 심화되었다.

③ 2010년 나진 · 선봉 자유무역지대와 황금평을 경제특구로 지정하여 개발

㉠ 중국의 경제적 수요와 북한의 강성국가 건설 수요가 일치하여 공동개발 추진

㉡ 중국은 동북 3성 지역 개발을 위해 몽골, 러시아, 북한 접경지역 개발 필요

㉢ 중국은 북한 나진항을 이용한 동해로의 출로 확보 필요

④ 2012년 6 · 28 방침 발표(국가통제가 가능한 시장경제 체계 수립 시도)

㉠ 7 · 1경제관리 개선조치와 화폐개혁의 시행착오를 개선하기 위한 경제 조치

㉡ 주요 내용

- 공업분야 : 기업소의 경영권한 확대, 자체적 생산계획 수립 및 생산물 처분
- 농업분야 : 생산되는 모든 농산물 총량을 국가와 농장이 7 : 3의 비율로 분배
- 배급제도 폐지, 군과 정부기관에 근무하는 북한주민도 식량판매소에서 쌀 구입

⑤ 2000년 초반부터 남북교류협력 사업을 통한 개방 시도

㉠ 철도 · 도로 연결사업

- 2007년부터 경의선 남북 화물열차를 정례적으로 운행
- 2008년 12월 북한의 육로통행 제한조치에 의해 화물열차 운행 중단

㉡ 금강산 · 개성 관광
- 1998년 금강산 관광 시작, 2007년부터 금강산 · 개성 관광 확대
- 2008년 북한군의 총격에 의한 금강산 관광객 사망사건 발생, 관광 중단
- 2010년 북한의 금강산 내 우리 측 자산 몰수, 2011년 우리 측 체류인원 추방

㉢ 개성공단 사업
- 2000년 현대와 북한의 합의서 체결로 개성 지역 내 우리 공장 건설 시작
- 2007년 공단 완공
- 2010년 천안함 피격 사건으로 공단 내 우리 측 체류인원 축소 조치
- 2016년 북한의 4차 핵실험 이후 개성공단 전면 중단

section 04 북한의 인권

1 시민, 정치적 권리 침해

① 공개처형

㉠ 1990년대 이후 식량난이 심해지고 이념적 동조가 약해지면서 증가

㉡ 공개처형은 그 자체로 비인도적이며, 국제사회의 비난을 초래

② 정치범 수용소

㉠ 1956년부터 정치범을 반혁명분자로 몰아 투옥, 처형, 산간오지로 추방

㉡ 1966년부터 적대계층을 특정지역에 집단 수용

㉢ 5개 지역 수용소에 약 10만 명의 정치범을 수용

③ 기타 시민, 정치적 권리 침해

㉠ 거주이전 및 여행의 자유 제한

㉡ 종교를 아편으로 규정하고 종교 활동 탄압

㉢ 사회주의 체제를 형성, 유지, 강화 목적으로 계층구조 형성
- 전 주민을 핵심계층, 동요계층, 적대계층으로 구분
- 출신성분과 당성에 의해 인위적으로 구조화
- 귀속지위에 근거한 폐쇄체제이기 때문에 개인적 노력에 의한 사회 이동 불가

㉣ 노동당이 지명하는 단일후보에 대한 찬반투표

㉤ 당국과 다른 정치적 의사표시를 하지 못하도록 철저히 통제

POINT 대표적 북한의 인권 침해 사례

공개처형, 정치범 수용소, 언론의 자유와 정치 참여에 대한 억압, 거주와 여행의 자유에 대한 제한, 성분 분류에 따른 인민들의 차별대우 등 이에 대해 북한은 '우리식 인권'을 내세우며 개인의 자유보다 전체조직을 위한 공민의 의무를 강조하고, 물질적 보장이 인권의 가치로서 더 중요하다고 주장하였다.

2 경제, 사회, 문화적 권리 침해

① 생존권 침해
- ㉠ 1980년대부터 시작된 식량난은 2000년대에도 지속
- ㉡ 당 간부, 국가안전보위부, 군대, 군수산업 등 특정 집단에 식량 우선적 공급
- ㉢ 2000년 7 · 1 조치로 배급제도 사실상 폐기, 국영상점에서 식품 구매
- ㉣ 미국 등 국제사회는 분배의 불투명성 문제로 대북 식량지원을 중단

② 직업 선택의 권리 제한
- ㉠ 직업 선택은 당사자의 의사보다는 당의 인력수급 계획에 따라 진행
- ㉡ 직장배치 시 선발 기준은 개인의 적성, 능력보다 출신 성분과 당성이 우선
- ㉢ 무리배치 : 당의 지시에 따라 공장, 탄광, 각종 건설현장에 집단적으로 배치

③ 기타 경제, 사회, 문화적 권리 침해
- ㉠ 노동당이 모든 출판물을 직접 검열, 통제
- ㉡ 사회보장제도는 일부 선택 받은 계층에게만 적용

3 국제사회의 대응

① 유엔
- ㉠ 2014년 3월 유엔인권이사회 전체회의에서 대북인권결의안 채택
  - 북한이 인권탄압을 즉각 중단할 것을 촉구
  - 모든 회원국이 탈북자 강제송환 금지 원칙을 준수할 것을 명시
- ㉡ 북한, 중국, 러시아는 결의안 통과에 반대
- ㉢ 2015년 6월 서울에 UN 북한인권사무소 개설

② 미국
- ㉠ 2004년 북한 인권법 발표
- ㉡ 북한 주민의 인권 신장, 북한 주민의 인도적 지원, 탈북자 보호 등 포함

③ 일본
- ㉠ 2006년 북한 인권법 공포

㉡ 북한 주민의 인권 침해 상황 개선을 목표로 필요한 제재 조치를 취하도록 규정

④ 한국
㉠ 2005년 북한 인권 법안을 발의하였으나 17대 국회의 임기 만료로 폐기
㉡ 2008년 18대 국회에서 재발의, 법사위 전체 회의에 계류되었다가 자동 폐기
㉢ 2016년 북한 인권 법안 국회 통과
㉣ 북한 인권 법안 주요 내용 : 북한인권증진 관련 시민단체 지원, 북한인권기록 기구 설치

section 05 북한의 연방제 통일방안

1 고려민주연방공화국 창설방안

① 1973년 제시한 고려 연방제 통일방안을 수정하여 1980년 '고려민주연방공화국 창립방안' 제시

② 자주적 평화통일을 위한 선결조건
㉠ 국가보안법의 폐지 등 공산주의 활동의 장애물 제거
㉡ 주한미군의 조속한 철수
㉢ 미국의 한반도 문제에 대한 간섭 배제

③ 문제점
㉠ 한국에 대한 주한미군 철수 등의 선결조건을 제시
㉡ 남 · 북 두 제도에 의한 연방제는 현실적으로 실현되기가 어려움
㉢ 국호 · 국가형태 · 대외정책 노선 등을 남 · 북의 합의 없이 북한이 일방적으로 결정

2 '1민족 1국가 2제도 2정부'에 기초한 연방제(1991년)

① 형성배경
㉠ 소련의 해체와 동구 사회주의권의 붕괴로 외교적 고립과 경제난 봉착
㉡ 체제유지에 불안을 느끼고 남북공존 모색 필요

② 통일과정의 특징
㉠ 자주, 평화, 비동맹의 독립국가 지향
㉡ 연방제 실현의 선결조건을 계속 주장

㉢ 주체사상과 공산주의를 통일이념으로 제시
㉣ 지역자치정부가 외교권, 군사권, 내치권 등 보유

③ 문제점
㉠ 통일보다 체제 보전에 더 역점을 두고 있어 수세적 · 방어적 성격이 강함
㉡ 국가보안법 폐지, 공산주의 활동 합법화, 주한미군 철수 등 연방제 실현의 선결조건을 계속 주장
㉢ 7 · 4 공동성명의 '통일 3원칙'을 자의적으로 해석
㉣ 통일이념에 있어서 주체사상과 공산주의를 주장

POINT 7 · 4 남북공동성명
㉠ 통일은 외세에 의존하거나 외세의 간섭을 받음이 없이 자주적으로 해결
㉡ 통일은 서로 상대방을 적대하는 무력행사에 의거하지 않고 평화적으로 해결
㉢ 사상 · 이념 · 제도의 차이를 초월하여 우선 하나의 민족으로서 민족적 대단결 도모

07 출제예상문제

≫ 정답 및 해설 p.486

01 다음 글의 빈칸에 들어갈 명칭으로 가장 적절한 것은?

> 북한은 남북으로 분단된 한반도의 휴전선 북쪽 지역으로, 정식 명칭은 (　　　　　　)이다.

① 조선민주주의인민공화국
② 조선인민주의민주공화국
③ 조선민족주의인민공화국
④ 조선인민주의민족공화국

02 다음 중 북한 경제의 특징과 설명으로 적절하지 않은 것은?

① 실리 사회주의를 추구하면서 일부 시장 경제 기능을 도입하였다.
② 중공업 우선 원칙을 추구하다 보니 다른 산업들은 발전하지 못하였다.
③ 중앙 집권적 계획 경제를 통해 국가에 의한 통제 경제를 실시하고 있다.
④ 공산주의적 분배 원칙에 따라 국민의 소득 수준과 실제 생활 수준이 평등화되었다.

03 다음 글의 밑줄 친 '공산주의적 인간'의 의미로 적절하지 않은 것은?

> 북한에서는 사회의 모든 구성원들은 '<u>공산주의적 인간</u>'으로 키우기 위해 의무 교육을 실시하고 있다.

① 적극적으로 노동하는 인간
② 김일성 사상으로 무장된 인간
③ 우수한 전투력을 보유한 인간
④ 사회적 이익을 추구하는 인간

04 다음 글의 밑줄 친 ㈎～㈐에 대한 부연 설명으로 적절하지 않은 것은?

> ㈎ 철수 가족은 평양 근교의 중소 도시에서 2호 주택인 일반 아파트에 살고 있다. ㈏ 아버지는 주물 공장 노동자이고 어머니는 한때 같은 공장 간부 사원으로 근무했으나 지금은 집에서 살림만 하고 있다. ㈐ 철수 어머니는 집안일을 하고 가두 여성들의 인민반 활동에 참여한다. ㈑ 그후에 장마당에 내다 팔 국수와 만두밥 준비를 한다.

① ㈎ 북한 주민들은 주택을 개인적으로 소유할 수 없다.
② ㈏ 북한 주민들은 원하는 사람과 혼인할 수 없고, 국가가 지정해 준다.
③ ㈐ 북한 주민들은 일상생활이 거의 정해져 있기에 개인 시간을 갖기 어렵다.
④ ㈑ 장마당은 북한에서의 암시장으로 배급 체계가 무너지고 나서 활성화되었다.

05 다음 내용에 대한 설명으로 적절하지 않은 것은?

> 북한의 학교에서 주로 가르치는 내용은 정치 사상 교육과 과학 기술 교육, 체육 교육이다.

① 이 중에서도 특히 정치 사상 교육이 가장 강조된다.
② 과학 기술 교육은 일반 과학과 전문 기술을 가르친다.
③ 정치 사상 교육은 김일성의 혁명 역사와 혁명 활동을 가르친다.
④ 정치 사상 교육은 북한에서 인민학교와 중학교 과정까지만 가르친다.

06 **다음 글과 관련 깊은 북한 경제의 특징으로 가장 적절한 것은?**

> 북한에서의 분배는 이른바 "능력에 따라 일하고 필요에 따라 분배한다."라는 원칙에 입각하여 소득 격차를 축소하는 방향으로 이루어진다. 그러나 북한 주민들의 소득 수준이 제도상 평준화된 모습을 보인다고 해서 실제 생활 수준 자체도 평등하다고 보아서는 안 된다. 왜냐하면 주민들의 의식주와 관련된 모든 것들이 국가의 분배 원칙에 따라, 혹은 최고 통치자의 특별 기준에 따라 계층별로 차별적으로 배급되기 때문이다. 실제로 주민들 간의 소비 생활 수준 차이는 극심한 편이다.

① 공산주의적 평등 분배 원칙
② 선군주의 경제 노선
③ 사회주의적 소유 제도
④ 중앙 집권적 계획 경제

07 **다음 글과 같은 상황이 심화되어 1990년대 이후 식량난이 심각해지자, 북한 정부가 이에 대응하여 취하였던 대책과 거리가 먼 것은?**

> 북한에서의 분배는 이른바 "능력에 따라 일하고 필요에 따라 분배한다."라는 원칙에 입각하여 소득 격차를 축소하는 방향으로 이루어진다. 그러나 북한 주민들의 소득 수준이 제도상 평준화된 모습을 보인다고 해서 실제 생활 수준 자체도 평등하다고 보아서는 안 된다. 왜냐하면 주민들의 의식주와 관련된 모든 것들이 국가의 분배 원칙에 따라, 혹은 최고 통치자의 특별 기준에 따라 계층별로 차별적으로 배급되기 때문이다. 실제로 주민들 간의 소비 생활 수준 차이는 극심한 편이다.

① 외부 세계에 식량 지원을 요청하였다.
② 감자, 고구마 등 구황 작물을 식량 배급에 포함시켰다.
③ '쌀은 공산주의' 라는 구호로 농업 생산 증대를 꾀하였다.
④ 경제 분야에서만 자유 경쟁 체제와 개인 소유를 인정하였다.

08 **다음 중 북한 사회주의 경제의 기본 특징으로 보기 어려운 것은?**

① 생산 수단이 공동으로 소유된다.
② 개인적인 이윤 추구는 존재할 수 없다.
③ 재화의 생산이 시장 기구에 의해 이루어진다.
④ 소비재의 분배가 노동의 질과 양에 따라 이루어진다.

09 **다음 글의 빈칸 ㉠～㉢에 들어갈 알맞은 말을 순서대로 나열한 것은?**

> 북한은 최근에는 (㉠)(을)를 내세우며, 국방공업을 우선적으로 발전시키면서도 경공업과 농업을 동시에 발전시키겠다는 달라진 입장을 내세우고 있다. 이는 곧 실리 사회주의를 추구하겠다는 의미로 보인다. 이에 따라 공식적으로 (㉡)(이)라는 암시장을 단속하고, 북한 당국이 허가한 (㉢)(을)를 선보이며 변화를 시도하고 있다.

	㉠	㉡	㉢
①	사회주의 경제 노선	인민 시장	장마당
②	사회주의 경제 노선	장마당	종합 시장
③	선군주의 경제 노선	장마당	인민 시장
④	선군주의 경제 노선	장마당	종합 시장

10 다음 글의 빈칸에 들어갈 내용으로 적절하지 않은 것은?

> 북한의 사회생활은 집단주의 원칙에 기반을 두고 있다는 점에서 우리와는 많이 다르다. 또한, 국가 안전보위부, 인민 보안성, 국가 검열성 등의 기관들을 통해 고도의 조직화된 사회를 이끌고 있으며, (   ) 등을 통해서도 주민을 통제하고 있다. 이에 따라 북한 주민들은 일상생활이 거의 정해져 있기 때문에 개인 시간을 갖는 것이 무척 힘들다.

① 인민반 제도
② 각종 집단생활
③ 실리 사회주의 추구
④ 거주 이전의 자유 제한

11 다음 글의 빈칸 ㉠~㉣에 들어갈 조직명으로 적절하지 않은 것은?

> 북한의 유일 당인 (㉠)(은)는 국가 권력의 원천으로 최고의 위상과 권한을 가진다. (㉡)(은)는 법을 만드는 입법부의 기능을, (㉢)(와)과 내각은 법을 집행하는 행정부의 기능을, (㉣)(은)는 법을 해석하는 사법부의 기능을 수행한다.

① ㉠ – 조선 노동당
② ㉡ – 최고인민회의
③ ㉢ – 국방 위원회
④ ㉣ – 대법원

12 다음 ㉠에 들어갈 말로 적절한 것을 고르면?

> • 조선민주주의인민공화국에서 공민의 권리와 의무는 '하나는 전체를 위하여, 전체는 하나를 위하여'라는 (㉠)원칙에 기초한다.
> • (㉠)란 "사회와 집단의 이익을 귀중히 여기고 그 실현을 위하여 모든 것을 다 바쳐 투쟁하는 공산주의 사상과 도덕"이다.

① 집단주의
② 제국주의
③ 사회주의
④ 개인주의

13 북한의 경제생활에 대한 설명으로 옳지 않은 것은?

① 재산의 개인적 소유와 처분을 인정하지 않는다.
② 공산주의적 평등 분배 원칙을 적용하기 때문에 실제 생활 수준 자체도 계급에 상관없이 평등하다.
③ 중공업 우선 정책으로 생필품 보급의 불균형이 초래되었다.
④ 국가 계획 위원회에서 국가 경제 계획을 작성, 집행, 감독한다.

14 북한의 정치 체제에 대한 설명으로 옳지 않은 것은?

① 국방위원회와 내각은 법을 집행하는 행정부의 기능을 수행한다.
② 조선 노동당은 국가 권력의 원천으로 최고의 위상과 권한을 가진다.
③ 국방위원회가 일방적으로 국가 정책을 통제하기 때문에 권력 분립이 실질적으로 이루어지지 않는다.
④ 김일성과 김정일 부자의 지배 체제를 강화하고 우상화하는 용도로 수령 지배 체제를 강조하고 있다.

15 북한 당국이 바라보는 인권에 대한 입장으로 옳지 않은 것은?

① 시민적 · 정치적 권리보다는 경제적 · 사회적 권리를 더 강조한다.
② 개인적 자유와 인권은 집단적 · 사회적 자유와 인권에 종속되어 있다고 본다.
③ 사회와 국가, 민족과 인민의 자유와 인권은 개인의 자유와 인권이 보장되었을 때 실현될 수 있다.
④ 남한 사회의 자유는 자유방임적 원리에 기초한 약육강식, 적자생존의 원칙에 따르는 자유라고 보고 있다.

16 북한의 인권 실상과 관계 없는 것은?

① 전통적인 가부장 질서가 유지되고 있어 여성에 대한 차별이 여전하다.
② 경제난 지속으로 사회 복지 · 안전 제도가 붕괴되어 기본적 생존권이 위협되고 있다.
③ 기근으로 인해 북한 여성들의 영양실조는 임신 · 출산 · 육아시의 건강 악화를 초래하였다.
④ 최근 여행증 제도를 도입하여 북한 주민들의 여행의 자유를 보장하는 정책을 유지해오고 있다.

17 최근 북한에서 다음과 같은 일이 발생하고 있는 원인은?

> 최소한의 생계가 보장되지 않자 주민들의 일탈행위가 늘어났고, 북한 당국은 그에 따라 강력한 처벌제도를 도입하였다. 이러한 과정에서 개인의 기본적 권리가 더욱 무시되고 있는 것이다.

① 권력 다툼
② 권력의 이동
③ 최악의 경제난
④ 서구 문물의 유입

18 북한의 경제생활에 대한 설명으로 옳지 않은 것은?

① 경공업 우선 정책
② 선군주의 경제 노선
③ 사회주의적 소유제도
④ 중앙집권적 계획 경제

19 북한의 정치 생활에 대한 설명으로 옳은 것은?

① 최고 인민 회의는 일방적으로 국가 정책을 통제한다.
② 조선 노동당이 모든 법을 집행하는 행정부의 기능을 수행하고 있다.
③ 주체사상이라는 통치이념과 주체인 인민 대중의 정점에 수령이 존재한다.
④ 국방 위원회와 내각이 국가 권력의 원천으로서 최고의 위상과 권한을 가진다.

20 북한의 인권 상황에 대한 설명으로 옳지 않은 것은?

① 언론, 출판, 결사, 집회의 자유 등 기본적 자유의 제한이 계속 이루어지고 있다.
② 아동들의 생활 환경이 매우 나빠져 만성적인 기아와 영양실조로 생명을 위협당하고 있다.
③ 여행증 제도를 통하여 평양, 국경 지대에 대한 접근을 통제하는 등 여행의 자유를 침해하는 정책을 유지하고 있다.
④ 출신 성분에 따른 차별은 행해지고 있지 않지만 사회적 일탈이 심한 자는 공개 처형이나 구타, 고문과 같은 강력한 처벌이 이루어진다.

한미동맹의 필요성

핵심이론정리

section 01 한미동맹의 역사와 역할

1 초창기 한 · 미관계(1949년)

① 한미관계의 시작
- ㉠ 제너럴셔먼호 사건(1866년)으로 인한 신미양요(1871년)로 최초 군사관계 시작
- ㉡ '조미수호통상조약(1882년)'으로 공식적 국교관계 수립

② 실질적인 군사협력관계의 시작
- ㉠ 패전한 일본군의 무장해제를 위하여 미 육군 제24군단이 한반도에 진주(1945년)
- ㉡ 주한미군사고문단(KMAG)의 설치(1949년)
  - 미군이 보유하고 있던 무기와 한국군 이양 및 사용법 교육, 한국군의 편성과 훈련지도, 군사교육기관의 정비 강화 등
  - 고문단은 외교적 역할도 수행했으며 치외법권을 갖고 있었음

3 미국의 한국전쟁 참전

① 6 · 25전쟁의 발발 … 1950년 6월 25일 북한의 기습남침 개시

② 국제사회의 대응
- ㉠ 유엔 안보리는 북한의 전쟁도발 행위의 중지 및 38선 이북으로 철수를 요구하는 결의안 의결(1950년 6월 25일)
- ㉡ 영국과 프랑스의 발의로 유엔군사령부 설치(1950년 7월 7일) : 미국, 호주, 프랑스, 터키 등 16개국이 전투부대 파병

③ 미국의 참전
- ㉠ 미국 주도의 유엔군 창설 : 유엔군사령부는 미군 주도의 통합사령부로서 미 극동군 사령부가 위치한 도쿄에 창설
- ㉡ 이승만 대통령은 한국군의 작전 지휘권을 맥아더 유엔군사령관에게 공식서한을 보내어 이양(1950년 7월 14일)
- ㉢ 인천상륙작전을 통해서 서울을 수복하였으나, 중공군의 개입으로 후퇴를 하게 되고, 전선은 고착됨
- ㉣ 미국은 사망 36,940명, 부상 92,134명, 실종 3,737명, 포로 4,439명 등 총 137,250명의 희생을 감내함

❸ 한미상호방위조약의 체결(1953년 10월 1일 조인, 1954년 11월 17일부 발효)

① 조약 체결의 배경

㉠ 휴전을 둘러싼 한미 양국 간 의견 대립

- 미국은 휴전을 원하고 한국은 지속적 전쟁을 통해 북진 통일을 원함
- 한국은 휴전 거부의사를 표명하며 휴전회담에도 참석하지 않음
- 한국은 정전협정조인에 결국 참여하지 않음

㉡ 정전협정조인(1953년 7월 27일) 후 지속적인 한국의 방어를 위해 체결

- 정전을 하는 대신, 한미상호방위조약 체결, 대한군사원조 등이 이루어짐
- 한국은 한미상호방위조약에 한반도 유사시 미국의 자동개입조항을 삽입하기를 요구하였으나, 미국은 이를 거부하고 대안으로 미군 2개 사단을 한국에 주둔

㉢ 이 조약은 체결 이후 현재까지 그 내용의 변화 없이 효력이 지속되고 있음

② 한미연합방위체계의 법적 근거가 됨

㉠ 제3조 : 상대국에 대한 무력공격은 자국의 평화와 안정을 위태롭게 하는 것으로 간주하여 헌법상의 절차에 따라 공동으로 대처

㉡ 제4조 : 미군의 한국 내 주둔을 인정

한미상호방위조약

제2조 : 당사국 중 어느 일국의 정치적 독립 또는 안전이 외부로부터의 무력공격에 의하여 위협을 받고 있다고 어느 당사국이든지 인정할 때에는 언제든지 당사국은 서로 협의한다. 당사국은 단독적으로나 공동으로나 자조와 상호원조에 의하여 무력공격을 방지하기 위한 적절한 수단을 지속하며, 강화시킬 것이며 본 조약을 실행하고 그 목적을 추진할 적절한 조치를 협의와 합의하에 취할 것이다.

제3조 : 각 당사국은 타 당사국의 행정지배하에 있는 영토와 각 당사국이 타 당사국의 행정지배하에 합법적으로 들어갔다고 인정하는 금후의 영토에 있어서 타 당사국에 대한 태평양 지역에 있어서의 무력공격을 자국의 평화와 안전을 위태롭게 하는 것이라고 인정하고 공통한 위협에 대처하기 위하여 각자의 헌법상의 수속에 따라 행동할 것을 선언한다.

제4조 : 상호적 합의에 의하여 미합중국의 육군, 해군과 공군을 대한민국의 영토 내와 그 부근에 배치하는 권리에 대해 대한민국은 이를 허여하고 미합중국은 이를 수락한다.

❹ 미국의 군사적 지원

① 대외군사판매(FMS)를 통한 무기체계 공급으로 한국군 전력을 증강

POINT **대외군사판매**(Foreign Military Sale)

미정부가 무기수출통제법에 의거 우방국 · 동맹국 또는 국제기구를 대상으로 정부간의 계약에 의하여 대외지급수단 및 차관자금으로 군사상 필요한 물자, 방위, 용역 등을 미 국방부 군수체계를 통하여 판매하는 군사판매 형태를 말한다. 1961년에 수정된 대외 원조법과 1976년에 수정된 무기 수출 통제법에 의한 미국 안보 원조의 한 부분으로, 이 원조는 원조를 받는 국가가 이전된 방위 물자와 서비스를 상환해야 한다는 점에서 군사 원조 프로그램, 국제 군사 교육 훈련 프로그램과 다르다.

② 방산기술지원 및 협력을 통해 한국군 무기체계 개선

③ 한국의 방어를 위한 주한미군의 기여도 증가

5 한국의 베트남 파병과 한미안보협력

① 베트남전 개요

㉠ 2차 세계대전 이후 프랑스로부터 독립을 위해 결성된 “베트남독립동맹”과 이를 저지하려는 프랑스의 전쟁이 시작

㉡ 디엔비엔푸 전투에서 프랑스는 큰 타격을 입고 제네바 협정 체결 : 베트남독립동맹은 북베트남에 자리를 잡고 공산주의를 표방하였으며, 남베트남에는 비공산주의자들이 자리를 잡게 됨

㉢ 미국의 지원을 받고 있었던 남베트남은 민주주의를 표방, 북베트남은 공산화 통일을 시도

② 한국의 참전 배경

㉠ 한미동맹 차원에서 미국의 6 · 25전쟁 지원에 대한 보답

㉡ 주한미군의 베트남 투입 가능성을 차단

㉢ 한국군의 실전 전투경험 축적을 통한 전투역량 강화

③ 한국군의 참전

㉠ 8년 8개월(1964년 7월 18일 ~ 1973년 3월 23일) 동안 총 312,853명 투입

㉡ 주월 한국군사령부 창설

- 파병된 전투부대로는 맹호부대, 백마부대, 청룡부대가 있음
- 주월 한국군사령부가 한국군의 작전권 행사

④ 한미안보협력의 발전

㉠ 정치적 갈등관계의 청산과 상호보완적 동맹관계로 발전

㉡ 1968년 제1차 한 · 미 연례국방각료회의 개최 후 현재의 한 · 미 안보협의회의로 개칭

6 닉슨 독트린과 한미동맹의 변화 – 주한미군 감축 움직임

① 데탕트의 도래와 베트남전 이후 미국의 재정 적자 악화로 인해 아시아 지역의 미군을 감축하려는 움직임이 나타남

② 닉슨 독트린(1969년 7월)

㉠ 배경

- 베트남에 대한 미국의 유엔 파병 제안과 유엔의 거부
- 외교적 고립 하 대규모 병력 파병에 따른 국제사회 비난과 국내 반전운동 전개

㉡ 내용

• 미국은 앞으로 베트남 전쟁과 같은 군사적 개입을 피한다.
• 미국은 아시아 여러 나라와의 조약상 약속을 지키지만, 강대국의 핵에 의한 위협의 경우를 제외하고는 내란이나 침략에 대하여 아시아 각국이 스스로 협력하여 대처하여야 한다.
• 미국은 태평양 국가로서 그 지역에서 중요한 역할을 계속하지만 직접적, 군사적인 또는 정치적인 과잉 개입은 하지 않으며 자력 구제의 의사를 가진 아시아 여러 나라의 자주적 행동을 측면 지원한다.

㉢ 영향

• 아시아 지역에 대한 안보공약의 축소 : 아시아의 안보는 아시아인에 의해
• 미국 대외정책 변경 : 반공 → 평화공존, 중국의 UN 가입 및 상임이사국 인정(1971년)
• 해외주둔미군 축소 : 주한미군 부분 철수 논의 → 제7사단의 철수(1971년 3월)

③ 카터(Jimmy Carter) 행정부의 주한미군 철수 정책

㉠ 3단계 철군안 발표 : 1978 ~ 1982년까지 3단계에 걸쳐 철군

㉡ 철군계획에 따라 1978년까지 3,400명 철군

④ 철군계획의 취소(1979년)

㉠ 북한 군사력에 대한 재평가 : 미국 내에서 북한의 군사력이 높은 수준에 있다는 평가가 나옴

㉡ 신냉전의 분위기 확산 : 소련은 아프간 및 베트남 일대에서 팽창의도를 보이며 데탕트 분위기를 와해시킴

㉢ 한국정부의 반대

7 주한미군 철수를 보완하기 위한 한미동맹의 강화

① 주한미군 철수 계획으로 인한 한국의 자체적인 역량 강화 시도 … 한국 정부에 의한 한국군 전력증강사업의 시작 (제1차 율곡사업 : 1974 ~ 1981년)

② 한국군의 역량 강화를 위한 미국의 군사원조 강화

㉠ 주한미군이 보유하고 있던 일부 장비들에 대한 무상 이양

㉡ 대외군사판매(FMS)를 통한 무기체계 제공 확대

㉢ 한국군 역량 강화를 위한 차관의 추가 제공

③ 철군에 따른 동맹의 보완책 추진

㉠ 한미연합사령부(CFC) 창설(1978년)

• 군사위원회로부터 전략지시를 받아서 한미연합군을 지휘
• 사령관은 미군 대장, 부사령관은 한국군 대장, 참모장은 미군 중장
• 각 참모요원은 부서장과 차장에 한국군과 미군 장교들이 교차되어 임명
• 한반도 방어를 위한 전쟁수행 사령부가 유엔군사령부에서 한미연합사령부로 변경(유엔사는 존속) → 동반자적 한미 군사관계의 새로운 틀을 마련

- 1950년 맥아더 유엔군 사령관에게 이양된 작전지휘권→1954년 한 · 미 합의의사록에 의거 작전통제권으로 변경 →1978년 한미연합사령부 창설로 작전통제권이 유엔군 사령관에서 한미연합사령관으로 이양

㉡ 한미연합훈련의 발전

- 을지프리덤가디언 연습(UFG) : 국가 전쟁지도 및 전쟁수행 능력을 향상시키고 절차를 숙달하기 위해 실시하는 종합 지휘소 연습
- 키 리졸브 연습(Key Resolve) : 유사시 한반도에 미 증원전력을 전개하는 연습. 증원전력의 수용과 대기, 전방이동, 통제권 전환, 한국군과의 통합절차 숙달
- 독수리 연습(Foal Eagle) : 한 · 미간의 군사적 결의를 과시하고 연합 및 합동작전 태세 완비를 위해 1961년부터 연례적으로 실시하는 연합 · 합동 야외기동연습

8 80년대 한 · 미 동맹관계 재결속 및 90년대 냉전의 종식과 안보 동반자 관계

① 한국의 국력신장에 따른 역할 재조정 … 일방적 안보지원 대상국 해지, FMS 차관 중단, 방위비 분담 요구

② 1989년 '넌-워너 법안' 상원 본회의에 제출 및 통과 … 한국에 있어서의 주둔 군사력 위치 및 전력구조와 임무 재평가, 한국의 안보부담 증가, 주한미군의 감군 필요성과 가능성 협의

③ 1990년 '동아시아 전략구상(EASI)' 발표

㉠ 아 · 태 지역의 미군주둔 전략 재검토, 3단계에 걸친 전력 감축 계획

㉡ 90년대 초반 북한의 핵개발 의혹에 따라 주한미군 철수 중단

㉢ 주한미군 역할을 한국방위에 있어 '주도적 역할'에서 '보조적 역할'로 변경. 한국 정부의 더 많은 방위비 분담금 지불 요구

④ 한국군 한반도 방위의 주도적 역할 이행 … 군정위 수석대표에 한국군 장성임명, JSA경비책임 일부 한국군에 이관, 한 · 미 야전사 해체, 지상구성군사 분리 및 한국군 장성을 사령관에 임명, 평지작전통제권 전환

9 2000년대 이후 미래지향적 한미동맹

① 미국의 해외주둔군 재배치 구상(GPR), 한국의 국력 신장으로 성숙한 동맹관계 요구

② 주한미군 기지 이전

㉠ 용산기지 이전계획(YRP) 2003년 합의, 연합토지관리계획(LPP) 2004년 합의

㉡ 국토의 균형발전과 주한미군의 안정적 주둔여건 보장

③ 전시작전통제권 전환

㉠ 2007년 전작권의 전환(2012년 4월 17일) 합의

㉡ 2010년 북한의 위협과 한국군의 능력 고려 전작권 전환 연기(2015년 12월 1일)

㉢ 2014년 조건에 기초한 전작권 전환 재연기 결정

④ **방위비 분담금 협상** … 1991년 방위비 분담금 부담, 2014년 제9차 방위비 분담협정 체결(9,200억 원)

⑤ **2008년 '전통적 우호관계'에서 '21세기 전략동맹'으로 격상** … 2009년 '한미동맹 공동비전'을 통해 '포괄적 전략동맹'을 확인

㉠ 자유민주주의와 인권, 시장경제라는 공동가치를 공유하는 가치동맹

㉡ 군사, 외교, 안보, 경제, 사회, 문화를 포괄하는 호혜적인 신뢰동맹

㉢ 한반도를 넘어 동아시아와 세계의 평화, 번영에 기여하는 평화구축동맹

⑥ 2013년 '한미동맹 60주년 공동선언'을 통한 연합방위 태세 유지 재확인 및 한·미 간 포괄적 전략동맹의 지속 발전 합의

10 한미동맹의 군사적 역할

① 북한의 도발 억제에 결정적 기여

㉠ 주한미군의 주둔을 통한 대북 억제력 강화

- 정보자산을 통해 대북 정보를 획득 : 주한미군은 U-2정찰기 및 정찰위성 등을 통해 획득한 대북정보를 한국군에 제공
- 강력한 전투력(M1 전차, F-16 전투기, 아파치 헬기)을 통해 북한의 도발 억제

㉡ 유사시 증원전력을 통해 북한의 군사적 위협에 대비

㉢ 확장억제를 통해 북한의 핵 위협 억제

- 북한은 1990년대부터 핵개발을 실시해 왔으며 여섯 차례의 핵실험 실시
- 한미 양국은 북한 핵 및 대량살상무기(WMD) 위협에 대응하기 위한 "맞춤형 억제 전략"을 수립 : 정찰자산을 이용하여 북한의 움직임을 3단계(위협, 사용임박, 사용)로 나누어서 판단하고, 단계별로 가용한 수단을 이용하여 타격

② 한국군의 군사전략 및 전술의 발전

㉠ 미국은 많은 전쟁경험을 통해서 현대전에 적합한 전략 및 전술을 개발 및 발전시켜왔음

㉡ 한국군은 한미연합사와 한미연합군사훈련을 통해서 미군의 전략 및 전술을 학습

③ 한국군의 무기체계 발전

㉠ **미국의 군사원조와 한국군의 현대화** : 6·25전쟁 이후 한국군의 현대화 과정에서 미국의 군사원조가 결정적 역할

㉡ 미국은 대외군사판매제도를 통해서 한국군에 고성능 무기들을 공급

㉢ 한미는 한미방위기술협력 위원회를 통해서 무기체계의 공동개발연구를 진행하는 등 방위기술 교류를 활발히 진행하고 있음

⑪ 한미동맹의 정치 · 외교적 역할

① 동아시아의 세력 균형자 / 안정자 역할

㉠ 한국은 중국, 일본, 러시아 등 강대국들 속에 둘러싸여 있음

㉡ 강대국들의 세력 다툼 속에서 한미동맹은 중국 및 러시아 등에 대해 균형을 유지할 수 있도록 만드는 중요한 기제

② 지역 분쟁의 조정자 역할

㉠ 동아시아에는 역내 국가 간 다양한 분쟁요소들이 산재(역사 및 영토 등)

㉡ 한미동맹의 한 축인 미국은 지역분쟁의 조정자로서 역내의 작은 분쟁들이 전쟁으로 비화되는 것을 막아줌

③ 국제평화 및 안보에 기여

㉠ 한미 양국은 대량살상무기 확산 방지 구상(PSI), 핵확산 금지 조약(NPT) 등을 통해서 국제군비통제 분야에서 협력해 왔음

㉡ 국제평화를 위한 군사협력

- 미국이 대량살상무기 제거를 위해 이라크와 벌인 전쟁(이라크 전쟁)에서, 아르빌 북부 지역에 자이툰 부대를 파견하여 미국과 협조 하에 재건활동 실시
- 한국 해군은 아프리카 소말리아 해역인 아덴만에 4,500톤급 구축함 1척을 파견하여 대해적 작전을 실시
- 한국군은 미국이 주도하는 테러와의 전쟁을 지원하기 위하여 아프가니스탄에 재건부대를 파견

section 02 미국의 지원과 경제 성장

❶ 원조를 통한 미국의 전후복구 지원

① 유엔을 통한 미국의 지원

㉠ 유엔한국통일부흥위원단(UNCURK), 유엔한국재건단(UNKRA) : 난민 구호, 식량 배급 등 인도주의적 지원

㉡ 유엔아동기금(UNICEF) : 식량 제공, 의료 지원

㉢ 유엔교육과학문화기구(UNESCO) : 교육 지원

㉣ 인도적 차원의 유엔 활동에 소요되는 대부분의 비용을 미국이 제공

② 원조를 통한 미국의 지원

㉠ 미국 원조의 목적

- 인도주의적 목적 : 기아와 역병 방지를 위한 원조
- 정치적 목적 : 공산주의 확산 방지를 위한 원조

㉡ 미국은 1953 ~ 1959년까지 총 16억 2,200만 달러의 원조를 제공(한국 요구량 : 10억 달러)
- 전후 경제재건 자금의 90% 이상이 미국 원조 자금
- 1950년대 후반에 정부 재정에서 미국 원조가 차지하는 비중이 50% 이상

㉢ 소비재 중심의 경제 원조
- 미국의 식량, 의복, 의약품 등 생활필수품을 지원
  - 미공법(미국의 농산물 무역 촉진 원조법) 480호에 따른 농산물 원조
  - 한국 정부는 원조 받은 농산물의 판매 수익을 통해 대충자금을 조성하여 정부 계획 하에 집행(50%는 미국의 무기체계 구매)
- 원조물자를 가공한 면방직업, 제당업, 제분업 등 삼백 산업 발달

㉣ 어려운 시기에 미국의 지원을 받아 성장을 위한 기반을 마련

㉤ 한국이 원했던 생산재 및 사회 기반 시설 중심의 원조는 미약

㉥ 1950년대 후반, 미국은 국내경제 악화를 이유로 경제적 지원의 형태를 무상원조에서 유상차관으로 변경

2 한국의 베트남 파병과 한미경제협력

① 미국의 경제지원 증가

㉠ 국군 전력증강과 경제개발을 위한 차관 제공

㉡ 한국의 산업 발전을 위한 기술원조

POINT 브라운 각서(1966년 3월)
- 한국군 18개 사단의 현대화를 지원
- 파병비용은 미국이 부담
- 베트남에 주둔한 한국군의 보급 물자와 장비를 한국에서 구매
- 베트남 현지 사업들에 한국을 참여시킴
- 한국의 수출 진흥을 위해 기술 원조를 강화
- 차관의 추가제공

② 베트남 파병의 경제적 성과

㉠ 베트남 파병 군인들의 송금으로 외화 획득

㉡ 수출 증대 : 군수품 수출 및 한국 기업의 베트남 진출

㉢ 1960년대 한국 경제성장의 견인차 역할

3 한미동맹의 경제적 의의

① 경제발전을 할 수 있는 안정된 환경 제공 ··· 해외 투자자들이 마음 놓고 투자할 수 있는 여건 마련

㉠ 코리아 디스카운트의 주요 원인 중의 하나는 북한의 군사적 위협으로 전쟁이 일어날 지도 모른다는 안보 불안 : 북한의 도발이 있을 때마다 한국의 주식 시장이 요동침

POINT 코리아 디스카운트
한국기업들이 기업 가치에 비해 주가가 저평가 되어 있는 현상을 말한다.

㉡ 한미동맹과 주한미군의 주둔은 북한의 군사적 도발을 억제함으로써 해외 투자자들에게 투자할 수 있는 여건을 조성

② 안보비용의 절감

㉠ 한국은 6 · 25전쟁 이후 한미동맹을 통해 안보를 달성하였으며, 그렇게 절약한 안보비용을 경제 발전에 투자하여 경제성장에 성공

㉡ 현재 주한미군 자산의 가치는 약 200억 달러(22조원), 유사시 전개되는 미증원전력에 소요되는 예산은 약 2,500억 달러(270조원)로 추산되며 이를 통해 안보비용을 절약하고 있음

③ 한미 경제협력 강화를 통한 이익

㉠ 한미 교역의 확대를 통한 이익

㉡ 경제협력으로 인한 선진경영기법 도입

08 출제예상문제

≫ 정답 및 해설 p.489

01 다음 빈칸에 공통으로 들어갈 나라는?

> 제4조 상호합의에 의하여 결정된 바에 따라 ______의 육군, 해군, 공군을 대한민국의 영토 내와 그 주변에 배치하는 권리에 대해 대한민국은 이를 허용하고 ______은 이를 수락한다.

① 미국
② 중국
③ 일본
④ 러시아

02 한미 간 〈보기〉의 문서가 오가던 시기에 있었던 일로 가장 옳은 것은?

〈보기〉

> 제1조 추가 파병에 따른 비용은 미국이 부담한다.
> 제2조 한국 육군 17개 사단과 해병대 1개 사단의 장비를 현대화한다.
> 제3조 베트남 주둔 한국군을 위한 물자와 용역은 가급적 한국에서 조달한다.
> ⋮

① 전시작전권의 전환에 합의하였다.
② 한·미 연례안보협의회가 설립되었다.
③ 제9차 방위비 분담협정을 체결하였다.
④ 한미동맹 공동비전을 통해 포괄적 전략동맹을 확인하였다.

03 다음 중 한미상호방위조약의 체결의 배경으로 옳은 것은?

① 소련이 북한에 현대식 무기를 공급하였다.
② 북한의 요청으로 중국군이 전쟁에 개입하였다.
③ 휴전 협정 조인 후 한국의 방어를 위해 체결을 요구하였다.
④ 북한의 기습 남침을 통해 개시하였다.

04 다음은 광복 이후의 경제 상황이다. 이에 대한 설명으로 적절하지 않은 것은?

> 광복 후 미국은 한국에 대량의 물자를 무상으로 원조하였다. 원조에는 미 군정기의 점령 지역 행정 구호 원조, 정부 출범 이후의 정부 협조처 원조, 6 · 25전쟁 중의 유엔 한국 재건단 원조, 6 · 25전쟁 이후의 미국 공법 480호에 의한 농산물 원조 등 이었다. 원조의 양은 1950년대 후반까지 증가하였으나, 이후 점차 감소하였다. 당시 원조 물자의 대부분은 밀, 면화, 설탕 등이었으며, 국내의 부족한 농산물보다 더 많이 도입되기도 하였다.

① 밀과 면화의 생산량이 감소하게 되었다.
② 면방직, 제분, 제당의 삼백 산업이 성장하였다.
③ 농산물 도입으로 농촌 경제의 안정이 이루어졌다.
④ 미국의 원조는 전후 복구 사업에 큰 힘이 되었다.

05 다음 각서가 체결된 시기의 경제 상황으로 옳은 것은?

> 제1조 추가 파병에 따른 부담은 미국이 부담한다.
> 제3조 베트남 주둔 한국군을 위한 물자와 용역은 가급적 한국에서 조달한다.
> 제4조 베트남에서 실시되는 각종 건설 · 구호 등 제반 사업에 한국인 업자가 참여한다.

① 제분, 제당, 방직의 삼백 산업이 발달하였다.
② 강대국의 농산물 시장 개방 압력이 거세었다.
③ 성장 위주의 경제 개발 정책이 추진되고 있었다.
④ 국제 통화 기금으로부터 구제 금융을 지원받았다.

06 다음 조약에 대한 설명으로 옳은 것은?

> 제1조 당사국은 국제 관계에 있어서 국제 연합의 목적이나 당사국이 국제 연합에 의하여 부담한 의무에 배치되는 방법으로 무력의 위협이나 무력의 행사를 삼갈 것을 약속한다.
> 제3조 상호 합의에 의하여 미국은 육해공군을 한국 영토 내와 그 부근에 배치할 수 있는 권리를 가지며 한국은 이를 허락한다.

① 6 · 25전쟁 도중에 체결되었다.
② 애치슨 라인 설정으로 이어졌다.
③ 한 · 미 동맹 관계가 강화되었다.
④ 선제 공격을 공식적으로 합의하였다.

07 표의 상황이 당시 경제에 끼친 영향으로 옳은 것은?

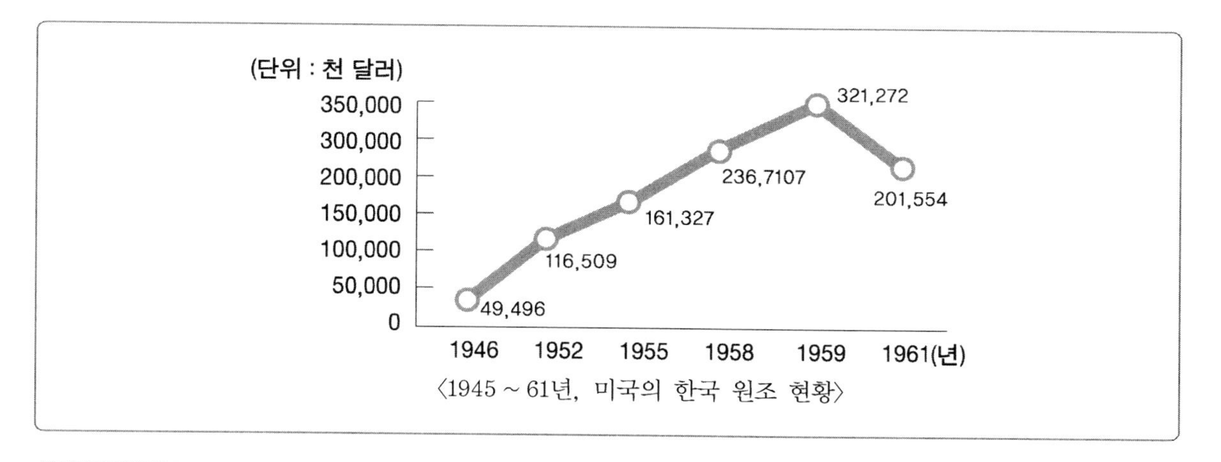

〈1945 ~ 61년, 미국의 한국 원조 현황〉

> ㉠ 소비재 산업이 발달하였다.
> ㉡ 밀, 면화 생산 농가가 몰락하였다.
> ㉢ 제1차 경제 개발 5개년 계획이 추진되었다.
> ㉣ 외환 위기로 기업 구조 조정이 단행되었다.

① ㉠㉡　　② ㉠㉢
③ ㉡㉢　　④ ㉡㉣

08 다음 글의 (가)에 대한 설명으로 옳은 것은?

> 원조 경제의 발달 과정에서 전체 제조업의 77%를 차지하였던 [(가)] 을 중심으로 재벌이 형성되는 토대가 마련되었다. 반면, 중소기업의 성장 기반 형성은 수월하지 않았다.

① 귀농 인구의 증가를 가져왔다.
② 국내 식량 부족 문제를 심화시켰다.
③ 국내 면화 재배 농가에 큰 타격을 주었다.
④ 농산물 가격의 폭등으로 물가가 높아졌다.

09 다음 상황이 끼친 영향으로 옳은 것을 〈보기〉에서 고른 것은?

> 미국으로부터 우리나라에 수백만 석의 양곡이 원조되었다. 작년도의 2배 이상 증가한 양이 들어오게 되었는데, 이를 통해 전후 식량 문제가 상당히 극복되어 가고 있으며, 아울러 이와 더불어 들어오는 소비재 물품들 또한 국민들의 생활 안정에 보탬이 되고 있다. 그러나 식량 위주의 원조가 갖는 문제점이 발생하고 있어 정부가 조처를 취해야 할 것으로 보인다.

〈보기〉

㉠ 농지개혁이 중단되었다.
㉡ 삼백 산업이 성장하였다.
㉢ 농산물 가격이 하락하였다.
㉣ 소비재 산업의 성장이 부진하였다.

① ㉠㉡
② ㉠㉢
③ ㉡㉢
④ ㉡㉣

10 다음 사실로 내릴 수 있는 결론으로 옳은 것은?

> • 핵 확산 금지 조약(NPT)
> • 닉슨 독트린 발표
> • 전략 무기 제한 협정(SALT) 교섭
> • 닉슨의 모스크바와 베이징 방문

① 사회주의 국가의 붕괴
② 제2차 세계 대전의 발발
③ 미 · 소 간의 긴장 완화 실현
④ 핵무기 확산 금지 조치 체결

11 다음의 일들이 일어난 시기를 연표에서 고르면?

> 한 · 미 동맹 강화와 군 현대화, 차관을 통한 경제적 이득 등을 고려해 베트남 파병을 결정하였다.

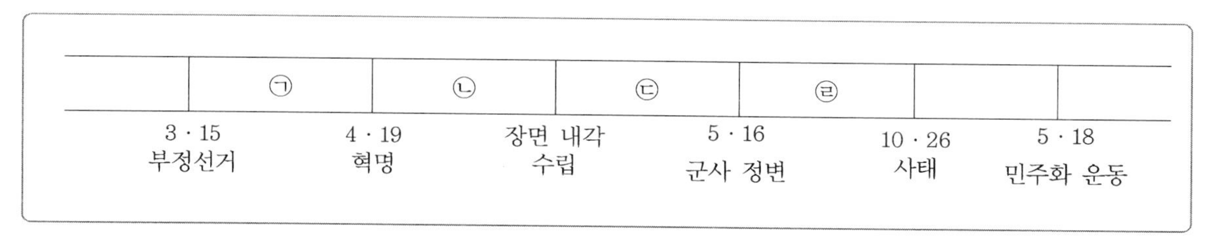

① ㉠
② ㉡
③ ㉢
④ ㉣

12 다음 중 한국의 베트남 파병의 성과로 옳지 않은 것은?

① 대민지원 중심의 민사심리전 수행으로 베트남 주민들의 지지를 확보할 수 있었다.
② 한국전쟁에서의 산악전 경험을 토대로 효과적인 전투임무 수행을 하였다.
③ 미국의 동맹으로서 국제적 지위와 위상이 위축되었다.
④ 군수품의 수출, 건설업체의 베트남 진출 등으로 국가적인 이익을 얻었다.

13 다음 중 한미안보연례협의회에 대한 설명으로 옳지 않은 것은?

① 증가하는 북한의 도발에 대한 대응의 필요성이 배경이 되었다.
② 오늘날까지 안보현안에 대한 논의의 장으로 활용되고 있다.
③ 양국 국방장관을 수석대표로 하는 장관급회의이다.
④ 데탕트의 도래와 베트남전 이후 미국의 재정 적자 악화가 배경이 되었다.

14 다음 중 카터(Jimmy Carter) 행정부의 주한미군 철수 정책과 관련이 없는 것은?

① 1977년에서 1982년까지 3단계 철군안이 발표되었다.
② 1978년까지 3,400명이 철군하였다.
③ 북한 군사력에 대한 재평가로 철군 계획이 취소되었다.
④ 데탕트 분위기가 심화되면서 주한미군 철수 정책이 강화되었다.

15 다음 중 한미동맹의 역할로 옳지 않은 것은?

① 주한미군의 주둔을 통한 대북 억지력이 강화되었다.
② 미국은 동아시아 지역 분쟁 유발자의 역할을 하였다.
③ 미국은 대외군사판매제도(FMS)를 통해서 한국군에 고성능 무기들을 공급하였다.
④ 미국은 많은 전쟁 경험을 통해서 현대전에 적합한 전략 및 전술을 개발 및 발전시켜왔다.

CHAPTER

중국의 동북공정

핵심이론정리

section 01 동북공정

1 정의

'동북변강역사여현상계열연구공정(東北邊疆歷史與現狀系列研究工程)'의 줄임말로서, 중국 국경 안에서 전개된 모든 역사를 중국 역사로 만들기 위해 2002년부터 2007년까지 중국 정부의 지원을 받아 추진한 동북 변경지역의 역사와 현상에 관한 연구 프로젝트

2 배경

① 2001년 한국 국회에서 재중 동포의 법적 지위에 대한 특별법 상정

② 2001년 북한에서 고구려 고분군 유네스코 세계문화유산 등록 신청

③ 중국 정부가 조선족 문제와 한반도의 통일과 관련된 문제 등에 대해 국가 차원의 대책을 세우기 시작

④ 미래 북한 정권 붕괴에 따른 충격을 최소화하고 한반도에 대한 직간접 영향력을 행사하기 위한 사전 포석

3 내용

① 오늘날 중국 영토에서 전개된 모든 역사를 중국의 역사로 편입하려는 시도의 일부(통일적 다민족국가론)

② 고조선, 고구려 및 발해의 역사가 중국의 역사의 일부라 왜곡

③ 한국과 중국의 구두양해각서(2004년)에서 고구려사 문제를 학문적 차원에 국한시킨다고 동의하고 공식적인 동북공정은 2007년에 종결

④ **동북공정의 목적을 위한 역사왜곡은 지금도 진행 중**… 동북공정식 역사관을 가르치는 중국 역사 교과서, 동북공정식 메시지를 전달하는 지안 고구려 박물관 등

⑤ 중앙 정부 주도의 동북공정은 2007년에 종결되었지만, 2007년 이후 지방 정부 주도의 동북공정은 지속

⑥ 최근 고조선, 고구려 및 발해에 대한 서술을 다양화하고, 일부 서적에서는 백제까지 편입하여 동북공정을 강화하는 추게

4 문제점

① **역사적인 문제점** … 한국 고대사 왜곡으로 인해 한국사의 영역이 시간적(2,000년), 공간적(한강 이남)으로 국한

② **정치적인 문제점** … 남북통일 이후 국경 문제를 비롯한 영토 문제를 공고히 하기 위한 사전 포석일 가능성, 북한정권의 붕괴 시 북한 지역에 대한 중국의 연고권을 주장할 가능성

③ **군사적인 문제점** … 동북공정을 통해 북한 지역에 대한 개입 명분을 확보하고, 유사시 대내외적으로 홍보하여 유리한 국면 조성

section 02 상고사를 둘러싼 역사분쟁

1 고조선

① 고조선에 대한 기본적인 이해
- ㉠ 우리 민족사에 최초로 등장하는 국가(삼국유사와 제왕운기의 단군신화)
- ㉡ **세력 범위** : 요령 지방과 한반도 북부(비파형동검과 고인돌의 분포)
- ㉢ **기자동래설** : 중국 은나라의 기자가 고조선을 세우고 초대 왕이 되었다는 설(중국의 상서대전)
- ㉣ **위만조선** : BC 194년 중국 연나라 망명자 출신 위만이 반란을 일으켜 집권한 후 멸망할 때까지의 고조선

② 단군조선을 둘러싼 논쟁
- ㉠ **중국** : 단군은 신화적인 존재였고, 단군조선은 실재하지 않음
- ㉡ **한국** : 단군신화의 역사성을 인정해야 함. 단군조선은 독자적인 청동기 문화를 바탕으로 세워진 실존하는 한국사 최초의 국가임

③ 기자동래설을 둘러싼 논쟁
- ㉠ **중국** : 은나라의 왕족 기자가 고조선을 건국한 후 주 왕실의 조회에 참석하여 제후국이 됨 → 고조선은 중국사의 일부
- ㉡ **한국** : 기자동래설을 입증하는 상서대전의 신뢰성 문제. 기자의 이주를 입증할 수 있는 고고학적 사료(TR고조선 문화에 중국 청동기 문화의 유입 흔적) 미미

④ 위만조선을 둘러싼 논쟁
  ㉠ 중국 : 연나라 출신이 고조선 지배 → 고조선은 중국사의 일부
  ㉡ 한국 : 지배층 일부가 교체되었을 뿐, '조선'의 국호 등 국가 정체성 유지

2 부여

① 기원전 2세기부터 494년까지 북만주 송화강 유역 평야지대에서 번영한 농업국가

② 중국 … 부여는 중국의 문화를 받아들이고 결국 중국에 흡수된 고대 중국의 소수민족 정권
  ㉠ 부여인은 중국식의 묘지 이용
  ㉡ 부여 유적 내 중국 계통의 철기와 토기 발견

③ 한국 … 부여는 한민족의 원류로 간주되는 예맥족이 세운 고대국가
  ㉠ 중국 사서 삼국지의 기록(부여는 예맥의 땅에 있었음) → 부여인이 예맥족의 한 갈래였을 가능성
  ㉡ 후대의 고구려인들과 백제인들이 부여의 직접 후계임을 주장할 정도의 깊은 동족의식
  ㉢ 부여의 주요 관명(마가, 우가, 저가, 구가 등)은 중국의 것과는 다른 계통에 속함

section 03 고구려사를 둘러싼 역사분쟁

1 고구려는 중국 땅에 세워졌다?'

① 중국 … 중국의 영토에서 진행된 고구려사는 한국사의 일부가 아님
  ㉠ 고구려는 한나라의 영역인 현도군 고구려현에서 건국
  ㉡ 427년에는 한의 낙랑군 평양으로 천도

② 한국 … 중국의 주장은 영토 패권주의에 불과
  ㉠ 고구려에 선행하는 고조선 · 부여의 역사는 명백한 우리 역사
  ㉡ 현재 자국 영토 안에 있다는 이유로 그 역사를 귀속할 수 없음

2 고구려는 중국의 지방 정권이었다?'

① 중국 … 고구려는 시종 중국의 한 지방 민족 정권
  ㉠ 고구려현은 이미 한의 현도군 소속으로, 고구려는 한 왕조의 신하
  ㉡ 고구려는 3세기부터 7세기까지 중국왕조의 책봉을 받고 조공을 함

② 한국 … 고구려는 명백한 독자 국가

㉠ 조공 · 책봉은 전근대시기 동아시아의 국제외교형식이자 무역활동에 불과(일본, 신라, 베트남도 중국과 조공 · 책봉관계 유지)

㉡ 황제국가를 표방(광개토대왕의 연호 사용, 광개토왕릉비의 천하관)한 고구려

❸ 고구려 민족은 중국 고대의 한 민족이다?'

① 중국 … 고구려 민족은 한민족의 선조가 아니다.

㉠ 고구려 멸망 후 고구려의 후예들 가운데 대부분이 당나라로 이동 후 동화

㉡ 대동강 이남의 고구려인 극소수만이 신라에 흡수

② 한국 … 설득력 없는 억지 주장에 불과

㉠ 고대 중국은 고구려를 동이라는 오랑캐의 일부로 단정

㉡ 당으로 간 고구려인들 대부분은 강제로 끌려감, 신라로 내려온 이들은 동류의식을 바탕으로 신라를 선택

❹ 수 · 당과 고구려의 전쟁은 중국 국내 전쟁이었다?'

① 중국 … 같은 민족의 통일 전쟁

㉠ 고구려는 중국의 지방정권

㉡ 이 전쟁은 지방정권의 반란을 진압한 국내 통일 전쟁

② 한국 … 국가 대 국가의 전쟁

㉠ 수 · 당 전쟁은 고구려 뿐 아니라 백제, 신라, 왜도 참여한 다국가 전쟁

㉡ 고구려의 영역은 고조선-부여-고구려로 이어지는 한민족의 영역

❺ 고려는 고구려를 계승한 국가가 아니다?'

① 중국 … 고려는 신라를 계승한 국가

㉠ 고려는 대동강 이남만 차지

㉡ 수도 개성은 신라의 옛 땅

② 한국 … 고려는 명백히 고구려를 계승한 국가

㉠ 고려의 국호는 고구려를 계승한 역사의식의 산물

㉡ 고려의 삼국사기, 삼국유사와 같은 역사서 편찬

㉢ 고려는 고구려의 수도 서경을 중시하며 압록강까지 북진정책을 추진

section 04 발해사를 둘러싼 역사분쟁

1 발해

① 건국 … 698년 고구려 유민 대조영이 고구려 유민을 중심으로 건국

② 성장 … 말갈 등 주변의 부족을 복속시킨 후 만주, 러시아, 한반도 북부 장악

③ 멸망 … 926년 거란의 습격에 의해 멸망 후 발해 유민 대거 고려로 이주

2 주변국의 발해사 왜곡

① 중국 … 발해는 말갈족이 세운 당이 지방정권
　㉠ 발해 건국 주체민족은 고구려 유민이 아닌 말갈족
　㉡ 발해는 당에 의해 책봉된 지방정권

② 러시아 … 발해는 말갈이 중심이 된 연해주 최초 중세국가

③ 일본 … 발해는 일본의 조공국

3 한국의 반론

① 발해의 계승의식
　㉠ 제2대 무왕이 일본에 보낸 국서 : 이 나라는 고구려의 옛 땅을 회복하여 계승하고 부여의 유속을 지킨다.
　㉡ 제3대 문왕이 일본에 보낸 국서에서 스스로를 고구려 국왕이라 칭함
　㉢ 고구려 유민 집단이 지배층 형성

② 발해는 명백한 독립국가
　㉠ 시호 및 연호 사용, 황제국가 표방
　㉡ 당이 발해를 책봉한 것은 발해의 건국과 실체를 인정한 것에 불과

09 출제예상문제

≫ 정답 및 해설 p.492

01 다음 주장의 근거로 옳지 않은 것은?

> 위만조선은 중국인이 고조선에 들어와 세운 왕조가 아닌 단군조선을 계승한 우리의 역사이다.

① 위만은 고조선에 입국할 때 흰 옷을 입고 있었다.
② 동쪽의 예와 남쪽의 진이 중국과 직접 교역하는 것을 방해하였다.
③ 위만이 왕이 된 후에도 나라 이름을 그대로 조선이라 하였다.
④ 위만의 정권에는 토착민이 높은 지위에 오르는 경우가 많았다.

02 다음 중 발해가 우리 역사임을 입증할 수 있는 것으로 옳지 않은 것은?

① 정혜공주와 정효공주의 무덤 양식
② 상경 용천부의 주작대로
③ 지배계층의 구성원
④ 왜왕에게 보낸 국서

03 중국이 다음과 같은 일을 벌이는 의도로 옳은 것을 〈보기〉에서 고른 것은?

> 중국은 옛 고구려와 발해의 영토가 현재 자신들의 영토 안에 있다는 이유로, 고구려와 발해의 역사를 고대 중국의 지방 정권으로 편입시키려는 노력을 기울이고 있다. 중국은 국가 차원에서 이 지역에 대한 연구와 문화재 복원 사업 등과 함께 지역 경제 활성화를 위한 지원 사업 등을 전개하였다.

〈보기〉

㉠ 일본의 역사 왜곡에 대응하기 위해
㉡ 통일 후 한반도에 영향력을 미치기 위해
㉢ 한국에 대한 식민지 지배의 정당화를 위해
㉣ 조선족 등 지역 거주민에 대한 결속을 강화하기 위해

① ㉠㉡ ② ㉠㉢
③ ㉡㉢ ④ ㉡㉣

04 다음과 같은 문제를 해결하기 위한 노력으로 옳지 않은 것은?

- 야스쿠니 신사 참배
- 역사 교과서 왜곡 문제
- 중국의 동북공정 연구
- 일본의 독도 영유권 주장

① 서로의 역사 인식을 공유하여야 한다.
② 정부와 민간 차원의 노력을 동시에 병행해야 한다.
③ 빠른 문제 해결을 위해 즉각적인 감정 대응을 한다.
④ 공동의 역사 교재를 편찬하는데 노력을 기울여야 한다.

05 다음 설명에 해당하는 용어는 무엇인가?

> 중국이 동북 3성, 즉 랴오닝 성, 지린 성, 헤이룽장 성의 역사 · 지리 · 민족에 대한 문제를 집중적으로 연구하는 사업을 말한다. 중국은 이 연구를 통해 고구려와 발해의 역사가 중국의 역사라고 주장하고 있다.

① 동북공정　　② 역사논쟁
③ 역사분쟁　　④ 역사왜곡

06 다음은 고구려에 대한 중국의 주장이다. 이를 반박할 수 있는 사료로 가장 적절한 것은?

> • 고구려는 중국 왕조의 책봉을 받고 조공을 하였던 중국의 지방 정권이었다.
> • 고구려는 '기자 조선 – 위만 조선 – 한사군 – 고구려'로 계승된 중국의 고대 소수 민족 지방 정권이었다.

① 택리지　　② 삼국사기
③ 동국문헌비고　　④ 해동제국기

07 중국이 동북공정을 통해 자국사로 편입하고자 하는 한국의 역사를 옳게 묶은 것은?

① 신라, 발해, 고려　　② 고조선, 고구려, 발해
③ 고조선, 신라, 발해　　④ 고구려, 백제, 신라

08 중국이 다음과 같이 주장하는 목적으로 옳은 것을 〈보기〉에서 모두 고른 것은?

- 고구려 종족은 중원으로부터 기원하였다.
- 고구려는 중국 왕조의 책봉을 받고 조공을 하였던 중국의 지방 정권이었다.
- 고구려 유민은 상당수가 중국인이 되었고, 신라로 들어간 고구려인은 소수에 불과하다.
- 고구려는 고려와 무관하며, '기자 조선 – 위만 조선 – 한사군 – 고구려'로 계승된 중국의 고대 소수 민족 지방 정권이었다.

〈보기〉

㉠ 북한과의 경제 · 문화적 교류를 강화하기 위해
㉡ 만주 지역에 있는 고구려의 유적을 보호하기 위해
㉢ 북한이 붕괴되었을 때 북한 지역에 영향력을 행사하기 위해
㉣ 조선족 등 많은 소수 민족의 동요를 막고 이들을 하나의 중화 민족으로 통합하기 위해

① ㉠㉡　　② ㉠㉢
③ ㉡㉢　　④ ㉢㉣

09 동북공정에 대한 설명으로 옳은 것만을 〈보기〉에서 있는 대로 고른 것은?

〈보기〉

㉠ 고구려의 유적을 중국의 유적으로 소개하고 있다.
㉡ 고려와 고구려와의 역사 계승 관계를 부정하고 있다.
㉢ 중국 내 소수 민족의 독립을 지원하려는 목적에서 실시되고 있다.
㉣ 고조선, 고구려, 발해를 중국 지방 정권의 하나로 인식하고 있다.

① ㉠㉡　　② ㉠㉢
③ ㉢㉣　　④ ㉠㉡㉣

10 동북공정의 주요 내용으로 옳지 않은 것은?

① 고려는 고구려를 계승하지 않았다.
② 고조선과 발해는 중국의 지방 정권이다.
③ 고구려와 수 · 당 사이에 일어난 전쟁은 중앙 정부와 지방 정권의 내전이다.
④ 당이 신라에 계림도독부를 설치하였으므로 신라도 중국의 지방 정권 중 하나이다.

11 중국이 동북공정을 실시하고 있는 목적으로 옳지 않은 것은?

① 동아시아 3국의 평화와 공존을 위해서
② 자국 내 소수 민족을 통합하기 위해서
③ 중국이 동아시아에서 주도권을 장악하기 위해서
④ 현재 중국 동북 지역의 역사를 중국의 역사에 포함하기 위해서

12 ㉠에 공통으로 들어갈 나라는?

> 중국 정부는 2004년 7월 중국 지린 성 지안에 위치해 있는 (㉠) 유적 장군총을 유네스코 세계 문화유산으로 등재하였고, 문화재 연구를 통해 (㉠)의 역사를 자국사로 편입하려 하고 있다.

① 발해
② 고구려
③ 고조선
④ 고려

CHAPTER 10

일본의 역사 왜곡

핵심이론정리

section 01 독도의 역사적 배경

1 독도의 구성과 위치

① 대한민국의 동쪽 끝에 위치-울릉도에서 87.4km, 일본 오키섬으로부터 157.5km에 위치

② 총면적은 187,554m^2(2개의 큰 섬인 동도와 서도, 그 주변의 89개 부속도서로 구성)

③ 대한민국 천연기념물 제336호

④ 약 60여종의 식물, 약 130종의 곤충, 약 160여종의 조류와 다양한 해양생물의 서식지, 동해안에 날아드는 철새들의 중간 기착지

2 한국 영토로서의 독도

① 전근대의 독도

㉠ 「삼국사기」, 「신라본기」(1145년)

- 지증왕 13년(512년) 신라가 우산국(울릉도와 독도)를 복속하였다고 기록
- 신라시대부터 독도는 우리 역사와 함께하기 시작

㉡ 조선 초기 관찬서인 「세종실록지리지」(1454년)

- 울릉도(무릉)와 독도(우산)가 강원도 울진현에 속한 두 섬이라고 기록
- 우산(독도) · 무릉(울릉도) 두 섬은 서로 멀리 떨어져 있지 않아 날씨가 맑으면 바라볼 수 있다고 기록

㉢ 독도에 관한 기록은 「신증동국여지승람」(1531년), 「동국문헌비고」(1770년), 「만기요람」(1808년), 「증보문헌비고」(1908년) 등에서도 일관되게 진술

- 「동국문헌비고」, 「여지고」(1770년) : 울릉(울릉도)과 우산(독도)은 모두 우산국의 땅이며, 우산(독도)은 일본이 말하는 송도라고 기술
- 「만기요람」(1808년) : 독도가 울릉도와 함께 우산국의 영토였다는 내용이 기록

㉣ 고종의 시책

- 1881년 고종이 이규원을 검찰사로 임명하여 1882년에 현지 조사를 명령→이규원은 검찰 결과를 〈울릉도 검찰일기〉의 형태로 상세히 보고, 당시 울릉도에서 자신들의 땅인 것처럼 표목까지 세워 놓고 벌목하고 있는 일본인에 대한 기록도 포함

- 1882년 고종은 울릉도 개척령을 내리고 김옥균을 울릉도와 독도를 포함한 동남 제도의 개척사로 임명했다. 김옥균은 이주민을 모집하여 섬으로 이주시키고 식량과 곡식의 종사, 가축, 무기 등을 지원하며 그들의 정착을 도움

② 대한제국의 독도 정책

㉠ 1900년 10월 대한제국 「칙령 제41호」

- 황제의 재가를 받아 울릉도를 울도로 개칭하고 도감을 군수로 승격한다는 내용
- 제2조에서 울도군의 관할구역을 울릉전도 및 죽도, 석도(독도)로 명시

㉡ 1906년 3월 28일 울도(울릉도) 군수 심흥택은 울릉도를 방문한 일본 시마네현 관민 조사단으로부터 일본이 독도를 자국 영토에 편입하였다는 소식을 듣고, 다음날 이를 강원도 관찰사에게 보고함

- 이 보고서에는 "본군 소속 독도"라는 문구가 있어, 1900년 「칙령 제41호」에 나와 있는 바와 같이 독도를 울도군 소속으로 관리하고 있음을 보여줌
- 강원도 관찰사서리 춘천군수 이명래는 4월 29일 이를 당시 국가최고기관인 의정부에 「보고서 호외」로 보고하였고, 의정부는 5월 10일 「지령 제3호」에서 독도가 일본 영토가 되었다는 주장을 부인하는 지령을 내림
- 이는 울도(울릉도) 군수가 1900년 반포된 「칙령 제41호」의 규정에 근거하여 독도를 계속하여 관할하면서 영토주권을 행사하고 있었다는 사실을 입증

POINT 대한민국 정부의 독도에 대한 입장

1. 독도에 대한 영유권 분쟁은 존재하지 않으며, 독도는 외교 교섭이나 사법적 해결의 대상이 될 수 없음
2. 우리 정부는 독도에 대한 확고한 영토주권을 행사하고 있음
3. 우리 정부는 독도에 대한 어떠한 도발에도 단호하고 엄중하게 대응하고 있으며, 앞으로도 독도에 대한 우리 주권을 수호할 것임
   → 독도는 역사적, 지리적, 국제법적으로 명백한 우리 고유의 영토임

section 02 일본의 독도 영유권 인식과 편입 시도

1 도쿠가와 막부와의 '울릉도 쟁계'

① 17세기 일본 돗토리번의 오야 및 무라카와 양가는 조선 영토인 울릉도에서 불법 어로행위를 하다가 1693년 울릉도에서 안용복을 비롯한 조선인들과 만남

② 오야 및 무라카와 양가는 도쿠가와 막부에 조선인들의 울릉도 도해를 금지해 달라고 청원함에 따라 막부와 조선정부 사이에 교섭이 발생

③ 교섭 결과 1695년 12월 25일 도쿠가와 막부는 "울릉도와 독도 모두 돗토리번에 속하지 않는다"는 사실을 확인(「돗토리번 답변서」)

④ 1696년 1월 28일 도쿠가와 막부는 일본인들의 울릉도 방면의 도해를 금지하도록 지시

⑤ 이는 1696년 도쿠가와 막부에서 독도가 조선의 영토임을 공식적으로 인정했다는 것임

2 일본 메이지 정부의 독도 영유권 인식

① 러 · 일전쟁 이전 메이지 정부의 독도 영유권 인식

㉠ 「은주시청합기(隱州視聽合記)」(1667) : 독도는 일본의 영토에서 제외된다는 사실을 기록한 가장 오래된 일본 문헌

㉡ 19세기 말 메이지 정부의 「조선국교제시말내탐서(朝鮮國交際始末內探書)」(1870년), 「태정관지령(太政官指令)」(1877년) 등 또한 독도가 조선의 영토임을 인정하고 있음

㉢ 1877년 3월 일본 메이지 시대 최고 행정기관인 태정관은 17세기말 도쿠가와 막부의 울릉도 도해금지 사실을 근거로 '울릉도 외 일도, 즉 독도는 일본과 관계없다는 사실을 명심할 것'이라고 내무성에 지시

㉣ 내무성이 태정관에 질의할 때 첨부하였던 지도인 「기죽도약도(磯竹島略圖, 기죽도는 울릉도의 옛 일본 명칭)」에 죽도(울릉도)와 함께 송도(독도)가 그려져 있는 점 등에서 위에서 언급된 '죽도 외 일도'의 일도가 독도임은 명백함

② 1905년 시마네현 고시에 의한 독도 편입 시도

㉠ 1904년 9월 당시 일본 내무성 이노우에 서기관은 독도 편입청원에 대해 반대

POINT 반대의 이유

한국 땅이라는 의혹이 있는 쓸모없는 암초를 편입할 경우 우리를 주목하고 있는 외국 여러 나라들에 일본이 한국을 병탄하려고 한다는 의심을 크게 갖게 한다.

㉡ 러 · 일전쟁 당시 일본 외무성의 정무국장이며, 대러 선전포고 원문을 기초한 야마자 엔지로는 독도 영토편입을 적극 추진

- 이유 : 이 시국이야말로 독도의 영토편입이 필요하다. 독도에 망루를 설치하고 무선 또는 해저전선을 설치하면 적함을 감시하는데 극히 좋지 않겠는가?
- 1977년 메이지 정부가 가지고 있었던 '독도는 한국의 영토'라는 인식을 그대로 반영한 것이며 1905년 시마네현 고시에 의한 독도편입 시도 이전까지 독도를 자국의 영토가 아니라고 인식하였음을 보여줌

㉢ 1905년 1월 일제는 러 · 일전쟁 중에 한반도 침탈의 시작으로 독도를 자국의 영토로 침탈

- 1905년 일본의 독도 편입 시도는 오랜 기간에 걸쳐 확고히 확립된 우리 영토 주권을 침해한 불법행위로서 국제법상 무효
- 침탈조치를 일본은 독도가 주인이 없는 땅이라며 무주지 선점이라고 했다가, 후에는 독도에 대한 영유의사를 재확인하는 조치라며 입장을 변경

section 03 현대의 독도 영유권과 동북아시아의 미래

1 광복과 독도 영유권 회복

① 제2차 세계대전 종전 이후 일본 영토에 관한 연합국의 기본 방침을 밝힌 카이로선언(1943년) … 일본은 폭력과 탐욕에 의해 탈취한 모든 지역으로부터 축출되어야 한다고 기술, 한국의 독립 보장

㉠ 전후 일본을 통치했던 연합국총사령부는 1946년 1월 29일 연합국최고사령관각서 제677호를 통해 독도를 일본의 통치적, 행정적 범위에서 제외

㉡ 샌프란시스코 강화조약(1951년)은 이러한 사실을 재확인하였다고 볼 수 있음

② 일본의 독도 영유권 주장은 제국주의 침략전쟁에 의해 침탈되었던 독도와 한반도에 대해 점령지 권리, 나아가서는 과거 식민지 영토권을 주장하는 것으로서 한국의 완전한 해방과 독립을 부정하는 것과 같음

2 일본의 독도 영유권 주장

① 독도는 일본이 1905년 무주지 선점으로 자국에 편입한 지역으로 해방 이후 한국에 이를 반환할 의무가 없음 … 독도는 고대 이래로 우리의 영토였으며, 1905년 일본이 불법적으로 독도를 침탈할 당시 일본 역시 독도가 조선의 영토임을 인지하고 있었음

② 샌프란시스코 강화조약에서는 한반도에 반환되어야 할 도서에 거문도, 제주도 및 울릉도를 명시하고 있을 뿐 독도는 제외되어 있으므로, 연합국에서도 독도에 대한 일본의 권리를 인정한 것 … 샌프란시스코 강화조약의 조약문에서는 한국의 3,000여 개의 도서 중 대표적인 3개의 섬을 예시적으로 명시하고 있는 것이며, 해방 후 연합국총사령부에서 발표한 각서(SCAPIN) 제677호를 보면 일본의 영역에서 독도를 명확히 제외하고 있는 것을 알 수 있음

③ 일본은 독도 문제를 평화적이고, 합리적으로 해결하기 위해 국제사법재판소에 회부할 것을 한국에 제안하였으나, 한국이 이를 거부하였음 … 독도는 명백한 대한민국의 영토로 분쟁의 대상이 될 수 없음

3 현재 독도의 상황

① 2005년 일본 시마네현은 독도에 대한 여론 조성을 위해 2월 22일을 소위 다케시마(죽도)의 날로 지정(죽도는 독도의 일본명칭)

② 2008년 일본 문부과학성은 중학교를 대상으로 독도에 대한 교육을 심화, 독도를 일본 영토로 교육시킬 것을 강조한 중학교 사회과 학습지도요령해설서를 발간

③ 최근 일본은 독도에 대한 교육, 홍보를 더욱 강화하고 있음

④ 2015년 기준 독도에는 한국의 경찰, 공무원, 주민이 40여명 거주

⑤ 매년 20만 명이 넘는 국내 · 외 관광객 관람

section 04 일본군 위안부 피해자 문제

1 대한민국 정부의 입장

① 1965년 '대한민국과 일본국간의 재산 및 청구권에 관한 문제의 해결과 경제협력에 관한 협정' 이후 일본군위안부 피해자에 대한 대일 배상청구권 문제가 소멸되었는가 여부에 대해 한 · 일 양국 간 해석상 분쟁이 존재하였다.

POINT 대한민국 헌법재판소 판결(2011년 8월 30일)
- 판결내용 : '대한민국과 일본국간의 재산 및 청구권에 관한 문제의 해결과 경제협력에 관한 협정 제3조 부작위 위헌 확인'
- 판결 이후 한국은 정부 차원의 적극적인 대응방안을 모색

② 일본군 위안부 피해자에 대한 대한민국 정부의 공식입장 … '반인도적 불법행위에 해당하는 사안을 청구권협정에 의해 해결된 것으로 볼 수 없고 일본 정부의 법적 책임이 존재한다.'

2 일본 정부의 입장

① 일본군위안부 피해자 문제는 한 · 일 청구권협정에 의해 이미 해결되었다는 입장이다.

② 1993년 8월 4일 '고노(河野) 담화'를 통해 사죄와 반성의 뜻을 표명하였다.

③ 1995년 일본 정부는 인도적 차원에서 민간주도의 '아시아여성기금'을 설립하여 피해자들에게 개별적으로 1인당 500만엔(한화 약 4,300만 원) 상당을 지원하였다.

아시아여성기금 설립 당시 우리 피해자 및 한국정신대문제 대책협의회 등의 관련 단체들은 기금활동 지지 운동 전개
㉠ 기금의 설립의 본질이 일본 정부의 법적책임을 회피하고자 하는 것
㉡ 일본 정부가 피해자들을 배상의 대상이 아닌 인도적 자선사업의 대상으로 인식한다는 것이 기금활동 저지의 이유

POINT 고노 담화의 주요 내용

일본군 위안부 문제에 대해 1991년 12월부터 일본정부가 조사한 결과에 대한 발표

㉠ 장기간, 광범위한 지역에 위안소가 설치되었고 수많은 위안부가 존재한다.

㉡ 위안소는 당시 군 당국의 요청에 따라 설치된 것이며, 위안소의 설치, 관리 및 위안부 이송에 관해서는 옛 일본군이 직접 또는 간접적으로 관여하였다.

㉢ 위안부 모집에 관해서는 군의 요청을 받은 업자가 주로 담당하였으며 감언, 강압에 의해 본인들의 의사에 반해 모집된 사례가 많았다.

㉣ 위안소에서의 생활은 강압적인 상황 하의 처참한 생활이었다.

㉤ 군의 관여 하에 다수 여성의 명예와 존엄에 깊은 상처를 입혔다.

㉥ 일본은 이런 역사의 진실을 회피하지 않고, 역사의 교훈으로 직시해 갈 것이며, 역사 연구, 역사 교육을 통해서 이런 문제를 오래 기억하고 같은 잘못을 반복하지 않겠다는 굳은 결의를 표명하였다.

10 출제예상문제

≫ 정답 및 해설 p.494

01 다음 중 독도가 표기된 가장 오래된 지도로 옳은 것은?

① 조선방역지도
② 천하도
③ 팔도총도
④ 대동여지도

02 울릉도와 독도에 관한 다음 설명 중 가장 적절하지 않은 것은?

① 「팔도총도」는 울릉도와 독도를 별개의 섬으로 하여 그림으로 그려놓은 최초의 지도가 되었다.
② 「세종실록지리지」, 「동국여지승람」 등의 문헌에 의하면 울릉도와 함께 경상도 울진현에 소속되어 있었다.
③ 조선 숙종 때 안용복은 울릉도에 출몰하는 일본 어민을 쫓아내고 일본에 건너가 독도가 조선의 영토임을 확인받았다.
④ 19세기 말 조선 정부에서는 적극적으로 울릉도 경영에 나서 주민의 이주를 장려하였다.

03 다음에서 설명하는 섬과 관계가 없는 것은?

> 1855년 11월 17일 프랑스 함정 콘스탄틴느(Constantine)호가 조선해[東海]를 통과하면서 북위 37도선 부근의 한 섬을 '로세리앙쿠르(Rocher Liancourt)'라고 명명하였다.

① 다케시마의 날 제정 2월 22일
② 공도정책
③ 안용복의 활동
④ 정계비의 건립

04 일본과의 영토 분쟁에 대한 설명으로 옳지 않은 것은?

① 일본 시마네 현은 '다케시마의 날'을 제정하였다.
② 1905년 울릉도를 일본 영토로 불법 편입하였다.
③ 우리나라는 현재 독도를 실효적으로 지배하고 있다.
④ 일본 문부성은 독도를 일본 영토로 표기한 교과서를 검정 승인하였다.

05 다음 중 독도에 대한 설명으로 옳은 것은 모두 몇 개인가?

> ㉠ 신라 지증왕 때 우산국이 병합되면서 독도는 신라의 영토가 되었다.
> ㉡ 「세종실록지리지」에는 울릉도와 독도를 구분하지 않고 모두 우산이라 하였다.
> ㉢ 대한제국은 지방제도 개편 시 울릉도에 군을 설치하고 독도를 이에 포함시켰다.
> ㉣ 한국은 1945년 해방과 동시에 독도를 한국 영토로 하였다.
> ㉤ 조선 고종 때 일본 육군이 조선전도를 편찬하면서 울릉도와 독도를 조선 영토로 표시하였다.
> ㉥ 일본의 역사서인 「은주시청합기」에는 울릉도와 독도를 일본의 영토로 기록하고 있다.

① 1개　② 2개
③ 3개　④ 4개

06 다음과 같은 활동을 한 인물은?

> 조선 태종 때에는 왜구의 노략질이 심해져 울릉도를 비우는 공도 정책을 폈다. 이후 일본 어부들이 울릉도에서 불법으로 고기를 잡는 일이 많아지자 1693년 그는 일본으로 건너가 "울릉도와 독도가 조선 땅임에도 일본인들이 함부로 침범하는 일"을 따졌다.

① 안용복　② 이사부
③ 이명래　④ 심흥택

07 다음 주장에 대한 우리 정부와 국민의 대처 방안으로 적절하지 않은 것은?

> 한국은 제2차 세계 대전의 전후 처리 과정에서 독도를 불법적으로 지배하고 있다. 독도는 일본 고유의 영토이다.

① 독도에 대한 영토 주권 행사를 강화한다.
② 독도에 대한 역사 · 지리 교육을 강화한다.
③ 독도 문제를 국제 사법 재판소에 제소한다.
④ 독도가 한국의 영토임을 뒷받침하는 국내외 근거를 더 많이 확보한다.

08 일본과 중국의 역사 왜곡에 대한 우리의 대응 노력으로 보기 어려운 것은?

① 정치 · 외교적으로 대처하며 관계 법령을 만든다.

② 역사 재단을 설립하여 관련 역사 연구를 지원한다.

③ 한 · 중 · 일 3국은 안정과 평화 공존을 위한 노력을 계속한다.

④ 한 · 중 · 일 3국은 주관적인 역사 인식을 바탕으로 다른 의견은 배척한다.

09 독도 영유권 문제와 관련된 설명으로 옳은 것을 〈보기〉에서 모두 고른 것은?

〈보기〉

㉠ 국제 사법 재판소에서 독도 영유권 문제를 다루고 있다.
㉡ 독도는 국제법상으로, 역사적으로 명백한 우리의 영토이다.
㉢ 최근 독도를 일본 영토라고 표기한 일본 교과서가 검정을 통과하여 국제 문제를 일으키고 있다.
㉣ 우리나라는 국내외 여러 자료와 일본 사료를 근거로 독도가 우리 고유의 영토임을 밝히고 있다.

① ㉠㉡㉢ ② ㉠㉡㉣

③ ㉠㉢㉣ ④ ㉡㉢㉣

10 독도가 우리나라의 영토임을 나타내는 사실이 아닌 것은?

① '대한 제국 칙령 제41호'에서 독도를 울릉도의 관할 구역으로 표시하였다.

② '연합군 최고 사령관 각서 제677호'에서는 독도가 우리나라 땅임을 밝혔다.

③ 일본이 2008년에 발간한 학습 지도 요령에서는 독도를 우리나라의 영토로 표시하였다.

④ "신증동국여지승람"의 첫 페이지에 있는 '팔도총도'에 독도가 우리 영역으로 되어 있다.

CHAPTER

11 공군 핵심가치

핵심이론정리

section 01 공군 핵심가치 소개

1 정의

공군 핵심가치는 공군인의 가장 핵심적인 사고와 행동에 깊이 내재되어 있는 이념적 바탕으로 공군인이 지켜야 할 윤리적 원칙 또는 행동판단의 기준이자 올바른 사고와 행동방향을 결정할 수 있도록 하는 가장 기본이 되는 규범이다.

2 진술

공군 핵심가치에 대한 구성원들의 이해를 돕고 효과적으로 전파하기 위해 선정된 서술형의 진술(Statements)이 있으며, 이는 상황에 따라 행동신조나 구호 등으로 활용 가능하다.

구분	진술	영문
도전	도전, 우리의 정신이다.	Challenge, Our spirit
헌신	헌신, 우리의 마음이다.	Commitment, Our mind
전문성	전문성, 우리의 자존심이다.	Professionalism, Our pride
팀워크	팀워크, 우리의 경쟁력이다.	Teamwork, Our strength

① 도전은 조국의 척박한 현실에서 창설되어 정예공군으로 성장한 공군의 역사에 면면히 흘러 내려오는 혼(魂)이자 기백으로서의 「정신(spirit)」이다.

② 헌신은 희생하고 봉사하는 자세로서 진심으로 우러나와야 하는 군인의 기본 가치로서의 「마음(mind)」이다.

③ 전문성은 국방력이 가장 중요한 척도이자 고도의 무기체계를 다루는 공군이 군사전문가로서 갖추어야 할 태도인 「자존심(pride)」이다.

④ 팀워크는 전 공군인이 각자의 자리에서 맡은 바 역할을 충실히 해낼 때 공군이라는 큰 퍼즐이 완성되며 이는 공군이 내세울 수 있는 대표적 장점인 「경쟁력(strength)」이다.

③ 심벌

① 핵심가치 심벌은 공군 핵심가치를 효과적으로 전파하기 위해 핵심가치를 가시적으로 이미지화 한 것이다.

② 2006년 공군 핵심가치 제정 당시의 심벌은 각 핵심가치 별로 이미지가 결정되어 〈그림 1〉과 같은 형태를 갖추었으나, 이후 2013년에 실시된 '공군 핵심가치의 효과적 구현방안 연구'의 후속조치로 〈그림 2〉과 같은 모양으로 개정되었다.

③ 새로운 핵심가치 심벌은 구(舊) 심벌에서 핵심가치의 의미와 색상 등을 유지하면서 각각의 심벌을 단일화하되 공군의 특성 및 상징성을 표현하고자 하였다.

〈그림 1〉 핵심가치 심벌(2006년)

구분	심벌	의미
도전	Challenge	• '화살표'는 도전의 추진성을 표현, '산'은 최고를 향해 끊임없이 도전하는 모습 형상화 • 빨간색은 힘(Energy)을 상징하며, 열정과 인내를 나타냄
헌신	Commitment	• 제 몸을 태워 주변을 밝히는 '초'의 모습은 조국을 위해 헌신하는 군인의 숭고한 정신을 상징 • 주황색은 따스함과 아늑함을 상징하는 색으로 희생정신과 신념을 나타냄
전문성	Professionalism	• 전문성을 갖추기 위해 끊임없이 공부하고 노력해야 한다는 의미를 '책' 모양으로 표현 • 파란색은 '하늘'을 상징하는 색으로, 지혜, 슬기 등을 나타냄
팀워크	Teamwork	• 모두 함께 힘을 모은다는 의미를 강조하여 서로 마주보고 손을 잡고 있는 사람의 모습으로 형상화 • 노란색은 행복과 성공을 상징하는 색으로 대화와 이해를 나타냄

〈그림 2〉 핵심가치 심벌(2013년)

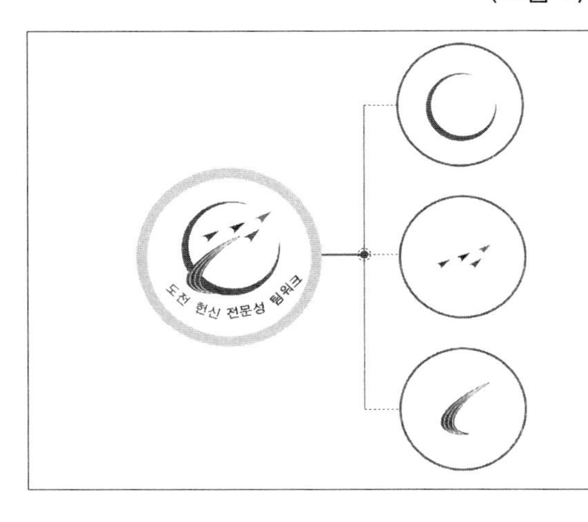

- 열린 원 : 공군의 주 임무영역인 하늘과 우주를 의미, 현재에 안주하지 않고 넓은 우주로 향하는 공군의 도전 의지를 표현
- 4기 편대비행 : 공군 전 계층(장교, 부사관, 병, 군무원)의 화합과 단결 및 4대 핵심가치를 의미, 전 공군인이 하나 되어 비상하는 모습을 형상화
- 비행운 : 하늘과 우주로 솟아오르는 힘찬 비상과 공군의 역동성을 형상화, 비행운이 원(지구)을 감싸는 형상은 국가를 지키는 공군인의 헌신을 표현

4 역할

① 핵심가치는 공군인이 공통적인 가치를 지향하도록 해주고 전 공군인을 일치단결시키는 구심점 역할을 한다.

② 핵심가치는 공군문화의 중심이며 공군인의 정체성 및 상호 간 신뢰, 소속감을 강화시켜 준다.

③ 핵심가치는 공군인이 스스로를 지탱하는 정신적 지주가 된다.

④ 핵심가치는 바람직한 행동의 기준으로써 구성원의 사고와 행동, 업무상 의사결정에 영향을 미쳐 조직의 윤리적 환경 조성에 기여한다.

⑤ 핵심가치는 변화와 혁신의 시대에 근본적인 원동력을 제공한다. 핵심가치는 공군인의 잠재적 역량을 이끌어 냄으로써 근본적이며 장기적으로 공군의 발전에 시너지 효과를 높여준다.

5 위상

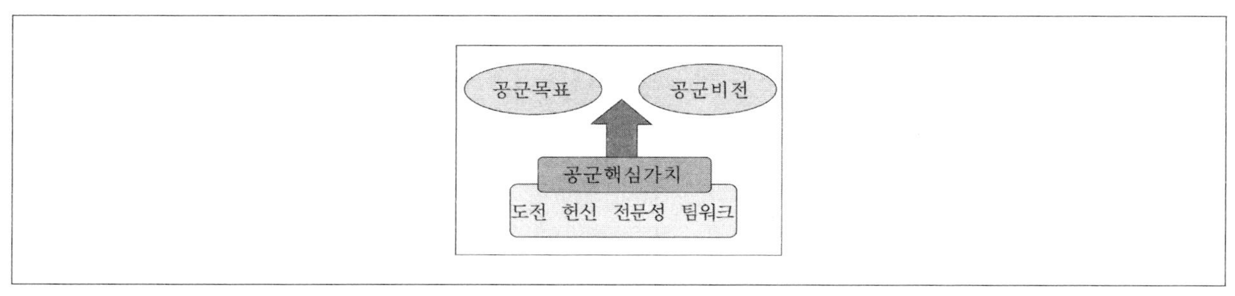

① 핵심가치는 조직문화를 구성하는 가치문화, 규범문화, 물질문화 중 가치문화에 속하며, 공군의 가치문화에는

핵심가치 외에도 공군목표와 비전이 있다.

② 공군목표는 공군의 정체성, 즉 존재 목적을 명시한 것이고 공군비전은 조직의 미래에 대한 청사진으로 "우리가 무엇을 할 것인가?"라는 질문에 대한 답이다.

③ 공군목표가 오늘날 우리의 역할을 의미하는 '현재'시제의 개념이라면 비전은 '미래'시제의 개념이다.

④ 반면 핵심가치는 과거와 현재, 미래를 관통하는 최선의 윤리적인 원칙이다.

⑤ 공군 핵심가치는 공군목표, 공군비전의 상 · 하위의 개념이라기보다는 공군 조직문화의 중심을 이루는 사고(思考)와 행동의 기준 및 원칙으로서 조직의 저변에 체득화 되어 있는 것이다.

section 02 공군 핵심가치 실천

1 공군 핵심가치 실천 흐름도

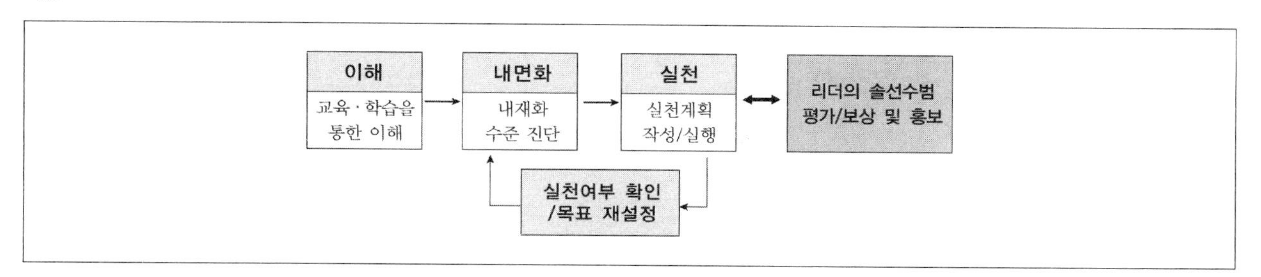

2 공군 핵심가치 실천 플랜

구성원(이해 · 내재화 → 실천노력)	리더(관심제고 → 솔선수범)	조직(제도개선 → 실천여건조성)
• 학습을 통한 핵심가치 이해 • 핵심가치에 대한 자가진단 • 핵심가치 내재화 수준 판단 및 부족한 영역 파악 • 핵심가치별 실천 가능한 일 작성(일상생활/업무) • 반기(연)별 본인의 실천여부 확인 및 목표 재설정	• 부대(서)원들에 대한 핵심가치 교육 주기적 시행 • 핵심가치 실천을 위한 솔선수범 • 핵심가치 실천 사례 및 노하우 공유를 위한 대화의 장 마련 • 핵심가치 실천할 수 있는 부대(서) 분위기 조성 • 부대(서)원들이 핵심가치를 실천하는 생활을 하도록 독려	• 실질적인 교육과정 운영 • 쉽고 접근이 용이한 교육자료 준비 및 활용 • 전문교관 양성 및 관리 • 주기적인 행동화수준 평가 • 보상/평가관리 운영 및 홍보

section 03 공군 핵심가치의 행동강령 및 세부행동지침

1 도전, 우리의 정신

도전은 새로운 것을 이루기 위해 고난과 시련에 굴하지 않고 끊임없이 노력하는 자세, 현실에 안주하지 않고 어려운 일에 주저 없이 뛰어 드는 자세로서 기존 관행을 타파하고 변화와 혁신에 적극적으로 동참하는 것을 의미한다. 특히, 도전은 공군의 역사를 관통하는 가치로서 창군과 그 이후의 발전과정에 면면히 흐르고 있다. 우리의 선배들은 황무지나 다름없었던 조국의 척박한 현실 속에서 공군을 창설하고 열악한 병력과 장비로 오늘날 선진정예 공군으로 발전시켰다. 전 공군인은 '도전'을 창군과정에서 도출되는 과거속의 가치만이 아니라 변화무쌍한 미래를 능동적으로 대처해야만 하는 '우리의 정신'으로서 공군이 도약할 수 있는 발판으로 삼아야 할 것이다.

① 포함가치와 행동강령

포함가치	행동강령
용기	자제력과 분별력을 가지고 정의감에 따라 도덕적 신념을 준수하며, 어렵고 남들이 꺼리는 새로운 과제에 대해서도 주도적으로 뛰어들어 솔선수범한다.
열정	정성을 다해 임무를 적극적으로 수행하는 진취적인 자세를 가지고 미래지향적 관점에서 자신이 속한 조직의 비전을 제시하고 적극적으로 전파한다.
인내	설정된 목표를 향해 중도에 포기하지 않는 불굴의 노력으로 임무수행 과정에서 육체적 · 정신적 고통에 굴하지 않고 정진한다.
변화	업무나 조직의 개혁 · 혁신을 두려워하지 않고, 조직 내에서 변화의 촉진자 역할을 수행함은 물론 변화의 물결에 대한 타인의 동참을 지원 · 격려한다.

② 세부행동지침

㉠ 조직

- 도전 · 변화 · 혁신 등 진취적인 활동을 장려하는 분위기를 조성하자.
- 공헌에 맞는 평가과 보상제도를 운영하자.

㉡ 리더

- 도전적인 목표를 설정하고 구성원의 동참과 협조를 유도하자.
- 내 · 외부의 변화를 인식하기 위해 노력하자.
- 부하의 새로운 시도를 격려하고 권장하자.
- 실패가 두려워 시도조차 하지 않는 부대(서)원을 독려하자.
- 새로운 아이디어를 제시하는 부하를 칭찬하자.
- 새로운 시도를 하려는 부대(서)원을 긍정적으로 바라보자.
- 부하의 정당한 이견을 받아들이다.

ⓒ 구성원

- 내가 할 수 있는 것보다 조금 더 어려운 목표를 설정하자.
- 임무수행에 따르는 역경과 실패에 대한 두려움보다 성공에 대한 성취감을 먼저 생각하자.
- 긍정적이고 열정적인 생활 태도를 견지하자.
- 보상과는 상관없이 자발적, 열정적으로 몰입할 수 있는 활동을 찾아보자.
- 나의 가슴을 뛰게 만드는 것은 무엇인지 생각해보자.
- 업무나 생활에서 새로운 시도를 해보자.
- 시행중인 변화와 혁신 관련 업무나 활동에 동참하자.
- 관행대로 처리하고 있는 불합리한 것들이 있는지 찾아보자.
- 생각만 하고 실행해보지 못한 일을 시도해보자.
- 문제해결 과정에서 새로운 아이디어나 방안을 모색하자.
- 변화와 혁신은 거창한 것이 아님을 상기하자.
- 내가 성취한 것을 자랑스러워하자.
- 매너리즘에 빠지지 않게 자각하는 습관을 갖자.
- 새로운 제안이나 의견을 제시하자.
- 잘못되었다고 느끼는 점에 대해 의견을 표명하자.
- 나 하나 변화한다고 해도 세상은 바뀌지 않는다는 식의 부정적인 시각을 버리자.
- 변화를 귀찮아하지 말자.
- 각종 기고, 제안, 공모전에 도전하자.

2 헌신, 우리의 마음

안중근 의사의 '위국헌신 군인본분(爲國獻身 軍人本分)'이란 말에 잘 표현되어 있는 바와 같이, 전통적인 군인의 가치로 가장 먼저 제시되는 '헌신'의 의미는 나 개인의 안위보다는 국가라는 대의를 위해 희생하고 봉사하는 자세로서 조직과 국가에 대한 몰입의 정도를 나타내는 군인의 기본적인 가치이다. 한 국가와 민족의 발전과 번영을 가능하게 하는 원동력인 봉사정신은 타인을 위하는 마음에서 출발한다. 작게는 내 옆의 동료와 이웃을 향한 도움의 손길부터 나아가 조국의 안전과 국민의 생명을 수호하기 위해 가장 중요한 자신의 생명을 바치는 희생까지도 우리가 군인으로서 마땅히 행해야 하는 봉사이자 소명이 될 것이다.

① 포함가치와 행동강령

포함가치	행동강령
충성	국가와 국민, 상관에 대하여 진정한 마음으로 정성을 다하며, 반드시 공(公)과 의(義)를 구현하는 참다운 가치를 전적을 추구한다.
희생	대의(국가 안전과 국민의 생명)를 위해 사적인 욕구는 과감히 포기하고 국가방위 및 국민 보호를 위해 본인의 생명까지도 버릴 수 있다는 마음가짐으로 임한다.
봉사	각자에게 주어진 공적인 임무를 사적인 욕망보다 우선시 하는 마음가짐을 바탕으로 자발적으로 자신의 책무를 완수함으로써 타인과 조직의 안위를 고려한다.
성실	규정과 규범을 준수하며 매사에 열의를 가지고 태만하지 않은 진지한 자세로 맡은 바 임무에 공평무사(公平無私)하게 충실히 임한다.

② 세부행동지침

㉠ 조직

- 군의 사회공헌 활동의 중요성 및 모범 사례를 교육하자.
- 공헌에 맞는 평가와 보상제도를 운영하자.

㉡ 리더

- 어렵고 힘든 일에 솔선수범하여 부대(서)원들의 동참을 이끌어내자.
- 업무를 지시할 때에는 명확하고 세부적으로 지침을 주자.
- 연 1회 이상은 이웃과 동료에게 봉사하는 시간을 갖자.
- 나의 이익보다는 조직의 이익을 우선시하자.
- 타의 모범이 될 수 있도록 '나부터'라는 생각으로 일하자.
- 부하에게 업무를 시켜놓고 사적인 시간을 갖지 말자.

㉢ 구성원

- 자신의 이익보다 조직의 가치와 임무완수에 헌신하자.
- 내 주변에 도움이 필요한 이웃은 없는지 살피자.
- 주어진 임무 외에도 타 부대(서)의 업무에 적극 협조하자.
- 법과 규정을 숙지하고 반드시 준수하자.
- 공적 업무수행을 위해서라면 자신의 어려움을 어느 정도 감수할 수 있다는 태도를 견지하자.
- 나에게 주어진 업무는 끝까지 책임지고 마무리하자.
- 목표달성을 위한 단계적 실행계획을 구체적으로 수립하자
- 일시적인 봉사활동이 아닌 지속가능한 봉사활동을 통하여 지역사회에 공헌하자.
- 사회적 책임을 인식하여 각종 대민봉사 활동에 적극 참여하자.
- 나의 장기(長技)를 살려 재능기부에 적극 참여하자.
- 조직의 발전이 나의 발전임을 인지하고 조직을 위해 일하자.
- 남들이 기피하는 일에 솔선수범하여 행동하자.
- 동료의 어려운 일에 묵묵히 도움을 주자.
- 나와 가족을 사랑하는 마음으로 국가를 사랑하는 일원이 되자.

• 나의 업무에 애정을 갖고 즐길 수 있도록 노력하자.
• 상관에 대한 예의와 존경을 갖추자.
• 공군임을 타인에게 자랑스럽게 이야기하자.
• 나로 인해 내 가족, 지역사회, 국민이 마음 편히 지낼 수 있음을 자랑스럽게 생각하자.

3 전문성, 우리의 자존심

'전문성'은 자기가 맡은 분야에 대한 풍부한 지식, 경험, 기술을 바탕으로 업무를 수행하는 것을 의미하는데, 공군인이 갖추어야 할 전문성이란 본인의 특기나 병과에 제한된 기술이나 지식의 단순한 습득을 넘어서서 행동의 실천, 인격적으로 훌륭한 품성까지 포괄하는 개념이라고 볼 수 있다. 다시 말하면, 바람직한 공군인의 모습은 인격과 실력을 겸비한 탁월한 군사전문가인 것이다. 전문성을 갖추기 위해 공군인은 항상 배우려는 자세를 가져야 한다. 그리고 배우고 익힌 전문지식과 기술을 바탕으로 편협한 시야를 지양하고 유연하게 사고하며 끊임없는 자기계발을 통해 진정한 전문가로 거듭나야 할 것이다.

① 포함가치와 행동강령

포함가치	행동강령
창의	고정관념에서 탈피하여 새로운 생각이나 착상으로 문제점을 찾아 해결하여 첨단화 · 과학화된 전장 환경에 능동적으로 대처하고 과거의 관행을 타파한다.
역량	개인차원에서 핵심이 되는 능력을 지속적으로 발전시켜 목표달성을 위해 부단히 노력하며, 조직 차원에서는 시너지 효과가 발휘될 수 있도록 통합 · 조정한다.
지식	자신의 강 · 약점을 잘 파악하여 지속적인 자기계발을 통해 보다 높은 수준의 진리를 끊임없이 추구하고 지적 편협함을 배제한다.
탁월	타인 및 타 조직에 비해 우수한 기술이나 능력을 바탕으로 조직임무 측면에서 고객(국민)의 요구에 부응하는 양질의 성과를 추구한다.

② 세부행동지침

㉠ 조직

• 우수한 역량의 인재를 확보하자.
• 적절한 교육기회와 학습환경을 제공하자.

㉡ 리더

• 지식 · 정보화 시대에 맞는 마인드로 부대(서)원들의 창의성을 촉진하자.
• 부대(서)원들이 업무시간외 자기계발을 할 수 있도록 보장하자.
• 업무와 관련된 교육, 포럼, 세미나, 워크숍에 구성원을 적극 참여시키자.
• 뛰어난 업무능력과 실력을 갖춘 구성원에게 격려와 적절한 보상을 제공하자.
• 다양한 의견을 나눌 수 있는 토의를 활성화하자.
• 고정관념에서 탈피하는 부대(서)원의 의견을 비난하지 말자.

ⓒ 구성원

- 나의 성장이 공군의 발전임을 인식하고 스스로 우수인재가 되기 위해 노력하자.
- 기존의 방식보다 더 나은 대안을 찾을 수 있도록 노력하자.
- 부족한 분야에 대하여 끊임없이 배우고 익혀서 내 것으로 만들자.
- 자기 분야에서 최고가 되겠다는 마음가짐으로 매사에 임하자.
- 부대(서)의 업무와 관련된 노하우(직무기술서 등)를 작성 · 활용 · 업데이트하자.
- 자신이 가진 경험, 지식, 기술 등을 구성원과 적극 공유하자.
- 전문도서 학습, 세미나, 교육 등을 통해 습득한 지식과 기술을 현업에 적용하자.
- 작은 아이디어라도 버리지 않고 발전시킬 수 있는 방법을 찾자.
- 적극적인 교육참여를 통해 전문지식을 습득하고 향상시키자.
- 일과 삶이 조화를 이루도록 자기 역량을 최대한 강화하자.
- 누구에게나 배울 점이 있다는 생각으로 많은 사람과 의견을 공유하자.
- 고정관념을 타파하고 차별화되는 탁월한 분야를 개척하자.
- 지속적인 외국어 학습을 통하여 해외 전문지식과 기술을 습득하자.
- 롤 모델을 정하여 끊임없는 동기부여를 통해 목표를 달성하자.
- 내 업무와 관련된 새로운 기술 · 정보 · 경향(trend)을 탐색하자.

4 팀워크, 우리의 경쟁력

팀워크는 기본적으로 타인에 대한 존중과 배려를 바탕으로 조직의 구성원이 공동의 목표를 달성하기 위하여 개개인의 역할에 따라 책임을 다하고 협력적으로 행동하는 것을 의미한다. 이는 단순히 조직 내 구성원간 갈등을 최소화하자는 소극적인 개념보다는 적절한 수준의 '갈등 관리'를 통하여 조직 목표를 효과적으로 달성하는 의미를 포함하고 있다. 공군에는 장교, 부사관, 병, 군무원 등 다양한 신분과 특기가 있으며, 다른 조직들처럼 공군 내에서도 다양한 갈등이 존재한다. 이러한 갈등을 해결하기 위해 우리가 추구하는 팀워크는 개인 및 각 분야의 다양성을 인정하는 가운데 균형과 조화를 통해 조직을 운영하는 것이다.

① 포함가치와 행동강령

포함가치	행동강령
존중	모든 사람(타인 및 자신)의 인간적 존엄성과 그 존재 가치를 인정해주고, 임무 수행에 있어 계급 및 직책의 구별 없이 상호 간 배려하는 자세를 갖는다.
신뢰	조직 구성원들 간 서로에 대한 믿음을 바탕으로 국토 방위와 영공 수호라는 본연의 업무에 전념함으로써 군에 대한 국민의 인식 개선을 추구한다.
책임	맡은 바 역할과 임무를 완수하겠다는 마음가짐으로 결과에 대한 도덕적 · 법률적 불이익을 감수하고, 그 책임을 주위 사람에게 전가하거나 회피하지 않는다.
화합	계급, 출신, 신분별 갈등을 관리하고 조직의 목표를 향하여 함께 정진함으로써 조직의 화합을 통한 시너지 효과 창출을 도모한다.

② 세부행동지침

㉠ 조직 : 구성원들이 공동체 의식을 형성할 수 있는 다양한 활동을 지원한다.

㉡ 리더

- 부하의 실수에 대해 인격적인 모독은 절대 하지 말자.
- 구성원이 자신의 의견을 지유롭게 이야기할 수 있는 분위기를 조성하자.
- 구성원들이 즐겁게 일할 수 있는 분위기를 조성하자.
- 리더로서 솔선수범하고 공과 사를 명확히 구분하자.
- 신분, 출신, 병과를 차별하지 말고 공정하게 대하자.
- 리더로서 임무 결과에 대한 도덕적 · 법률적 불이익을 감수하자.
- 리더로서 모범적인 군인기본자세를 견지하자.
- 화합할 수 있는 기회를 마련하되, 강제적인 모임은 지양하자.
- 체육활동 시간을 보장하자.

㉢ 구성원

- 나와 다른 생각이나 의견도 인정하고 존중하자.
- 자신이 한 약속은 무조건 지키자.
- 타인에게 자신의 생각이나 의견을 강요하지 말자.
- 나보다 하급자에게 거친 언행을 하지 말자.
- 내가 믿고 의지할 수 있는 동료가 항상 곁에 있음을 잊지 말자.
- 다른 사람을 배려하고 존중하는 태도를 견지하자.
- 부서원들의 화목한 분위기를 주도하자.
- 체육활동 등을 통한 다양한 교류를 통해서 공동체의식을 갖자.
- 하루에 한번 이상 부대(서)원들에게 칭찬, 격려, 감사의 표현을 하자.
- 고민하는 동료에게 진심어린 마음으로 다가가 그의 이야기를 들어주자.
- 힘든 일이 있을 때에는 상급자나 주변 동료에게 조언을 구하자.
- 내가 맡은 일을 남에게 전가하거나 회피하지 말자.
- 평소 다른 사람들과 일상적인 대화를 공유하자.
- 자신감 있는 업무 수행으로 믿고 맡길 수 있는 사람이 되자.
- 밝은 표정과 긍정적인 태도로 부대(서)원들을 대하자.
- 부대(서)원들의 다양성을 인정하자.
- 주어진 임무는 정해진 시간에 완수하자.

section 04 핵심가치 정의 및 조직문화와의 관계

1 핵심가치

사람은 일반적으로 '삶을 어떻게 살겠다'라는 자신만의 철학이나 가치관을 갖고 있는데 이를 신조 또는 좌우명이라고 한다. 신조나 좌우명은 그 사람의 정체성을 나타내는데 핵심가치는 바로 조직의 공통된 가치관이나 신념이며 그 조직의 정신이다. 핵심가치는 갈등상황이나 선택의 상황에서 판단의 기준이 되고 나아갈 방향을 제시하기 때문에 만드는 것만큼이나 조직 구성원 모두가 공유하는 작업이 중요하다. 조직 구성원 모두가 핵심가치를 공통의 가치관으로 받아들이는 과정을 핵심가치 내재화라 부르며, 이는 조직에서 이루어지는 모든 의사결정의 기준이 핵심가치가 되도록 하고 핵심가치에 따라 생각하고 행동하도록 구성원들을 변화시키는 과정이다.

2 핵심가치와 조직문화의 관계

조직문화는 한 조직의 구성원들이 공유하고 있는 가치관과 신념, 규범과 관습, 행동패턴, 제도, 장비, 기술 등을 포함한 종합적인 개념으로서 조직구성원과 조직 전체의 행태에 영향을 주는 요소이다. 핵심가치는 조직문화보다 하위의 개념이다. 그러나, 다음의 그림에서처럼 조직구성원들의 공유가치는 다른 요소의 방향을 설정한다는 점에서 조직문화를 형성하는 가장 기본적이고 중요한 요소라고 볼 수 있다.

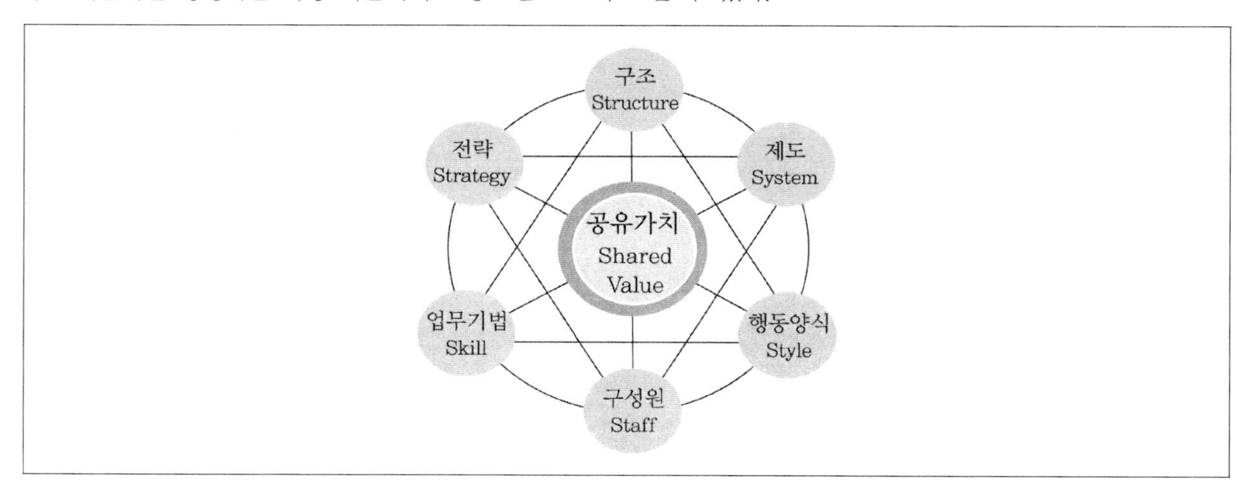

〈조직문화 7S 모형〉

〈참고〉

7S 모형 … 파스칼(Richard Pascale)과 아토스(Anthony Athos)의 저서 「일본의 경영기업(The Art of Japanese Management)」(1981) 및 피터스(Thomas J. Peters)와 워터먼(Robert H. Waterman)의 저서 「초우량 기업의 조건(In Search of Excellence)」(1982)에서 조직문화와 구성요소를 설명하는 모형으로 제시되었으며, 세계적인 기업컨설팅 회사인 맥킨지(McKinsey)사(社)에서 기업 진단시 사용하는 도구로 알려져 있다.

11 출제예상문제

≫ 정답 및 해설 p.496

01 다음 중 공군 핵심가치의 네 가지 덕목에 해당하지 않는 것은?

① 도전
② 헌신
③ 전문성
④ 윤리성

02 다음 진술 중 그 연결이 바르지 않은 것은?

① 도전 – 우리의 정신이다.
② 헌신 – 우리의 마음이다.
③ 전문성 – 우리의 전투력이다.
④ 팀워크 – 우리의 경쟁력이다.

03 핵심가치 심벌(2013년)에 대한 내용으로 볼 수 없는 것은?

① 열린 원 – 공군의 주 임무영역인 하늘과 우주를 의미한다.
② 4기 편대비행 – 공군 전 계층(장교, 부사관, 병, 군무원)의 화합과 단결 및 4대 핵심가치를 의미한다.
③ 헌신 – 제 몸을 태워 주변을 밝히는 '초'의 모습은 조국을 위해 헌신하는 군인의 숭고한 정신을 상징한다.
④ 비행운 – 하늘과 우주로 솟아오르는 힘찬 비상과 공군의 역동성을 형상화한 것이다.

04 **다음 중 핵심가치의 역할에 대한 설명으로 옳지 않은 것은?**

① 핵심가치는 공군인이 공통적인 가치를 지향하도록 해주고 전 공군인을 일치단결시키는 구심점 역할을 한다.

② 핵심가치는 공군문화의 중심이며 공군인의 정체성 및 상호 간 신뢰, 소속감을 강화시켜 준다.

③ 핵심가치는 공군인이 스스로를 지탱하는 경제적 지주가 된다.

④ 핵심가치는 변화와 혁신의 시대에 근본적인 원동력을 제공한다.

05 **공군 핵심가치의 실천 플랜에서 리더가 갖추어야 할 가치는 무엇인가?**

① 실천노력

② 실천여건조성

③ 솔선수범

④ 자가진단

06 **핵심가치의 네 가지 덕목 중 도전의 포함가치에 해당하지 않는 것은?**

① 용기 ② 성실

③ 열정 ④ 변화

07 **다음의 내용은 공군 핵심가치의 네 가지 덕목 중 헌신에 대한 내용이다. 그 연결이 옳지 않은 것은?**

① 충성 – 국가와 국민, 상관에 대하여 진정한 마음으로 정성을 다하며, 반드시 공과 의를 구현하는 참다운 가치를 전적으로 추구한다.

② 희생 – 대의(국가 안전과 국민의 생명)를 위해 사적인 욕구는 과감히 포기하고 국가방위 및 국민 보호를 위해 본인의 생명까지도 버릴 수 있다는 마음가짐으로 임한다.

③ 봉사 – 각자에게 주어진 공적인 임무를 사적인 욕망보다 우선시 하는 마음가짐을 바탕으로 자발적으로 자신의 책무를 완수함으로써 타인과 조직의 안위를 고려한다.

④ 성실 – 설정된 목표를 향해 중도에 포기하지 않는 불굴의 노력으로 임무수행 과정에서 육체적 · 정신적 고통에 굴하지 않고 정진한다.

08 **다음에 나열된 포함가치는 공군 핵심가치의 네 가지 덕목 중 무엇에 대한 것인가?**

창의, 역량, 지식, 탁월

① 도전

② 헌신

③ 전문성

④ 팀워크

09 다음에서 설명하는 것은 무엇인가?

> • 자기가 맡은 분야에 대한 풍부한 지식, 경험, 기술을 바탕으로 업무를 수행하는 것을 의미한다.
> • 본인의 특기나 병과에 제한된 기술이나 지식의 단순한 습득을 넘어서서 행동의 실천, 인격적으로 훌륭한 품성까지 포괄하는 개념이라고 볼 수 있다.
> • 바람직한 공군인의 모습은 인격과 실력을 겸비한 탁월한 군사전문가인 것이다.

① 도전
② 헌신
③ 전문성
④ 팀워크

10 기본적으로 타인에 대한 존중과 배려를 바탕으로 조직의 구성원이 공동의 목표를 달성하기 위하여 개개인의 역할에 따라 책임을 다하고 협력적으로 행동하는 것을 의미하는 것은 무엇인가?

① 도전
② 헌신
③ 전문성
④ 팀워크

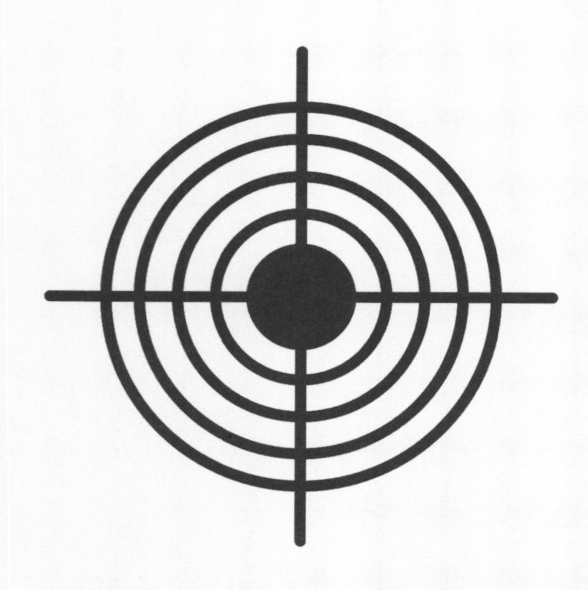

04

최종점검 모의고사

01 인지능력평가 모의고사

정답 및 해설
P.499

언어논리 25문항/20분

Q 다음 밑줄 친 부분과 가장 유사한 의미로 쓰인 것을 고르시오. 【01~03】

01

가족들은 모두 멀리 여행을 떠나고 나 혼자 집을 보고 있는데, 오늘따라 낯선 손님들이 많이 찾아와서 제대로 공부를 할 수 없었다.

① 손을 꼽다.
② 손을 겪다.
③ 손이 놀다.
④ 손이 비다.
⑤ 손을 끊다.

02

당국에서 강력한 부동산 투기 억제 의지를 시장에 보여줘야 한다.

① 그 사람도 걱정되는 마음에서 그러는 것이니 이해해라.
② 그것은 어제 회의에서 합의된 사안이다.
③ 그녀는 머리에서 발끝까지 온통 치장을 하였다.
④ 이번 계약은 홍보부에서 담당하기로 했다.
⑤ 우리는 아침에 도서관에서 만나기로 하였다

03

> 아랫방은 그래도 해가 든다. 아침결에 책보만한 해가 들었다가 오후에 손수건만해지면서 나가버린다. 해가 영영 들지 않는 윗방이 즉 내 방인 것은 말할 것도 없다. 이렇게 볕드는 방이 아내 방이요, 볕 안 드는 방이 내방이요 하고 아내와 둘 중에 누가 정했는지 나는 기억하지 못한다. 그러나 나에게는 불평이 없다.

① 꽃은 해가 잘 드는 데 심어야 한다.
② 나는 가방을 들고 따라갔다.
③ 이 칼은 매우 잘 든다.
④ 올 해는 풍년이 들었다.
⑤ 이 나물 반찬도 좀 들어 보세요.

Q 다음 제시된 단어가 같은 관계를 이루도록 ( ) 안에 알맞은 단어를 고르시오. 【04~05】

04

> 학생 : 학교 / ( ) : 교도소

① 소방관
② 죄수
③ 직장인
④ 책상
⑤ 선생님

05

> ( ) : 의사 / 수업 : 교사

① 병원
② 학생
③ 진료
④ 환자
⑤ 청진기

Q 다음 빈칸에 들어갈 알맞은 단어를 고르시오. 【06~07】

06

보행 중 스마트폰을 사용하면 평소에 비해 시야 폭이 56%, 전방 주시율도 15% 정도 감소하여 사물을 인지하는 능력이 떨어지게 됩니다. 한 설문 조사에 따르면 전체 응답자 중 84%가 보행을 할 때 스마트폰 사용이 위험하다는 사실을 알고 있다고 응답하였습니다. 그럼에도 불구하고 많은 사람들이 보행 중에 스마트폰을 사용하고 있습니다. 따라서 이런 사람들에 대한 (　　)가 시급합니다.

① 제도
② 계도
③ 시도
④ 사도
⑤ 기도

07

인상은 (　　)을 통해 얻을 수 있는 감각이나 감정 등을 말하고, 관념은 인상을 머릿속에 떠올리는 것을 말한다. 가령, 혀로 소금의 '짠맛'을 느끼는 것은 인상이고, 머릿속으로 '짠맛'을 떠올리는 것은 관념이다.

① 영감
② 가감
③ 실감
④ 오감
⑤ 직감

08 다음 지문을 보고 글의 전개순서로 가장 자연스러운 것을 고르면?

(가) 이 지구상에는 약 6,700여 가지 언어가 있다. 현재 인류가 사용하고 있는 문자는 한글을 비롯하여, 영어, 독일어, 프랑스어 등을 적는 로마자, 러시아어와 몽골어를 적는 키릴 문자, 인도의 힌디어를 적는 데바나가리 문자, 아랍어를 적는 아랍 문자, 일본어를 적는 가나 문자, 그리고 그리스 문자, 히브리 문자, 태국 문자 등 크게 30여 가지다. 문자 없이 언어생활을 하는 종족들은 자신들의 역사나 문화를 문자로 기록하지 못하기 때문에 문명 세계로 나오지 못하고 있다.

(나) 21세기 정보통신 시대를 맞이하여 이제 우리는 한글을 전 세계인이 공통으로 사용하는 문자가 되도록 여러 가지 노력을 기울여야 한다. 문자 없는 소수 종족의 언어들을 기록하게 도와주는 것을 비롯하여, 현재 배우기도 어렵고 정보화에도 장애가 많은 문자를 쓰는 중국어나 힌디어, 태국어, 아랍어 등을 포함한 세계의 여러 언어들을 간편한 한글로 표기하도록 세계 문자로서 한글의 위상을 세워가야 한다. 한글 세계화로 이제 우리는 선진문화 강국의 초석을 다지면서 온 세계 인류의 복지와 문명을 발전시키는 데 앞장서야 한다.

(다) 한글의 기본 모음과 자음에 가획과 결합 원리를 적용하면 수많은 소리를 적을 수 있는 새로운 문자들을 다시 만들어낼 수 있어 인간 음성의 대부분을 기록할 수 있다. 한글은 참으로 배우기 쉽고 쓰기 간편해서 누구나 편리하게 익혀 읽고 쓸 수 있고, 인간의 어떤 언어라도 거의 다 원음에 가깝게 표기할 수 있다는 장점을 가지고 있다.

(라) 음양오행설(陰陽五行說)과 인간 발성(發聲)의 원리를 바탕으로 만든 한글은 지금까지 존재한 세계 여러 문자 가운데서도 가장 체계적이고 과학적이며, 음성 자질이 문자 형태에 반영된 오묘하고도 신비스러운 문자다. 옆으로 풀어쓰기도 가능하고, 자음과 모음을 서로 조화롭게 결합시켜 음절 단위로 묶는 모아쓰기도 가능하며, 가로쓰기와 세로쓰기가 모두 가능하다.

① (가) – (다) – (나) – (라)
② (다) – (나) – (가) – (라)
③ (라) – (나) – (다) – (가)
④ (가) – (라) – (다) – (나)
⑤ (나) – (가) – (라) – (다)

09 다음 글의 단락 (가)~(마) 중 전체 글의 맨 마지막에 위치시키기에 가장 적절한 단락은?

(가) 생명의 기원에 대해서는 이제까지 인류 문명에서 매우 다양한 방식으로 설명되어 왔다. 18세기 이후 근대 과학이 등장하기 이전까지만 해도 생명의 기원에 관한 설명은 늘 종교 혹은 신화의 영역이었고, 이러한 설명은 문화와 민족의 다양성에도 불구하고 어느 문화권에서나 발견되는 상존 영역이었다. 이것은 인간이 늘 자신의 기원, 나아가서는 자신을 둘러싸고 있는 생명의 기원에 대해 항상 관심을 갖고 있으며 그러한 질문에서 자유로울 수 없었다는 점을 의미한다.

(나) 우리에게도 잘 알려져 있는 그리스 로마 신화는 이러한 인간의 노력을 보여주는 중요한 문화유산이다. 현대의 어느 누구도 더 이상 그리스 신화를 종교로 보고 그 신들을 숭배하지는 않지만 여전히 그리스 신화는 매력적인 탐구의 대상이고 서양 문명을 지탱해 온 중요한 문화유산이다.

(다) 역사의 진행, 그리고 사유의 발전에 따라 우리는 어디에서 왔는가 하는 질문은 종교와 신화의 영역에서 점차 철학의 영역이 되었다. 이것은 인간은 어떤 존재인가 하는 질문과도 맞닿아 있을 뿐 아니라 인간의 삶의 의미는 과연 어디에서 찾을 수 있는가 하는 질문과도 연결된다. 누구나 인정할 수 있는 명쾌한 답을 찾기는 어려울 것처럼 보이는 이러한 질문에 대해 과학은 나름의 합리성을 가지고 대답할 태세를 갖춘 것처럼 보인다. 그것은 소의 빅뱅 이론이다. 약 137억 년에 우주의 어느 한 지점에서 대폭발이 일어난 후 엄청난 속도로 우주가 팽창하였다는 이 이론은 과학 특유의 합리성을 내세우며 제시되었고 지금도 많은 논란 속에 발전이 진행 중이다.

(라) 그러나 현재 시점에서 가장 진일보한 것으로 여겨지는 과학 이론 역시 완전하다고 말할 수는 없다. 과학 내부에서만 보더라도 빅뱅 우주론의 대안으로 정상 우주론이 제안되었다. 뉴턴의 역학이 아인슈타인의 상대성 이론에 의해 전복되고 아인슈타인의 이론 역시 현대 물리학의 발전 속에 계속적으로 수정 보완되는 것처럼 빅뱅 이론 역시 계속적으로 진화 중이고 이를 뒤집는 혁신적 이론이 나올 수도 있다.

(마) 다만 중요한 것은 사람들은 이와 같이 당장 해결하지 않아도 사는 것에 큰 지장이 없는 것처럼 보이는 이러한 추상적인 질문, “우주는 어디에서 왔는가?”, “생명의 기원은 어디에서 찾을 수 있는가?”라는 질문에 대한 대답을 찾기 위해 지칠 줄 모르고 계속 노력하고 있고 고민하고 있다는 점이다. 이것은 인간이 자신의 존재의미를 찾기 위해 끝없이 탐구하고 있다는 것을 그리고 인간은 그러한 의미를 스스로 부여해야만 살 수 있는 존재임을 보여준다. 인간은 우주에 그냥 던져진 존재가 아니라는 점을 스스로에게 증명하고 싶어 하고, 그럴 때에만 살 수 있는 존재인 셈이다.

① (가) ② (나)
③ (다) ④ (라)
⑤ (마)

10 다음 글에 대한 설명으로 옳은 것은?

> ㉠ 전통은 물론 과거로부터 이어온 것을 말한다. ㉡ 이 전통은 그 사회 및 그 사회의 구성원인 개인의 몸에 배어있는 것이다. ㉢ 그러므로 스스로 깨닫지 못하는 사이에 전통은 우리의 현실에 작용하는 경우가 있다. ㉣ 그러나 과거에서 이어 온 것을 무턱대고 모두 전통이라고 한다면, 인습(因襲)이라는 것과의 구별이 서지 않을 것이다. ㉤ 우리는 인습을 버려야 할 것이라고는 생각하지만, 계승해야 할 것이라고는 생각하지 않는다. ㉥ 여기서 우리는, 과거에서 이어 온 것을 객관화하고, 이를 비판하는 입장에 서야 할 필요를 느끼게 된다.

① ㉠은 이 글의 주지 문장이다.
② ㉡은 ㉠을 부연 설명한 문장이다.
③ ㉡과 ㉢은 전환관계이다.
④ ㉣은 ㉤에 대한 이유를 제시한 문장이다.
⑤ ㉤은 전체 내용을 요약한 문장이다.

11 아래의 내용과 일치하는 것은?

> 어떤 식물이나 동물, 미생물이 한 종류씩만 있다고 할 때, 즉 종이 다양하지 않을 때는 곧바로 문제가 발생한다. 생산하는 생물, 소비하는 생물, 분해하는 생물이 한 가지씩만 있다고 생각해보자. 혹시 사고라도 생겨 생산하는 생물이 멸종하면 그것을 소비하는 생물이 먹을 것이 없어지게 된다. 즉, 생태계 내에서 일어나는 역할 분담에 문제가 생기는 것이다. 박테리아는 여러 종류가 있기 때문에 어느 한 종류가 없어져도 다른 종류가 곧 그 역할을 대체한다. 그래서 분해 작용은 계속되는 것이다. 즉, 여러 종류가 있으면 어느 한 종이 없어지더라도 전체 계에서는 이 종이 맡았던 역할이 없어지지 않도록 균형을 이루게 된다.

① 생물 종의 다양성이 유지되어야 생태계가 안정된다.
② 생태계는 생물과 환경으로 이루어진 인위적 단위이다.
③ 생태계의 규모가 커질수록 희귀종의 중요성도 커진다.
④ 생산하는 생물과 분해하는 생물은 서로를 대체할 수 있다.
⑤ 생태계는 약육강식의 법칙이 지배한다.

12 다음 지문에 대한 반론으로 부적절한 것은?

> 사람들이 '영어 공용화'의 효용성에 대해서 말하면서 가장 많이 언급하는 것이 영어 능력의 향상이다. 그러나 영어 공용화를 한다고 해서 그것이 바로 영어 능력의 향상으로 이어지는 것은 아니다. 영어 공용화의 효과는 두 세대 정도 지나야 드러나며 교육제도 개선 등 부단한 노력이 필요하다. 오히려 영어를 공용화하지 않은 노르웨이, 핀란드, 네덜란드 등에서 체계적인 영어 교육을 통해 뛰어난 영어 구사자를 만들어 내고 있다.

① 필리핀, 싱가포르 등 영어 공용화 국가에서는 영어 교육의 실효성이 별로 없다.
② 우리나라는 노르웨이, 핀란드, 네덜란드 등과 언어의 문화나 역사가 다르다.
③ 영어 공용화를 하지 않으면 영어 교육을 위해 훨씬 많은 비용을 지불해야 한다.
④ 체계적인 영어 교육을 하는 일본에서는 뛰어난 영어 구사자를 발견하기 힘들다.
⑤ 이미 영어를 공용화한 나라들의 경우를 보면, 어려서부터 실생활에서 영어를 사용하여 국가 및 개인 경쟁력을 높일 수 있다.

13 다음 글에서 글쓴이가 궁극적으로 말하고자 하는 것은 무엇인가?

> 역사가는 하나의 개인입니다. 그와 동시에 다른 많은 개인들과 마찬가지로 그들은 하나의 사회적 현상이고, 자신이 속해 있는 사회의 산물인 동시에 의식적이건 무의식적이건 그 사회의 대변인인 것입니다. 바로 이러한 자격으로 그들은 역사적인 과거의 사실에 접근하는 것입니다.
> 우리는 가끔 역사과정을 '진행하는 행렬'이라 말합니다. 이 비유는 그런대로 괜찮다고 할 수는 있겠지요. 하지만 이런 비유에 현혹되어 역사가들이, 우뚝 솟은 암벽 위에서 아래 경치를 내려다보는 독수리나 사열대에 선 중요 인물과 같은 위치에 서 있다고 생각해서는 안 됩니다. 이러한 비유는 사실 말도 안 되는 이야기입니다. 역사가도 이러한 행렬의 한편에 끼어서 타박타박 걸어가고 있는 또 하나의 보잘것없는 인물밖에는 안 됩니다. 더구나 행렬이 구부러지거나, 우측 혹은 좌측으로 돌며, 때로는 거꾸로 되돌아오고 함에 따라, 행렬 각 부분의 상대적인 위치가 잘리게 되어 변하게 마련입니다.
> 따라서 1세기 전 우리들의 증조부들보다도 지금 우리들이 중세에 더 가깝다든다, 혹은 시저의 시대가 단테의 시대보다 현대에 가깝다든가 하는 이야기는, 매우 좋은 의미를 갖는 경우도 될 수 있는 것입니다. 이 행렬 – 그와 더불어 역사가들도 – 이 움직여 나감에 따라 새로운 전망과 새로운 시각은 끊임없이 나타나게 됩니다. 이처럼 역사의 시각은 역사의 일부분만을 보는데 지나지 않습니다. 즉 그가 참여하고 있는 행렬의 지점이 과거에 대한 그의 시각을 결정한다는 것이지요.

① 역사는 현재와 과거의 단절에 기초한다.
② 역사가는 주관적으로 역사를 바라보아야 한다.
③ 역사는 사실의 객관적 판단이다.
④ 과거의 역사는 현재를 통해서 보아야 한다.
⑤ 역사가와 사실의 관계는 평등한 관계이다.

14 다음 글을 논리적으로 바르게 나열한 것은?

(가) 그렇지만 우리는 새로운 세기에 정보를 전달하는 방식에서는 새로운 양상이 드러날 것이라는 점은 분명히 인식해야 한다. 그러한 양식에 부합하는 책 만들기가 이뤄져야 한다는 것 또한 명심해야 한다.

(나) 2000년대에 들어선 지금 출판시장에서는 부익부 빈익빈 현상이 심각하다. 안정된 매출을 이루고 있는 출판사들은 점점 가능성을 키워가고 있는 반면 여전히 방향을 잡지 못한 많은 출판사들은 한없이 내리막길을 달리고 있다. 틈새시장 또한 사라지고 있다.

(다) 디지털이 갖는 장점은 정보전달 속도의 신속성, 정보를 아무리 사용해도 양과 질이 변하지 않는 재생성, 쌍방향 커뮤니케이션이 가능한 쌍방향성, 방대한 양의 정보의 저장이 가능한 저장성 등일 것이다. 이러한 장점을 이용하여 종이책이 살아남기 위해서 우리는 어떻게 해야 하는가?

첫째, 아날로그 정보는 즉각적인 인텔리전스(Intelligence, 전략정보) 단계를 갖출 때에야 시장성을 가질 것이다.

둘째, 책의 생산에 있어 '사이클 타임'(책의 기획에서 판매를 끝낼 때까지의 시간)을 최대한 줄여야 한다.

셋째, 시각적 이미지를 키워야 한다.

넷째, 음성화에 적응하는 책 만들기이다.

(라) 물론 명명백백한 사실은 미래에는 두 가지 형태의 책, 즉 종이책과 전자책이 공존하게 될 것이라는 점이다. 그러나 적어도 아직까지 사전류를 제외하고는 전자책이 시장성을 가진 경우는 없었다. 그럼에도 '브리태니커 백과사전'이 종이책의 발간을 중지한다는 발표를 하자마자 이것이 마치 종이책의 종말을 알리는 서막인 것처럼 언론은 호들갑을 떨었다.

① (나) − (라) − (가) − (다)
② (가) − (나) − (라) − (다)
③ (라) − (나) − (다) − (가)
④ (나) − (라) − (다) − (가)
⑤ (가) − (다) − (라) − (나)

15 다음 제시된 문장의 밑줄 친 부분과 같은 의미로 사용된 것은?

> 내 눈에는 이 작품의 플롯이 탄탄하지 않은 것 같다.

① 그녀의 큰 두 눈에 물기가 어려 있었다.
② 그 안경점에는 내 눈에 맞는 안경이 없었다.
③ 마치 그 사람들 눈에는 내가 미친 여자로 보이는 것 같았다.
④ 그녀는 냉소에 찬 눈으로 그가 하는 행동을 보고 있다.
⑤ 다른 사람들 눈에 목격되지 않고 범죄를 저지르기란 어려운 일이다.

16 다음 글에서 ⓐ : ⓑ의 의미 관계와 가장 유사한 것은?

> 역사적으로 볼 때 시민 혁명이나 민중 봉기 등의 배경에는 정부의 과다한 세금 징수도 하나의 요인으로 자리 잡고 있다. 현대에도 정부가 세금을 인상하여 어떤 재정 사업을 하려고 할 때, 국민들은 자신들에게 별로 혜택이 없거나 부당하다고 생각될 경우 ⓐ납세 거부 운동을 펼치거나 정치적 선택으로 조세 저항을 표출하기도 한다. 그래서 세계 대부분의 국가는 원활한 재정 활동을 위한 조세 정책에 골몰하고 있다.
> 경제학의 시조인 아담 스미스를 비롯한 많은 경제학자들이 제시하는 바람직한 조세 원칙 중 가장 대표적인 것이 공평과 효율의 원칙이라 할 수 있다. 공평의 원칙이란 특권 계급을 인정하지 않고 국민은 누구나 자신의 능력에 따라 세금을 부담해야 한다는 의미이고, 효율의 원칙이란 정부가 효율적인 제도로 세금을 과세해야 하며 납세자들로부터 불만을 최소화할 수 있는 방안으로 ⓑ징세해야 한다는 의미이다.

① 컴퓨터를 사용한 후에 반드시 전원을 꺼야 한다.
② 관객이 늘어남에 따라 극장이 점차 대형화되었다.
③ 자전거 타이어는 여름에 팽창하고 겨울에 수축한다.
④ 먼 바다에 나가기 위해서는 배를 먼저 수리해야 한다.
⑤ 얇게 뜬 김은 부드럽고 맛이 좋아서 높은 값에 팔린다.

17 다음 밑줄 친 부분과 같은 의미로 사용된 것은?

「태극기 휘날리며」는 1970년대에 성행했던 반공 의식 고취를 위한 전쟁 영화들과는 달리 적군과 아군을 명확히 구별하지 않는다. 국가를 위해 몸을 바친다는 애국주의보다는 우리가 아니면 누가 가족을 지킬 것인가라는 가족주의가 이 영화의 핵심인 것이다.

① 그에게 자유를 주어 그 자유를 격려해 주고 축복하는 것 그게 사랑이 아닐까?
② 그가 잠적했다는 소식을 처음 접했을 때 여자가 있었던 것은 아닐까, 공금을 빼돌린 것은 아닐까하는 생각이 들었다.
③ 나의 성미가 남달리 괴팍하여 사람을 싫어한다거나 하는 것은 아니다.
④ 집에 있었다고 믿고 있는 것도 착각이 아닐까.
⑤ 남이야 어떻게 말하건 윤두명이야 말로 행복의 열쇠를 손아귀에 넣은 사람이 아닐까.

18 다음 글에서 추론할 수 없는 진술은?

미국의 경우, 1977년부터 2001년까지 살해된 사람의 수는 흑인과 백인이 비슷했지만, 사형을 선고받은 죄수들 중 80%는 백인을 살해한 혐의로 기소된 사람이었다. 또한 뉴저지 주 검찰청이 작성한 한 보고서에 따르면, 경찰은 교통 단속을 함에 있어서 인종을 중요한 기준으로 삼고 있었다.

① 법 앞에서의 평등이 현실에서 무시될 수 있다.
② 흑인이 백인에 비해 범법자로 처벌될 가능성이 높다.
③ 백인보다 흑인이 법을 통한 분쟁 해결을 선호할 것이다.
④ 법을 적용함에 있어서 인종에 대한 편견이 작용할 것이다.
⑤ 동일한 범죄를 저질렀더라도 백인에 비해 흑인의 형량이 무거울 것이다.

19 다음 글에서 추론할 수 없는 내용은?

한 사람은 활과 화살을 만드는 데 전념하고, 또 한 사람은 음식을 마련하고, 제3의 사람은 오두막을 짓고, 제4의 사람은 의복을 만들고, 제5의 사람은 도구를 만드는 데 전념한다. 이렇게 하면 수많은 종류의 재화가 보다 쉽게 많이 생산될 수 있다. 생산된 재화를 서로 주고받음으로써, 참가자들은 서로 유리해진다. 또한, 그들의 생업과 업무도 여러 사람이 나누어 하면 쉽게 처리할 수 있다.

① 분업은 교환을 전제로 한다.
② 분업은 소득을 균등하게 배분해 준다.
③ 전문화와 특화는 생산성을 증진시킨다.
④ 분업이 효율적 자원 배분을 가능하게 한다.
⑤ 교환은 참가자 모두의 상호 이익을 증진시킨다.

20 다음 제시된 글의 다음에 올 문장의 배열이 차례로 나열된 것은?

조사, 문서 작성이야말로 교양교육에서 가장 중요한 포인트라고 생각했고 지금도 그렇게 생각한다. 이 '다치바나 세미나'의 과정에서 완성된 것이 '20세 무렵', '환경 호르몬 입문', '신세기 디지털 강의'라는 세 권의 책이다. '20세 무렵'의 머리말에서 왜 '조사, 문서 작성'을 선택했는지, 그 이유에 대해 다음과 같이 설명했다.

㉠ 조사하고 글을 쓴다는 것은 그렇게 중요한 기술이지만, 그것을 대학교육 안에서 조직적으로 가르치는 장면은 보기 힘들다. 이것은 대학교육의 거대한 결함이라고 말하지 않을 수 없다. 단 조사하고 글을 쓴다는 것은 그렇게 쉽게 다른 사람에게 가르칠 수 있는 부분이 아니다. 추상적으로 강의하는 것만으로는 가르칠 수 없으며 OJT(현장교육)가 필요하다.

㉡ '조사, 문서 작성'을 타이틀로 삼은 이유는 대부분의 학생에게 조사하는 것과 글을 쓰는 것이 앞으로의 생활에서 가장 중요하자고 여겨질 지적 능력이기 때문이다. 조사하고 글을 쓰는 것은 이제 나 같은 저널리스트에게만 필요한 능력이 아니다. 현대 사회의 거의 모든 지적 직업에서 일생 동안 필요한 능력이다. 저널리스트든 관료든 비즈니스맨이든 연구직, 법률직, 교육직 등이 지적 노동자든, 대학을 나온 이후에 활동하게 되는 대부분의 직업 생활에서 상당한 부분이 조사하는 것과 들을 쓰는 데 할애될 것이다. 근대 사회는 모든 측면에서 기본적으로 문서화시키는 것으로 조직되어 있기 때문이다.

㉢ 무엇인가를 전달하는 문장은 우선 이론적이어야 한다. 그러나 이론에는 내용(콘텐츠)이 수반되어야 한다. 이론보다 증거가 더 중요한 것이다. 이론을 세우는 쪽은 머릿속의 작업으로 끝낼 수 있지만, 콘텐츠 쪽은 어디에선가 자료를 조사하여 가져와야 한다. 좋은 콘텐츠에 필요한 것은 자료가 되는 정보다 따라서 조사를 하는 작업이 반드시 필요하다.

㉣ 인재를 동원하고 조직을 활용하고 사회를 움직일 생각이라면 좋은 문장을 쓸 줄 알아야 한다. 좋은 문장이란 명문만을 가리키는 것이 아니다. 멋진 글이 아니라도 상관없지만, 전달하는 사람의 뜻을 분명하게 이해시킬 수 있는 문장이어야 한다. 문장을 쓴다는 것은 무엇인가를 전달한다는 것이다. 따라서 자신이 전달하려는 내용이 그 문장을 읽은 사람에게 분명하게 전달되어야 한다.

① ㉠ - ㉡ - ㉢ - ㉣
② ㉡ - ㉣ - ㉢ - ㉠
③ ㉢ - ㉡ - ㉠ - ㉣
④ ㉢ - ㉠ - ㉡ - ㉣
⑤ ㉣ - ㉢ - ㉠ - ㉡

21 다음 제시된 글에서 작가가 표현하려고 하는 것을 가장 잘 의미하는 한자성어는?

요즘 아이들은 배우지 않는 과목이 없다. 모르는 것이 없이 묻기만 하면 척척 대답한다. 중학교나 고등학교의 숙제를 보면 몇 년 전까지만 해도 상상도 할 수 없던 내용들을 다룬다. 어떤 어려운 주제를 내밀어도 아이들은 인터넷을 뒤져서 용하게 찾아낸다. 그런데 그 똑똑한 아이들이 정작 스스로 판단하고 제 힘으로 할 줄 아는 것이 하나도 없다. 시켜야 하고, 해 줘야 한다. 판단 능력은 없이 그저 많은 정보가 내장된 컴퓨터와 같다. 그 많은 독서와 정보들은 다만 시험 문제 푸는 데만 유용할 뿐 삶의 문제로 내려오면 전혀 무용지물이 되고 만다.

① 박학다식(博學多識)
② 박람강기(博覽强記)
③ 대기만성(大器晩成)
④ 팔방미인(八方美人)
⑤ 생이지지(生而知之)

22 다음 글의 (   ) 안에 들어갈 말로 가장 적절한 것은?

이 헌장에 서명한 국가들은 유엔헌장에 따라 다음의 원칙들이 모든 사람들의 행복, 조화로운 인간관계, 그리고 안전을 위하여 가장 기본적인 것임을 선언한다. 건강은 단지 질병에 걸리지 않거나 허약하지 않은 상태뿐만 아니라, 육체적, 정신적, 사회적으로 온전히 행복한 상태를 말한다. 인종, 종교, 정치적 신념, 경제적 혹은 사회적 조건에 따른 차별 없이 최상의 건강 수준을 유지하는 것이 인간이 누려야 할 기본권의 하나이다. 인류의 건강은 평화와 안전을 보장하기 위한 기본 전제이며, 개인과 국가 사이에 충분한 협조를 통해서 이룰 수 있다. 어느 국가에서든 국민의 건강을 증진하고 보호하기 위한 노력은 가치 있는 일이다. 건강 증진과 질병 특히 전염병 관리에서 국가 간의 차이는 공동의 위험이 된다. 어린이가 건강하게 자라는 것이 무엇보다도 중요하며, 변화하는 환경과 조화를 이루며 살아 나가는 능력은 어린이의 성장에 곡 필요하다. 모든 사람들이 의학, 심리학 및 관련 분야의 지식을 통한 혜택을 누릴 수 있어야만 (   )를 유지할 수 있다. 일반 사람들이 충분한 지식을 바탕으로 적극적으로 서로 협력하는 것이 인류 건강 증진을 위해 매우 중요하다. 정부는 국민의 건강에 대한 책임을 다하기 위해 적절한 보건 및 사회 제도를 마련해야 한다. 이러한 원칙 아래, 이 헌장에 서명한 국가들은 서명국들뿐만 아니라 다른 국가들과도 서로 협력하여 인류의 건강을 증진시키고 보호하고자 한다. 이를 위하여 우리는 이 헌장에 동의하고, 유엔헌장 57조의 특별 기구로서 세계보건기구를 설립한다.

① 세계의 평화
② 최상의 건강상태
③ 국민의 건강관리
④ 최고의 행복상태
⑤ 어린이의 건강상태

23 다음 글을 쓴 작가의 의도로 가장 적절한 것은?

> 삼가 생각건대 공경을 바치고 예를 다하는 것은 임금이 이에 스승을 얻는 것이요, 어진 자를 천거하고 능한 자에게 양보하는 것은 신하가 임금을 돕는 바입니다.
> 신이 전번에 윤명(綸命 ; 임금의 명)을 받들어 오래도록 서연에서 모셨는데, 거지(擧止)가 우소(迂疏)하여 족히 잘못을 바루지 못하였고, 견문(見聞)이 거칠어서 올바르게 바루는 데에 유익함이 없었습니다. 신도 오히려 부끄러움을 알고 있는데 누구를 차마 속이겠습니까? 하물며 백발은 성성하고 눈까지 어두움에리까! 귀는 허승(許丞)처럼 어둡고 팔뚝은 두자(杜子)처럼 불수가 되었습니다. 헌지(軒墀)를 사모하다가 진실로 상유(桑榆)의 늦은 햇빛을 거두지 못하면, 구렁에 굴러 떨어져 송백(松柏)이 겨울에 푸른 절개를 보전하기 어려울까 두렵습니다.

① 나이 어린 임금에게 강력하게 진언함
② 자신의 잘못을 깨닫고 뉘우침
③ 관직에서 물러나고 싶은 마음을 표현함
④ 세월이 흘러 늙음을 한탄함
⑤ 관리의 도리에 대해 충고함

24 다음 글을 읽고 등장인물들의 정서를 고려할 때 ( ) 안에 들어갈 가장 적절한 것은?

> 그는 얼마 전에 살고 있던 전셋집을 옮겼다고 했다. 그래 좀 늘려 갔느냐 했더니 한 동네에 있는 비슷한 집으로 갔단다. 요즘 같은 시절에 줄여 간 게 아니라면 그래도 잘된 게 아니냐 했더니 반응이 신통치를 않았다. 집이 형편없이 낡았다는 것이다. 아무리 낡았다고 해도 설마 무너지기야 하랴 하고 웃자 그도 따라 웃는다. 큰 아파트가 무너졌다는 얘기를 들었어도 그가 살고 있는 단독주택 같은 집이 무너진다는 건 상상하기 힘들었을 테고, 또 (   ) 웃었을 것이다.

① 드디어 자기 처지를 진정으로 이해하기 시작했다고 생각하고
② 낡았다는 것을 무너질 위험이 있다는 뜻으로 엉뚱하게 해석한 데 대해
③ 이 사람이 지금 그걸 위로라고 해 주고 있나 해서
④ 설마 설마 하다가 정말 무너질 수도 있겠구나 하는 생각에
⑤ 하늘이 무너져도 솟아날 구멍이 있다는 속담이 생각나서

25 다음 글의 주제로 가장 적절한 것은?

여성은 단일한 집단이 아니다. 한국 경제활동연구소의 40% 이상을 차지하는 여성 집단 내부의 다양성은 남성 집단 일반과 비교하여도 적지 않다. 그럼에도 불구하고 '여성'을 대상으로 하는 정책은 여성이기에 공통적으로 직면하는 실질적 위험이 존재한다는 사회적 공감대를 바탕을 만들어지고 운용된다. 노동 분야를 관통하는 여성정책이 해결하고자 하는 여성의 위험이란 무엇인가. 노동시장에서 여성과 남성의 구별을 발생시키는 위험이란 결국 '일 · 가정 양립'이라는 익숙한 슬로건이 드러내듯 출산과 육아라는 생애사적 사건과 이에 부과되는 책임에서 기인한다고 할 수 있다. 출산과 육아는 노동시장에 참가하고 있는 여성이 노동시장으로부터 이탈을 선택하고 이후 노동시장에 재진입하려고 할 때 좋은 일자리를 갖기 어렵게 만든다. 즉, 출산과 육아라는 생애사적 사건은 노동시장에서 여성을 취약하게 만든다.
하지만 다양한 여성이 직면하는 공통의 위험에 집중하는 여성정책은 여성 각자가 처한 상이한 상황과 경험을 간과함으로써 또 다른 배제를 발생시킬 가능성이 있다. 노동시장에서 여성과 남성의 구별을 발생시키는 생애사적 사건은 사전적으로 통계적 차별을 발생시키는 원인으로 작동하기도 한다. 그러나 출산과 육아라는 여성의 생애사적 사건에 집중하는 여성정책은 사전적으로 작동하는 통계적 차별과 사후적 어려움을 모두 해결하지 못한다. 나아가 여성을 출산과 육아라는 생애사적 사간을 갖는 단일 집단으로 환원시킨다. 결과적으로는 출산과 육아를 선택하지 않지만 통계적 차별을 동일하게 경험하는 여성은 정책으로부터 체계적으로 배제될 수 있다.

① 노동시장에 존재하는 정책은 남성을 위주로 실시되고 있다.
② 여성은 출산과 육아에 의해 생애사적인 경력단절을 경험하고 있다.
③ 다양성을 외면하는 노동 정책에 의해 여성의 노동력이 부당한 처우를 받을 수 있다.
④ 출산과 육아를 경험하지 않은 여성도 노동시장에서 부당한 대우를 받고 있다.
⑤ 여성은 남성과 달리 다양성이 매우 풍부한 노동력이다.

자료해석 20문항/25분

01 다음 ( ) 안에 들어갈 숫자로 적절한 것은?

25 23 27 ( ) 29 19 31 17

① 21
② 20
③ 19
④ 18

02 지난달에 S사에서 245L의 기름을 사는 데 392,000원이 들었다. S사에서 지금 기름을 사려는데, 지난달에 비해 원유 값은 기름 값의 1/8만큼 올랐고 기름 값의 10%를 차지하던 세금은 기름 값의 1/20만큼 올랐다. 현재 1L의 기름 값은 얼마인가? (단, 기름 판매상의 마진과 기타 비용은 고려하지 않으며, 기름 값은 원유 값+세금으로 계산한다)

① 1,725원
② 1,748원
③ 1,770원
④ 1,788원

03 다음 표는 주식매매 수수료율과 증권거래세율에 대한 자료이다. 주식매매 수수료는 주식매도 시 매도자에게, 매수 시 매수자에게 부과되며 증권거래세는 주식매도 시에만 매도자에게 부괴된다고 할 때, 이에 대한 〈보기〉의 설명 중 옳은 내용만 모두 고른 것은?

〈표 1〉 주식매매 수수료율과 증권거래세율

구분 \ 연도	2011	2013	2015	2018	2021
주식매매 수수료율	0.1949	0.1805	0.1655	0.1206	0.0993
유관기관 수수료율	0.0109	0.0109	0.0093	0.0075	0.0054
증권사 수수료율	0.1840	0.1696	0.1562	0.1131	0.0939
증권거래세율	0.3	0.3	0.3	0.3	0.3

〈표 2〉 유관기관별 주식매매 수수료율

유관기관 \ 연도	2011	2013	2015	2018	2021
한국거래소	0.0065	0.0065	0.0058	0.0045	0.0032
예탁결제원	0.0032	0.0032	0.0024	0.0022	0.0014
금융투자협회	0.0012	0.0012	0.0011	0.0008	0.0008
합계	0.0109	0.0109	0.0093	0.0075	0.0054

※ 주식거래 비용=주식매매 수수료+증권거래세

※ 주식매매 수수료=주식매매 대금×주식매매 수수료율

※ 증권거래세=주식매매 대금×증권거래세율

〈보기〉

㉠ 2011년에 '갑'이 주식을 매수한 뒤 같은 해에 동일한 가격으로 전량 매도했을 경우, 매수 시 주식거래 비용과 매도 시 주식거래 비용의 합에서 증권사 수수료가 차지하는 비중은 50%를 넘지 않는다.

㉡ 2015년에 '갑'이 1,000만 원 어치의 주식을 매수할 때 '갑'에게 부과되는 주식매매 수수료는 16,550원이다.

㉢ 모든 유관기관은 2021년 수수료율을 2018년보다 10% 이상 인하하였다.

㉣ 2021년에 '갑'이 주식을 매도할 때 '갑'에게 부과되는 주식거래 비용에서 유관기관 수수료가 차지하는 비중은 2% 이하이다.

① ㉠㉡　　② ㉠㉢

③ ㉡㉢　　④ ㉡㉣

Q 다음은 지역별 건축 및 대체에너지 설비투자 현황에 관한 자료이다. 물음에 답하시오. 【04~05】

(단위 : 건, 억 원, %)

지역	건축 건수	건축공사비(A)	대체에너지 설비투자액				대체에너지 설비투자 비율
			태양열	태양광	지열	합(B)	
가	12	8,409	27	140	336	503	5.98
나	14	12,851	23	265	390	678	(　)
다	15	10,127	15	300	210	525	(　)
라	17	11,000	20	300	280	600	5.45
마	21	20,100	30	600	450	1,080	(　)

※ 대체에너지 설비투자 비율 = (B/A) × 100

04 다음 중 옳지 않은 것은?

① 건축 건수 1건당 건축공사비가 가장 많은 곳은 마 지역이다.

② 가~마 지역의 대체에너지 설비투자 비율은 각각 5% 이상이다.

③ 라 지역에서 태양광 설비투자액이 210억 원으로 줄어들어도 대체에너지 설비투자 비율은 5% 이상이다.

④ 대체에너지 설비투자액 중 태양광 설비투자액 비율이 가장 높은 지역은 대체에너지 설비투자 비율이 가장 낮다.

05 가 지역의 지열 설비투자액이 250으로 줄어들 경우 대체에너지 설비투자 비율의 변화는?

① 약 15% 감소

② 약 17% 감소

③ 약 21% 감소

④ 약 25% 감소

06 아래는 인플루엔자 백신 접종 이후 3종류의 바이러스에 대한 연령별 항체가 1 : 40 이상인 피험자 비율의 시간에 따른 변화를 나타낸 것이다. 여기에서 추론 가능한 것은?

(단위 : %)

구분		6개월-2세	3-8세	9-18세
H1N1	접종 전	4.88	61.97	63.79
	접종 후 1개월	85.37	88.73	98.28
	접종 후 6개월	58.97	90.14	92.59
	접종 후 12개월	29.63	84	95.74
H3N2	접종 전	12.20	52.11	48.28
	접종 후 1개월	73.17	90.14	94.83
	접종 후 6개월	41.03	87.32	79.63
	접종 후 12개월	44.44	76	63.83
B	접종 전	17.07	47.89	81.03
	접종 후 1개월	68.29	94.37	93.10
	접종 후 6개월	28.21	74.65	90.74
	접종 후 12개월	14.81	50	80.85

① 현존하는 백신의 종류는 모두 3가지이다.
② 청소년은 백신접종의 필요성이 낮다.
③ B형 바이러스에 대한 항체가 가장 잘 형성된다.
④ 3세 미만의 소아가 백신 면역 지속력이 가장 낮다.

Ⓠ 다음 그래프는 5세의 신장을 기준으로 하여 철수의 키가 작년과 비교하였을 때 얼마나 성장하였는가를 보여주는 것이다. 물음에 답하시오. 【07~09】

나이	6세	7세	8세
성장율	6%	5%	10%

07 위 표에 대한 설명으로 옳은 것은?

① 7세 때부터 8세 때까지 신장이 10cm 자랐다.
② 8세 때에는 5세 때의 신장에 비해 24.7% 자랐다.
③ 5세 때부터 7세 때까지가 6세 때부터 8세 때까지보다 더 많이 자랐다.
④ 7세 때부터 8세 때까지가 5세 때부터 6세 때까지보다 더 많이 자랐다.

08 철수의 8세 때의 신장은 5세 때의 신장에 비해 몇 % 성장 하였는가? (단, 소수 둘째 자리에서 반올림함)

① 20.3%
② 21%
③ 22.4%
④ 24.7%

09 철수의 7세 때의 신장이 89cm라고 할 때 8세 때의 신장은 몇 cm인가?

① 97.9cm
② 99cm
③ 110cm
④ 111.4cm

10 어떤 스포츠 용품 회사가 줄의 소재, 프레임의 넓이, 손잡이의 길이, 프레임의 재질 등 4개의 변인이 테니스채의 성능에 미치는 영향에 관하여 실험하였다. 다음은 최종 실험 결과를 나타낸 것이다. 해석한 것으로 옳은 것은?

성능	변인			
	줄의 소재	프레임의 넓이	손잡이의 길이	프레임의 재질
좋음	천연	넓다	길다	보론
나쁨	천연	좁다	길다	탄소섬유
나쁨	천연	넓다	길다	탄소섬유
나쁨	천연	좁다	길다	보론
좋음	천연	넓다	짧다	보론
나쁨	천연	좁다	짧다	탄소섬유
나쁨	천연	넓다	짧다	탄소섬유
나쁨	천연	좁다	짧다	보론
좋음	합성	넓다	길다	보론
나쁨	합성	좁다	길다	탄소섬유
나쁨	합성	넓다	길다	탄소섬유
나쁨	합성	좁다	길다	보론
좋음	합성	넓다	짧다	보론
나쁨	합성	좁다	짧다	탄소섬유
나쁨	합성	넓다	짧다	탄소섬유
나쁨	합성	좁다	짧다	보론

① 손잡이의 길이가 단독으로 성능에 영향을 준다.
② 프레임의 넓이가 단독으로 성능에 영향을 준다.
③ 손잡이의 길이와 프레임의 재질이 함께 성능에 영향을 준다.
④ 프레임의 넓이와 프레임의 재질이 함께 성능에 영향을 준다.

Q 다음은 주유소 4곳을 경영하는 서원각에서 2010년 VIP 회원의 업종별 구성 비율을 지점별로 조사한 표이다. 표를 보고 물음에 답하시오. (단, 가장 오른쪽은 각 지점의 회원 수가 전 지점의 회원 총수에서 차지하는 비율을 나타낸다) 【11 ~ 13】

구분	대학생	회사원	자영업자	주부	각 지점 / 전 지점
A	10%	20%	40%	30%	10%
B	20%	30%	30%	20%	30%
C	10%	50%	20%	20%	40%
D	30%	40%	20%	10%	20%
전 지점	20%		30%		100%

11 서원각 전 지점에서 회사원의 수는 회원 총수의 몇 %인가?

① 24%
② 33%
③ 39%
④ 51%

12 A지점의 회원 수를 5년 전과 비교했을 때 자영업자의 수가 2배 증가했고 주부회원과 회사원은 1/2로 감소하였으며 그 외는 변동이 없었다면 5년전 대학생의 비율은? (단, A지점의 2010년 VIP회원의 수는 100명이다)

① 7.69%
② 8.53%
③ 8.67%
④ 9.12%

13 B지점의 대학생 회원 수가 300명일 때 C지점의 대학생 회원 수는?

① 100명
② 200명
③ 300명
④ 400명

Q 다음은 어느 음식점의 메뉴별 판매비율을 나타낸 것이다. 물음에 답하시오. 【14 ~ 15】

메뉴	2005년(%)	2006년(%)	2007년(%)	2008년(%)
A	17.0	26.5	31.5	36.0
B	24.0	28.0	27.0	29.5
C	38.5	30.5	23.5	15.5
D	14.0	7.0	12.0	11.5
E	6.5	8.0	6.0	7.5

14 다음 중 옳지 않은 것은?

① A메뉴의 판매비율은 꾸준히 증가하고 있다.
② C 메뉴의 판매비율은 4년 동안 50%p 이상 감소하였다.
③ 2005년과 비교할 때 E 메뉴의 2008년 판매비율은 3%p 증가하였다.
④ 2005년 C 메뉴의 판매비율이 2008년 A 메뉴 판매비율보다 높다.

15 2008년 메뉴 판매개수가 1,500개라면 A 메뉴의 판매개수는 몇 개인가?

① 500개　② 512개
③ 535개　④ 540개

16 영태가 등산을 하는데 올라갈 때는 3km/h로 걷고, 내려올 때는 올라갈 때보다 3km 더 먼 길을 6km/h로 걸어 총 5시간이 걸렸다. 영태가 등산한 거리는 모두 얼마인가?

① 9km　② 12km
③ 21km　④ 30km

17 7%의 소금물과 22%의 소금물을 섞은 후 물을 더 부어서 11.75%의 소금물 400g을 만들었다. 22%의 소금물의 양이 더 부은 물의 3배라면, 22%의 소금물 속 소금의 양은 몇 g인가?

① 14g ② 20g
③ 27g ④ 33g

18 영희는 5m/m의 속도로 걷고 철수는 10m/m의 속도로 걷는다고 한다. 영희가 출발하고 30분 후에 같은 지점에서 철수가 출발하여 운동장의 중간 지점에서 만났다고 하면, 운동장의 총 둘레는 몇 m인가?

① 300m ② 450m
③ 600m ④ 750m

Q 다음 제시된 자료를 읽고 물음에 답하시오. 【19~20】

증여세는 타인으로부터 무상으로 재산을 취득하는 경우, 취득자에게 무상으로 받은 재산가액을 기준으로 하여 부과하는 세금이다. 특히, 증여세 과세대상은 민법상 증여뿐만 아니라 거래의 명칭, 형식, 목적 등에도 불구하고 경제적 실질이 무상 이전인 경우 모두 해당된다. 증여세는 증여받은 재산의 가액에서 증여재산 공제를 하고 나머지 금액(과세표준)에 세율을 곱하여 계산한다.

증여재산－증여재산공제액＝과세표준
과제표준×세율＝산출세액

증여가 친족 간에 이루어진 경우 증여받은 재산의 가액에서 다음의 금액을 공제한다.

증여자	공제금액
배우자	6억 원
직계존속	5천만 원
직계비속	5천만 원
기타 친족	1천만 원

수증자를 기준으로 당해 증여 전 10년 이내에 공제받은 금액과 해당 증여에서 공제받을 금액의 합계액은 위의 공제금액을 한도로 한다.
또한, 증여받은 재산의 가액은 증여 당시의 시가로 평가되며, 다음의 세율을 적용하여 산출세액을 계산하게 된다.

〈증여세 세율〉

과세표준	세율	누진공제액
1억 원 이하	10%	–
1억 원 초과~5억 원 이하	20%	1천만 원
5억 원 초과~10억 원 이하	30%	6천만 원
10억 원 초과~30억 원 이하	40%	1억 6천만 원
30억 원 초과	50%	4억 6천만 원

※ 증여세 자진신고 시 산출세액의 7% 공제함

19 위에 주어진 증여세 관련 자료를 참고하여 다음과 같은 세 가지 경우에 해당하는 증여재산 공제액의 합을 구하면?

- 아버지로부터 여러 번에 걸쳐 1천만 원 이상 재산을 증여받은 경우
- 성인 아들이 아버지와 어머니로부터 각각 1천만 원 이상 재산을 증여받은 경우
- 아버지와 삼촌으로부터 1천만 원 이상 재산을 증여받은 경우

① 6천만 원
② 1억 원
③ 1억 5천만 원
④ 1억 6천만 원

20 성년이 된 김연자 씨는 아버지로부터 1억 7천만 원의 현금을 증여받게 되어, 증여세 납부 고지서를 받기 전 스스로 증여세를 납부하고자 세무사를 찾아 갔다. 세무사가 계산해 준 김연자 씨의 증여세 납부액은 얼마인가?

① 1,400만 원
② 1,302만 원
③ 1,280만 원
④ 1,255만 원

공간능력 18문항/10분

Q 다음 입체도형의 전개도로 알맞은 것을 고르시오. 【01~04】

- 입체도형을 전개하여 전개도를 만들 때, 전개도에 표시된 그림(예 : ▯, ◪ 등)은 회전의 효과를 반영함. 즉, 본 문제의 풀이과정에서 보기의 전개도 상에 표시된 "▯"와 "▭"은 서로 다른 것으로 취급함.
- 단, 기호 및 문자(예 : ☎, ♤, ♨, K, H)의 회전에 의한 효과는 본 문제의 풀이과정에 반영하지 않음. 즉, 입체도형을 펼쳐 전개도를 만들었을 때에 "☎"의 방향으로 나타나는 기호 및 문자도 보기에서는 "☎"방향으로 표시하며 동일한 것으로 취급함.

01

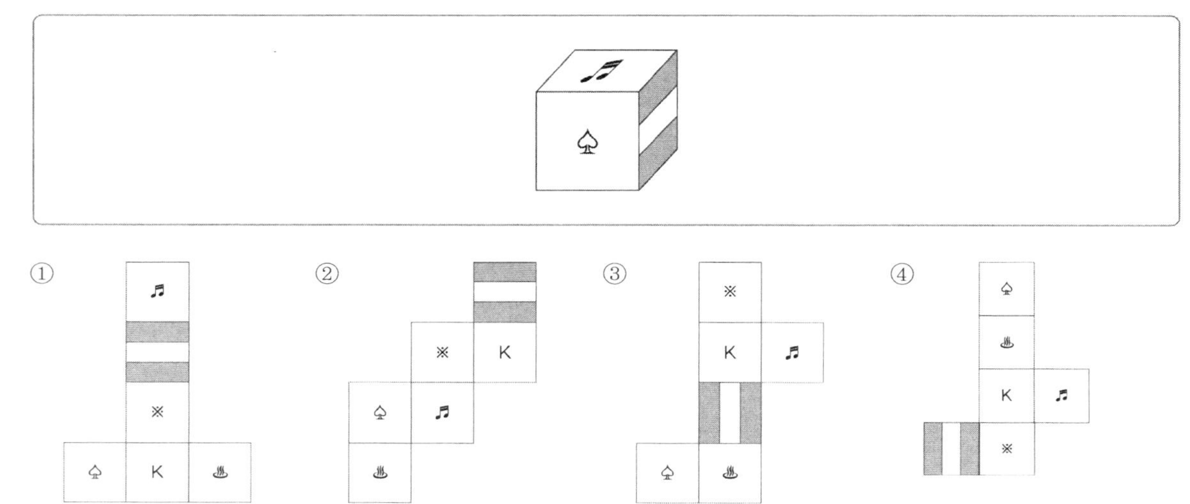

02

①

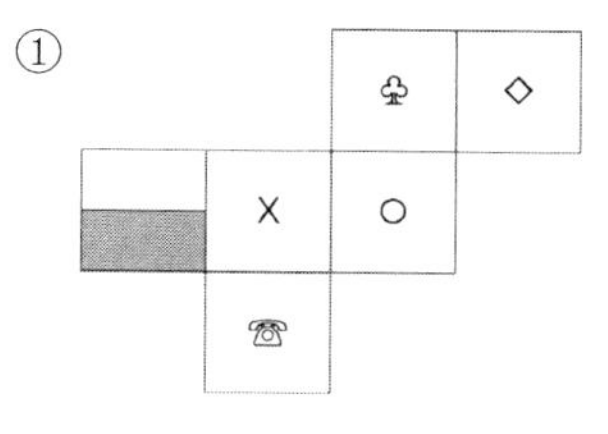

②

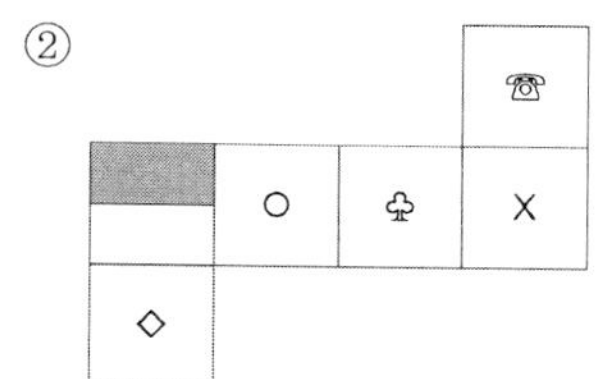

③

④

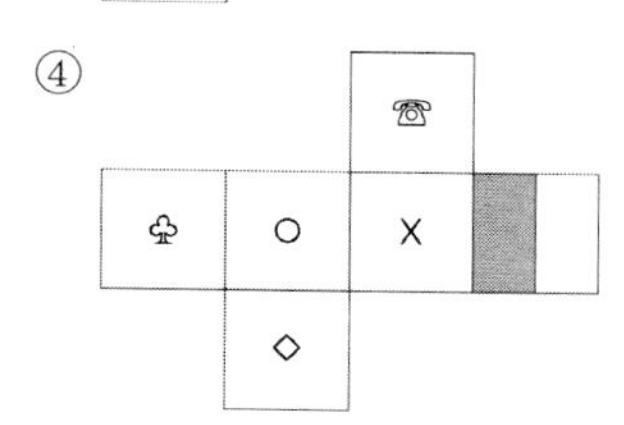

03

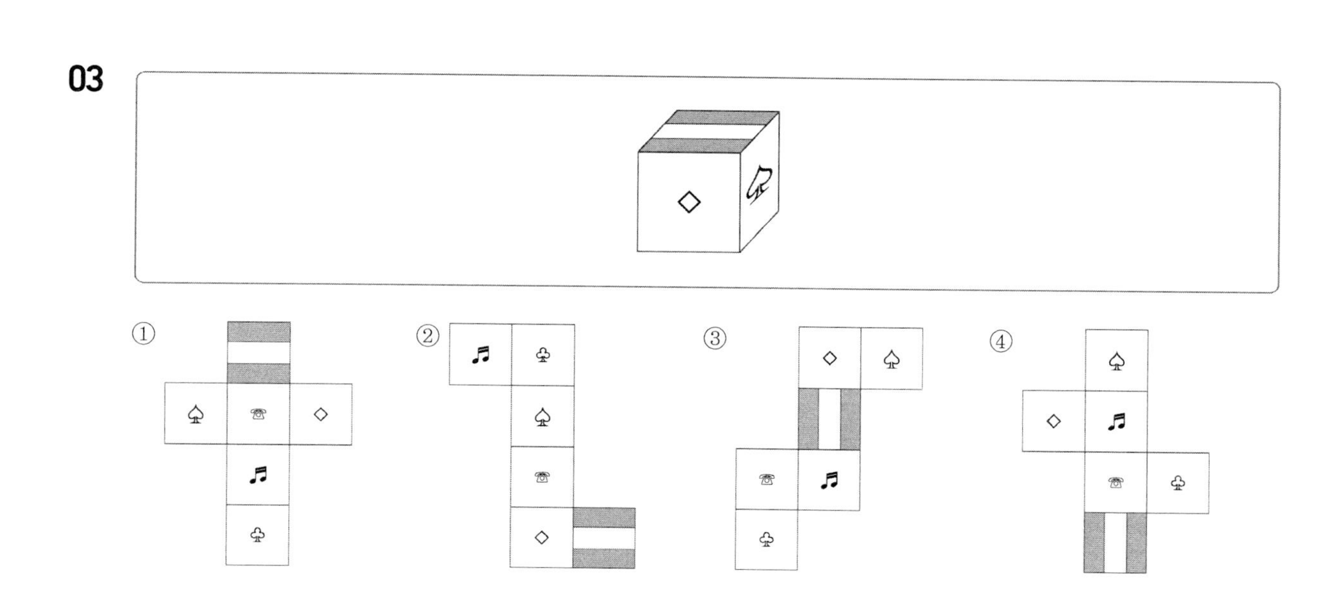

04

①

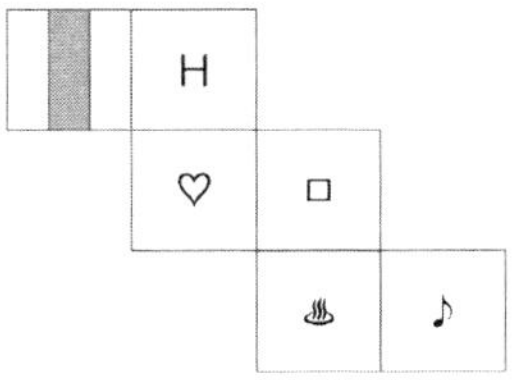

②

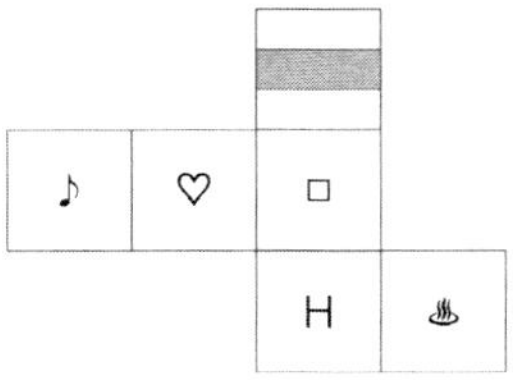

③

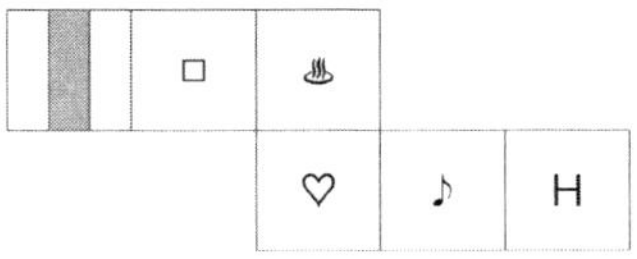

④

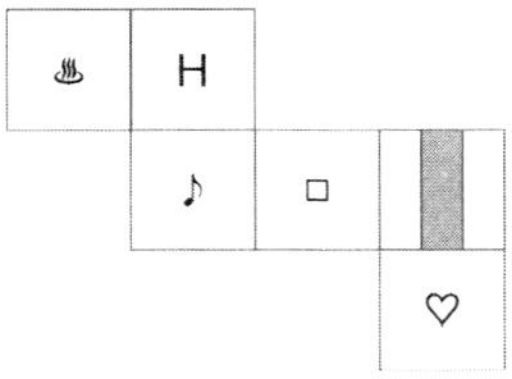

Ⓠ 다음 전개도로 만든 입체도형에 해당하는 것을 고르시오. 【05~09】

- 전개도를 접을 때 전개도 상의 그림, 기호, 문자가 입체도형의 겉면에 표시되는 방향으로 접음
- 전개도를 접어 입체도형을 만들 때, 전개도에 표시된 그림(예: ▮, ◪ 등)은 회전의 효과를 반영함. 즉, 본 문제의 풀이과정에서 보기의 전개도 상에 표시된 "▮" 와 "▬" 은 서로 다른 것으로 취급함.
- 단, 기호 및 문자(예: ☎, ♤, ♨, K, H)의 회전에 의한 효과는 본 문제의 풀이과정에 반영하지 않음. 즉, 전개도를 접어 입체도형을 만들었을 때에 "☎" 의 방향으로 나타나는 기호 및 문자도 보기에서는 "☎" 방향으로 표시하며 동일한 것으로 취급함.

05

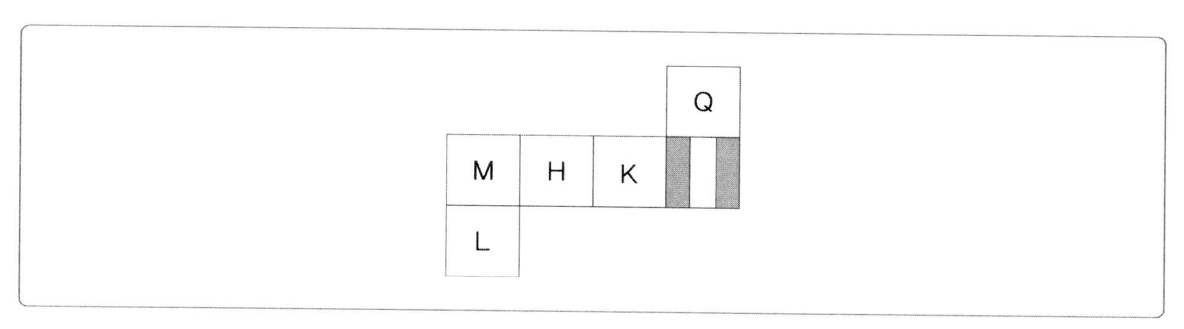

①

② 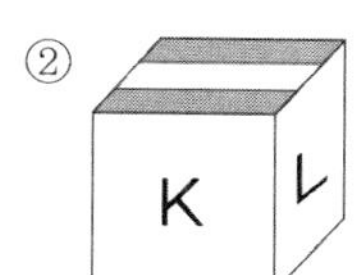

③ 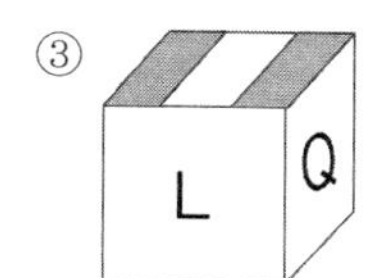

④

06

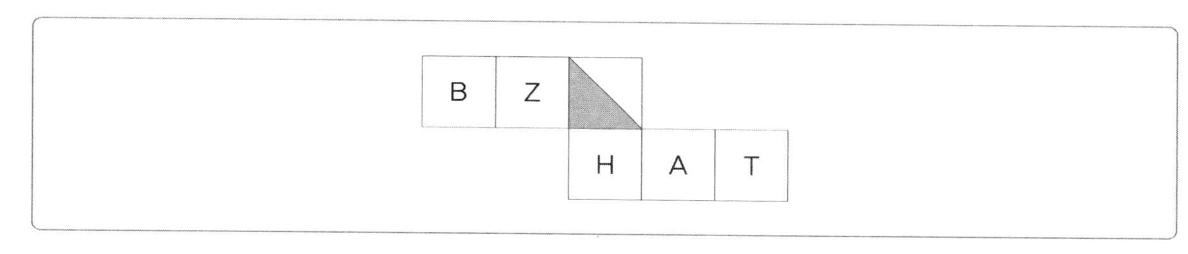

① 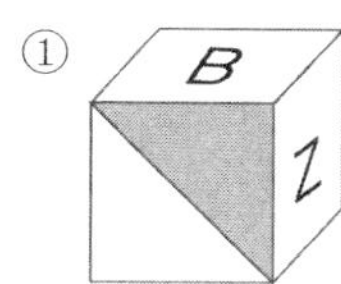

② 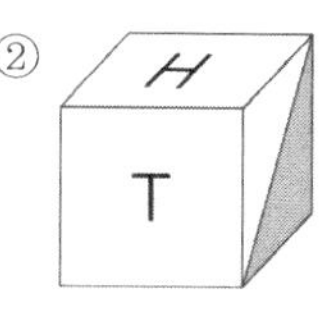

③ 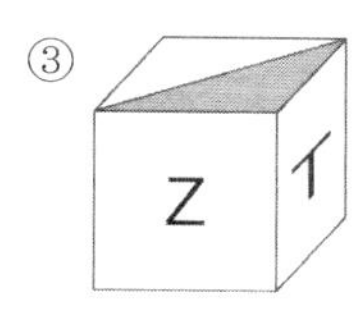

④ 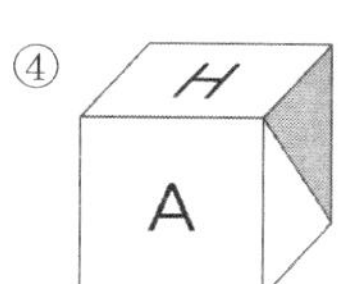

07

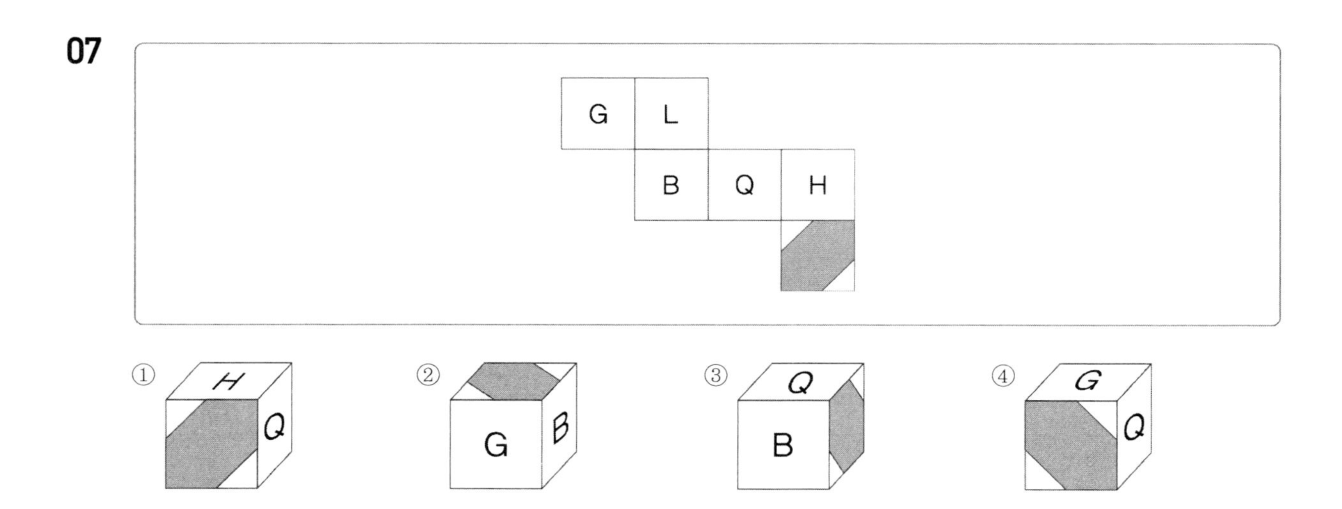

08

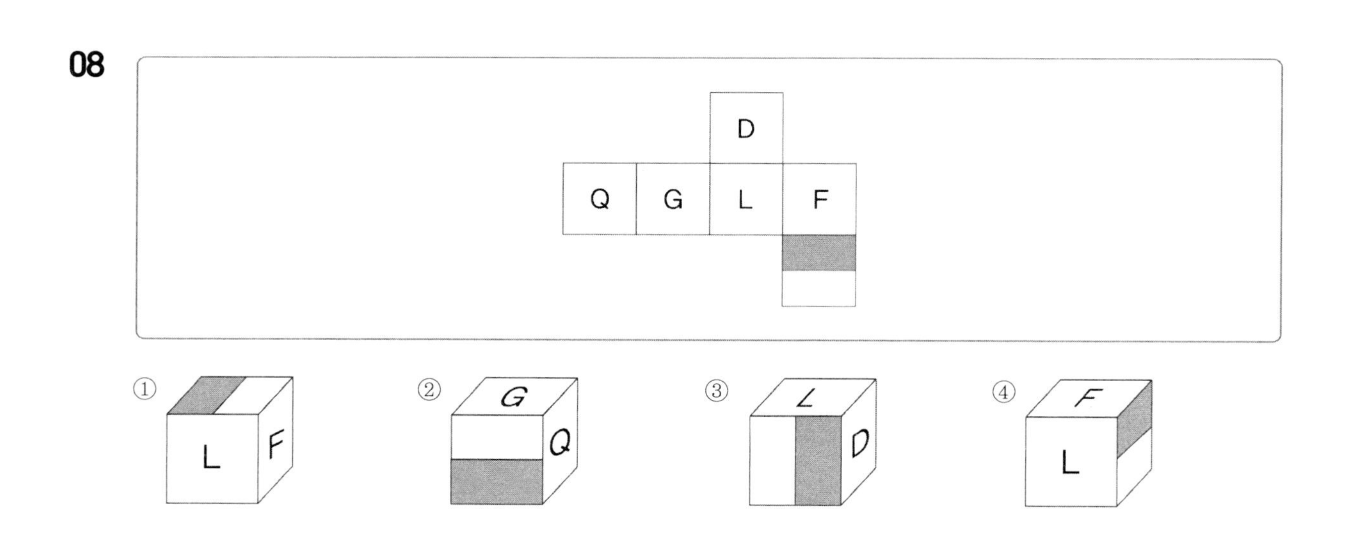

09

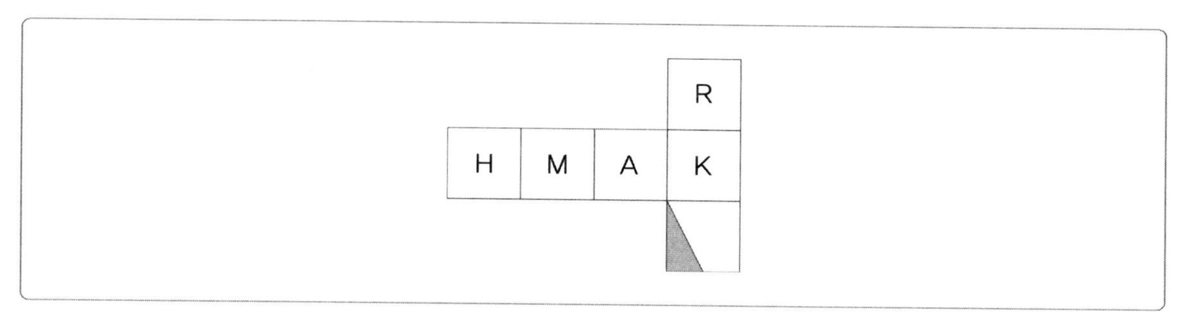

① H K

② 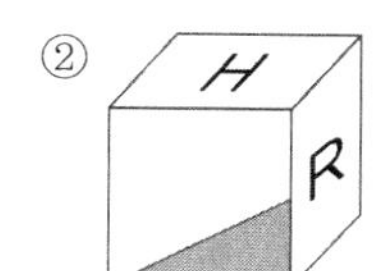

③ 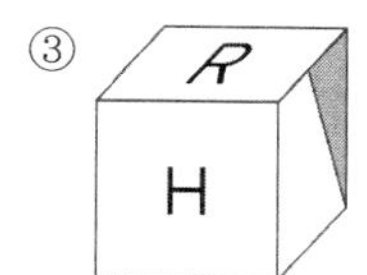

④ 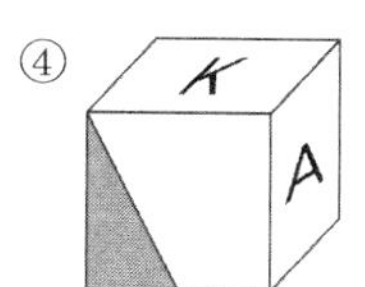

Q 다음에 제시된 그림과 같이 쌓기 위해 필요한 블록의 수를 구하시오.【10~14】
(단, 블록은 모양과 크기가 모두 동일한 정육면체이다.)

10

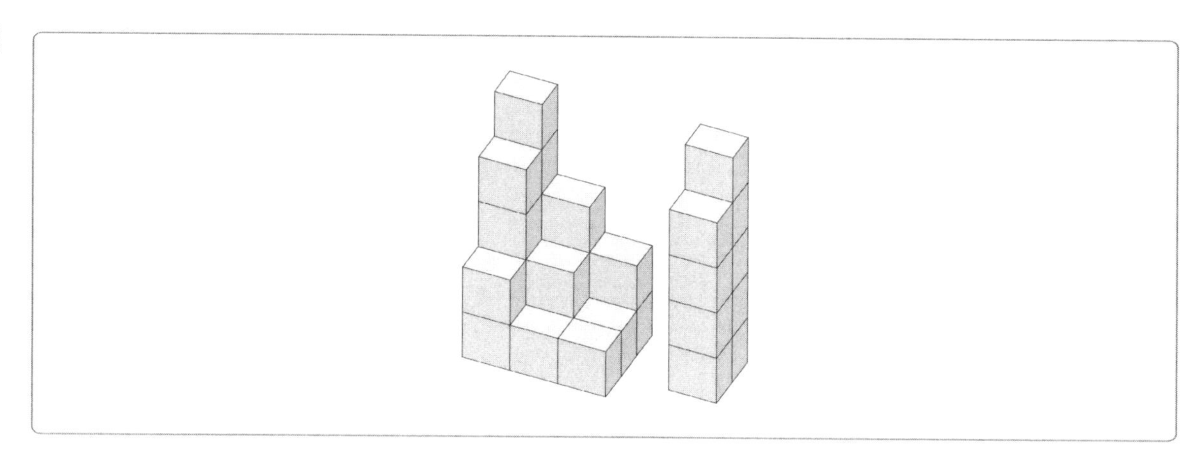

① 30 ② 33
③ 36 ④ 39

11

① 14
② 16
③ 18
④ 20

12

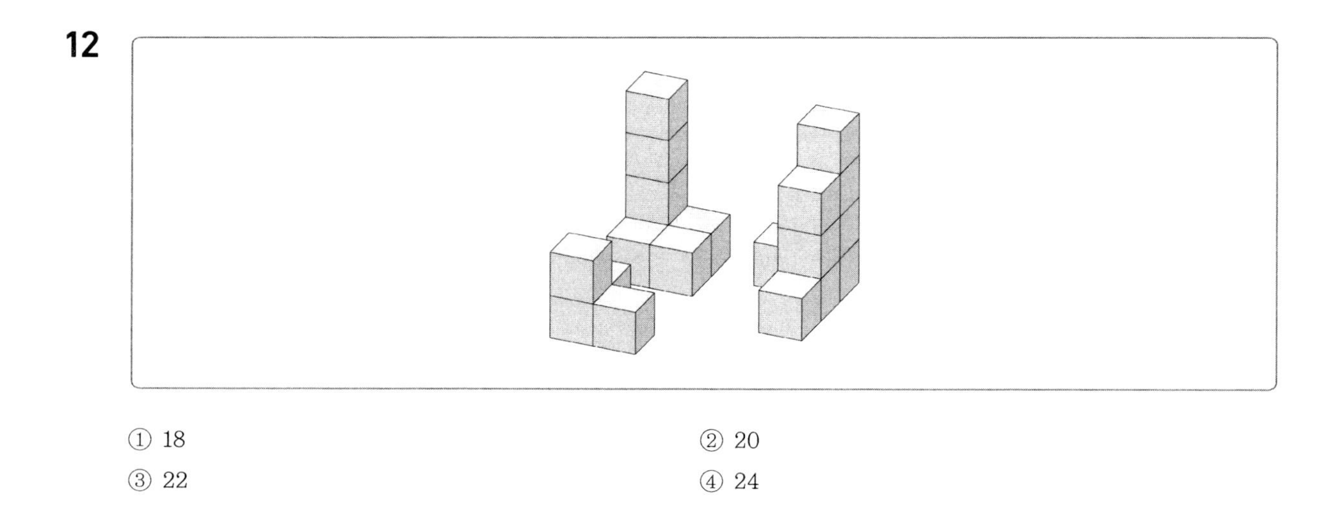

① 18
② 20
③ 22
④ 24

13

① 34
② 36
③ 38
④ 40

14

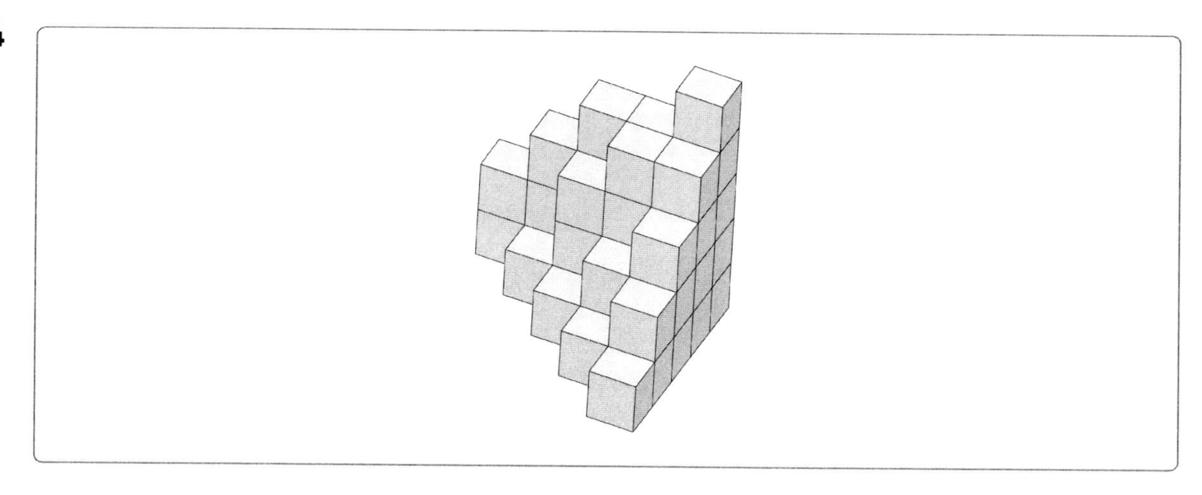

① 35
② 40
③ 45
④ 50

Q **다음에 제시된 블록들을 화살표 표시한 방향에서 바라봤을 때의 모양으로 알맞은 것을 고르시오. 【15~18】**

※ 블록은 모양과 크기는 모두 동일한 정육면체임
※ 바라보는 시선의 방향은 블록의 면과 수직을 이루며 원근에 의해 블록이 작게 보이는 효과는 고려하지 않음

15

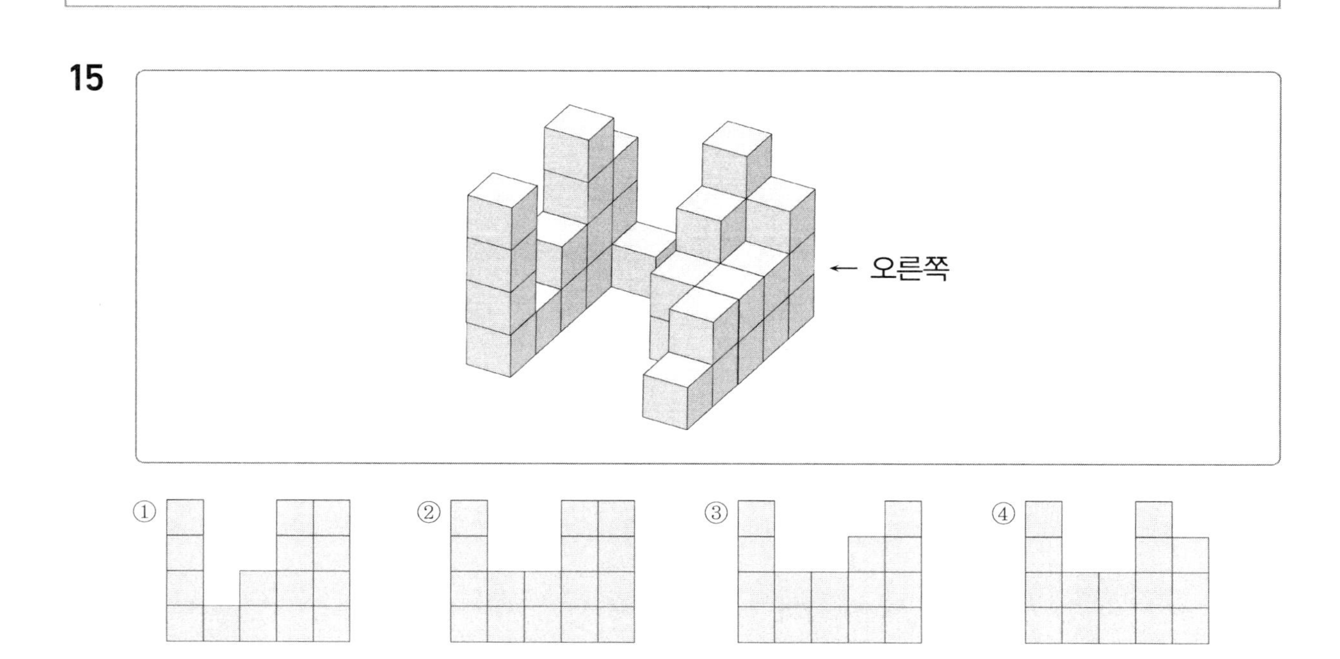

16

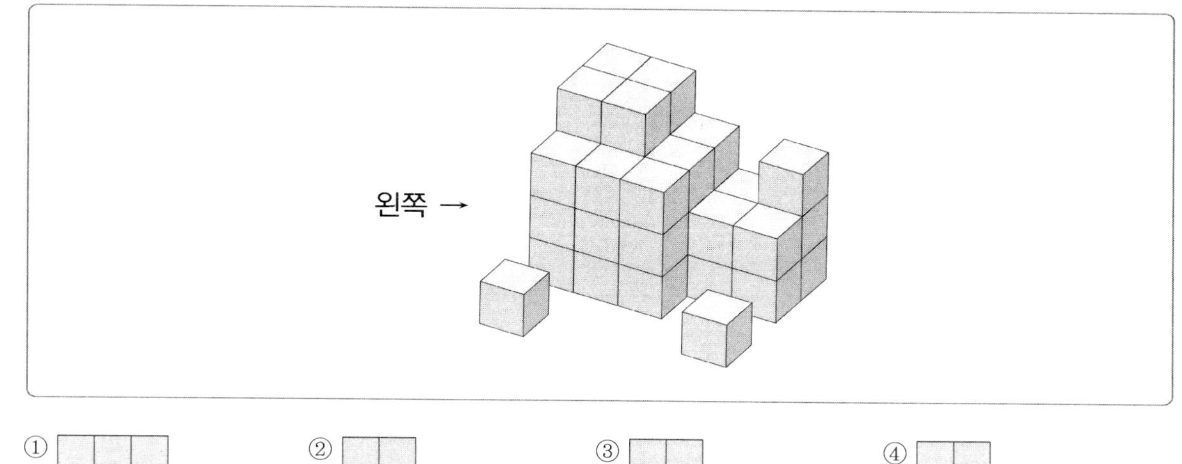

① ② ③ ④

17

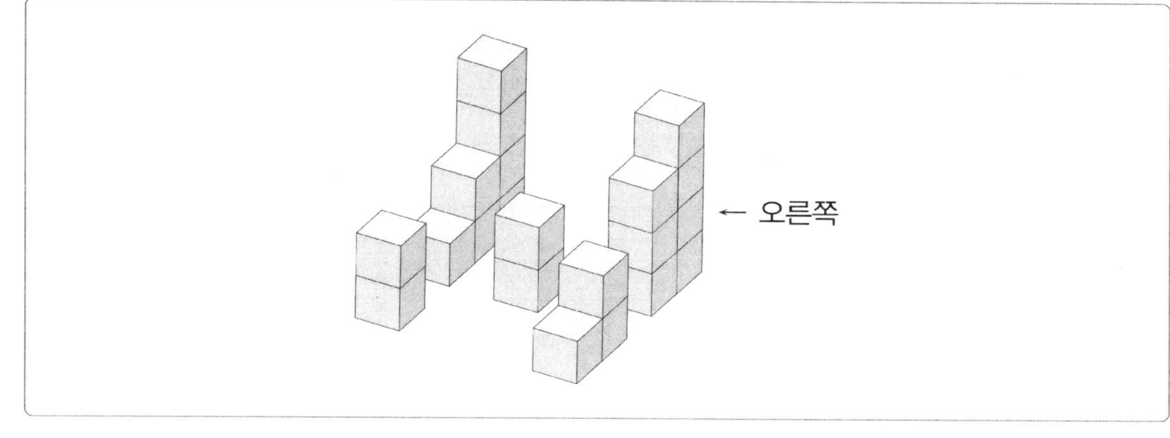

① 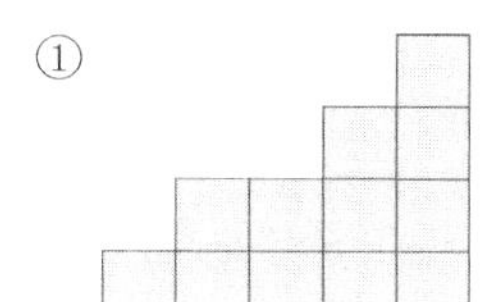

② 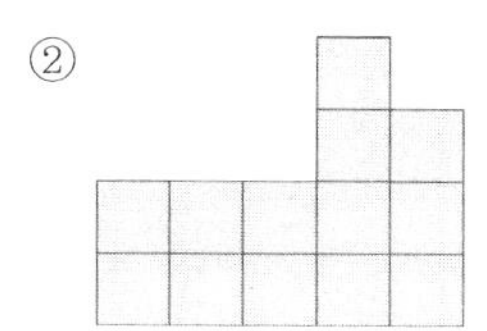

③ 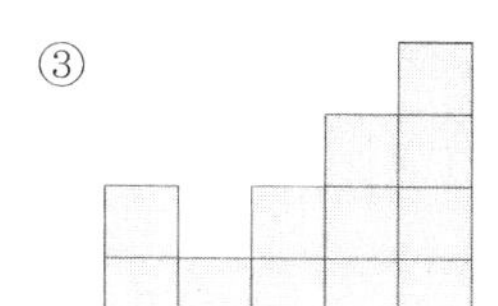

④ 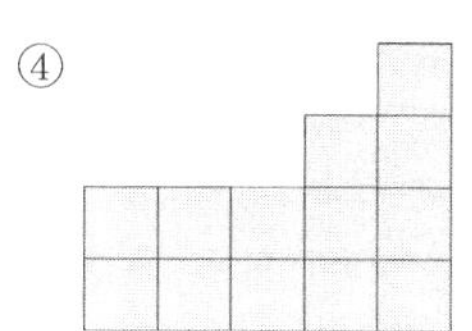

18

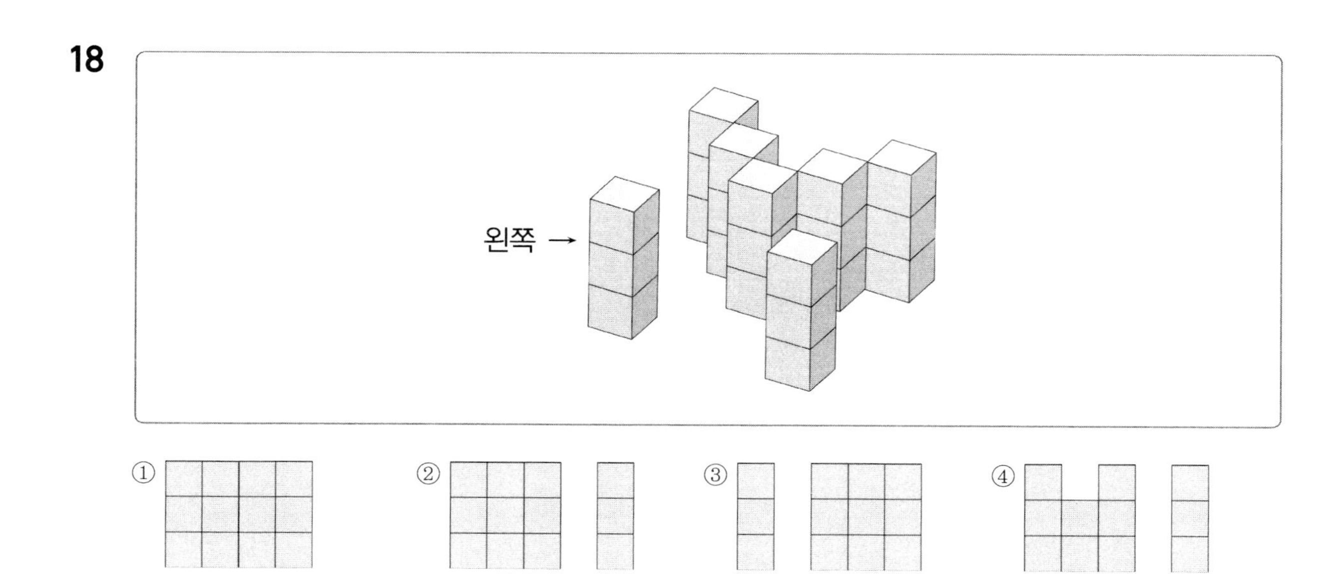

지각속도 30문항/3분

Ⓠ 다음의 왼쪽과 오른쪽 기호의 대응을 참고하여 각 문제의 대응이 같으면 답안지에 '① 맞음'을, 틀리면 '② 틀림'을 선택하시오. 【01~03】

a = 단	b = 유	c = 호	d = 정
e = 형	f = 문	g = 주	h = 측

01 단 유 호 정 문 − a b c f e ① 맞음 ② 틀림

02 주 유 정 단 측 − g b d a h ① 맞음 ② 틀림

03 형 문 주 측 호 단 − e f g h c a ① 맞음 ② 틀림

Ⓠ 다음의 왼쪽과 오른쪽 기호의 대응을 참고하여 각 문제의 대응이 같으면 답안지에 '① 맞음'을, 틀리면 '② 틀림'을 선택하시오. 【04~06】

1 = e	2 = f	3 = g	4 = h
5 = d	6 = c	7 = b	8 = a

04 a b c d e − 8 7 6 5 4 ① 맞음 ② 틀림

05 e f g h a c − 1 2 3 4 8 6 ① 맞음 ② 틀림

06 a c e g b h − 8 6 1 3 7 4 ① 맞음 ② 틀림

Ⓠ 다음 왼쪽과 오른쪽 기호, 문자, 숫자의 대응을 참고하여 각 문제의 대응이 같으면 '① 맞음'을, 틀리면 '② 틀림'을 선택하시오. 【07~09】

† = ㅜ	k = ㅠ	× = ㅗ	s = ㅇ	e = ㅛ
✚ = ㅟ	t = ㅋ	m = ㅚ	✖ = ㅕ	♓ = ㄴ

07 ㅠ ㅚ ㄴ ㅇ ㅕ – k m ♓ e ✖ ① 맞음 ② 틀림

08 ㅜ ㅟ ㅋ ㅟ ㅕ – † ✚ t ✚ ✖ ① 맞음 ② 틀림

09 ㅋ ㅛ ㄴ ㅛ ㅗ – t e ♓ × e ① 맞음 ② 틀림

Ⓠ 다음 왼쪽과 오른쪽 기호, 문자, 숫자의 대응을 참고하여 각 문제의 대응이 같으면 '① 맞음'을, 틀리면 '② 틀림'을 선택하시오. 【10~12】

① = 6	ⓔ = 8	⑨ = 1	ⓗ = 3	⑥ = 2
㉠ = 9	⑪ = 4	㉯ = 5	㉵ = 7	㉾ = 10

10 6 5 9 4 3 – ① ㉯ ㉠ ⑪ ⓗ ① 맞음 ② 틀림

11 9 1 10 8 2 – ㉠ ⑨ ㉾ ⓔ ⑥ ① 맞음 ② 틀림

12 4 7 5 8 5 – ⑪ ㉵ ㉯ ⓔ ㉯ ① 맞음 ② 틀림

Q 다음 왼쪽과 오른쪽 기호, 문자, 숫자의 대응을 참고하여 각 문제의 대응이 같으면 '① 맞음'을, 틀리면 '② 틀림'을 선택하시오. 【13~15】

아 = 一	에 = 六	오 = 八	가 = 十	기 = 七
우 = 三	이 = 五	요 = 二	게 = 四	구 = 九

13 一 四 二 七 九 – 아 게 우 이 구

① 맞음 ② 틀림

14 五 八 十 三 六 – 이 오 가 우 에

① 맞음 ② 틀림

15 七 二 六 八 一 – 기 우 게 오 아

① 맞음 ② 틀림

Q 다음에서 각 문제의 왼쪽에 표시된 굵은 글씨체의 기호, 문자, 숫자의 개수를 모두 세어 보시오. 【16~30】

16 **S** AWGZXTSDSVSRDSQDTWQ

① 1개 ② 2개 ③ 3개 ④ 4개

17 **시** 제시된 문제를 잘 읽고 예제와 같은 방식으로 정확하게 답하시오.

① 1개 ② 2개 ③ 3개 ④ 4개

18 **6** 1001058762546026873217

① 1개 ② 2개 ③ 3개 ④ 4개

19 **火** 秋花春風南美北西冬木日火水金

① 1개 ② 2개 ③ 3개 ④ 4개

20 **w** when I am down and oh my soul so weary

① 1개 ② 2개 ③ 3개 ④ 4개

21 **♣** ☺◆↗⊙♡☆▽◁♧◑†♬♪▣♣

① 1개 ② 2개 ③ 3개 ④ 4개

22 **ㅙ** ㅙㅞㅟㅠㅝㅕㅞㅓㅡㅏㅙㅛㅝㅙㅝㅚㅑ

① 0개 ② 1개 ③ 2개 ④ 3개

23 **ㅁ** 머루나비먹이무리만두먼지미리메리나루무림

① 4개 ② 5개 ③ 7개 ④ 9개

24 **る** ゆよるらろくぎつであぱるれわゐを

① 0개 ② 1개 ③ 2개 ④ 3개

25 ㄹ 두 쪽으로 깨뜨려져도 소리하지 않는 바위가 되리라.

① 2개 ② 3개
③ 4개 ④ 5개

26 a Listen to the song here in my heart

① 1개 ② 2개
③ 3개 ④ 4개

27 2 10059478628948624982492314867

① 2개 ② 4개
③ 6개 ④ 8개

28 ㅂ 부모의 은혜에 대해 보답할 것을 당부한다

① 1개 ② 2개
③ 3개 ④ 4개

29 6 35721489632147856995137428852974631123456987

① 2개 ② 3개
③ 4개 ④ 5개

30 ㅇ 웅장한 자연 속에서 인간의 왜소함을 인식하고 있다

① 9개 ② 10개
③ 11개 ④ 12개

02 한국사 모의고사

정답 및 해설
P.517

25문항/30분

01 밑줄 친 '시위 운동'이 끼친 영향으로 옳은 것은?

> 해외에 망명하고 있던 한국 광복 운동의 지도자들은 파리 강화 회의에 대표를 파견하여 한국 독립의 당위성을 널리 선전하기로 하였다. 한편, 국내의 민족 대표는 고종의 인산일을 기해 전국 규모의 평화적인 만세 시위를 전개하기로 하였다. 그리하여 각지의 농· 공·상인은 물론이고 학생 단체들까지 참가한 <u>시위 운동</u>은 한성의 탑골 공원에서부터 시작되었다.

① 집강소가 설치되었다.
② 회사령이 공포되었다.
③ 을사늑약이 체결되었다.
④ 일제가 이른바 문화 통치를 실시하였다.

02 다음 상황이 나타난 시기에 일제가 실시한 경제 정책으로 옳은 것은?

> 일제는 조선에서 징병제를 실시한 것 이외에도 15세에서 45세에 이르는 남자들을 대상으로 강제 징용을 시행하고 있다. …(중략)… 이들 중 일부는 조선 내의 각 공장으로 보내졌고, 또는 광산이나 일본 본토 내의 공장으로 보내져 강제 노역에 동원되고 있다. 징용된 사람들 가운데 광산에 끌려간 사람들의 생활이 가장 비참하였다. 일제는 광산에 끌려간 사람들이 도망가거나 폭동을 일으키지 못하도록 철조망으로 둘러친 막사에 집단으로 수용하고, 기관총까지 동원하여 철저한 감시를 취하고 있다.

① 식량 배급제를 시행하였다.
② 화폐 정리 사업을 실시하였다.
③ 토지 조사 사업을 추진하였다.
④ 탁지아문으로 재정을 일원화하였다.

03 **밑줄 친 '이 단체'에 대한 설명으로 옳은 것은?**

> 현재의 치안에 대한 보고서
> 이 단체는 강령 3항(정치적 · 경제적 각성을 촉진함, 단결을 공고히 함, 기회주의를 일체 부인함)을 걸어 놓고, 조선 내외에 걸쳐 지회를 설치해 나가는 데 전력을 기울이고, 각 지회의 분별없는 행동을 경계하여 온건한 태도를 취하고 있었습니다.
> 하지만 최근 놀라운 발전을 해서 명실공히 민족 단일당으로서의 모습을 보이기에 이르렀습니다. 이처럼 상당한 세력을 가지고 있는 단체는 그 예를 찾아 볼 수 없다고 할 수 있을 것입니다.

① 구미 위원부를 설치하였다.
② 만민 공동회를 개최하였다.
③ 교조 신원 운동을 전개하였다.
④ 광주 학생 항일 운동을 지원하였다.

04 **다음 상황이 나타난 시기를 연표에서 옳게 고른 것은?**

> 임오년 6월 10일 흥선 대원군에게 군국 사무를 처리하라는 명이 내려졌다. 흥선 대원군은 기무아문과 무위영, 장어영을 폐지하고 5영의 군제를 복구하라는 명을 내리고, 군량을 지급하게 하였다. 이에 난병들은 대궐에서 물러나 사방으로 흩어졌다.

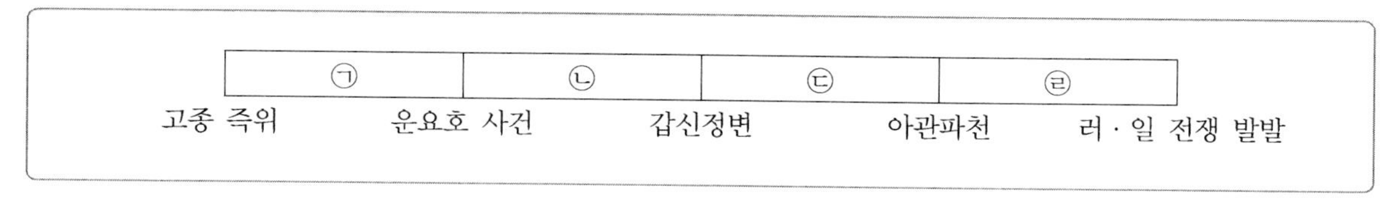

① ㉠
② ㉡
③ ㉢
④ ㉣

05 다음 자료에 나타난 운동에 대한 설명으로 옳은 것은?

> 무릇 경제는 국가에 필요하고 긴급한 문제라. 법률로만 국가가 되지 못하나니 …(중략)… 우리 유학생으로 말하면 근 800명이라. 매일 담배 한 갑씩이라도 6전이오, 한 달에 한 사람이 1원 80전이니 …(중략)… 1년 담뱃값이 적지 않거든 하물며 전 국민의 담뱃값이랴. 일제히 단연(斷煙)하여 국채의 만분의 일이라도 도웁시다.

① 독립 협회의 활동으로 활성화되었다.
② 대한매일신보 등 언론의 지원을 받았다.
③ 일제의 황무지 개간권 요구를 철회시켰다.
④ 평양에서 시작되어 전국적으로 확산되었다.

06 밑줄 친 '부대'에 대한 설명으로 옳은 것은?

> 3개월간의 미국 전략 정보국(OSS) 특수 공작 훈련이 끝났다. 나는 무전 기술 등의 시험에서 괜찮은 성적을 받았고 모든 공작을 수행할 수 있는 자신감을 얻었다. …(중략)… 나는 백범 선생, 부대의 총사령관인 지청천 장군이 계속 의논하는 것을 옆에서 들었기 때문에 더욱 일의 중대성을 절감하였다. 독립투쟁 수십 년에 조국을 탈환하는 결정적 시기가 온 것이다.

① 국내 진공 작전을 계획하였다.
② 봉오동에서 일본군에 승리하였다.
③ 우금치 전투에서 일본군과 싸웠다.
④ 조선 독립 동맹의 군사 기반이었다.

07 밑줄 친 '합의'에 따라 나타난 사실로 옳은 것은?

> 국민 여러분, 역사적인 방북 임무를 마치고 지금 귀국했습니다. …(중략)… 북한의 국방 위원장과 상당한 협력을 해서 합의를 도출했습니다. …(중략)… 타의에 의한 55년의 분단 때문에 우리 민족이 영원히 서로 외면하거나 정신적으로 남남이 될 수는 없습니다. …(중략)… 남과 북은 경제 협력을 통하여 민족 경제를 균형적으로 발전시키고, 사회 · 문화 · 체육 · 보건 · 환경 등 제반 분야에서도 교류 협력을 증대시키기로 했습니다.
>
> – 대통령 방북 성과 대국민 보고 –

① 정전 협정이 체결되었다.
② 대한국 국제가 반포되었다.
③ 개성 공단 건설이 추진되었다.
④ 남북 조절 위원회가 설치되었다.

08 ㉠ 단체의 활동으로 옳은 것은?

> ㉠은/는 지금 종로 네거리, 그때의 운종가 광장에서 시민, 학생, 노동자 할 것 없이 수만 명의 사람들과 함께 만민 공동회를 열어 정치를 비판하고 시국을 규탄하는 것을 주도하였습니다.
> 이후 ㉠이/가 관민 공동회를 개최하여 이 자리에 참여한 각 대신 및 주요 관리와 함께 '외국과의 이권에 대한 조약 체결, 재정, 중대한 범죄자의 공판, 칙임관의 임명' 등에 관한 6개조를 결의하였습니다.

① 독립문 건립
② 형평 운동 전개
③ 오산 학교와 대성 학교 설립
④ 삼원보에 독립 운동 기지 건설

09 다음 ㉠~㉣을 사건이 먼저 발생한 순서대로 나열한 것은?

> ㉠ 다른 신식 군대와 다르게 홀대를 받아 난을 일으켰다.
> ㉡ 일본이 조선의 군사상 지역을 자유롭게 사용하기 위해 문서를 체결하였다.
> ㉢ 운요호 사건을 빌미로 신헌과 구로다가 조약을 체결하였다.
> ㉣ 조병갑의 횡포로 참을 수 없는 백성들이 봉기를 일으켰다.

① ㉡-㉢-㉣-㉠
② ㉡-㉢-㉠-㉣
③ ㉢-㉠-㉣-㉡
④ ㉢-㉠-㉡-㉣

10 다음은 헌법 개헌의 과정을 나타낸 것이다. ㈎와 ㈏에 들어갈 말과 그 내용이 알맞은 것은?

> 헌법제정 – 발췌 개헌 – 사사오입 개헌 – ㈎ – 내각 책임제 개헌 – 부정선거 처벌 개헌 – 제3공화국 헌법 – ㈏ – 유신 헌법 – 제5공화국 헌법 – 제6공화국 헌법

① ㈎ : 3선 개헌, 국회의원의 국무위원 겸직 허용
② ㈎ : 내각 책임제 개헌, 사법권과 지방자치의 민주화와 경찰 중립화
③ ㈏ : 3선 개헌, 통일주체국민회의 신설
④ ㈏ : 내각 책임제 개헌, 사법권과 지방자치의 민주화와 경찰 중립화

11 다음 빈칸에 들어갈 말로 알맞은 것은?

> 1950년 9월 15일 ( )를(을) 통해 북한의 남침으로 낙동강 유역까지 후퇴했던 군사들이 전열을 가다듬고 전세를 역전하여 서울을 수복하고 평양을 탈환할 수 있었다.

① 인천 상륙작전
② 백마고지 전투
③ 중국군 참전
④ 애치슨 선언

12 국가 발전 과정에서 해당 연도에 진행된 군과 관련된 내용이 바르게 짝지어진 것은?

① 1950년대－국군 현대화 사업 추진
② 1960년대－베트남 파병
③ 1970년대－한 · 미 상호방위조약
④ 1970년대－향토 예비군 창설

13 소비에트화 3단계 과정에 대한 설명으로 옳은 것은?

① 1945년 8월에 평남인민정치위원회를 결성하여 민족주의와 공산주의 세력이 결합하였다.
② 1945년 10월에 북조선임시인민위원회를 조직하여 공산주의 세력이 실권을 장악하였다.
③ 1946년 2월 북조선인민회의는 정권수립을 위해 제반 준비 작업을 진행하였다.
④ 1947년에 북조선 5도 인민위원회를 설립하여 민족주의 세력을 무력화하였다.

14 다음 보기 중 한미상호방위조약과 관련된 것을 모두 고른 것은?

> ㉠ 한미동맹 차원에서 미국의 6 · 25전쟁 지원에 대한 보답으로 체결한 것이다.
> ㉡ 미국은 휴전을 원하고 한국은 전쟁을 통해 북진 통일을 원했다.
> ㉢ 체결 후 지금까지 내용의 변화 없이 효력이 지속되고 있다.
> ㉣ 미국은 미군의 자동개입조항을 거부하고 미군 2개 사단을 한국에 머무르게 하였다.

① ㉠㉡
② ㉡㉢
③ ㉢㉣
④ ㉡㉢㉣

15 중국의 동북공정에 대한 설명으로 옳지 않은 것은?

① 고구려, 고조선, 발해의 역사가 중국의 역사의 일부라 왜곡하였다.
② 중앙 · 지방 정부 주도의 동북공정은 2007년에 완전히 종결되었다.
③ 미래 북한 정권 붕괴에 따른 충격을 최소화하고 한반도에 직 · 간접 영향력을 행사하기 위해 사전 준비를 하였다.
④ '동북변강역사여현상계열연구공정'의 줄임말로서 중국 국경 안에서 전개된 역사를 중국 역사로 만들기 위한 연구 과정이다.

16 **보기가 설명하는 사건 당시 발생한 것으로 옳은 것은?**

> 한국과 만주(중국 동북지방)의 분할을 둘러싸고, 1904년 2월 8일에 일본함대가 뤼순군항을 기습 공격함으로써 시작된 사건으로, 일본이 승리하여 한국에 대한 지배권을 확립하였다.

① 일본인들의 울릉도 방면 도해를 금지
② '은주시청합기'에 독도를 일본의 영토에서 제외한다는 사실 기록
③ 일본의 불법적인 독도 자국 영토 편입 시도
④ 울릉도를 울도로 개칭함

17 **다음 기사가 보도되었던 당시의 상황으로 옳은 것은?**

> 조선물산장려회의 이사 명제세, 류청, 김종협 및 재(在) 경성 서울청년회파에 속하는 사회주의자들이 "민족·사회 양 운동의 진전책으로 조선의 최대 이익을 위해 투쟁하는 것을 근본적 사명으로 하고 조선 민족의 총역량을 결합하여 조직적 활동을 기한다." 등의 강령을 정하였다. 31명이 출석하여 먼저 강령을 낭독하다가 중지를 당하였다. 이에 불긍(不肯)하여 창립 대회를 열려고 하다가 집회도 금지당하였다.
>
> －○○일보－

① 자치 운동이 추진되고 있었다.
② 브나로드 운동이 전개되고 있었다.
③ 한글 맞춤법 통일안이 보급되었다.
④ 진단학보에 새로운 이론이 소개되었다.

18 **다음 글이 작성된 시기의 문화 운동으로 옳은 것은?**

> 서양식 교육이 수입된 지 여러 해 동안 최고 학부를 가지지 못하여 고등 보통학교나 전문학교를 졸업한 사람이 외국에 유학을 가지 않으면 그 이상 연구를 하기 어려웠다. 조선에서 이제 막 대학을 가지게 된 것은 문화적으로나 여러 가지 측면으로 보아 대단히 반갑고 기쁜 일이다. 그러나 나는 교문을 들어서면서부터 이상한 느낌을 가지게 되었다. 그 이유는 '이것 역시 우리의 것이 아니다.'라는 데에 있다.
>
> －「개벽」－

① 토월회가 신극 운동을 전개하였다.
② 대한매일신보에 독사신론이 발표되었다.
③ 동아일보의 주도로 브나로드 운동이 전개되었다.
④ 조선어 학회가 우리말 큰사전 편찬을 시도하였다.

19 **다음과 같은 협정이 체결된 배경으로 옳은 것은?**

> • 중동 철로를 경계선으로 하여 서부 전선은 중국군이 담당하고 동부 전선은 한국군이 담당한다.
> • 전시에 후방의 교육과 훈련은 한국 장교가 담당하고 한국군이 필요로 하는 모든 군수품은 중국군이 공급한다.

① 만주 사변이 발발하였다.
② 자유시 참변이 일어났다.
③ 한국광복군이 조직되었다.
④ 중 · 일 전쟁이 시작되었다.

20 다음을 통해 알 수 있는 시기의 의병에 대한 설명으로 옳은 것은?

> 전(前) 승지 김복한이 찾아와 눈물을 흘리며 말하기를, "8월에 국모를 시해한 원수를 잊지 못해 지금도 마음이 한없이 아프거늘, 이제 또 내각이 당을 이루어 임금을 협박하고 명령을 내렸다. 이는 상투를 제거하고 오랑캐의 옷을 입게 하여 부모께 물려받은 몸을 온전히 되돌릴 수 없도록 한 것이다. 이에 의병을 일으켜 분한 마음을 성토하고자 하는데 그대도 함께 거사하겠는가?"라고 하였다.

① 13도 연합 의병을 결성하였다.
② 평민 출신 의병장이 등장하기 시작하였다.
③ 고종의 해산 권고 조칙을 계기로 해산하였다.
④ 해산 군인이 가담하면서 전투력이 강화되었다.

21 다음 조약 체결 직후 일제가 취한 조치로 옳은 것은?

> 제4조 제3국의 침해 혹은 내란으로 인하여 대한 제국 황제와 영토의 안녕이 위험해질 경우, 대일본 제국 정부는 이에 필요한 조치를 취하고 이 목적을 위하여 군사 전략상 필요한 요충지를 사용할 수 있다.
> 제5조 대한 제국 정부와 대일본 제국 정부는 상호 간의 승인 없이는 본 협정의 취지에 반하는 협약을 제3국과 체결하지 않는다.

① 용암포 조차를 시도하였다.
② 경의 철도 부설권을 차지하였다.
③ 운산 금광 채굴권을 확보하였다.
④ 울릉도 삼림 벌채권을 차지하였다.

22 다음 규정에 따라 운영된 학교에 대한 설명으로 옳은 것은?

- 현재 각국과의 교류에 있어 어학이 가장 긴급한 일이다. 따로 공원(公院)을 설립하고 연소 총민한 자를 선택하여 배우게 한다.
- 별도로 과거 급제 출신의 7품 이하 관료 중 나이 젊고 원문(原文)에 밝으며 문벌 집안의 재능 있는 사람을 선발하여 10명을 한정해서 좌원(左院)에 넣어 공부하게 한다.
- 재주가 있고 똑똑한 15살부터 20살까지의 사람 20명을 선발하여 우원(右院)에 넣고 공부하게 한다.

① 학부에서 교육 내용과 운영을 통제하였다.
② 교육 입국 조서 발표를 계기로 설립되었다.
③ 근대 학문과 함께 유학과 무술을 가르쳤다.
④ 헐버트(Homer B. Hulbert)를 비롯한 미국인 교사가 수업을 담당하였다.

23 밑줄 친 '개정 교육령'에 대한 설명으로 옳은 것은?

특히 작년에 마련된 개정 교육령은 널리 반도 국민에게 내선(內鮮) 구별의 관념을 배제하고 황국 신민 의식을 불타게 하여 함께 실시된 지원병 제도의 효과를 기대한 것이다. 이 경우 교육 담당자의 소질과 신념이 학제 개혁의 취지 달성을 결정적으로 지배하는 요소가 되는 것은 분명하다. 각자교육의 실제에 대하여 항상 이러한 각도에서 잘 검토하고 충분히 지도·독려하며, 그 질적 향상을 중시하여 신학제의 본지를 펼치도록 깊이 유의하기 바란다.

① 관립 교원양성학교인 한성사범학교를 신설하였다.
② 국민학교의 명칭을 사용하였다.
③ 보통학교를 4년제로 운영하였다.
④ 고등보통학교를 중학교로 개칭하였다.

24 공군 핵심가치 중 헌신의 포함가치에 해당하는 것은?

① 존중
② 책임
③ 성실
④ 화합

25 공군 핵심가치 중 팀워크의 세부행동지침에 대한 설명으로 옳지 않은 것은?

① 리더 – 부하의 실수에 대해 인격적인 모독은 절대 하지 말자
② 리더 – 화합할 수 있는 기회를 마련하기 위해 때로는 강제적인 모임을 진행하자
③ 구성원 – 나와 다른 생각이나 의견도 인정하고 존중하자
④ 구성원 – 타인에게 자신의 생각이나 의견을 강요하지 말자

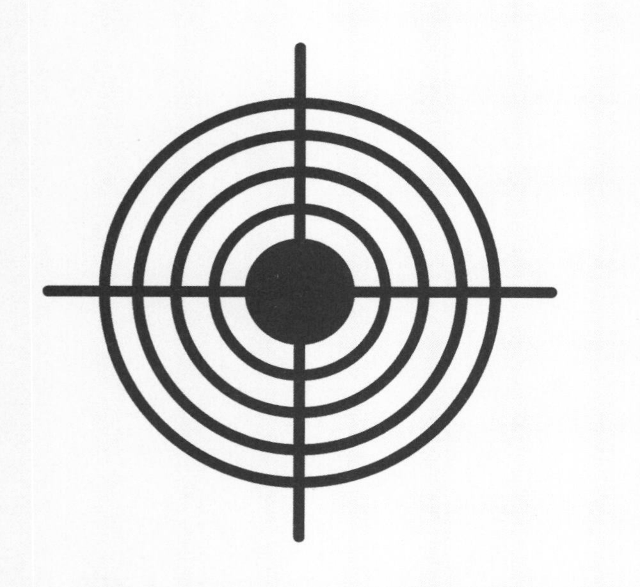

05

정답 및 해설

정답 및 해설

CHAPTER 01 인지능력평가

언어논리

01	02	03	04	05	06	07	08	09	10	11	12	13	14	15	16	17	18	19	20
③	②	④	①	③	①	⑤	④	③	①	④	④	⑤	④	①	③	③	①	④	⑤
21	22	23	24	25	26	27	28	29	30	31	32	33	34	35	36	37	38	39	40
②	①	③	③	⑤	①	④	②	①	④	①	⑤	①	⑤	③	④	②	③	③	⑤
41	42	43	44	45	46	47	48	49	50	51	52	53	54	55	56	57	58	59	60
⑤	①	③	③	②	②	③	④	②	①	①	①	③	①	⑤	④	③	③	③	④
61	62	63	64	65	66	67	68	69	70	71	72	73	74	75					
①	②	②	④	③	③	②	③	④	⑤	⑤	⑤	⑤	①	⑤					

01 ③

① 강한 힘이나 권력으로 강제로 억누름
② 자기의 뜻대로 자유로이 행동하지 못하도록 억지로 억누름
③ 위엄이나 위력 따위로 압박하거나 정신적으로 억누름
④ 폭력으로 억압함
⑤ 무겁게 내리누름, 참기 어렵게 강제하거나 강요하는 힘

02 ②

① 생각이나 판단력이 분명하고 똑똑함
② 병, 근심, 고생 따위로 얼굴이나 몸이 여위고 파리함
③ 용기나 줏대가 없어 남에게 굽히기 쉬움
④ 마음이나 기운이 꺾임
⑤ 품위나 몸가짐이 속되지 아니하고 훌륭함

03 ④

① 가엾고 불쌍함
② 터무니없는 고집을 부릴 정도로 매우 어리석고 둔함
③ 간절히 생각하며 그리워함
④ 훈련을 거듭하여 쌓음
⑤ 의지나 사람됨을 시험하여 봄

04 ①

현대와 조형 미술에서 감각에 대한 개념을 소유와 존재의 인식을 바탕으로 생각해 보면 감각이 '세계로 통하는 공통된 언어'라고 잘못 이해되고 있는 경우를 경계해야 한다는 내용에 대한 예를 들고 있다.
따라서 '예를 들어'가 들어가는 것이 적절하다.

05 ③

네 개의 문장에서 공통적으로 언급하고 있는 것은 환경문제임을 알 수 있다. 따라서 ㉡ 문장이 '문제 제기'를 한 것으로 볼 수 있다. ㉠는 ㉡에서 언급한 바를 더욱 발전시키며 논점을 전개해 나가고 있으며, ㉣에서는 논점을 '잘못된 환경문제의 해결주체'라는 쪽으로 전환하여 결론을 위한 토대를 구성하며, ㉢에서 필자의 주장을 간결하게 매듭짓고 있다.

06 ①

㉠ 미국의 동아시아 질서 재편 시도
㉤ 닉슨독트린(1970년)
㉢ 중국의 UN가입 및 닉슨의 중국 방문(1971~1972년)
㉣ 국제 정세가 한반도에 영향
㉡ 대한적십자사의 남북 적십자 회담 제의

07 ⑤

인문학은 인간의 사상 및 문화를 대상으로 하는 학문영역으로 언어 · 문학 · 역사 · 법률 · 철학 · 고고학 · 예술사 등을 포함한다. 즉 철학의 상위어로 인문학이 되고, 국사의 상위어는 역사가 된다.

08 ④

'버스나 전철의 경로석에 앉지 말기', '신호등 지키기', '정당한 방법으로 돈을 벌기' 등은 사회 구성원의 약속이므로, 비록 이 약속이 개인의 이익과 충돌하더라도 지켜야 한다는 것이 이 글의 주제이다.

09 ③

제시된 글은 '살 터를 잡는 요령'에 대한 네 가지의 요소를 들어 말하고 있다.

① 둘 이상의 대상의 공통점과 차이점을 드러내는 설명 방법이다.

② 비슷한 특성에 근거하여 대상들을 나누거나 묶는 설명 방법이다.

③ 어떤 복잡한 것을 단순한 요소나 부분들로 나누는 설명 방법이다. 즉, 이 글은 '분석'의 방법을 사용하고 있다.

④ 구체적인 예를 들어 진술의 타당성을 뒷받침하는 설명방법이다.

10 ①

'정'은 혼자 있을 때나 고립되어 있을 때는 우러날 수 없고, 항상 어떤 '관계'가 있어야 생겨난다는 점에서 '상대적'이며, 많은 시간을 함께 보내고 지속적인 관계가 유지될수록 우러난다고 했으므로 정의 발생 빈도나 농도는 관계의 지속 시간과 '비례'한다.

11 ④

㉢㉡ 영어 공용화를 통한 다원주의적 문화 정체성 확립 및 필요성→㉤ 다양한 민족어를 수용한 싱가포르의 문화적 다원성의 체득→㉠ 말레이민족 우월주의로 인한 문화적 다원성에 뒤쳐짐→㉣ 단일 민족 단일 모국어 국가의 다른 상황

12 ④

①②③⑤는 유의어 관계이고, ④는 반의어 관계이다.

④ **간섭** : 직접 관계가 없는 남의 일에 부당하게 참견함

방임 : 돌보거나 간섭하지 않고 제멋대로 내버려 둠

① **미연** : 어떤 일이 아직 그렇게 되지 않은 때

사전 : 일이 일어나기 전. 또는 일을 시작하기 전

② **박정** : 인정이 박함
냉담 : 태도나 마음씨가 동정심 없이 차가움
③ **타계** : 인간계를 떠나서 다른 세계로 간다는 뜻으로, 사람의 죽음 특히 귀인(貴人)의 죽음을 이르는 말
영면 : 영원히 잠든다는 뜻으로, '죽음'을 이르는 말
⑤ **사모** : 애틋하게 생각하고 그리워 함
동경 : 어떤 것을 간절히 그리워하여 그것만을 생각함

13 ⑤

㉠은 전제이며 ㉡은 이에 대한 예시이다. 또한 ㉢은 ㉡을 구체화하고 있다. ㉣은 앞 문단들에 대한 반론이며 ㉤은 결론이다.

14 ④

제시된 문장의 '맡다'는 '일이나 책임을 넘겨받아 자기가 담당하다'라는 의미로 사용되었다.
①⑤ 어떤 물건을 받아 보관하다.
② 차지하다.
③ 면허나 증명 · 허가 등을 얻어 받다.

15 ①

줄다
㉠ 수효나 분량이 적어지다.
㉡ 길이 · 넓이 · 부피 등이 작아지다.
㉢ 힘이나 세력 · 실력 등이 본디보다 못하게 되다.
㉣ 살림이 어려워지다.

16 ③

제시된 글의 '그린'은 '(사물의 형상이나 사상 · 감정을) 말이나 글로 나타내다'의 뜻으로 쓰였다.
※ 그리다
㉠ 연필, 붓 따위로 어떤 사물의 모양을 그와 닮게 선이나 색으로 나타내다.
㉡ 생각, 현상 따위를 말이나 글, 음악 등으로 나타내다.
㉢ 어떤 모양을 일정하게 나타내거나 어떤 표정을 짓다.

17 ③

①②④⑤ 결과를 가져오다

③ 탄생시키다, 배출하다

※ 낳다

㉠ 밴 아이나 새끼 · 알을 몸 밖으로 내 놓다.

㉡ 어떤 결과를 이루거나 가져오다.

18 ①

① 시력(視力), 물체의 존재나 형상을 인식하는 눈의 능력을 의미한다.

②③④⑤ '사물을 보고 판단하는 힘'을 의미한다.

19 ④

④ 생각이 듬쑥하고 신중하다.

①②③⑤ '겉에서 속까지의 거리가 멀다'의 의미이다.

20 ⑤

분명하게 드러내 보임이라는 뜻의 '명시'와 상반된 의미의 단어는 뜻하는 바를 간접적으로 나타내 보인다는 '암시'이다.

21 ②

췌언(贅言) : 쓸데없는 군더더기 말

① 방언(方言) : 어느 한 지방에서만 쓰는, 표준어가 아닌 말

② 요언(要言) : 요점을 간추려서 정확하게 하는 말

③ 호언(豪言) : 의기양양하여 호기롭게 하는 말

④ 번언(繁言) : 번거로운 말

⑤ 망언(妄言) : 이치나 사리에 맞지 아니하고 망령되게 하는 말

22 ①

갱신하다 : 이미 있던 것을 고쳐 새롭게 하다.
경신하다 : 기록이나 경기 따위에서 종전의 기록을 깨뜨리다.
① '세계신기록을 경신하다.'가 옳은 표현이다.

23 ③

꽃이 활짝 핀 상태를 만개라고 한다. 수증기가 더 이상 양을 수용할 수 없이 가득 찬 상태를 수증기가 포화되었다고 한다.

24 ③

충격과 혼절은 인과관계에 있다. '사례'와 인과적 관계를 형성하는 단어는 '감사'이다. 감사의 표시로 사례를 한다.
① 혼미 : 의식이 흐림
② 사양 : 겸손하여 받지 아니하거나 응하지 아니함
④ 사경 : 죽을 지경
⑤ 요행 : 행복을 바람. 뜻밖에 얻는 행운

25 ⑤

반의관계를 묻는 문제이다. 물건 사이가 뜸을 이르는 '성기다'와 반의관계에 있는 말은 '조밀하다'이다.

26 ①

양계와 양돈은 축산(畜産) 또는 축양(畜養)의 하위어이고, 만년필과 볼펜은 필기구의 하위어이다.

27 ④

'차치하다'와 '내버려두다'는 유의어이다.

28 ②

상위어와 하위어의 관계이다.

② 감자는 채소에 속하고, 배는 과일에 속한다.

29 ①

단 : 짚, 대나무, 채소 따위의 묶음, 혹은 그 묶음을 세는 단위

땀 : 바느질할 때 실을 꿴 바늘로 한 번 뜸을 이름

대 : 수량을 나타내는 말 뒤에 쓰이며 편제된 무리를 세는 단위

코 : 뜨개질할 때 눈마다 생겨나는 매듭을 세는 단위

접 : 채소나 과일 따위를 묶어 세는 단위

쾌 : 북어를 묶어 세는 단위. 한 쾌는 북어 스무 마리를 이른다.

30 ④

① 이례(異例) : 상례에서 벗어난 특이한 예

② 범례(範例) : 예시하여 모범으로 삼는 것

③ 의례(儀禮) : 의식(儀式)

④ 상례(常禮) : 두루 많이 지키는 보통의 예법

⑤ 조례(條例) : 조목조목 적어 놓은 규칙이나 명령

31 ①

지문에서 정확히 알 수 있는 것은 병과 무의 위치로 '(　), 병, (　), (　), 무'가 된다. 위의 지문에서 갑에 대한 조건이 나와 있지 않기 때문에 병 바로 뒤에 있는 괄호에는 갑, 을, 정이 모두 들어갈 수 있다. 그리고 무 앞에 있는 괄호 속에는 정과 갑이 들어갈 수 있다. 맨 앞에 있는 괄호 속에는 갑과 을이 들어갈 수 있다.

32 ⑤

'모든 무신론자가 운명론을 거부하는 것은 아니다'에서 보면 운명론을 거부하는 무신론자도 있고, 운명론을 믿는 무신론자도 있다는 것을 알 수 있다.

33 ①

( )의 앞 내용과 뒤의 내용이 서로 상반되므로 '그러나'가 알맞다.

34 ⑤

팩션의 장단점을 언급하고 마지막 줄에 '현실 속에서 우리들은 역사의 기록되지 않은 부분을 통해 답을 얻고자 하는 마음이 팩션 열풍의 원인이라는 생각이 든다.'는 대목을 볼 때, ⑤ 팩션 콘텐츠의 이유 있는 열풍이 앞에 올 내용으로 적절하다.

35 ③

①②④⑤는 지문에서 알 수 없다. 제시된 글에서 뜨개질을 잘하는 사람은 은주, 희경, 경은 순이며 지혜는 알 수 없으므로 정답은 ③이다.

36 ④

사랑하는 사람들은 생활에 즐거움을 느끼는데 그것은 행복하다는 것이므로 ④가 적절하다.

37 ②

조건에 따라 세우면 D, C, A, B, E 순서가 된다. 그러므로 뒤에서 두 번째로 서있는 사람은 B이다.

38 ③

명제가 참이면 그 명제의 대우 역시 참이 되므로 ③의 명제는 참이 된다.

39 ③

주어진 문장은 '정보화 사회의 그릇된 태도'에 대한 내용으로, 앞에서 제기한 문제에 대해서 본격적으로 해명하는 단계를 나타낸다. 따라서 앞에는 현상의 문제점을 제시하여 화제에 대한 도입이 이루어지는 내용이 나와야 하고, 다음에는 '올바른 개념이나 인식촉구'가 드러나는 내용이 이어져야 하므로 ㈐의 위치가 가장 알맞다.

40 ⑤

①②③④는 지문에서 확인할 수 있으나 ⑤는 지문을 통해 알 수 없는 내용이다.

41 ⑤

작자는 오래된 물건의 가치를 단순히 기능적 편리함 등의 실용적인 면에 두지 않고 그것을 사용해온 시간, 그 동안의 추억 등에 두고 있으며 그렇기 때문에 오래된 물건이 아름답다고 하였다.

42 ①

① '차차 젖어 들어가다'라는 뜻이다.

② 액체 속에 존재하는 작은 고체가 액체 바닥에 쌓이는 일을 말한다.

③ 비, 하천, 빙하, 바람 따위의 자연 현상이 지표를 깎는 일을 말한다.

④ 밑으로 가라앉는 것을 의미한다.

⑤ 가라앉아 내림을 뜻하며 침강과 비슷한 말이다.

43 ③

① 여러 사람이 모여 서로 의논하는 것을 의미한다.

② 상세하게 의논함을 이르는 말이다.

③ 어떤 일을 이루려고 대책과 방법을 세움을 의미한다.

④ 서로 의견이 일치함을 뜻한다.

⑤ 어떤 목적에 부합되는 결정을 하기 위하여 여럿이 서로 의논함을 의미한다.

44 ③

문장의 의미상 '반드시, 꼭, 틀림없이'의 의미를 갖는 '기어이'가 들어가야 한다.

45 ②

빈칸의 앞에서 음성 신호를 음소 단위로 전환한다는 내용에 이어 음성 신호를 음소 단위로 나누는 것이 쉽지 않다고 말하고 있으므로 화제를 앞의 내용과 관련시키며 다른 방향으로 이끌어가는 접속사인 '그런데'가 오는 것이 적절하다.

46 ②

주어진 글은 뇌를 가진 동물이라면 누구나 나름의 사고를 가지고 있다고 주장하며 빈칸으로 이어지는 문장은 영장류를 예시로 앞선 주장을 강조하고 있으므로 ②가 가장 적절하다.

47 ③

작자는 '문화나 이상을 추구하고 현실화하는 데에는 지식이 필요하다'고 하였다. 이를 볼 때 작자가 문화를 '지식의 소산'으로 여기고 있음을 알 수 있다.

48 ④

고독을 즐기라고 권했으므로 '심실 속에 고독을 채우라'가 어울린다. 따라서 빈칸에 들어갈 알맞은 것은 고독이다.

49 ②

① 씀씀이가 넉넉함
② 소유 · 권력의 범위
③ 사람의 팔목에 달린 손가락과 손바닥이 있는 부분
④ 일손
⑤ 다른 곳에서 찾아온 사람

50 ①

① 서로 마주 보게 되다.
② 비, 눈, 바람 등을 맞게 되다.
③ 관계를 맺다.
④ 산, 강, 길 등이 서로 엇갈리거나 맞닿다.
⑤ 어떤 사실이나 사물을 눈앞에 대하다.

51 ①

① 어떤 장소 · 시간에 닿음을 의미한다.

②③④⑤ 어떤 정도나 범위에 미침을 의미한다.

52 ①

① 어떤 상태를 촉진 · 증진시키는 것을 의미한다.

②③④⑤ 위험을 벗어나게 하는 것을 의미한다.

53 ③

수영과 달리기를 잘하는 순서를 살펴보면 다음과 같다.

㉠ **수영** : B > C > D

㉡ **달리기** : D > A > B

54 ①

②⑤ 철수가 막내가 아니므로 동생이 한명 더 있어야 한다. 그래서 영희는 동생이 적어도 세 명 이상이다.

③④ 철수의 동생이 여자인지 남자인지 제시된 조건으로는 알 수 없다.

55 ⑤

은지는 영어, 주화는 국어, 민경이는 수학을 선택하였다.

56 ④

제시된 조건에 따라 극장과 건물 색깔을 배열하면 C(회색), B(파란색), A(주황색)이 된다.

57 ③

민수는 고속버스를 싫어하고, 영민이는 자가용을 싫어하므로 비행기로 가는 방법을 선택하면 된다.

58 ③

제시된 조건을 만족시키는 것은 '양수 × 양수 × 양수 × 양수', '음수 × 음수 × 음수 × 음수', '양수 × 양수 × 음수× 음수'인 경우이다. 각각의 정수 A, B, C, D 중 절대값이 같은 2개를 골라 더하여 0보다 크다면 둘 다 양수일 경우이므로 나머지 수는 양수 × 양수, 음수 × 음수가 되어 곱은 0보다 크게 된다. A, B, C, D 중 3개를 골라 더했을 때 0보다 작으면 나머지 1개는 0보다 작을 수 있지만 클 수도 있다.

59 ③

① 수지가 공부를 하고 있는지는 알 수 없다.
② 오디오가 거실에 있고 음악 감상을 좋아하는 것뿐이지 수지가 거실에 있는 것을 즐긴다는 것을 알 수 없다.
③ 수지는 국사를 좋아하므로 '좋아하는 과목이 적어도 하나는 있다'가 정답이다.
④ 수지는 수학과 과학을 싫어한다.
⑤ 수지가 거실에 있는지 여부는 알 수 없다.

60 ④

주어진 단서들을 확인해보면 ㉣에서 해병대 병사의 위치가 정해지고 B의 위치도 정해진다. ㉦에서 공군 병사의 앞에 C가 있어야 하므로 C는 해병대 병사가 되고 공군 병사는 해병대 병사 반대편에 있게 된다. ㉢에서 좌석의 특성상 해군 병사는 통로쪽에 앉게 되고 주어진 조건의 티셔츠 색깔을 대입해보면 해병대 병사가 검은색의 티셔츠를 입었다는 결론이 나온다.

창가

해병대 병사(C)	공군 병사(노란색)
육군 병사(B, 하얀색)	해군 병사(A, 주황색)

통로

61 ①

'하늘'이라는 특정 대상에 대한 순자의 새로운 관점을 제시하고 순자가 생각하는 하늘에 대한 의미를 구체적으로 설명하고 있다.

62 ②

㉠ 재앙이 닥쳤을 때 인간들이 공포에 떨며 기도나 하는 것이 아니라 적극적인 행위로 그것을 이겨내야 한다. (×)

㉡ 독립된 운행 법칙을 가진 하늘의 길은 인간의 길과 다르다. (○)

㉢ 치세와 난세를 하늘과 연결시키는 것은 사람들의 심리적인 기대일 뿐이다. (×)

㉣ 하늘에 의지가 있음을 주장하며 그것을 알아내려고 하는 종교적 사유의 접근을 비판한다. (○)

63 ②

제시된 글의 첫 번째 문장은 영화의 한계성을 언급했으며, 두 번째 문장은 이에 대한 반론을 제기했으므로 영화도 문학과 같이 추상적 · 관념적 표현이 가능하다는 것에 대한 근거를 제시해야 한다.

64 ④

마지막에 '행복한 가정으로~지혜가 있었다.'를 통해 이 글의 주제를 알 수 있다. 해가 지면 행복한 가정에서 하루의 고된 피로를 풀기 때문에 농부들이 고된 노동에도 긍정적인 삶의 의욕을 보일 수 있다는 내용을 찾으면 된다.

65 ③

위 글은 '전문적 읽기'를 '주제 통합적 독서'와 '과정에 따른 독서'로 나누고 이에 대한 방법을 설명하고 있으므로 글의 중심내용은 '전문적 읽기 방법'이다.

66 ③

'이제 더 이상 대중문화를 무시하고 엘리트 문화지향성을 가진 교육을 하기는 힘든 시기에 접어들었다.'가 이 글의 핵심문장이라고 볼 수 있다. 따라서 대중문화의 중요성에 대해 말하고 있는 ③이 정답이다.

67 ②

우리의 전통윤리가 정(情)에 바탕으로 하고 있기 때문에 자기중심적인 면이 강하고 공과 사의 구별이 어렵다는 것을 이야기 하고 있다.

68 ③

③ '서양 자본주의 문화의 원리와 구조를 정확히 인식하지 못해'라는 문장의 앞부분과 내용의 흐름상 맞지 않는다.

69 ④

비발디는 바이올린 협주곡, 바이올린 소나타, 첼로를 위한 3중주곡, 오페라 등을 작곡했다고 했으나 교향곡에 대한 언급은 없으므로, 지문을 통해서는 비발디가 교향곡 작곡가로 명성을 날렸는지 알 수 없다.

70 ⑤

① 1문단의 '한 사회에 살면서 끝내 동료인 줄도 모르고 생활하는 현대적 산업 구조의 미궁'에서 알 수 있다.
② 3~4문단을 통해 알 수 있다.
③ 3문단의 (중략) 뒷 부분을 통해 알 수 있다.
④ 4문단을 통해 알 수 있다.

71 ⑤

① 문단의 앞부분에서 문화의 타고난 성품이 기원, 설명, 믿음임을 알 수 있다.
② 마지막 부분에서 신화는 단지 신화일 뿐 역사나 학문, 종교, 예술자체일 수는 없다고 말하고 있다.
③④ 신화는 역사, 학문, 종교, 예술과 모두 관련이 있다.

72 ⑤

⑤ 조선 후기의 사회 변화가 국가 전체 문화 동향을 서서히 바꿨다고 말하고 있다.

73 ⑤

'표현하다'의 유의어는 '나타내다'이다.

74 ①

이 글에서 '사람과 같은 감정'이란 의식적인 사고가 따르는 2차 감정을 의미한다고 하였다. 새끼 거위가 독수리 모양을 보고 달아나는 것은 공포감으로, 이것은 본능적인 차원의 1차 감정에 해당된다. 그러므로 ①은 밑줄 친 부분의 근거가 될 수 없다.

75 ⑤

⑤ 블록체인이 공개적으로 분산되면 각 참여자는 블록체인의 모든 거래를 확인할 수 있다.

자료해석

01	02	03	04	05	06	07	08	09	10	11	12	13	14	15	16	17	18	19	20
②	①	④	③	③	④	④	④	③	②	③	③	②	③	③	②	②	②	①	①
21	22	23	24	25	26	27	28	29	30	31	32	33	34	35	36	37	38	39	40
③	③	②	③	①	③	②	④	③	④	③	①	①	①	③	②	②	②	①	③
41	42	43	44	45	46	47	48	49	50	51	52	53	54	55	56	57	58	59	60
②	①	④	①	③	②	②	④	②	②	④	④	①	④	③	④	③	②	②	③

01 ②

전체 응시자의 평균을 x라 하면 합격자의 평균은 $x+25$

불합격자의 평균은 전체 인원 30명의 총점 $30x$에서 합격자 20명의 총점 $20\times(x+25)$를 빼준 값을 10으로 나눈 값이다.

즉, $\frac{30x-20\times(x+25)}{10}=x-50$

커트라인은 전체 응시자의 평균보다 5점이 낮고, 불합격자의 평균 점수의 2배보다 2점이 낮으므로

$x-5=2(x-50)-2$

$x=97$

응시자의 평균이 97이므로 커트라인은 $97-5=92$점

02 ①

$\times1$, $\times2$, $\times3$, $\times4$, $\times5$, $\times6$의 규칙을 갖는다.

따라서 $48\times5=240$이다.

03 ④

홀수 번째는 $+3$, 짝수 번째는 $\times3$의 규칙을 갖는다.

따라서 $9+3=12$이다.

04 ③

매출액을 x라 하면, 매출원가는 $0.8x$이고, 이익은 $0.2x$이다.

올해 판매가격은 $0.7x$이고, 동일한 이익 $0.2x$를 창출하기 위해서는 올해 매출원가는 $0.5x$가 되어야 한다. 따라서 매출원가가 $0.8x$에서 $0.5x$로 떨어져야 하므로 원가를 37.5% 절감해야 한다.

올해 원가를 a라 놓으면 작년 수익금액=올해 수익금액

$0.2a = 0.7x - a$

$a = 0.5x$

작년 대비 올해 원가= $\frac{\text{올해 원가} - \text{작년 원가}}{\text{작년 원가}} \times 100 = \frac{0.5x - 0.8x}{0.8x} \times 100 = -37.5\%$

05 ③

A팀이 자유투를 성공할 확률이 $\frac{70}{100}$ 이고 B팀이 자유투를 성공할 확률을 $\frac{x}{100}$ 라 하면

A팀과 B팀 모두 자유투를 성공할 확률은 $\frac{70}{100} \times \frac{x}{100} = \frac{70x}{10,000}$

A팀과 B팀 모두 자유투를 실패할 확률은 $\frac{30}{100} \times \frac{100-x}{100} = \frac{3,000-30x}{10,000}$

따라서 $\frac{46}{100} = \frac{70x}{10,000} + \frac{3,000-30x}{10,000} = \frac{3,000+40x}{10,000}$

$\therefore\ x = 40$

06 ④

A가 이긴 횟수를 a, B가 이긴 횟수를 b라고 하면

3a−b=27, 3b−a=7인 연립방정식이 만들어진다.

해를 구하면 a=11, b=6이므로, A는 11회를 이긴 것이 된다.

07 ④

$(24+x+24+x) \geq 60 \Rightarrow 2x \geq 12$

$\therefore\ x \geq 6(\text{cm})$

08 ④

$\frac{x}{6} < 45 \Rightarrow x < 270$

$\frac{x-2}{7} > 38 \Rightarrow x-2 > 266 \Rightarrow x > 268$

$\therefore\ 268 < x < 270 \Rightarrow x = 269(\text{쪽})$

09 ③

경석이의 속력을 x, 나영이의 속력을 y라 하면

$\begin{cases} 40x+40y=200 \Rightarrow x+y=5 \cdots ㉠ \\ 100(x-y)=200 \Rightarrow x-y=2 \cdots ㉡ \end{cases}$ 이므로 두 식을 연립하면 $x=\frac{7}{2}$, $y=\frac{3}{2}$

따라서 경석이의 속력은 나영이의 속력의 $\frac{7}{3}$배이다.

10 ②

한 층의 계단 길이가 15m이므로 37층까지의 계단 길이는 15×36=540m이다.

3.6km/h=3,600m/60분=60m/분

(시간)=(거리)÷(속력)=540÷60=9(분)

11 ③

③ 제시된 표에는 적정운임 산정기준에 관한 자료가 없으므로 운임을 산정할 수는 없다.

① 표정속도 또는 최고속도를 기준으로 영업거리를 운행하는 데 걸리는 시간을 구할 수 있다.

② 편성과 정원을 바탕으로 차량 1대당 승차인원을 알 수 있다.

④ 영업거리와 정거장 수를 바탕으로 평균 역간거리를 구할 수 있다.

12 ③

십의 자리의 숫자를 x, 일의 자리의 숫자를 y라 하면

$\begin{cases} 10x+y=4(x+y) \\ 10y+x=10x+y+27 \end{cases}$

$\therefore x=3$, $y=6$이므로 처음의 자연수는 36이다.

13 ②

전체 종이의 넓이를 A라 하면 $\frac{1}{3}\text{A}+\frac{45}{100}\text{A}+\frac{32}{100}\text{A}=\text{A}+27.9$

양변에 300을 곱하여 식을 정리하면

$100\text{A}+(45\times3)\text{A}+(32\times3)\text{A}=300(\text{A}+27.9) \Rightarrow 331\text{A}=300\text{A}+8{,}370$

$\therefore \text{A}=270(\text{cm}^2)$

14 ③

A형이 아닐 확률은 $\frac{\text{A형이 아닌 학생 수}}{\text{전체 학생 수}}=\frac{6+3+4}{20}=\frac{13}{20}$이다.

15 ③

농도 25%인 소금물 xg에서 소금의 양은 $\frac{1}{4}x$가 된다. 이 소금물에 소금의 양만큼 물을 더 넣고 소금을 25g 넣었을 때의 농도는 $\frac{\frac{1}{4}x+25}{x+\frac{1}{4}x+25}\times 100=25$가 된다.

따라서 다음 식을 정리하면 $\frac{\frac{1}{4}x+25}{\frac{5}{4}x+25}=\frac{1}{4}\rightarrow x+100=\frac{5}{4}x+25\rightarrow 75=\frac{1}{4}x$이므로 $x=300$이다.

따라서 마지막 소금물의 양은 $300+\frac{1}{4}\times 300+25=400$이 된다.

16 ②

정가가 x원인 물건을 20%의 이익을 더해 13개를 판매한 금액은 $x\times 1.2\times 13=15.6x$이며, 45%의 이익을 더해 300원을 할인하여 12개를 판매한 금액은
$(x\times 1.45-300)\times 12=17.4x-3,600$이다.
금액이 동일하므로 두 식을 연립하면 $1.8x=3,600$ $\therefore x=2,000$이 된다.

17 ②

전체 학생의 집합을 U, 승마를 배우는 학생의 집합을 A, 골프를 배우는 학생의 집합을 B라 하면
n(U)=50, n(A)=26, n(B)=30
4명을 제외한 모든 학생이 승마 또는 골프를 배운다고 하였으므로
방과 후 교실 프로그램에 참여하는 모든 학생 수는 50－4=46(명)이다.
따라서 승마와 골프를 모두 배우는 학생의 수는
n(A)+n(B)－46=26+30－46=10(명)이다.

18 ②

코코아가 판매된 잔의 수를 x라 하면 커피는 $60-x$잔이 판매된 것이므로

$300\times(60-x)+400x=19{,}800 \Rightarrow 18{,}000-300x+400x=19{,}800 \Rightarrow 100x=1{,}800$

$\therefore x=18$

19 ①

토끼의 마릿수를 x라 하면 닭의 마릿수는 $150-x$가 된다.
다리의 수가 400개라고 하였으므로

$4x+2\times(150-x)=400 \Rightarrow 4x+300-2x=400 \Rightarrow 2x=100$

$\therefore x=50$

20 ①

작년 남학생 수를 x, 여학생 수를 y라 하고
작년과 금년의 학생 수를 표로 나타내면 다음과 같다.

구분	작년	금년
남	x	$x+x\times\frac{3}{100}$
여	y	$y-y\times\frac{4}{100}$
합계	550	549

$$\begin{cases} x+y=550 \\ \frac{103x}{100}+\frac{96y}{100}=549 \end{cases} \Rightarrow \begin{cases} x+y=550 \\ 103x+96y=54{,}900 \end{cases} \Rightarrow \begin{cases} 103x+103y=56{,}650 \\ 103x+96y=54{,}900 \end{cases}$$

두 식을 연립하여 풀면 $y=250$이므로 금년의 여학생 수는 $250-250\times\frac{4}{100}=240$(명)이다.

21 ③

어떤 일의 양을 1이라고 하면, 甲은 하루에 $\frac{1}{9}$만큼, 乙은 하루에 $\frac{1}{18}$만큼 작업한다.

甲과 乙 두 사람이 함께 작업한 날을 x라 하면, $\frac{1}{9}\times3+(\frac{1}{9}+\frac{1}{18})\times x=1$이 된다.

따라서 $x=4$이므로 일을 끝마치는데 총 3+4=7일이 걸렸다.

22 ③

거리 = 시간 × 속도

배의 속도를 $x$km/h, 배가 상류에서 하류로 가는 시간을 1이라 하면 하류에서 상류로 가는 시간은 3이 된다. 이때 강의 거리는 동일하므로 $1\times(x+15)=3\times(x-15)$가 된다. 따라서 방정식을 풀면 $x=30$이므로 배의 속도는 30km/h가 된다.

23 ②

형의 몫을 x라 하면 동생의 몫은 $10{,}000-x$가 된다.

$2x \geq 3(10{,}000-x)$

$2x \geq 30{,}000-3x$

$5x \geq 30{,}000$

$\therefore x \geq 6{,}000$

따라서 형이 받을 몫의 최소 금액은 6,000원이다.

24 ③

갑이 당첨제비를 뽑고, 을도 당첨제비를 뽑을 확률 $\frac{4}{10}\times\frac{3}{9}=\frac{12}{90}$

갑은 당첨제비를 뽑지 못하고, 을만 당첨제비를 뽑을 확률 $\frac{6}{10}\times\frac{4}{9}=\frac{24}{90}$

따라서 을이 당첨제비를 뽑을 확률은 $\frac{12}{90}+\frac{24}{90}=\frac{36}{90}=\frac{4}{10}=0.4$

25 ①

20리터가 연료탱크 용량의 $\frac{2}{3}-\frac{1}{3}=\frac{1}{3}$에 해당한다.

휘발유를 넣은 직후 연료는 40리터가 있으므로

300km 주행 후 남은 연료의 양은 $40\text{L}-\frac{300\text{km}}{12\text{km/L}}=40\text{L}-25\text{L}=15\text{L}$이다.

26 ③

① A반 평균 : $\frac{(20\times6.0)+(15\times6.5)}{20+15}=\frac{120+97.5}{35}\fallingdotseq6.2$

B반 평균 : $\frac{(15\times6.0)+(20\times6.0)}{15+20}=\frac{90+120}{35}=6$

② A반 평균 : $\frac{(20\times5.0)+(15\times5.5)}{20+15}=\frac{100+82.5}{35}\fallingdotseq5.2$

B반 평균 : $\frac{(15\times6.5)+(20\times5.0)}{15+20}=\frac{97.5+100}{35}\fallingdotseq5.6$

③④ A반 남학생 : $\frac{6.0+5.0}{2}=5.5$

B반 남학생 : $\frac{6.0+6.5}{2}=6.25$

A반 여학생 : $\frac{6.5+5.5}{2}=6$

B반 여학생 : $\frac{6.0+5.0}{2}=5.5$

27 ②

① 연도별 자동차 수 = $\frac{\text{사망자 수}}{\text{차 1만대당 사망자 수}}\times10,000$

② 운전자수가 제시되어 있지 않아서 운전자 1만명당 사고 발생 건수는 알 수 없다.

③ 자동차 1만대당 사고율 = $\frac{\text{발생건수}}{\text{자동차 수}}\times10,000$

④ 자동차 1만대당 부상자 수 = $\frac{\text{부상자 수}}{\text{자동차 수}}\times10,000$

28 ④

㉠ 총 투입시간 = 투입인원 × 개인별 투입시간

㉡ 개인별 투입시간 = 개인별 업무시간 + 회의 소요시간

㉢ 회의 소요시간 = 횟수(회) × 소요시간(시간/회)

∴ 총 투입시간 = 투입인원 × (개인별 업무시간 + 횟수 × 소요시간)

각각 대입해서 총 투입시간을 구하면,

$A=2\times(41+3\times1)=88$

$B=3\times(30+2\times2)=102$

$C = 4\times(22+1\times4)=104$

$D = 3\times(27+2\times1)=87$

업무효율$=\dfrac{\text{표준 업무시간}}{\text{총 투입시간}}$이므로, 총 투입시간이 적을수록 업무효율이 높다. D의 총 투입시간이 87로 가장 적으므로 업무효율이 가장 높은 부서는 D이다.

29 ③

① 가연성 폐기물의 양이 불연성 폐기물의 양보다 많음을 자료를 통해 확인할 수 있다.

② 부산과 인천은 금속류 폐기물이 유리류 폐기물보다 많이 발생한다.

④ 부산은 가연성 폐기물 중 나무류가 4위이다.

30 ④

서울 : $920+199.7+151+483.9=1754.6$

부산 : $260.3+31.2+32.3+363.3=687.1$

대구 : $266.8+54.2+35.9+320.3=677.2$

인천 : $181.1+54.1+33.2+406.3=674.7$

31 ③

$545\times(0.43+0.1)=288.85\rightarrow289$건

32 ①

$244\times0.03=7.32$

$\therefore$ 7건

33 ①

① 20대 이하 인구가 3개월간 1권 정도 구입한 일반도서량은 2007년과 2009년 전년에 비해 감소했다.

34 ①

㉠ ㈏는 백제대가 아님을 알 수 있다.

㉡ 각 지역별 학생 수가 가장 높은 곳을 찾아보면 1지역과 3지역은 ㈏, 2지역은 ㈎인데 ㉠에서 ㈏는 백제대가 아니므로 ㈎가 백제대이고, 중부지역은 2지역임을 알 수 있다.

㉢ ㈏, ㈐ 모두 1지역의 학생 수가 가장 많으므로 1지역은 남부지역이고, 3지역은 북부지역이 된다.

㉣ 백제대의 남부지역 학생 비율이 $\frac{10}{30}=\frac{1}{3}$로, ㈏의 $\frac{12}{37}<\frac{1}{3}$, ㈐의 $\frac{10}{29}>\frac{1}{3}$과 비교해보면 신라대는 ㈐이고, 고구려대는 ㈏임을 알 수 있다.

∴ 1지역 : 남부, 2지역 : 중부, 3지역 : 북부, ㈎대 : 백제대, ㈏대 : 고구려대, ㈐대 : 신라대

35 ③

$2,700 : 18 = x : 100$

$18x = 270,000$

$x = 15,000$(명)

36 ②

12%가 120명이므로 1%는 10명이 된다.

$12 : 120 = 1 : x$

$x = 10$(명)

37 ②

① 비맞벌이 부부가 공평하게 가사 분담하는 비율이 맞벌이 부부에서 공평 가사 분담 비율보다 낮다.

③ 60세 이상이 비맞벌이 부부가 대부분인지는 알 수 없다.

④ 대체로 부인이 가사를 전적으로 담당하는 경우가 가장 높은 비율을 차지하고 있다.

38 ②

② 47%로 가장 높은 비중을 차지한다.

39 ①

기타를 제외하고 위암이 18.1%로 가장 높다.

40 ③

16,949 ÷ 2,289 ≒ 7배

41 ②

200,078 − 195,543 = 4,535백만 원

42 ①

① 103,567÷12,727 ≒ 8배

43 ④

독일과 일본은 0~14세 인구 비율이 낮은데 그 중에서 가장 낮은 나라는 일본으로 0~14세 인구가 전체 인구의 13.2%이다.

44 ①

일본(22.6%), 독일(20.5%), 그리스(18.3%)

45 ③

③ 경기도는 농업총수입과 농작물수입 모두 충청남도보다 낮다.

46 ②

② 축산(98,622천 원), 일반밭작물(13,776천 원)

47 ②

남 : 증가 → 감소 → 증가 → 감소 → 감소

여 : 감소 → 증가 → 증가 → 감소 → 증가

48 ④

25,000명 중 흡연을 하는 여성은 6.1%이므로 25,000×6.1/100=1,525명이다. 1,525명 중 하루 흡연량이 5개비 이하인 여성은 29%이므로 1,525×29/100=442명이다.

49 ②

백두산 : 599,000원 × 2명 ÷ 5일 = 239,600원/일

일본 : (799,000원 × 2명 × 0.8) ÷ 6일 ≒ 213,067원/일

호주 : (1,999,000 × 1.5) ÷ 10일 = 299,850원/일

50 ②

가장 적은 비용인 C, D, E부터 연결하면 C, D, E가 각각 연결되면 C와 E가 연결된 것으로 간주되므로 이때 비용은 8억이 든다. 그리고 B에서 C를 연결하면 5억, A에서 D를 연결할 때 7억의 비용이 들기 때문에 총 20억의 비용이 든다.

51 ④

① 2008년 11월 10일에 공사를 시작한 문화재가 공사 중이라고 기록되어 있는 것으로 보아 2008년 11월 10일 이후에 작성된 것으로 볼 수 있다.

② 전체 사업비 총 합은 4,176이고 시비와 구비의 합은 3,303이다. 따라서 전체 사업비 중 시비와 구비의 합은 전체 사업비의 절반 이상이다.

③ 사업비의 80% 이상을 시비로 충당하는 문화재 수는 전체의 50%이하이다.

④ 국비를 지원받지 못하는 문화재 수는 7개, 구비를 지원받지 못하는 문화재는 9개이다.

52 ④

2000년에 비해 2010년에 대리의 수가 늘어난 출신 지역은 서울 · 경기, 강원, 충남 3곳이고, 대리의 수가 줄어든 출신 지역은 충북, 경남, 전북, 전남 4곳이다.

53 ①

$$\frac{\text{이수인원}}{\text{계획인원}} \times 100 = \frac{2,159.0}{5,897.0} \times 100 \fallingdotseq 36.7(\%)$$

54 ④

④ A는 (4 × 400호) + (2 × 250호) = 2,100이므로 440개의 심사 농가 수에 추가의 인증심사원이 필요하다. 그런데 모두 상근으로 고용할 것이고 400호 이상을 심사할 수 없으므로 추가로 2명의 인증심사원이 필요하다. 그리고 같은 원리로 B도 2명, D에서는 3명의 추가의 상근 인증심사원이 필요하다. 따라서 총 7명을 고용해야 하며 1인당 지급되는 보조금이 연간 600만 원이라고 했으므로 보조금 액수는 4,200만 원이 된다.

55 ③

$$\frac{58}{4,013} \times 100 \fallingdotseq 1.45\%$$

56 ④

북서청의 장애인 고용률은 약 1.8%로 가장 높다.

57 ③

영희 : (88+65+72+96+91)/5=82.4

미영 : (62+90+88+89+87)/5=83.2

준서 : (89+88+86+75+90)/5=85.6

철수 : (93+98+77+69+75)/5=82.4

58 ②

철수의 전체 평균은 (93+98+77+69+75)/5=82.4이다. 이때 3점이 높아졌으므로 전체 평균은 85.4점이 되고 전체 성적의 합은 85.4×5=427점이 된다. 따라서 수학의 점수는 427−93−98−77−69=90이다. 따라서 지금보다 15점 높아져야 한다.

59 ②

② 핵가족화에 따라 평균 가구원 수는 감소하고 있다.

60 ③

㉠ A국이 I국보다 국방비가 많지만 1인당 군사비는 적다.
㉤ GDP 대비 국빙비의 비율이 가장 높은 K국의 1인당 군사비가 매우 낮다.

공간능력

01	02	03	04	05	06	07	08	09	10	11	12	13	14	15	16	17	18	19	20
②	④	①	③	④	②	①	②	④	①	③	②	④	④	③	②	④	③	②	②
21	22	23	24	25	26	27	28	29	30	31	32	33	34	35	36	37	38	39	40
④	③	①	④	③	②	③	①	①	④	③	③	③	④	②	③	④	④	③	①
41	42	43	44	45	46	47	48	49	50	51	52	53	54						
②	①	②	③	①	③	③	①	③	④	③	②	③	①						

01 ②

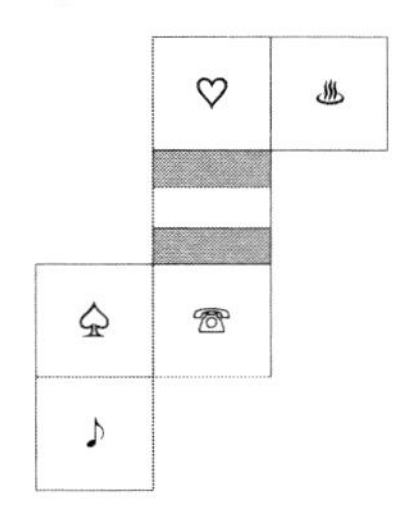

02 ④

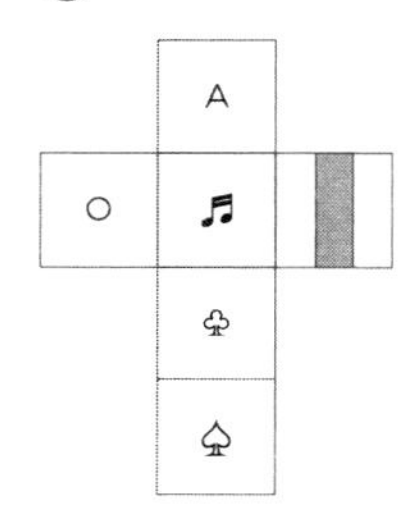

03 ①

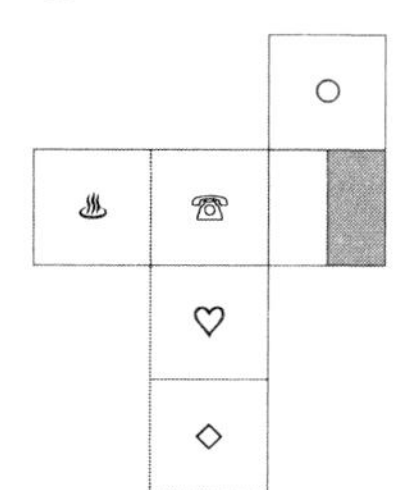

04 

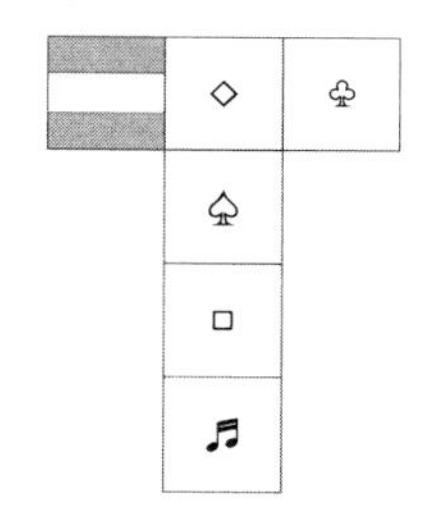

05 ④

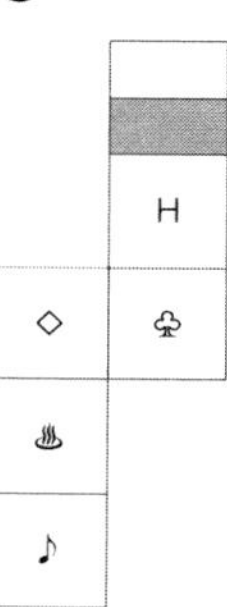

06 ②

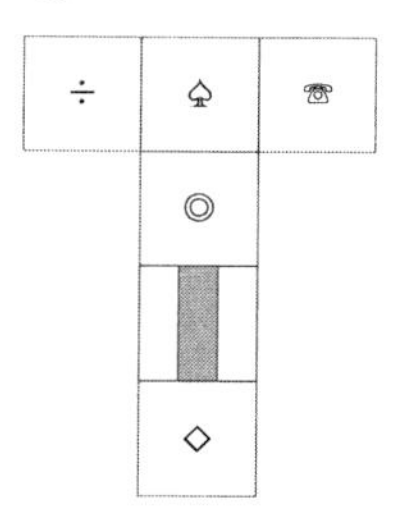

07 ①

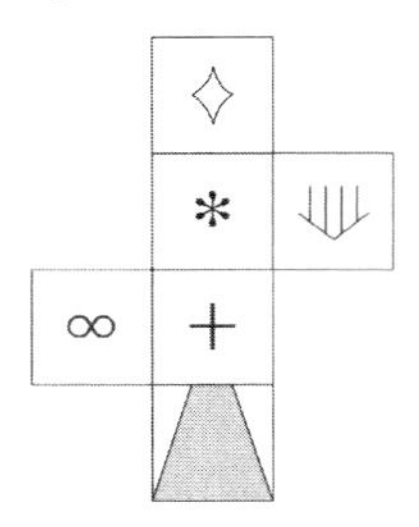

08 ②

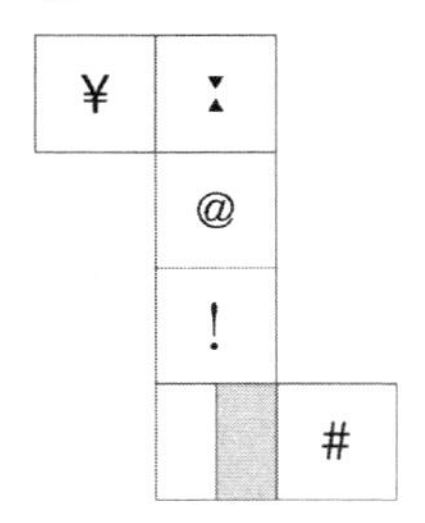

09 ④

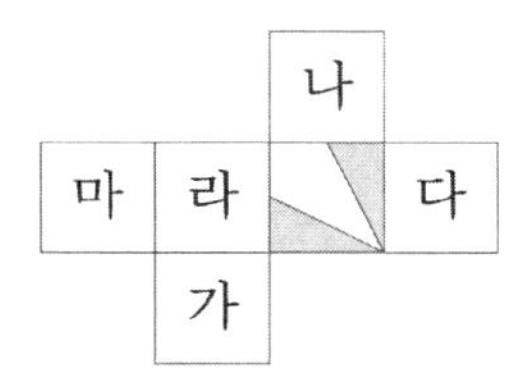

10 

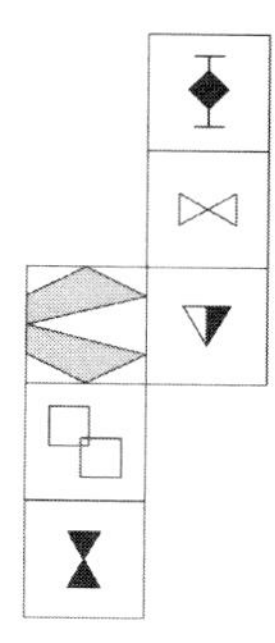

11 ③

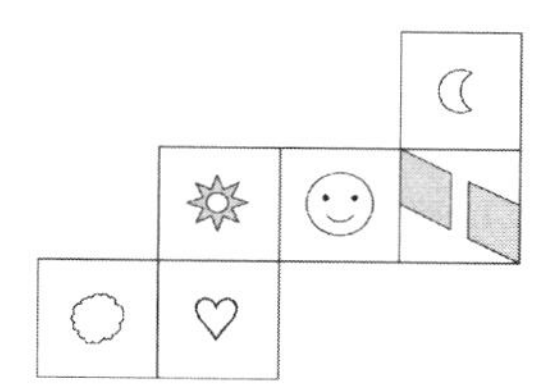

12 ②

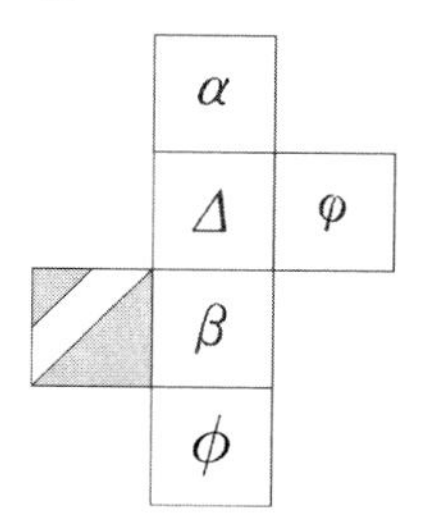

13 ④

① 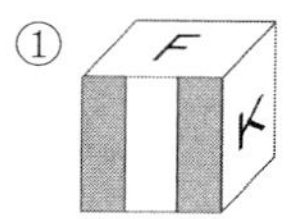

② 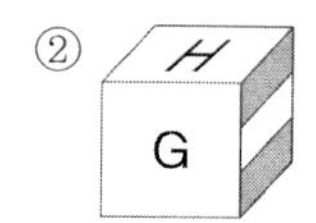

③ 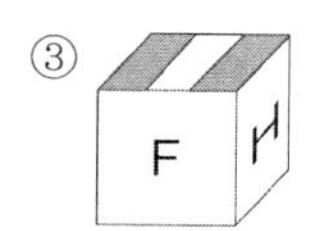

14 ④

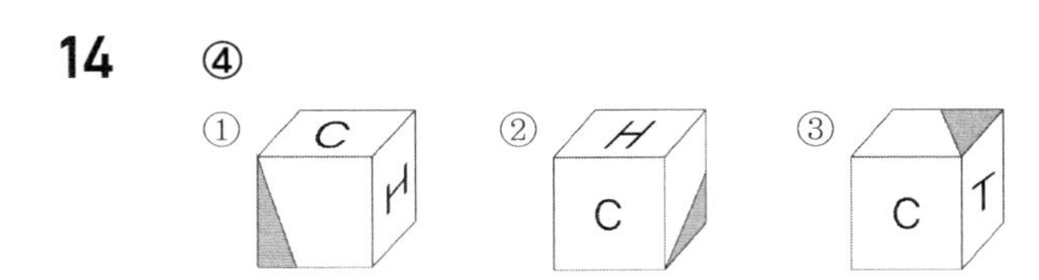

15 ③

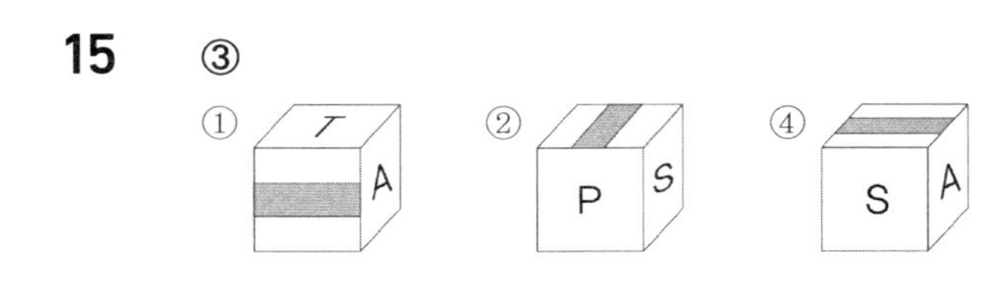

16 ②

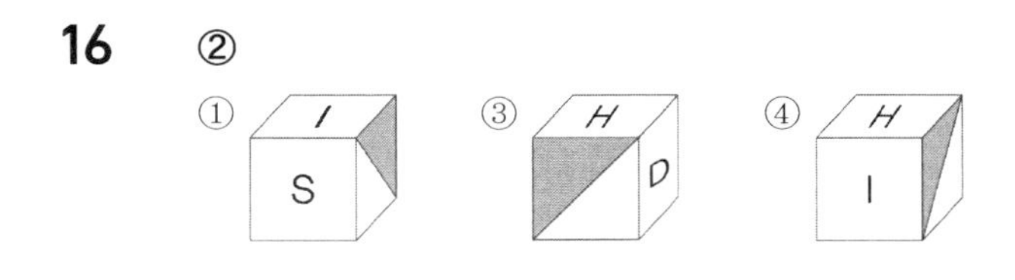

17 ④

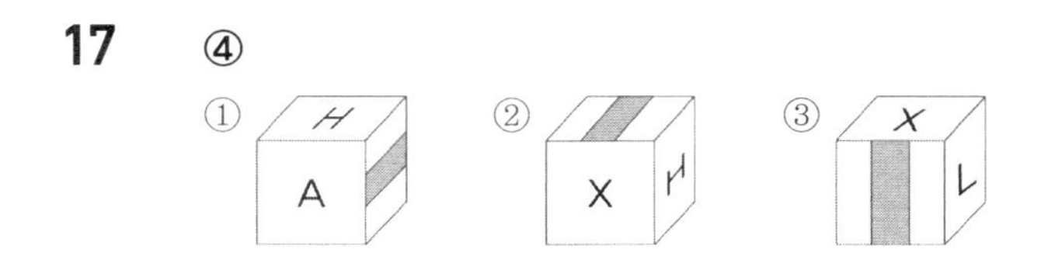

18 ③

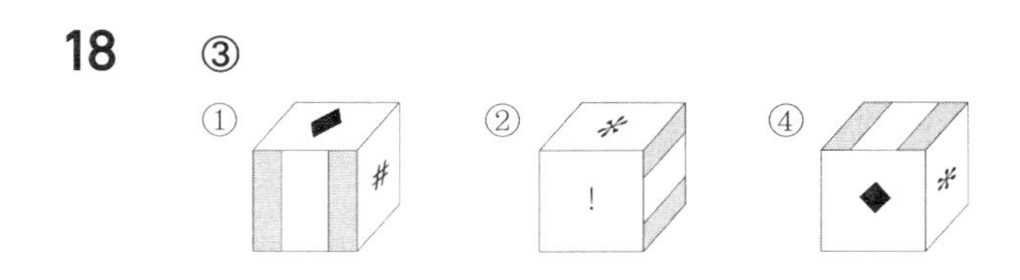

19 ②

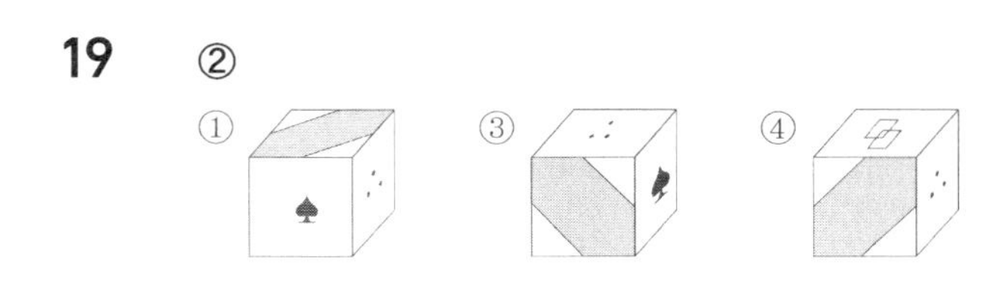

20 ②

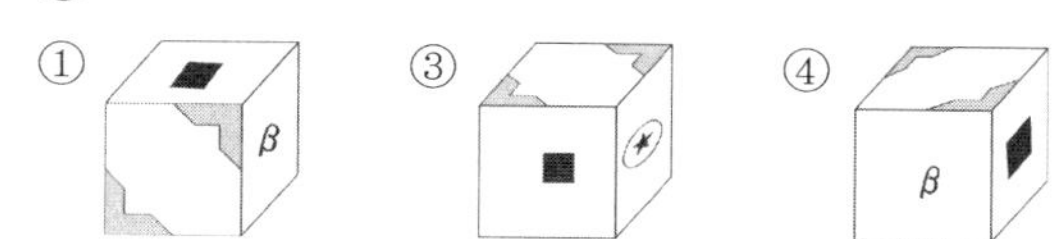
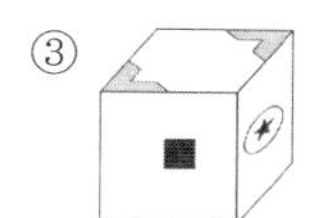
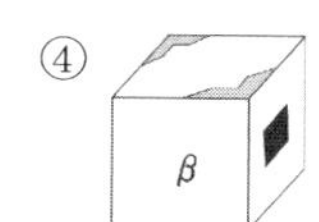

21 ④

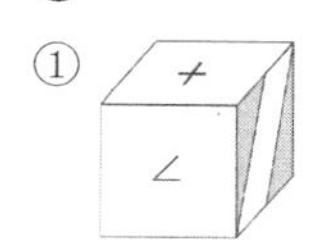
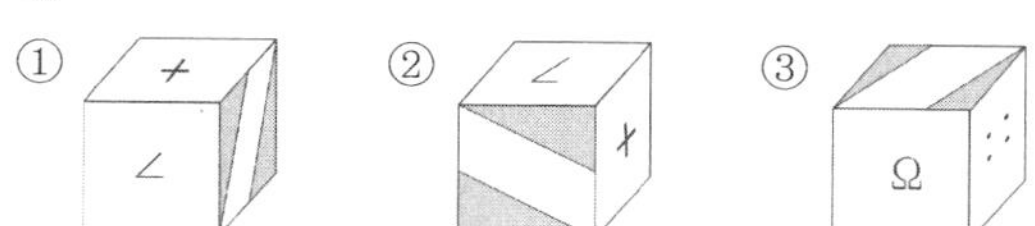
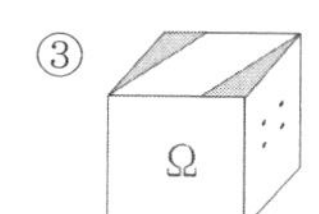

22 ③

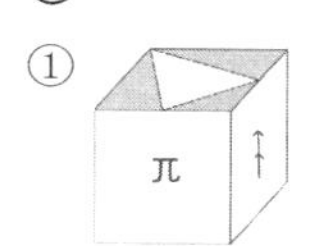
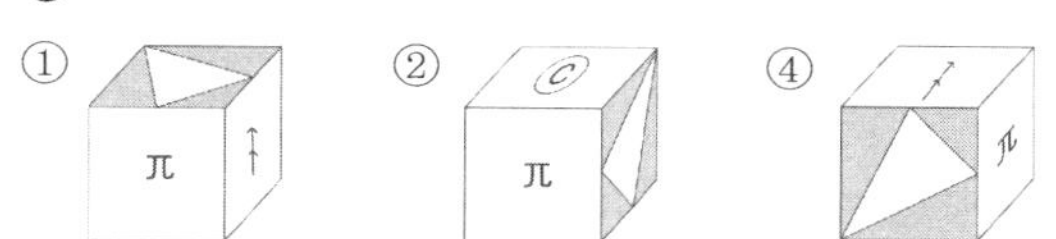
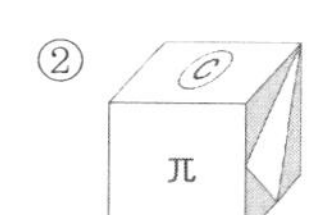

23 ①

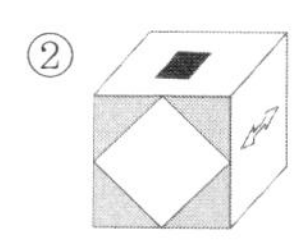

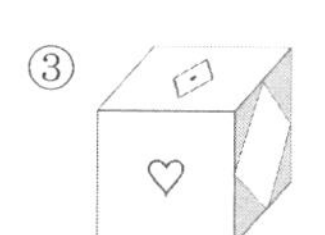

24 ④

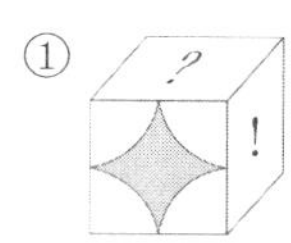
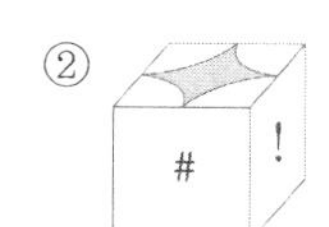
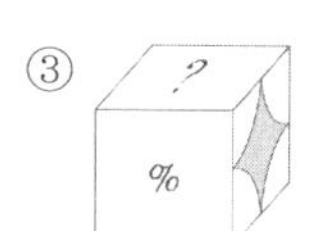

25 ③

① 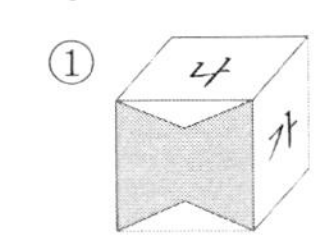

② 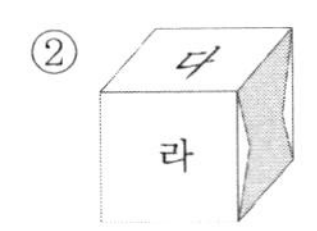

④ 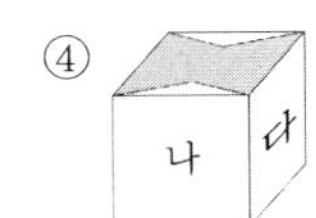

26 ②

① 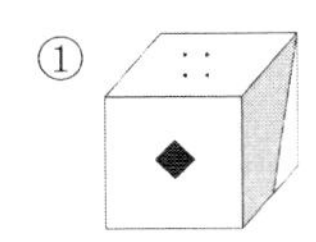
③ 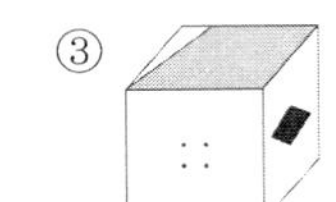
④ 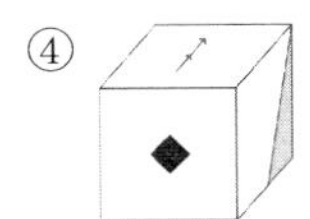

27 ③

① 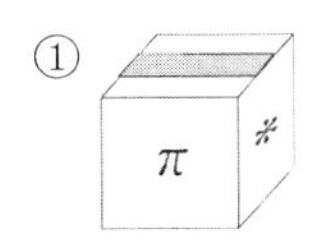

② 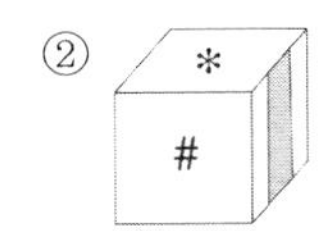

④ 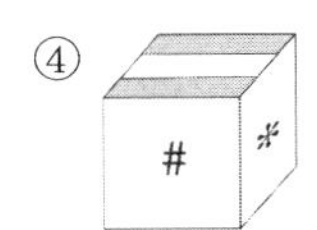

28 ①

1단 : 12개, 2단 : 7개, 3단 : 5개, 4단 : 2개, 5단 : 1개
총 27개

29 ①

1단 : 14개, 2단 : 8개, 3단 : 5개, 4단 : 2개, 5단 : 1개
총 30개

30 ④

1단 : 14개, 2단 : 6개, 3단 : 3개, 4단 : 2개
총 25개

31 ③

1단 : 12개, 2단 : 9개, 3단 : 8개, 4단 : 5개, 5단 : 1개
총 35개

32 ③

1단 : 15개, 2단 : 9개, 3단 : 5개, 4단 : 1개
총 30개

33 ③

1단 : 11개, 2단 : 5개, 3단 : 1개, 4단 : 1개
총 18개

34 ④

1단 : 10개, 2단 : 5개, 3단 : 3개, 4단 : 1개
총 19개

35 ②

1단 : 8개, 2단 : 4개, 3단 : 3개, 4단 : 2개
총 17개

36 ③

1단 : 10개, 2단 : 5개, 3단 : 2개, 4단 : 1개
총 18개

37 ④

1단 : 13개, 2단 : 6개, 3단 : 4개, 4단 : 2개
총 25개

38 ④

1단 : 14개, 2단 : 11개, 3단 : 5개, 4단 : 1개
총 31개

39 ③

1단 : 9개, 2단 : 6개, 3단 : 4개, 4단 : 2개
총 21개

40 ①

1단 : 13개, 2단 : 8개, 3단 : 4개, 4단 : 2개
총 27개

41 ②

1단 : 14개, 2단 : 9개, 3단 : 4개, 4단 : 3개
총 30개

42 ①

1단 : 11개, 2단 : 7개, 3단 : 5개, 4단 : 3개
총 26개

43 ②

화살표 방향을 정면으로 왼쪽에서부터 1열이라고 할 때, 5 – 1 – 2 – 3 – 5층으로 보인다.

44 ③

화살표 방향을 정면으로 왼쪽에서부터 1열이라고 할 때, 5 – 4 – 3 – 2 – 1층으로 보인다.

45 ①

화살표 방향을 정면으로 왼쪽에서부터 1열이라고 할 때, 2 – 0 – 1 – 2 – 3층으로 보인다.

46 ③

화살표 방향을 정면으로 왼쪽에서부터 1열이라고 할 때, 4 – 4 – 0 – 0 – 3층으로 보인다.

47 ③

화살표 방향을 정면으로 왼쪽에서부터 1열이라고 할 때, 5 – 4 – 5 – 4 – 5층으로 보인다.

48 ①

화살표 방향을 정면으로 왼쪽에서부터 1열이라고 할 때, 5 – 5 – 3 – 2 – 1층으로 보인다.

49 ③

화살표 방향을 정면으로 왼쪽에서부터 1열이라고 할 때, 4 – 1 – 3 – 4층으로 보인다.

50 ④

화살표 방향을 정면으로 왼쪽에서부터 1열이라고 할 때, 4 – 3 – 3 – 2 – 2층으로 보인다.

51 ③

화살표 방향을 정면으로 왼쪽에서부터 1열이라고 할 때, 2 – 4 – 3 – 5층으로 보인다.

52 ②

화살표 방향을 정면으로 왼쪽에서부터 1열이라고 할 때, 4 – 1 – 2 – 3 – 3층으로 보인다.

53 ③

화살표 방향을 정면으로 왼쪽에서부터 1열이라고 할 때, 2 - 2 - 3 - 2 - 1층으로 보인다.

54 ①

화살표 방향을 정면으로 왼쪽에서부터 1열이라고 할 때, 2 - 3 - 1 - 3층으로 보인다.

지각속도

01	02	03	04	05	06	07	08	09	10	11	12	13	14	15	16	17	18	19	20
①	①	②	①	②	①	②	①	①	②	②	①	①	①	①	②	④	②	④	③
21	22	23	24	25	26	27	28	29	30	31	32	33	34	35	36	37	38	39	40
②	③	①	②	①	②	②	③	③	③	②	①	①	①	②	①	②	①	①	②
41	42	43	44	45	46	47	48	49	50	51	52	53	54	55	56	57	58	59	60
①	②	①	②	②	②	③	①	③	②	④	②	①	②	③	③	③	①	④	①
61	62	63	64	65	66	67	68	69	70	71	72	73	74	75	76	77	78	79	80
①	②	①	①	①	①	①	①	②	①	②	①	②	①	②	①	③	②	②	③
81	82	83	84	85	86	87	88	89	90										
④	③	②	②	①	②	④	④	①	④										

01 ①

a = 어, h = 디, c = 가, f = 시, e = 나

02 ①

e = 나, h = 디, b = 야, c = 가, d = 즈, b = 야

03 ②

g = 마, b = 야, c = 가, a = 어, h = 디, c = 가, d = 즈, e = 나

04 ①

ㅇ = s, ㄴ = i, ㄷ = l, ㅊ = v, ㄱ = e, ㅅ = r

05 ②

ㅊ = v, ㄱ = e, ㅅ = r, ㅇ = s, ㄴ = i, ㅂ = o, ㅁ = n

06 ①

ㄷ = l, ㄴ = i, ㄹ = m, ㄴ = i, ㅈ = t

07 ②

ⓞ=1, ㉠=2, ㉢=3, ㉥=4, ㉦=5, ㉤=6

08 ①

㉨=8, ㉦=5, ㉣=0, ⓞ=1, ㉣=0, ㉢=3

09 ①

ⓞ=1, ㉥=4, ㉨=8, ㉩=9, ㉠=2, ㉤=6

10 ②

a=ㄱ, h=ㅇ, f=ㅂ, c=ㄷ, d=ㄹ

11 ②

i=ㅈ, h=ㅇ, e=ㅁ, f=ㅂ, g=ㅅ, b=ㄴ, c=ㄷ

12 ①

h=ㅇ, f=ㅂ, b=ㄴ, c=ㄷ, a=ㄱ, g=ㅅ

13 ①

5=미, 8=스, 2=진, 3=선, 5=미

14 ①

6=을, 5=미, 1=사, 9=병, 0=유, 2=진

15 ①

4=갑, 7=리, 0=유, 3=선, 5=미

16 ②

512096**4**52913128704534973242505070**4**23302

17 ④

새로운 연구를 통해 **생**명체의 운동에 관한 또 다른 인**식**

18 ②

여**름철**에는 음식**물을** 꼭 끓여 먹자

19 ④

a dr**o**p in the **o**cean high t**o**p h**o**pe little

20 ③

2a−b+−sqrtb^**2**−4ac***2**fmrhqtown

21 ②

🔔📖🗄🗐👓☎✆✉🖫😐☺**🔔**✈☼✠✠☪

22 ③

여러분모두합격**을**기**원**합니다**열공**하세**요**

23 ①

↘↗↕↔↓→↔↓↑⇇→↕↖↕↓↑→↓↔↕

24 ②

三 二 下 丁 人 中 **三** 一 丨 **三** 上 下 中 四 二 **三** **三**

25 ①

thinkistrickonyouchintingsitmust

26 ②

火斤气斗文支文=气**水**爻爿木月ヨ弓弋廾攵

27 ②

8**5**26479381023146987**5**09**5**1736824031467 2**5**980

28 ③

3.ⓤ⒩⒥⒴ⓒ**Ⓕ**ⓘⓐⓞⓦ**Ⓕ**⒵11.⑾⑳

29 ③

맍만립맞릪릦**맍**릿린륪릇류만**맍**맶

30 ③

맥스**미**디어의 선구자 **마**셜 **맥**루언은 **매**체가 **메**시지다라고 하였다

31 ②

⇦=우, →=지, ↔=텀, ↓=가, ⇩=월

32 ①

↔=텀, ⇧=벌, ⇩=월, ↑=현, ⇦=우, ←=이

33 ①

⇨=논, ↓=가, ⇳=담, ←=이, →=지, ↓=가

34 ①

i=1, e=6, g=3, b=9, j=0, a=10

35 ②

h=2, f=4, e=6, c=8, a=10, d=7, g=3

36 ①

j=0, b=9, h=2, c=8, h=2, i=1

37 ②

육 = Ⓓ, 군 = Ⓞ, 부 = Ⓩ, 사 = Ⓠ, 관 = Ⓟ, 생 = Ⓜ

38 ①

생＝Ⓜ, 보＝Ⓕ, 후＝Ⓚ, 공＝Ⓝ, 해＝Ⓐ, 육＝Ⓓ

---

39 ①

군＝Ⓞ, 사＝Ⓠ, 관＝Ⓟ, 보＝Ⓕ, 부＝Ⓩ, 공＝Ⓝ

---

40 ②

B＝백, F＝골, D＝전, J＝심, G＝오

---

41 ①

C＝중, B＝백, E＝발, B＝백, I＝주, H＝각

---

42 ②

D＝전, F＝골, A＝이, J＝심, C＝중, D＝전

---

43 ①

9=·Λ̇, 10=Λ̇·, 2=▷̇, 4=◁̇, 11=⊃, 12=⊂

---

44 ②

1=△̇, 7=·V, 8=V·, 2=▷̇, 3=▷, 5=·△

---

45 ②

6=△·, 3=▷, 5=·△, 10=Λ̇·, 8=V·, 9=·Λ̇

46 ②

iloveyouwhenyoucallmesenor**i**ta

47 ③

카로미오**벤**크**레**디미알**멘센**자티**테**

48 ①

엄마야누우나야강변**사**알자금모래빛

49 ③

白石以心傳心**白**文泥佛旅逸見**白書**句檢

50 ②

ㄴㄷ ㄹㅂㅅ ㅸ ㅂㅌ ㅂㅌ ㅂㄷ ㅱ **ㅈㄱ** ㅸ **ㅈㄱ** ㅅㄷ ㅅㅂ ㅁㅅ ㅂㄱ ㅇㅅ

51 ④

1**6**37409451 84**6**354**6**97 85**6**

52 ②

육**군**공**군**해**군**부사**관연**습생후보생대위

53 ①

≍ Ū ⩔ ⩱ ⩛ ≙ ⩱ **Ȧ** V̇ ⩢ ∓ ⪦ ⪧ ⩛ ⟁ ⨸ Ѡ V̇

54

②

❖✓✚✆✵✆✉✎✯✛✌✿❍❞✱✩✑

55

③

applejuiceorangepinebanana

56

③

02!~"13/!??:*−43?1&@%$&!!!!5$

57

③

⊃❼③｛④⊃①⑧➶⑩→❹→❽❾⑧➶❣

58

①

askdljrfpqwemfaseooiwbnc

59

④

iv Ⅱ **ix** xi **ix** vi vii Ⅳ Ⅱ vii xi **ix** Ⅻ v iv **ix** Ⅳ

60

①

⚂⚅♪♭♶⚄⚁♩♯♮♬♮♮♟

61

①

!=2, $=5, *=9, +=0, @=3

62 ②

^=7, ～=1, &=8, !=2, #=4

63 ①

%=6, @=3, +=0, &=8, ～=1, $=5

64 ①

ㅁ=e, ㅈ=i, ㅂ=f, ㅅ=g, ㅇ=h, ㄷ=c

65 ①

ㅇ=h, ㅈ=i, ㅇ=h, ㅅ=g, ㄹ=d, ㅁ=e

66 ①

ㄴ=b, ㅊ=j, ㄱ=a, ㄹ=d, ㅂ=f, ㅇ=h

67 ①

춘=∞, 하=∷, 추=Σ, 동=△

68 ①

기=∴, 온=∅, 날=∉, 씨=▽, 계=≦, 절=∫

69 ②

온=∅, 동=△, 하=∷, 절=∫, 계=≦, 기=∴

70 ①

Ⓐ=◈, (i)=□, (e)=◆, Ⓘ=◑, Ⓖ=◐, Ⓒ=◉

71 ②

(c)=▷, Ⓒ=◉, (e)=◆, (g)=◇, (i)=□, Ⓐ=◈

72 ①

Ⓔ=◎, Ⓖ=◐, Ⓘ=◑, Ⓒ=◉, (a)=▶, (c)=▷

73 ②

p=2, q=진, z=정, r=%, w=6

74 ①

u=÷, r=%, s=하, y=?, t=9, x=육, p=2

75 ②

x=육, w=6, p=2, q=진, r=%, u=÷, z=정

76 ①

3월모의고사수학능력시험과학평가11월15일

77 ③

NCSCA**T**HSA**T**LION**T**ES**T**LOGIC**T**OIC

78

②

1238797804**5**6041943426**8**

79

②

ㅅㅌ ㄴㄷ **ㅅㅁ** ㅇㅁ ㄴㄴ ㅂㅅㄱ ㅂㅅ ㅂㅍ ㅅㄴ ㅈ ㅊㅎ ㅊㅋ ㆆ ㅇㅿ ㅆㅆ ㅂㅈ

80

③

동**해**물과백두산이마르고**하**느님이보우**하**사우리나라

81

④

[illegible]

82

③

19**1**93**11**9458**1**5**1**9805**1**80508

83

②

engli**s**hmoderncellphone**s**am

84

②

∺ ≇ ≁ **≒** ≔ ≋ ≍ ≘ ≖ ≓ ≐ ≑ ≃ ≔ ≕ **≒**

85

①

ⒼⒿⓇⓄⓨⓡ⓴⒦⑤⒡ⓙⓑ②⑩

86 ②

$a^1 b^2 c^3 a^0 b^d c^c \underline{\boldsymbol{a}^{\boldsymbol{a}}} b^0 c^2 a^2 b^1$

87 ④

나랏말싸미**듕**귁**에**달**아**문자**와**로서르

88 ④

adf**e**pqkjfklja**e**ifvksf**e**tw**e**m

89 ①

Never regret If it's good it's wonderful

90 ④

皌奎庫乘厄鳥**皌皌**厎乙𠂢鳥**皌**

CHAPTER 02 한국사 및 공군 핵심가치

개항기 / 일제 강점기 독립운동사

01	02	03	04	05	06	07	08	09	10	11	12	13	14	15	16	17	18	19	20
④	①	④	②	④	④	②	①	①	②	④	④	①	④	③	④	③	①	①	④
21	22	23	24	25	26	27	28	29	30	31	32	33	34	35					
②	④	③	②	④	②	③	②	①	③	③	④	①	④	③					

01 ④

제10관을 통해 볼 때 치외법권이 포함된 불평등 조약이었음을 알 수 있다. 강화도 조약은 우리나라 최초의 근대적 조약이자 불평등 조약이라는 의의를 가진다.

02 ①

근대 국민국가 건설을 위한 최초의 정치적 개혁 운동인 갑신정변에 대한 설명이다.

03 ④

㉣의 경우 서원 철폐조치와 관련된 것이다.

04 ②

제시된 자료는 1876년 2월 일본과 체결된 강화도 조약의 일부이다.

㉡ 강화도조약 체결 이후 부산 외에 원산, 인천을 개항하였다.

㉤ 제물포 조약(1882)과 관련된 내용이다.

05 ④

제시된 자료는 급진개화파가 주도한 갑신정변(1884)에 대한 역사적 평가이다.

① 독립협회는 청의 사신을 영접하던 모화관을 수리하여 독립관이라, 옛 영은문을 헐고 그 자리에 독립문을 세워 자주독립의식을 고취하였다.

② 대한제국에서는 갑오 · 을미개혁의 급진성을 비판하고 점진적인 개량을 추구하여 예전의 제도를 본체로 하고, 새로운 제도를 참작한다는 구본신참을 표방하였다.
③ 신민회는 안명근의 테라우치 암살 미수를 계기로 일제가 날조한 105인 사건(1910.12)으로 해산되었다.

06 ④

㉠ 1894년 전라도 고부 군수 조병갑의 횡포와 착취에 항거하기 위해 봉기하였다.
㉡㉢ 정부는 처음 청나라에 파병을 요청하였으며 청의 군대가 파병되자 일본에서는 톈진조약을 들어 일본군도 파병하게 된다. 이로 인해 청 · 일 전쟁이 발발하게 되었다.

07 ②

제시문은 비밀결사조직으로 국권 회복과 공화정체의 국민 국가건설을 목표로 한 신민회에 대한 설명이다. 국내적으로는 문화 · 경제적 실력양성운동을 전개하였으며, 국외에 독립군기지건설을 주도하여 군사적 실력양성운동을 추진하다가 105인 사건으로 해체되었다.

08 ①

① 1894년 1월 전봉준이 군수 조병갑의 학정에 항거하여 1천 명의 농민군을 이끌고 고부 관아를 습격하였는데, 이를 고부 농민 봉기라고 한다. 황토현 전투는 1차 봉기 때 있었던 사실이다.
② 농민군은 1차 봉기 후 백산에서 호남창의소를 조직하고, 농민 봉기를 알리는 격문을 발표하였다. 이에 농민들이 다양하게 합류해 오자 지휘부는 농민군 4대 강령을 선포하였다.
③ 동학 농민군은 정부와 폐정개혁을 조건으로 전주 화약을 체결하였다. 주요 내용은 탐관오리의 숙청, 부패한 양반 토호의 징벌, 봉건적 신분 차별의 폐지, 농민 수탈의 구조적 원인이었던 각종 잡세의 폐지와 농민 부채의 혁파 등이었다.
④ 동학 농민군은 일본군의 경복궁 점령과 내정 간섭에 맞서 2차 봉기하였지만, 공주 우금치 전투에서 패배하고 말았다.

09 ①

자료는 을미개혁과 관련된 것으로, 을미개혁 때 단발령 시행, 건양 연호 사용, 종두법 실시, 태양력 사용 등이 이루어졌다. 신분제 폐지는 갑오개혁의 내용이다.

10 ②

탁지부에서 궁내부 내장원으로 이관하게 하였다.

11 ④

밑줄 친 '그'는 김옥균으로 급진 개화파의 핵심 인물이었다. 급진 개화파는 갑신정변을 통해 근대 국가를 수립하려고 하였다.

12 ④

신민회는 1907년에 결성되어 1911년에 해산되었다. 1929년 함경남도 원산 노동자 총파업, 1930년 함경남도 단천 · 정평 삼림조합 설립반대운동, 1929년 11월 광주학생운동이 발생되었다.

13 ①

제시된 자료는 1907년 대구 기성회가 주도한 국채보상운동 궐기문이다.

② 독립협회는 러시아의 절영도 조차 요구(저탄소 설치 목적), 한러은행 설치, 프랑스의 광산 채굴권 요구 등을 좌절시켰다.

③ 일본은 일본인 이주를 위해 전 국토의 1/4에 해당하는 국가 또는 황실이 소유한 막대한 황무지 개간권을 요구하자 보안회는 일제의 탄압에도 거족적인 반대운동을 전개하였다.

④ 강화도조약 체결의 내용이다.

14 ④

제시된 자료는 1907년 정미의병이 계기에 관한 설명이다.

한말 항일의병활동은 고종의 강제퇴위와 군대 해산을 계기로 의병전쟁으로 발전되었다.

15 ③

영국이 러시아의 남하를 막기 위해 1885년부터 1887년까지 거문도를 점령하는 등 조선에 대한 열강들의 침략이 격화되자 조선 중립론이 대두되었다. 독일인 부들러의 경우 스위스를 유길준은 벨지움과 불가리아를 모델로 하는 중립화안을 제안하였다.

16 ④

① 1870년대 ③ 1895년

17 ③

③ 정미의병에 대한 설명이다.

㉠ 을미의병(1895)은 명성 황후 시해 및 을미개혁의 단발령 등이 원인이 되어 발생하였다. 단발령이 철회되고 고종의 해산권고로 대부분 해산하였으며, 일부는 만주로 옮겨 항전을 준비하거나 화적 · 활빈당이 되어 투쟁을 지속하였다.

㉡ 을사의병(1905)은 을사조약과 러일전쟁을 배경으로 발생하였다. 다수의 유생이 참여하였으며, 전직관료가 거병하는 사례도 증가하였으며, 신돌석과 같은 평민의병장이 등장하였다.

㉢ 정미의병(1907)은 일본이 고종을 강제 퇴위시키고, 군대를 해산한 사건이 계기가 되었다. 해산된 군대가 의병활동에 참여하면서 조직성이 높아져 의병전쟁화 되었으며, 연합전선을 형성하여 서울 진공 작전을 시도하였으나 실패하였다.

18 ①

제시문은 외교권을 박탈하고 통감정치를 결정한 을사조약(1905)이다. 이 조약이 체결되자 최익현 · 이상설 등은 조약파기를 위한 상소를 올렸으며, 민영환 · 조병세 등이 자결하였다. 학생들은 동맹휴학하고 상인들은 상점의 문을 닫았으며, 언론에서는 을사조약의 무효를 주장하였다. 또한 고종은 1907년에 개최된 헤이그 만국평화회의에 밀사를 보내어 조약의 부당함을 알리고자 하였으나 실패하였다.

②④ 정미7조약(1907) ③ 을미사변(1895)

19 ①

갑오개혁 … 갑오개혁(갑오경장)은 1894년(고종 31) 7월부터 1896년 2월까지 약 19개월간 추진되었던 일련의 개혁운동으로 우리나라 최초의 근대적 개혁이다. 대표적으로 신분계급의 타파, 노비제도 폐지, 조혼금지, 부녀자 재가 허용 등이 있다. 하지만 국민들의 반발에 부딪혀 소기의 성과를 거두지 못했는데, 당위성은 충분했지만 오랜 세월 굳어진 관습을 벗어내기란 역부족이었기 때문이다.

20 ④

④은 대한제국의 개혁방침이다.

21 ②

흥선 대원군이 통상 수교를 거부하던 시기에 한편에서는 문호 개방을 주장하는 사람들이 나타났다. 박규수, 오경석, 유홍기 등은 통상 개화를 주장하였고, 민씨 정권이 통상 수교 거부 정책을 완화하면서 통상 개화론자들의 주장은 힘을 얻었다.

22 ④

병인양요 … 1866년 9월 프랑스 선교사의 처형을 구실로 프랑스 함대가 강화읍을 점령하고 외규장각 도서 및 은, 문화재 등을 약탈하고 외규장각을 불태워버린 사건이다. 문수산성에서 한성근이, 정족산성에서 양헌수가 프랑스 군대를 격퇴하였다.

23 ③

영국이 러시아의 남하를 막기 위해 1885년부터 1887년까지 거문도를 점령하는 등 조선에 대한 열강들의 침략이 격화되자 조선중립론이 대두되었다. 독일인 부들러의 경우 스위스를, 유길준은 벨지움과 불가리아를 모델로 하는 중립화안을 제안하였다.

24 ②

임오군란(1882) … 개화정책과 외세의 침략에 대한 반발로 구식군인들에 의해서 일어난 사건으로, 신식군대인 별기군을 우대하고 구식군대를 차별대우한 것에 대한 불만에서 폭발하였다.

25 ④

제시된 자료는 '105인 사건'과 '신민회 조직원들'의 사진자료이다. 이를 통해 1907년 결성된 비밀 결사 계몽 단체인 '신민회'임을 알 수 있다.

④ 대한자강회는 고종의 강제퇴위 반대운동을 전개하다 해산 당하였다.

① 신민회는 무장 투쟁도 활동의 목표로 삼았으며, 만주 지역에 독립군 기지 건설운동을 주도하였다.

② 신민회는 국권회복과 공화정체의 근대국민국가 건설을 목표로 하였다.

③ 신민회는 교육구국운동으로 오산학교, 대성학교 등을 설립하였다.

26 ②

3 · 1운동을 계기로 지속적이고 체계적인 독립운동을 위해 정부가 필요하다는 인식 아래 국내 · 외의 임시 정부를 통합하여 대한민국 임시 정부가 수립되었다.

27 ③

1918년 미국 대통령 윌슨이 '세계 평화와 민주주의'를 선언하고, 제1차 세계대전의 전후 처리를 위해서 열린 파리강화회의에서 '민족자결'의 원칙을 제시하였다. 민족자결주의는 비록 패전국의 신민지에만 적용되었지만, 민족 지도자들은 이를 기회로 활용하였다.

28 ②

㉠ 1910년대 ㉡ 1930년대 ㉢ 1940년대 ㉣ 1920년대

29 ①

산미증식계획은 수리시설, 지목전환, 개간간척의 토지, 개량 사업과 품종 개량과 비료사용의 증가, 경종법 개선 등 일본식 농사 개량사업으로 전개되었으며 지주 육성책으로 시행되었다. 결과적으로는 일본인 대지주의 수는 증가하고 우리 농민은 이중 부담으로 인하여 조선인 지주와 자작농의 수는 감소하였다.

30 ③

㉠ 농촌진흥운동(1932) ㉡ 학도지원병 제도(1943)
㉢ 회사령 철폐(1920) ㉣ 토지조사사업(1912)

31 ③

㈎는 토지조사사업, ㈏는 회사령이다.

① 화폐정리사업은 1905년 시행되었으며, 토지조사사업은 1910년 실시되었다.
② 일제가 정한 양식에 의해 신고를 하지 않으면 토지소유권을 인정해주지 않았으며 지주의 소유권만을 인정하고 관습적으로 인정되던 개간권, 도지권과 같은 농민의 권리는 인정해주지 않았다. 또한 토지조사사업으로 식민지지주제가 확립되었다.

③ 일제는 회사의 설립을 허가제로 하는 회사령을 시행하여 민족산업의 발전과 자본축적을 방해하였다.
④ 일제는 1920년대 후반 발생한 세계경제대공황을 타개하기 위해 병참기지화 정책을 실시하였다.

32 ④

일제는 우리나라를 병합한 뒤 조선 총독부를 설치하고 현역 육·해군 대장 가운데 조선 총독을 임명하였다. 그는 입법, 사법, 행정, 군사 등 식민 통치에 관한 모든 권한을 가지고 있었다.

33 ①

일제는 3·1 운동 이후 우리 민족의 문화와 관습을 존중한다며 문화 통치로 지배 방식을 바꾸었다. 하지만 이러한 정책의 목적은 우리 민족의 불만을 잠재우고 우리 민족을 분열시키는 데 있었다.

34 ④

1920년대 산미 증식 계획이 실시되어 쌀 생산량은 늘어났지만 일제가 증산된 양보다 더 많은 쌀을 가져가 우리나라의 식량 사정이 크게 나빠졌다.
④ 쌀 생산량은 늘었지만 한국인의 1인당 쌀 소비량은 감소하였다.

35 ③

산미 증식 계획(1920~1934) … 일제가 조선을 일본의 식량 공급지로 만들기 위해 실시한 농업 정책이다. 이 사업은 수리 시설의 확대와 품종 교체, 화학 비료 사용 증가 등을 통해 이루어졌는데, 대부분의 지주는 다소 이익을 보기도 했지만 소작농은 소작료율과 부채 증가로 많은 고통을 겪었다. 이에 따라 자작농이 감소하고 소작농이 증가했으며, 늘어난 생산량보다 많은 양의 쌀이 일본으로 실려 나갔다.

임시 정부 수립과 광복군 창설의 의의

01	02	03	04	05	06	07	08	09	10	11	12	13	14	15	16	17	18	19	20
④	④	③	①	③	①	②	④	③	②	①	③	④	②	③	①	④	①	②	①

01 ④

3 · 1운동을 통해 효율적인 독립운동단체의 필요성이 대두되었고, 상하이에 대한민국 임시 정부를 수립하는 계기가 되었다.

02 ④

대한민국 임시 정부는 1932년 윤봉길 의사의 상하이 홍커우 공원 의거 이후 일제의 탄압이 심해지자 항저우로 이동하였다. 1941년 태평양 전쟁이 일어나자 대일 선전 성명서를 발표하고 연합군의 일원으로 참전하였다.

03 ③

1940년 임시 정부는 주석 중심제로 개편하여 강력한 지도 체제를 확립하였으며 1942년 김원봉의 조선민족혁명당이 임시 정부에 합류하였다. ④는 1923년, ①과 ②는 1919년에 해당한다.

04 ①

제시된 독립운동단체가 활동하고 있던 지역은 블라디보스토크를 중심으로 한 연해주이다.

05 ③

신간회는 1927년 2월 민족주의 좌파와 사회주의자들이 연합하여 서울에서 창립한 민족협동전선으로 1929년 광주학생항일운동 이전에 결성되었으며, 광주학생운동에 진상조사단을 파견하기도 하였다.

06 ①

제시된 자료는 1927년에 결성된 신간회의 강령이다.

② 대한민국 임시정부의 활동이다.

③ 1920년 7월 봉오동 전투를 승리로 이끈 대한독립군의 활동이다.

④ 1920년 10월 청산리 전투를 승리로 이끈 북로군정서군의 활동이다.

07 ②

㉠ **봉오동전투**(1920. 6) : 대한독립군(홍범도), 군무도독부군(최진동), 국민회군(안무)이 연합하여 일본군에게 승리한 전투이다.

㉡ **간도참변**(경신참변 1920. 10) : 봉오동 전투와 청산리 전투에서 독립군이 승리하자 이를 약화시키기 위해 일본이 군대를 파견하여 만주의 한민족을 대량 학살한 사건이다.

㉢ **청산리전투**(1920. 10) : 김좌진의 북로군정서군과 국민회 산하 독립군의 연합부대가 조직되어 일본군에게 승리한 사건이다.

㉣ **자유시참변**(1921) : 밀산부에서 서일 · 홍범도 · 김좌진을 중심으로 대한독립군단을 조직한 뒤 소련 영토내로 이동하여 소련 적색군에게 이용만 당하고 배신으로 무장해제 당하려하자 이에 저항한 독립군은 무수한 사상자를 내었다.

08 ④

제시된 지역은 간도지역이다. 민족 운동가들은 북간도 용정에 서전서숙이라는 학교를 설립 하였다.

①② 연해주 ③ 미국 로스엔젤레스

09 ③

㉠은 신간회이다. 1927년 민족 유일당 운동으로 결성된 신간회는 농민 운동, 노동 운동, 학생 운동 등 각계 각층에서 전개된 사회 운동을 지원하였다.

10 ②

제시된 자료는 조선 의용대와 관련 있다. 조선 의용대는 조선 민족 전선 연맹 산하 독립군 부대로 조직되었으며 조선 의용대의 일부 병력은 중국 화북 지역으로 이동하여 조선 의용군에 편성되었다. ㉡과 ㉣은 한국 광복군의 활동이다.

11 ①

제시된 단체들은 1910년대에 활동한 비밀결사조직이다.
② 1930년대 ③, ④ 1920년대

12 ③

독립운동 전체의 방향 전환을 논의하고 임시정부를 통일전선 정부로 만들기 위하여 국민대표회의가 개최되었으나 개조파와 창조파의 대립으로 인하여 국민대표회의는 성과를 거두지 못하였으며 창조파와 개조파는 임시정부에서 이탈한 뒤 서서히 세력을 잃고 말았다.

13 ④

농민 · 노동운동이 절정에 달한 시기는 1930~1936년으로 부산진 조선방직 노동자파업, 함남 신흥 탄광 노동자 파업, 평양 고무 공장 노동자 총파업 등이 대표적이다.

14 ②

제시문은 1932년 윤봉길이 상하이 훙커우 공원에서 일본군 요인을 폭살한 의거의 영향에 대한 내용이다. 이 사건을 계기로 만보산 사건으로 인해 나빠진 한국과 중국의 관계가 회복되어 중국 영토 내에서의 한국독립운동의 여건이 좋아졌고, 중국 국민당 총통이었던 장제스가 상하이 대한민국임시정부를 지원해주는 계기가 되었다.

15 ③

동북항일연군 내의 항일유격대는 함경남도 갑산의 보천보에 들어와 경찰주재소와 면사무소를 파괴하였다.

16 ①

일제는 1920년대의 소작료 인하와 소유권 이전 반대와 같은 농민들의 생존권을 위한 정당한 요구도 탄압하였다. 이에 농민들은 1920년대의 단순한 경제적 투쟁을 일제의 식민지 지배에 저항하는 정치적 성격의 운동으로 전환시켰다.
②③ 1930년대 이후의 소작쟁의는 일제의 수탈에 저항하는 민족운동의 성격을 띠면서 더욱 격렬해져 갔다.
④ 조선농민총동맹은 1927년에 결성되었다.

17 ④

(가)는 김구가 1931년에 결성한 한인애국단이다. 한인애국단의 주요 활동으로 이봉창 의거와 윤봉길 의거가 있다.

18 ①

좌우익 세력이 합작하여 결성된 항일단체인 신간회에 대한 설명이다. 신간회는 각종 사회운동 및 항일운동을 지원하였다.

19 ②

② 청산리 전투에 참여한 군대는 김좌진이 이끄는 북로군정서군과 홍범도가 지휘하는 대한독립군 등이다.

20 ①

빈칸에 들어갈 독립군 부대는 한국광복군이다.

② 독립의금부

③ 대한독립군

④ 의열단(나석주)

대한민국의 역사적 정통성

01	02	03	04	05	06	07	08	09	10	11	12	13	14	15	16	17	18	19	20
④	①	①	②	③	④	④	③	③	②	①	③	④	②	②	④	④	④	①	③
21	22	23	24	25															
②	①	①	②	④															

01 ④

㉠은 1948년 9월에 제정된 반민족행위처벌법에 따라 일제강점기 친일파의 반민족행위를 조사하고 처벌하기 위해 설치한 반민족행위특별조사위원회이다.

02 ①

㉠ **사사오입 개헌**(1954.11) : 이승만 정권 시절, 헌법 상 대통령이 3선을 할 수 없는 제한을 철폐하기 위해, 당시의 집권당인 자유당이 사사오입의 논리를 적용시켜 정족수 미달의 헌법개정안을 불법 통과한 것이다.

㉡ **발췌개헌**(1952.7) : 이승만 대통령이 자유당 창당 후 재선을 위해 직선제로 헌법을 고쳐 강압적으로 통과시킨 개헌안이다.

㉢ **거창사건**(1951.2) : 6 · 25전쟁 중이던 1951년 2월 경상남도 거창군 신원면 일대에서 일어난 양민 대량학살사건이다.

㉣ **진보당 사건**(1958.1) : 조봉암을 비롯한 진보당의 전간부가 북한의 간첩과 내통하고 북한의 통일방안을 주장했다는 혐의로 구속 기소된 사건이다.

㉤ **2 · 4파동**(1958.12) : 국회에서 경위권 발동 속에 여당 단독으로 신국가보안법을 통과시킨 사건이다.

03 ①

1947년 제2차 미 · 소 공동 위원회가 결렬되자, 미국은 한국의 정부 수립 문제를 유엔에 이관하였으며, 유엔 총회에서 남북한 총선거를 통한 정부 수립을 의결하였다.

04 ②

송진우, 김성수 등 민족주의 우파계열은 건국준비위원회에 참여하지 않았다.

05 ③

제5공화국(1963~1979)에 해당하는 박정희 정권에 대한 설명이다.

① 1961년부터 진행되었으며 1965년 6월에 한 · 일 기본조약 및 제협정이 조인되었으며 그 해 8월 국회에서 통과되었다.

② 1971년 대한적십자사에서 남북한 이산가족 찾기를 위한 남북적십자회담을 북한의 조선적십자회에 제의하였으며, 북한의 동의에 의해 회담이 진행되었다.

③ 중국과 국교가 수립된 것은 1992년 노태우 정권 때의 사실이다.

④ 유신헌법은 7차로 개정된 헌법으로 1972년 10월에 개헌안이 공고되었으며 11월에 국민 투표를 거쳐 12월 27일에 공포 · 시행되었다.

06 ④

모스크바 3상 회의에서 신탁통치에 대한 의견이 나오자 국내에서는 좌 · 우익의 대립이 심해졌다. 이러한 대립을 줄이기 위해 좌 · 우합작운동이 시행되었는데 이때 발표된 좌 · 우합작7원칙 중 하나이다.

07 ④

모스크바 3상 회의의 결과 신탁통치가 결정되자 좌 · 우 양측이 모두 반대하였으나 소련의 사주를 받은 좌익이 찬탁으로 입장을 변경하면서 갈등이 생겨났다. 이 과정 중에 2차례의 미 · 소공동위원회가 개최되었으며, 갈등을 줄이기 위해 좌우합작운동도 전개하였으나 실패하였다.

④ 신탁통치 결정이 내려졌으나 실제로 신탁통치가 행해진 것은 아니다.

08 ③

자료는 제헌 헌법으로, 이를 제정한 국회는 제헌 국회이다. 제헌 국회는 이승만을 대통령으로 선출하였으며, 반민족 행위 처벌법과 농지 개혁법을 제정하였다.

09 ③

경부 고속 국도와 포항 종합 제철 공장 모두 제2차 경제 개발 5개년 계획 시기에 건설되기 시작하였다. 두 공사는 일본에서 들어온 청구권 자금과 베트남 특수로 인한 수출에 힘입어 진행되었다.

10 ②

① 발췌개헌안(1952)은 간선제가 아니라 직선제로의 개헌이 이루어진 것이다.
② 이승만 정권이 붕괴된 이후 장면 내각이 집권하고 이전의 대통령중심제와 달리 내각책임제와 민의원, 참의원으로 구성된 양원제 의회가 실시되었다.
③ 유신헌법(1972)은 박정희가 3선 개헌안을 통과시킨 이후 독재집권을 위해 1972년 10월에 제정한 헌법으로 통일주체회의를 통한 대통령간선제 실시와 긴급조치명령이 포함되어 있다.
④ 대통령직선제가 이루어진 것은 1987년 6월 민주항쟁 이후의 결과에서 대통령 5년 단임제와 더불어 나타났다.

11 ①

정부 수립 후 일제 잔재를 청산하기 위해 조직된 '반민족행위특별조사위원회(반민특위)'는 '반민족행위처벌법'을 제정하여(1949) 그 활동을 시작했지만 성공하지 못했다. 그 이유는 대한민국 정부 수립 과정에 과거 친일세력이 정부의 요직 및 사회 기득권 세력이 되어 반민특위 활동을 방해하고, 이승만 대통령은 냉전이데올로기 속에서 친일보다 반공을 우선으로 생각했기 때문이다.

12 ③

㉠ 여운형 암살(1947. 7)
㉡ 조선민주주의 인민공화국 성립(1948. 9)
㉢ 제주 4 · 3사건 발발(1948. 4)
㉣ 대한민국 정부수립 반포(1948. 8)
㉤ 농지개혁법 공포(1949. 6)

13 ④

해방 이후 진행된 남북한의 농지개혁에서 북한은 무상몰수 무상분배의 원칙으로, 남한은 유상몰수 유상분배의 원칙으로 진행되었다. 남한의 경우에는 지주들이 농지개혁 이전에 미리 토지를 매도하여 토지를 자본화하고 이를 산업에 투자함으로써 산업자본가로 성장하게 되었다. 공통점은 이로 인하여 지주제가 철폐되고 농민들은 경작권을 회복할 수 있게 됨으로써 생산의욕이 높아지는 계기가 되었다.

14 ②

광복 이후 미국은 9월부터, 소련은 8월부터 군정을 실시하였다. 이후 좌우익의 이념 대립을 거치면서 남한만의 단독 총선거를 통해 대한민국 정부가 수립되었다(1948.8.15).

① 미, 영, 소의 대표가 한반도 신탁통치안을 결의하였다(1945.12).
② 해방과 동시에 여운형을 중심으로 조직된 단체이다(1945.8.15).
③ 신탁통치에 대해 좌우익이 찬탁과 반탁으로 대립하자 이를 해소하기 위해 미국과 소련 간에 회담을 개최하였다(1946~1947).
④ 좌우익의 이념 대립이 심각해지자 여운형과 김규식을 중심으로 이를 통합하기 위해 조직하였다(1946).

15 ②

제헌국회는 1948년 5월 10일 남한만의 단독 총선거(5 · 10총선거) 실시로 구성된 초대 국회이다. 이 선거에서 198명의 국회의원이 선출되었으며, 대통령에 이승만, 부통령에 이시영이 선출되었다. 제헌국회는 제헌헌법을 제정하였는데 국회의원의 임기는 2년, 대통령의 임기는 4년으로 정하였다. 그리고 일제시대 반민족행위자를 처벌하기 위한 반민족행위처벌법이 제정되었으나 이후 제대로 실시되지 못했고, 남한만의 단독 총선거에 반대한 김구와 김규식은 참여하지 않았다.

② 당시 국회의원의 임기는 2년이었다.

16 ④

제2차 세계대전 중 연합국 대표들이 만나 전후 처리 문제를 논의하였는데, 카이로 선언에서 우리 민족의 독립을 처음으로 약속하였고, 포츠담 선언에서 이것을 다시 확인하였다.

17 ④

국내에서는 여운형을 중심으로 조선 건국 동맹이 결성되어 광복 이후를 대비하였고, 조선 건국 동맹은 이후 조선 건국 준비 위원회로 발전하였다.

18 ④

1차 미소공동위원회(1946.3.26~5.6)와 2차 미소공동위원회(1947.5.21~10.21)의 사이에 나타난 사건으로는 위조지폐사건(1946.5.15), 김규식, 안재홍, 여운형의 좌우합작운동(1946.7.25), 대구인민항쟁(1946.10) 등이 있다.

19 ①

미국, 소련, 영국의 외무 대표들은 모스크바에 모여 한반도 문제를 논의하였고, 이 회의에서 임시 민주 정부 수립, 미 · 소 공동 위원회 설치, 최대 5년간의 신탁 통치를 결정하였다.

20 ③

4 · 19 혁명의 직접적인 원인은 3월 15일 정 · 부통령 선거의 사전계획에 의한 부정선거에 투표 당일 마산에서 부정선거에 항의하는 시위가 발생한 것이 전국적으로 확산된 것이다. 이로 인하여 이승만 정권은 배후에 공산세력이 개입한 혐의가 있다고 조작하여 사태를 수습하려 하였고 4월 11일 마산에서 김주열의 시체가 발견되면서 이승만 정권을 타도하려는 투쟁으로 전환되었다. 4월 19일 학생과 시민들의 대규모 시위에 의하여 정부는 비상계엄을 선포하였으나 군부의 지지가 없고 재야인사들의 이승만 퇴진요구 및 대학교수의 시국선언 발표 · 시위에 의해 자유당 정권은 붕괴되었다.

21 ②

② 4 · 19혁명은 이승만정권의 부정부패와 3 · 15일 부정선거 등이 원인이 되어 1960년 4월 19일에 절정을 이룬 항쟁이다. 따라서 4 · 19혁명의 영향으로 반민족 행위 처벌법이 제정되었다고 볼 수 없다.

22 ①

카이로회담(1943. 11) … 미 · 영 · 중 3국 수뇌가 적당한 시기에(적절한 절차를 거쳐) 한국을 독립시킬 것을 결의하였다.

23 ①

이승만 정부의 3 · 15부정선거 … 이승만이 이끄는 자유당은 1960년 3월의 정 · 부통령선거에서 이승만을 대통령으로, 이기붕을 부대통령으로 당선시키기 위해서 대대적인 부정선거를 자행하였다. 이에 3 · 15선거 당일, 마산에서 부정선거를 규탄하는 시위가 일어나자 전국적으로 확산되어 4 · 19혁명이 본격화되었다.

24 ②

① 장기집권을 위해 이승만 대통령은 초대 대통령에 한해 3선제한 조항 철폐를 골자로 하는 헌법을 개정하였다.

② 학생과 시민들이 중심이 되어 독재정권을 무너뜨린 민주혁명으로서 우리 민족의 민주역량을 전 세계에 과시하고, 민주주의가 새롭게 발전할 수 있는 계기를 마련하였다.
③ 1969년 박정희 대통령이 장기집권을 위한 3선개헌으로 여 · 야의 대립과 갈등이 심화되었다.
④ 주한미군 철수에 따른 국가안보와 사회질서를 최우선 과제로 제시하고, 지속적인 경제 성장을 이룩하기 위해서 강력하고 안정된 정부의 필요성을 내세워 박정희 대통령에 의해 단행되었다.

25 ④

38도선을 경계로 한반도가 분단되고, 남과 북에 미군과 소련군의 군정이 실시되는 가운데, 1945년 12월 미 · 영 · 소 3국 외상들이 모스크바에 모여 한반도문제를 협의하였다. 이 회의에서 한국에 임시정부 수립을 위한 미 · 소 공동위원회를 설치하고, 한국을 최고 5년간 미 · 영 · 중 · 소 4개국의 신탁통치하에 두기로 결정하였다.

6 · 25전쟁의 원인과 책임

01	02	03	04	05	06	07	08	09	10	11	12	13	14	15	16	17	18	19	20
②	③	④	①	③	③	①	②	②	④	③	②	②	②	③	④	④	①	①	③

01 ②

인천상륙작전으로 서울을 탈환하는 데 성공했지만 중공군의 참전으로 전세가 다시 역전되었고 평양과 서울이 차례로 다시 북한군의 손에 들어갔다.

02 ③

밑줄 친 전쟁은 6 · 25전쟁이다. 보기 중 전쟁 중에 있었던 사건은 인천상륙작전이다.
① 1945년
②④ 1948년

03 ④

빈칸에 들어갈 전쟁은 6 · 25전쟁이다. 내각 책임제 개헌은 1960년 제3차 개정 때의 일이다.
① 1945년 ② 1946년 ③ 1948년

04 ①

① 인천상륙작전 : 1950.9.15. →(가)

② 중국군 참전 : 1950.10.19. →(나)

③ 에치슨 선언 : 1950.1.10. →6 · 25전쟁 이전

④ 유엔군 파병 : 1950.6.27. →(가)

05 ③

① 농업 분야의 복구는 제대로 이루어지지 못하였다.

② 일본의 국 · 공유재산, 일본인의 사유재산을 불하 하였는데 연고자 · 관리인 · 임차인을 중심으로 이루어졌다.

④ 소비재 산업은 발전하였으나 생산재 산업이 발전하지 못해 수입의존도가 높았다.

06 ③

(가) 1950년 10월 19일, (나) 1950년 9월 2일, (다) 1950년 10월 25일, (라) 1950년 9월 28일의 사실이다.

07 ①

(가) – 맥아더 장군의 지휘로 전개된 유엔군의 인천 상륙 작전이 성공함에 따라 전세는 역전되었고, 국군과 유엔군의 반격도 본격적으로 시작되었고, 서울을 빼앗긴 지 3개월 만인 9월 29일에 서울을 되찾게 되었다.

(나) – 대규모의 중국군이 파견되자 유엔군과 군국은 38도선 이북에서 대대적인 철수를 계획하였고, 중국군의 남진에 밀려 철수하였고, 1951년 1월 4일에 다시 서울을 내주게 되었다.

(다) – 반공 포로 석방은 이승만 대통령의 단독 결정이었다.

(라) – 한미 상호 방위 조약은 1953년 10월에 체결되어 11월에 발효된 대한민국과 미국 간의 상호 방위 조약이다.

08 ②

6 · 25 전쟁으로 남북 모두 대부분의 건물과 산업 시설이 파괴되는 등 전 국토가 황폐해졌다. 그리고 휴전 이후 남한에서는 이승만 정부가 반공을 앞세워 권력을 강화하였고, 북한에서는 김일성 독재 체제가 구축되었다.

09 ②

6 · 25 전쟁은 북한국의 남침→정부의 부산 피난→유엔군과 국군의 인천 상륙 작전 성공→압록강까지 진격→중국군의 개입으로 후퇴→38도선 부근의 치열한 공방전→휴전 협정 체결의 과정을 거친다.

10 ④

(나)는 북한군의 남침(1950.6~9), (가)는 유엔군의 참전과 북진(1950.9~11), (라) 중국군의 개입과 후퇴(1950.10~1951.1), (다) 전선의 고착과 정전(1951.1~1953.7)이며, 그렇기 때문에 시간 순으로 배열하면 (나)-(가)-(라)-(다)이다.

11 ③

애치슨 선언은 전쟁 발발 이전에 발표되었다.

12 ②

6 · 25 전쟁은 '(가) 북한의 남침 – 유엔군 참전 – (라) 인천 상륙 작전 – 서울 수복 – 압록강 진격 – (다) 중국군 개입 – 38도선 부근의 공방전 – (나) 휴전 협정 조인'의 순서대로 전개되었다.

13 ②

북한은 소련의 지원을 받아 군사력을 키웠고, 1950년 6월 25일에 기습적인 남침을 감행하였다.

14 ②

6 · 25 전쟁은 남한과 북한 모두에게 커다란 인적 · 물적 피해를 남겼다. ② 남한에서는 이승만 정부가 반공을 내세워 정권을 연장하였고, 북한에서는 김일성이 반대파를 제거하고 독재 체제를 갖추었다.

15 ③

① 유엔군은 남한을 지원하였다.
② 중국은 북한의 요청으로 전쟁에 개입하였다.
④ 소련은 북한에 대한 군사적 지원을 제공하였다.

16 ④

'㈑ 북한의 기습 남침 – ㈒ 낙동강 전선의 형성 – ㈏ 인천 상륙 작전 – ㈎ 중국군의 개입 – ㈐ 휴전 협정의 조인'의 순서이다.

---

17 ④

제시된 가사의 노래는 '굳세어라 금순아'로, 중국군의 공세에 밀린 1951년 흥남 철수와 1 · 4 후퇴의 상황을 담고 있다.

---

18 ①

6 · 25 전쟁이 일어나기 직전 남한과 북한 정부는 서로의 체제를 비난하며 대립하였으며, 각기 자신이 권력을 장악한 지역을 토대로 나머지 지역을 통합하겠다는 전략을 추진하였다.

① 한 · 미 상호 방위 조약은 휴전 협정이 이루어진 후 1953년 10월에 체결되었다.

---

19 ①

냉전이 심화되는 가운데 1950년 미국의 국무장관 애치슨이 제시된 내용과 같은 외교 선언을 함으로써 한반도는 미국의 태평양 방위선에서 제외되었다. 이후 북한이 전면적 남침을 강행하면서 6 · 25 전쟁이 시작되었다.

---

20 ③

1950년 6월 25일 북한군의 남침으로 전쟁이 발발하자 유엔은 안전 보장 이사회를 긴급 소집하여 북한을 침략자로 규정하고, 전쟁의 즉각 중지를 골자로 한 결의안을 채택하고 군사 지원을 약속하였다.

① 1951년부터 휴전 회담이 시작되었으나 한국 정부가 휴전을 반대하였으며 범국민적 시위가 거세게 일어났다.

② 중국군의 개입으로 유엔군과 국군이 후퇴하면서 1950년 12월 하순 흥남 철수 작전이 전개되었다.

④ 1953년 전쟁이 끝나고 한 · 미 상호 방위 조약이 체결되었다.

대한민국의 발전과정에서 군의 역할

01	02	03	04	05
③	④	②	①	③

01 ③

국민의 안보 의식을 고취시키기 위해, 예비역 장병을 중심으로, 평시에는 사회생활을 하면서, 유사시에는 향토 방위를 전담할 비정규군인 '향토예비군'을 창설하였다.

02 ④

2011년 1월에 소말리아 해적에 피랍된 삼호주얼리호와 우리 선원을 구출하기 위하여 '아덴만 여명작전'을 실시하여 우리 국민 전원을 구출하였다.

03 ②

유엔 평화유지활동과 더불어 분쟁지역의 안정화와 재건에 중요한 역할을 담당하고 있다.

04 ①

대한민국 정부 수립(1948. 8)직후 국군으로 출범하였다.

05 ③

브라운 각서(1966. 3)는 미국이 국군 현대화 및 산업화에 필요한 기술과 차관의 제공을 약속한 것이다.

6 · 25전쟁 이후 북한의 대남도발 사례

01	02	03	04	05	06	07	08	09	10	11	12	13	14	15
③	①	③	②	③	①	④	①	②	④	③	④	①	③	②

01 ③

③ 북한의 위기도발은 남북대화와 무관하게 자행되었다.

02 ①

제시된 내용은 북한의 화전양면전술에 대한 설명이다. 북한은 평화로운 협상 상황에서도 불리한 상황을 타계하기 위해 테러 및 도발을 자행하였다.

03 ③

③ 미얀마 아웅산 테러 사건은 1983년의 일이다.

04 ②

1976년 8월 18일에 있었던 판문점 도끼만행사건에 대한 설명이다.

05 ③

한국을 정치 · 사회적으로 불안하게 하여 한국 정부의 정통성을 약화시키고자 하였다.

06 ①

1990년대에는 1960년대 도발 사례처럼 직접적 군사도발을 재시도(잠수함 침투, 연평해전 등)하였다.

07 ④

남한에서의 혁명기지 구축하여 게릴라 침투와 군사도발을 병행하고자 한 것은 1960년대이다.

08 ①

남침용 땅굴 굴착과 해외를 통한 우회 간첩침투를 한 것은 1970년대이다.

09 ②

북한은 1983년 10월 9일 미얀마를 친선 방문중이던 전두환 대통령 및 수행원들을 암살하기 위해 아웅산 묘소 건물에 설치한 원격조종폭탄을 폭발시켜 한국의 부총리 등 17명을 순국케 하고 14명을 부상시키는 테러를 감행하였다.

10 ④

1차 연평해전은 1999년 6월 15일, 북한 경비정 6척이 연평도 서방에서 북방한계선(NLL)을 넘어 우리 해군의 경고를 무시하고 우리 측 함정에 선제사격을 가하자 남북 함정간 포격전으로 일어난 것이다.

11 ③

북한은 2010년 11월 23일 연평도의 민가와 대한민국의 군사시설에 포격을 감행하였다. 이에 아군 전사자가 20여명 및 민간인 사망 2명 외에도 다수의 부상자 발생하자, 한국의 연평도 해병부대도 북한 지역에 대한 대응사격을 실시하였다.

12 ④

1968년 10월 30일부터 11월 2일까지 3차례에 걸쳐 울진, 삼척지구에 무장공비 120명을 15명씩 조를 편성하여 침투하고, 이들은 주민들을 모아놓고 남자는 남로당, 여자는 여성동맹에 가입하라고 위협하였고, 주민들은 죽음을 무릅쓰고 릴레이식으로 신고하여 많은 희생을 치른 끝에 군경의 출동을 가능케 하였다.

13 ①

북한의 위기도발은 남북대화와는 무관하게 자행하였다.

14 ③

북한은 자신의 의도를 숨기고 한국에 의한 조작행위로 비난하는 행태를 보였다.

15 ②

북한이 방사포와 해안포로 170여발의 포사격을 한 것은 연평도 포격 도발 사건이다.

북한 정치체제의 허구성

01	02	03	04	05	06	07	08	09	10	11	12	13	14	15	16	17	18	19	20
①	④	③	②	④	①	④	③	④	③	④	①	②	③	③	④	③	①	③	④

01 ①

북한의 정식 명칭은 조선민주주의인민공화국(Democratic People's Republic of Korea)이다. 1948년 9월 9일 한반도의 북위 38도선 이북 지역에 공산주의를 표방하며 설립한 정권의 공식 국가 명칭으로, 북한(North Korea) 또는 조선이라고 통칭한다.

02 ④

북한은 공산주의적 분배 원칙에 입각하여 소득 격차를 축소하는 방향으로 이루어지고 있으나 실제 생활 수준 자체는 평등하지 않다. 국가의 분배 원칙과 최고 통치자의 기준에 따라 계층별로 차별 배급되므로 실제 주민들 간의 소비 생활 수준 차이는 극심한 편이다.

03 ③

북한이 주장하는 공산주의적 인간이란 적극적으로 노동하는 인간, 김일성 사상으로 무장된 인간, 사회적 이익을 추구하는 인간, 공산주의 건설을 위해 노력하는 인간이다. 물론 북한의 선군주의 입장과 우수한 전투력을 가진 인간이 가까울 수는 있으나, 이를 북한의 공산주의적 인간에만 해당되는 인간형으로 일반화시키기에는 무리가 있다.

04 ②

북한은 주택을 개인적으로 소유할 수 없으며, 북한 주민들은 일상생활이 거의 정해져있고, 자유로운 경제 활동이 원칙적으로 금지되어 있다. 북한 주민들 간의 혼인이 비록 간단하고 저렴하게 이루어지고 있으나, 국가가 혼인 상대를 정해주는 것은 아니다.

05 ④

정치 사상 교육은 공산주의 사상이 약화되는 것을 막기 위해 매우 강조되는데, 인민학교와 중학교에서는 어린 시절, 혁명 활동 등을 배우고, 대학생도 전공과 관계없이 정치 사상 교육을 받아야 한다.

06 ①

제시문은 북한 경제의 특징 중 공산주의적 평등 분배 원칙에 대해 설명하고 있다. 공산주의적 평등 분배 원칙은 결국 주민들 간의 극심한 소비 생활 수준 차이를 가져왔고, 이는 1990년대 이후 식량난이 심각해지자 결국 국가적인 위기를 초래하게 되었다.

07 ④

북한은 식량난을 해결하고자 외부 세계에 식량 지원을 요청하는 한편, 농업 생산 증대를 꾀하고 대용 식품과 구황 작물을 보급하였다. 그러나 주로 노동력에만 의존하는 낙후된 농업 생산 방식으로 인해 식량난 해결 전망은 불투명하다. 북한은 체제 유지를 위하여 자유 경쟁 체제와 개인 소유를 인정하지 않는다.

08 ③

북한 사회주의 경제 체제에서는 원칙적으로 생산 수단이 공동 소유되며 소비재의 분배가 노동의 질과 양에 따라 이루어진다. 재화의 생산이 시장 기구에 의해 이루어지는 것은 자본주의 경제 체제의 특징에 해당된다.

09 ④

국방공업을 우선적으로 발전시키겠다는 북한의 경제 노선은 선군주의 경제 노선이다. 북한은 공식적으로 장마당이라는 북한 주민들의 암시장을 단속하고 있으며, 종합 시장을 선보이고 있다. 인민 시장은 1950년 농촌 시장이 나타나기 이전에 존재하였으며, 종합 시장은 2003년도에 등장하였다.

10 ③

북한은 고도로 조직화된 사회로 배급 제도, 거주 이전의 자유 및 여행의 자유 제한 등 다양한 방법으로 주민 생활을 통제하고 있다. 실리 사회주의는 사회주의 원칙을 지키면서도 일부 시장 경제 기능을 도입하겠다는 의지로 식량난 해결을 위한 하나의 방책일 뿐 주민 통제의 수단으로 보기는 어렵다.

11 ④

남한은 국회가 입법부, 대법원이 사법부의 기능을 수행한다. 북한의 사법부는 재판소가 그 기능을 수행하고 있으며, 중앙 재판소, 도 재판소, 인민 재판소 등이 있다.

12 ①

집단주의란 개인을 집단에 종속되는 존재로 보는 입장으로 집단에 무조건 복종함으로써, 개인의 가치와 자유가 인정될 수 있다고 보았다.

13 ②

국가의 분배 원칙에 따라 혹은 최고 통치자의 특별기준에 따라 계층별로 차별적으로 배급된다.

14 ③

③은 조선 노동당에 해당된다.

15 ③

개인의 자유와 인권은 사회와 국가, 민족과 인민의 자유와 인권이 보장되었을 때 실현될 수 있다.

16 ④

여행증 제도는 여행의 자유를 침해하는 정책이다.

17 ③

오늘날 북한의 인권 문제가 생존권을 위협할 만큼 심각해진 요인으로 1990년대 이후의 최악의 경제난을 들 수 있다.

18 ①

북한은 중공업 우선 정책을 시행하였다.

19 ③

① 조선 노동당이다.
② 국방위원회, 내각이다.
④ 국방위원회와 내각이 법을 집행하는 행정부이다, 조선 노동당이 최고의 국가 권력 기관이다.

20 ④

출신 성분에 따른 차별이 행해지고 있다.

한미동맹의 필요성

01	02	03	04	05	06	07	08	09	10	11	12	13	14	15
①	②	③	③	③	③	①	③	③	③	④	③	④	④	②

01 ①

제시된 내용은 한미상호방위조약의 일부이다.

02 ②

제시된 자료는 한국군 월남 증파의 선행조건에 대한 미국의 보상조치로써, 1966년 당시 주한 미국대사인 브라운을 통해 한국 정부에 공식 전달한 브라운 각서의 일부이다. 한 · 미 연례안보협의회가 설립된 것은 1968년의 일이다.
①③④ 2000년대 이후의 일이다.

03 ③

한국은 한미상호방위조약에 한반도 유사시 미국의 자동개입조항을 삽입하기를 요구하였으나, 미국은 이에 대한 대안으로 미군 2개 사단을 한국에 주둔하였다.

04 ③

식량 문제 해결에 크게 기여를 하였으나, 밀가루, 면화 등의 대량 수입으로 농업 기반이 붕괴되었다.

05 ③

제시된 자료는 브라운 각서이다. 박정희 정부는 성장 위주의 경제 개발 정책을 추진하면서 경제 개발에 필요한 자금 마련을 위해 한 · 일 수교를 추진하는 한편, 베트남 파병을 추진하고 미국으로부터 브라운 각서를 받아 경제 개발에 필요한 자금을 마련하게 되었다.

06 ③

6 · 25전쟁이 1953년 휴전 협정으로 끝난 뒤 한국과 미국은 상호 방위 조약을 체결하여 한 · 미 동맹 관계를 강화하였다.

07 ①

1950년대 미국의 농산물 중심의 원조가 증가하면서 삼백산업의 소비재 산업이 발달하였다. 한편 미국의 과도한 원조로 밀, 면화 생산 농가가 타격을 받았다.

08 ③

6 · 25전쟁 직후 원조 경제를 바탕으로 성장해 재벌 형성의 토대가 된 것은 삼백산업이다. 미국의 면화, 밀, 원당 등의 잉여 농산물이 대량 유입되어 국내 면화 재배 농가에 큰 타격을 주었다.

09 ③

자료는 미국의 경제 원조에 해당한다. 미국은 6 · 25 전쟁 직후 농산물 중심의 경제 원조를 하였다. 이러한 상황에서 농산물 가격이 하락하면서 농촌 경제는 타격을 받았으나, 원조 농산물을 가공하는 삼백 산업이 발달하게 되었다.

10 ③

제시문은 냉전체제의 완화로 미 · 소 간의 긴장 완화가 실현되었음을 알 수 있다.

11 ④

제시된 글은 5 · 16 군사 정변 이후 수립된 박정희 정부가 실시한 정책들에 대한 설명이다.

12 ③

미국의 동맹국으로서 국제적 지위와 위상을 제고하였다.

13 ④

데탕트의 도래와 베트남전 이후 미국의 재정 적자 악화로 인해 아시아 지역의 미군을 감축하려는 움직임이 나타나기 시작한 것으로 한미안보연례협의회와는 관계가 없다.

14 ④

소련은 아프간 및 베트남 일대에서 팽창의도를 보이며 데탕트 분위기를 와해시켜나가며, 신냉전의 분위기가 확산되었다.

15 ②

한미동맹의 한 축인 미국은 지역분쟁의 조정자로서 역내의 작은 분쟁들이 전쟁으로 비화되는 것을 막아주고 있다.

중국의 동북공정

01	02	03	04	05	06	07	08	09	10	11	12
②	②	④	③	①	②	②	④	④	④	①	②

01 ②

위만은 진 · 한교체기에 무리를 이끌고 고조선으로 이주하였다. 이에 준왕은 서쪽 수비를 맡겼으나, 점차 세력을 키워 준왕을 몰아내고 스스로 왕이 되었다(B.C.194). 사마천의 「사기」에는 위만이 조선에 입국할 때 상투를 틀고 오랑캐의 흰 옷을 입었다는 기록으로 보아 위만은 연나라에 살고 있던 조선인으로 추정되며, 정권을 획득한 이후에도 조선이라 칭한 점, 위만 정권에서 토착민 출신으로 높은 지위에 오른 자가 많은 점 등으로 미루어 단군조선을 계승한 왕조라고 여긴다.

② 위만조선의 경제 형태로 후에 한의 침입 원인이 되었다.

02 ②

② 주작대로나 3성 6부제의 정치제도, 돌사자상, 벽돌무덤 등은 당을 비롯한 중국의 문화를 모방하거나 수용한 것이다.

03 ④

중국의 동북공정은 통일 후 한반도에 영향력을 미치고, 조선족 등 지역 거주민에 대한 결속을 강화하기 위해서 진행되고 있다.

04 ③

동북아시아 지역은 여러 역사 문제가 발생하고 있는데 이러한 문제를 자국의 관점에서 감정적으로 대응하면 갈등만 깊어진다.

05 ①

제시문은 동북공정에 대한 설명이다.

06 ②

① 조선 후기의 지리서이다.
③ 조선 후기에 편찬된 일종의 백과사전으로, 우리나라의 문물제도를 분류 · 정리하였다.
④ 조선 전기에 신숙주가 왕명에 따라 쓴 일본에 관한 책이다.

07 ②

중국은 동북 공정을 통해 고조선, 고구려, 발해 등 우리 역사의 일부를 '중국 지방 정권'의 하나로 인식하여 중국사로 편입하려 하고 있다.

08 ④

제시된 주장은 "고구려는 중국의 고대 소수 민족 지방 정권이었으므로 고구려사는 중국사에 속한다."는 내용으로, 중국이 동북공정을 추진하면서 내세우는 것이다. 중국은 조선족을 비롯한 국내의 수많은 소수 민족의 동요를 막고 이들을 하나의 중화 민족으로 통합시키기 위한 목적에서 이러한 주장을 제시하였다. 나아가 북한이 붕괴되더라도 만주 지역에 대한 지배권을 확고히 하고, 북한 지역에 영향력을 행사하려는 의도에서 동북공정을 추진하고 있다.

09 ④

㉢ 중국은 중국 내 55개의 소수 민족이 중국인으로서의 정체성과 애국심을 갖도록 하기 위한 목적에서 동북 공정을 실시하고 있다. 이에 따라 소수 민족에 대한 통제가 강화되고 있다.

10 ④

중국은 동북 공정을 실시하여 중국 동북 지방에 속하는 지역 소수 민족의 역사를 자국사로 편입하려 하고 있다. 따라서 신라의 역사는 포함되지 않는다.

11 ①

중국의 동북 공정은 우리나라의 고대사 전체를 심각하게 왜곡하여 우리나라와의 갈등을 유발하고 있다.

12 ②

장군총은 고구려의 문화재이다. 중국은 동북 공정을 통해 고구려의 역사를 자국의 역사에 포함시키려 하고 있다.

일본의 역사 왜곡

01	02	03	04	05	06	07	08	09	10
③	②	④	②	③	①	③	④	④	③

01 ③

팔도총도는 조선전기의 지도로 신증동국여지승람에 기재되어 있고, 현존하는 우리나라 지도 가운데 독도를 표기한 가장 오래된 지도이다.

02 ②

「세종실록지리지」에서는 울릉도와 독도를 울진현 소속으로 구분하고 있다. 하지만 울진현은 오늘날 경상북도 울진군이 아니며, 조선 말기까지 울진현은 강원도의 관할이었다.

03 ④

제시문은 독도에 대한 설명이다.

④ 조선과 청은 국경문제를 해결하기 위하여 백두산정계비를 건립하였다.

04 ②

일본이 러 · 일 전쟁 중인 1905년에 '시마네 현 고시 제40호'로 불법적으로 일본 영토로 편입한 우리 영토는 독도이다.

05 ③

㉡ 세종실록 권 153 지리지 강원도 삼척도호부 울진현에서는 "우산과 무릉, 두 섬이 현의 정동방 바다 가운데에 있다. 두 섬이 서로 거리가 멀지 아니하여, 날씨가 맑으면 바라볼 수가 있다"고 하여 별개의 두 섬으로 파악하였다.

㉣ 연합군 총사령부는 1646년 1월 29일 연합국 총사령부 훈령 제677호를 발표하여 한반도 주변의 울릉도, 독도, 제주도를 일본 주권에서 제외하여 한국에게 돌려주었다.

㉥ 1954년 일본 정부는 외교 문서를 통해 1667년 편찬된 「은주시청합기」에서 울릉도와 독도는 고려영토이고, 일본의 서북쪽 경계는 은기도를 한계로 한다고 기록하고 있다.

06 ①

공도 정책으로 울릉도가 빈 섬이 되자 일본인 어부들이 울릉도에서 불법으로 고기 잡는 일이 많아졌다. 이에 안용복은 일본으로 건너가 일본 정부에 따지고, 울릉도와 독도가 우리 땅임을 확인하는 문서를 받아왔다.

07 ③

국제 사법 재판소에 제소하여 독도 문제를 해결하자는 입장은 일본의 입장이다. 우리 정부는 이에 대해 거부의 입장을 명확하게 밝히고 있다.

08 ④

한 · 중 · 일 3국은 객관적인 역사 인식을 바탕으로 영토 문제와 역사 갈등을 해결하려는 노력이 필요하다.

09 ④

일본은 독도를 국제 분쟁 지역으로 만들기 위해 국제 사법 재판소에 독도 영유권 문제를 넘기려 하고 있다.

10 ③

일본은 2008년에 독도를 일본 영토로 왜곡한 학습 지도 요령을 발간하였다.

공군 핵심가치

01	02	03	04	05	06	07	08	09	10
④	③	③	③	③	②	④	③	③	④

01 ④

공군 핵심가치의 네 가지 덕목 … 도전, 헌신, 전문성, 팀워크

02 ③

전문성 – 우리의 자존심이다.

※ 전문성은 국방력의 가장 중요한 척도이자 고도의 무기체계를 다루는 공군이 군사전문가로서 갖추어야 할 태도인 자존심이다.

03 ③

③ 핵심가치 심벌(2006년)에 해당하는 내용이다.

04 ③

핵심가치의 역할

㉠ 공군인이 공통적인 가치를 지향하도록 해주고 전 공군인을 일치단결시키는 구심점 역할을 한다.

㉡ 공군문화의 중심이며 공군인의 정체성 및 상호 간 신뢰, 소속감을 강화시켜 준다.

㉢ 공군인이 스스로를 지탱하는 정신적 지주가 된다.

㉣ 바람직한 행동의 기준으로써 구성원의 사고와 행동, 업무상 의사결정에 영향을 미쳐 조직의 윤리적 환경 조성에 기여한다.

㉤ 변화와 혁신의 시대에 근본적인 원동력을 제공한다. 공군인의 잠재적 역량을 이끌어 냄으로써 근본적이며 장기적으로 공군의 발전에 시너지 효과를 높여준다.

05 ③

핵심가치 실천 플랜

구성원(이해 · 내재화 → 실천노력)	리더(관심제고 → 솔선수범)	조직(제도개선 → 실천여건조성)
• 학습을 통한 핵심가치 이해 • 핵심가치에 대한 자가진단 • 핵심가치 내재화 수준 판단 및 부족한 영역 파악 • 핵심가치별 실천 가능한 일 작성(일상생활/업무) • 반기(연)별 본인의 실천여부 확인 및 목표 재설정	• 부대(서)원들에 대한 핵심가치 교육 주기적 시행 • 핵심가치 실천을 위한 솔선수범 • 핵심가치 실천 사례 및 노하우 공유를 위한 대화의 장 마련 • 핵심가치 실천할 수 있는 부대(서) 분위기 조성 • 부대(서)원들이 핵심가치를 실천하는 생활을 하도록 독려	• 실질적인 교육과정 운영 • 쉽고 접근이 용이한 교육자료 준비 및 활용 • 전문교관 양성 및 관리 • 주기적인 행동화수준 평가 • 보상/평가관리 운영 및 홍보

06 ②

② 성실은 헌신에 해당한다.

※ **도전의 포함가치** … 용기, 열정, 인내, 변화

07 ④

성실 … 규정과 규범을 준수하며 매사에 열의를 가지고 태만하지 않은 진지한 자세로 맡은 바 임무에 공평무사(公平無私)하게 충실히 임한다.

08 ③

공군 핵심가치의 종류와 그 포함가치

㉠ **도전** : 용기, 열정, 인내, 변화

㉡ **헌신** : 충성, 희생, 봉사, 성실

㉢ **전문성** : 창의, 역량, 지식, 탁월

㉣ **팀워크** : 존중, 신뢰, 책임, 화합

09 ③

전문성 … '전문성'은 자기가 맡은 분야에 대한 풍부한 지식, 경험, 기술을 바탕으로 업무를 수행하는 것을 의미하는데, 공군인이 갖추어야 할 전문성이란 본인의 특기나 병과에 제한된 기술이나 지식의 단순한 습득을 넘어서서 행동의 실천, 인격적으로 훌륭한 품성까지 포괄하는 개념이라고 볼 수 있다. 다시 말하면, 바람직한 공군인의 모습은 인격과 실력을 겸비한 탁월한 군사전문가인 것이다.

10 ④

팀워크 … 팀워크는 기본적으로 타인에 대한 존중과 배려를 바탕으로 조직의 구성원이 공동의 목표를 달성하기 위하여 개개인의 역할에 따라 책임을 다하고 협력적으로 행동하는 것을 의미한다. 이는 단순히 조직 내 구성원간 갈등을 최소화하자는 소극적인 개념보다는 적절한 수준의 '갈등 관리'를 통하여 조직 목표를 효과적으로 달성하는 의미를 포함하고 있다. 공군에는 장교, 부사관, 병, 군무원 등 다양한 신분과 특기가 있으며, 다른 조직들처럼 공군 내에서도 다양한 갈등이 존재한다. 이러한 갈등을 해결하기 위해 우리가 추구하는 팀워크는 개인 및 각 분야의 다양성을 인정하는 가운데 균형과 조화를 통해 조직을 운영하는 것이다.

CHAPTER 03 최종점검 모의고사

언어논리

01	02	03	04	05	06	07	08	09	10	11	12	13	14	15	16	17	18	19	20
②	④	①	②	③	②	④	④	②	②	①	①	④	①	③	③	③	③	②	②
21	22	23	24	25															
④	②	③	③	③															

01 ②

관용어 표현에 관한 문제이다. 밑줄 친 손님의 '손'과 가장 의미가 비슷한 것은 ② '손을 겪다'의 '손'이다.
① 손가락 ② 손님 ③④ 일이 없어 쉼 ⑤ 교제나 거래 관계

02 ④

제시된 문장의 '~에서'는 앞말이 주어임을 나타내는 격 조사로 ④와 같은 쓰임이다.
① 앞말이 근거의 뜻을 갖는 부사어임을 나타내는 격 조사이다.
②⑤ 앞말이 행동이 이루어지고 있는 처소의 부사어임을 나타내는 격 조사이다.
③ 앞말이 출발점의 뜻을 갖는 부사어임을 나타내는 격 조사이다.

03 ①

밑줄 친 '들다'는 '빛, 볕, 물 따위가 안으로 들어오다'의 의미이다.
① '빛, 볕, 물 따위가 안으로 들어오다'의 의미로 쓰였다.
② '손에 가지다'의 의미로 쓰였다.
③ '날이 날카로워 물건이 잘 베어지다'의 의미로 쓰였다.
④ '어떤 일이나 기상 현상이 일어나다'의 의미로 쓰였다.
⑤ '먹다(음식 따위를 입을 통하여 배 속에 들여보내다)'의 높임말을 뜻한다.

04 ②

학생은 학교에 있고, 죄수는 교도소에 있다.

05 ③

'직업'과 '하는 일'의 관계이다.

교사는 수업을 하고, 의사는 진료를 한다.

06 ②

① 관습이나 도덕, 법률 따위의 규범이나 사회 구조의 체계

② 남을 깨치어 이끌어 줌

③ 어떤 것을 이루어 보려고 계획하거나 행동함

④ 사사로운 이익을 꾀하는 방도

⑤ 어떤 일을 이루려고 꾀함. 또는 그런 계획이나 행동

07 ④

① 창조적인 일의 계기가 되는 기발한 착상이나 자극

② 더하거나 빼는 일. 또는 그렇게 하여 알맞게 맞추는 일

③ 실제로 체험하는 느낌

④ 의학 시각, 청각, 후각, 미각, 촉각의 다섯 가지 감각

⑤ 사물이나 현상을 접하였을 때에 설명하거나 증명하지 아니하고 진상을 곧바로 느껴 앎. 또는 그런 감각

08 ④

㈎ 지구상에 존재하는 다양한 문자, ㈑ 한글의 원리 및 특징, ㈐ 한글의 특징, ㈏ 한글의 세계화, 이 순으로 배열하는 것이 문맥상 자연스럽다.

09 ②

㈏ 단락이 맨 뒤로 가면 나머지 문단들은 자연스러운 문맥의 흐름을 유지한다. 생명의 기원에 대한 해석 방식을 시대적으로 설명하며 후반부에서는 그러한 해석의 시도가 곧 인간의 존재론적인 의미를 부여해 준다고 주장한다.

㈏ 단락이 말미에 위치함으로써, 이 글의 뒤에서 그리스 신화에 대한 언급이 추가될 것을 암기하고 있다고 볼 수 있다.

10 ②

제시된 글은 이기혁의 '민족 문화의 전통과 계승'의 일부분으로, 크게 전통에 대해 언급하고 있는 ㉠㉡㉢과 그에 대해 반론을 제시하고 있는 ㉣㉤㉥으로 나눌 수 있다. 맨 첫 문장인 ㉠은 전통에 대한 일반적인 개념을 제시하고 있으며, ㉡은 ㉠에 대해 부연 설명을 하고 있다. 또한 ㉢은 ㉡의 결과이다. '그러나'로 이어지는 ㉣은 ㉠에 대한 반론에 해당하며, ㉤은 ㉣의 근거, ㉥은 ㉤의 결과에 해당한다.

11 ①

마지막 문장의 '어느 한 종이 없어지더라도 전체 계에서는 균형을 이루게 된다.'로부터 ①을 유추할 수 있다.

② 생태계는 '인위적' 단위가 아니다.

③ 생태계의 규모가 작을수록 대체할 종이 희박해지므로 희귀종의 중요성이 커진다.

④ 지문은 생산자, 소비자, 분해자가 서로 대체할 수 없는 구별되는 생물종이라는 전제 하에서 논의를 진행하고 있다.

⑤ 지문에서 유추할 수 있는 내용이 아니다.

12 ①

제시된 글은 영어 공용화에 대한 부정적인 입장이므로 반론은 영어 공용화에 대한 긍정적인 입장에서 근거를 제시해야 한다. ①은 영어 공용화에 대한 부정적인 입장이다.

13 ④

역사가가 참여하고 있는 행렬의 지점이 과거에 대한 그의 시각을 결정한다고 하였으므로 역사를 볼 때 현재가 중요시됨을 알 수 있다.

14 ①

① ㈏ 출판계현황, ㈑ 종이책과 전자책의 공존, ㈎ 정보 전달방식의 새로운 양상에 종이책이 적응해야 함, ㈐ 디지털의 장점을 이용한 종이책의 생존전략의 예, 이 순서대로 배열하는 것이 문맥상 가장 자연스럽다.

15 ③

제시된 문장에서 '눈'은 '사물을 보고 판단하는 능력'의 의미로 쓰였다.

① 빛의 자극을 받아 물체를 볼 수 있는 감각 기관

② 물체의 존재나 형상을 인식하는 눈의 시력

④ 무엇을 보는 표정이나 태도

⑤ 사람들의 눈길

16 ③

ⓐ와 ⓑ는 반의어 관계이다. 따라서 정답은 ③이다.

17 ③

아니다 … 어떤 사실을 부정하는 뜻으로 나타내는 말

①②④⑤ 물음이나 짐작의 뜻을 나타내는 말

18 ③

차별을 받고 있는 흑인들은 법을 통한 분쟁 해결에 대해 부정적인 태도를 취할 가능성이 크다.

19 ②

분업은 생산 공정을 전문화시켜 생산성을 높여 줌으로써 경제의 효율성은 증가시키나, 소득을 균등하게 배분해 주지는 못한다.

20 ②

㉡ '조사, 문서 작성'을 선택한 이유에 대한 설명

㉣ 모든 것을 문서화하고 있음에 주목

㉢ 분명하게 전달되기 위한 정보의 필요성

㉠ 조사하고 글을 쓰기 위한 현장교육의 필요성

21 ④

팔방미인(八方美人)

㉠ 어느 모로 보아 아름다운 사람

㉡ 여러 방면에 능통한 삶을 비유적으로 이르는 말

㉢ 한 가지 일에 정통하지 못하고 온갖 일에 조금씩 손대는 사람을 놀림적으로 이르는 말

22 ②

제시문은 세계보건기구(WHO)의 선언문인 '세계보건기구헌장'의 전문(前文)이다. 괄호 앞뒤의 내용으로 볼 때 '최상의 건강상태'가 들어가는 것이 가장 적절하다.

23 ③

제시문은 이제현의 '안축과 이곡을 천거하여 자신을 대신하게 하는 전'이다. '어진 자를 천거하고 능한 자에게 양보하는 것' 부분과 '백발은 성성하고 눈까지 어두움에리까!' 등의 내용을 통해 관직에서 물러나고자 함을 아뢰는 것임을 알 수 있다.

24 ③

'줄여 간 게 아니라면 그래도 잘된 게 아니냐'는 위로에 반응이 신통치 않았고, '집이 형편없이 낡았다'고 토로했다. 이에 대해 이어지는 '낡았다고 해도 설마 무너지기야 하랴'라는 말에 위로치고는 어이가 없어서 웃었을 것으로 짐작할 수 있다.

25 ③

필자가 주장하는 바의 핵심적인 사항은 단순히 노동시장에서의 여성의 차별이 아니라, 여성의 다양성을 인정하지 못하는 정책으로 인해 모든 여성이 각자가 처한 상황보다 통계에 의한 공통의 생애사적 단일 집단으로 처우 받는다는 점이다. 따라서 ③의 내용이 가장 적절한 주제라고 볼 수 있다.

자료해석

01	02	03	04	05	06	07	08	09	10	11	12	13	14	15	16	17	18	19	20
①	④	④	③	②	④	④	③	①	④	③	①	②	③	④	③	④	③	④	②

01 ①

-2, $+4$, -6, $+8$, -10, ⋯의 규칙을 갖는다.

02 ④

지난달의 기름 1L의 값 $= 392,000 \div 245 = 1,600$ 원

원유의 값은 $1,600 \times 0.9 = 1,440$ 원, 세금은 160원

따라서 이번 달 기름 1L의 값을 계산하면

$$\left(1,440 + 1,440 \times \frac{1}{8}\right) + \left(160 + 160 \times \frac{1}{20}\right) = 1,620 + 168 = 1,788 \text{ 원}$$

03 ④

㉠ 2011년에 '갑'이 x원 어치의 주식을 매수한 뒤 같은 해에 동일한 가격으로 전량 매도했다고 하면, 주식을 매수할 때 주식거래 비용은 $0.1949x$ 원, 주식을 매도할 때 주식거래 비용은 $0.1949x + 0.3x = 0.4949x$ 원으로 총 주식거래 비용의 합은 $0.6898x$ 원이다. 이 중 증권사 수수료는 $0.3680x$ 원으로 총 주식거래 비용의 50%를 넘는다.

㉢ 금융투자협회의 2021년 수수료율은 0.0008%로 2018년과 동일하다.

04 ③

③ 라 지역의 태양광 설비투자액이 210억 원으로 줄어들 경우 대체에너지 설비투자액의 합인 B가 510억 원이 된다. 이때의 대체에너지 설비투자 비율은 $\frac{510}{11,000} \times 100 \fallingdotseq 4.63$ 이므로 5% 이상이라는 설명은 옳지 않다.

05 ②

가 지역의 지열 설비투자액이 250으로 줄어들 경우 대체에너지 설비투자액의 합인 B가 417억 원이 된다. 이때의 대체에너지 설비투자 비율은 $\frac{417}{8,409}\times 100 ≒ 4.96$이므로 원래의 대체에너지 설비투비 비율인 5.98에 비해 약 17% 감소한 것으로 볼 수 있다.

06 ④

①②는 표에서 알 수 없다.
③ 시간에 따른 B형 바이러스 항체 보유율이 가장 낮다.

07 ④

5세 때의 신장을 x라 하고, 5세를 기준으로 각각의 성장률을 구해보면,
㉠ 6세 : $x+(x\times 0.06)=1.06x$
㉡ 7세 : $1.06x+(1.06x\times 0.05)=1.113x$
㉢ 8세 : $1.113x+(1.113x\times 0.1)=1.2243x$
① 5세 때의 신장을 알 수 없으므로 정확한 수치는 알 수 없다.
② 8세 때는 5세 때의 신장에 비해 22.4% 자랐다.
$(1.2243x-x)\times 100=22.43(\%)$
③ 5세 때부터 7세 때까지 : $(1.113x-x)\times 100=11.3(\%)$
6세 때부터 8세 때까지 : $(1.2243x-1.06x)\times 100=16.43(\%)$
④ 7세 때부터 8세 때까지 : $(1.2243x-1.113x)\times 100=11.13(\%)$
5세 때부터 6세 때까지 : $(1.06x-x)\times 100=6(\%)$

08 ③

8세 때는 5세 때의 신장에 비해 22.4% 자랐다.
$(1.2243x-x)\times 100=22.43(\%)$

09 ①

$1.113x = 89$

$x = 89 \times \frac{1,000}{1,113} \fallingdotseq 79.964$

8세 때의 신장은 $1.2243x$ 이므로 $1.2243 \times 79.96 \fallingdotseq 97.89(\text{cm})$

10 ④

① 단독으로 성능에 영향을 미치기 위해서는 나머지 조건들이 모두 같아야 한다. 첫 번째 줄과 다섯 번째 줄을 비교하면 손잡이의 길이의 길고, 짧음이 성능에 영향을 미친다. 그러나 두 번째 줄과 여섯 번째 줄을 비교하면 손잡이의 길이의 길고, 짧음이 성능에 영향을 미치지 않음을 알 수 있다.

② 프레임의 넓이에 따른 일관된 결과가 제시되어 있지 않다.

③ 손잡이의 길이가 길고 프레임의 재질이 보론인 경우 성능에 영향을 주기도 하고 아니기도 하다.

④ 프레임이 넓고 재질이 보론인 경우만 영향을 미치고 그렇지 않은 경우는 성능에 영향을 주지 않는다.

11 ③

A : $0.1 \times 0.2 = 0.02 = 2(\%)$

B : $0.3 \times 0.3 = 0.09 = 9(\%)$

C : $0.4 \times 0.5 = 0.2 = 20(\%)$

D : $0.2 \times 0.4 = 0.08 = 8(\%)$

$\therefore$ $A + B + C + D = 39(\%)$

12 ①

2010년 A지점의 회원 수는 대학생 10명, 회사원 20명, 자영업자 40명, 주부 30명이다. 따라서 2005년의 회원 수는 대학생 10명, 회사원 40명, 자영업자 20명, 주부 60명이 된다. 이 중 대학생의 비율은 $\frac{10\text{명}}{130\text{명}} \times 100(\%) \fallingdotseq 7.69(\%)$가 된다.

13 ②

B지점의 대학생이 차지하는 비율 : $0.3\times0.2 = 0.06 = 6(\%)$

C지점의 대학생이 차지하는 비율 : $0.4\times0.1 = 0.04 = 4(\%)$

B지점 대학생수가 300명이므로 $6 : 4 = 300 : x$

$\therefore\ x = 200$(명)

14 ③

③ 2005년 E 메뉴 판매비율 6.5%p, 2008년 E 메뉴 판매비율 7.5%p이므로 1%p 증가하였다.

15 ④

2008년 A메뉴 판매비율은 36.0%이므로

판매개수는 $1{,}500\times0.36=540$(개)

16 ③

올라갈 때 걸은 거리를 x라 하면

$\frac{x}{3}+\frac{x+3}{6}=5$

$2x+x+3=30$

$3x=27\rightarrow x=9$

내려갈 때는 올라갈 때보다 3km 더 먼 거리로 왔으므로

올라갈 때 9km, 내려올 때 $9+3=12$km

$9+12=21$km

17 ④

7%의 소금물을 x, 22%의 소금물을 y라 하면,

$x+y+\frac{1}{3}y=x+\frac{4}{3}y=400$ ⋯ ㉠

$\frac{7}{100}x+\frac{22}{100}y=\frac{11.75}{100}\times400$ ⋯ ㉡

두 식을 연립하면, $x=200$, $y=150$이다. 따라서 22% 소금물 속 소금의 양은 $150\times\frac{22}{100}=33$g이다.

18 ③

영희가 걸은 시간을 x분이라 하면 영희와 철수가 걸은 거리는 $5x = 10(x-30)$가 되므로 $x = 60$이 된다. 60분 동안 영희와 철수가 걸은 거리는 60×5=300m가 되는데 이는 운동장 둘레의 반이므로 운동장의 전체 둘레는 300×2=600m가 된다.

19 ④

- 직계존속인 아버지로부터 증여받은 경우로, 10년 이내의 증여재산가액을 합한 금액에서 5천만 원만 공제하게 된다.
- 직계존속에 해당, 아버지로부터 증여받은 재산가액과 어머니로부터 증여받은 재산가액의 합계액에서 5천만 원을 공제하게 된다.
- 직계존속과 기타 친족으로부터 증여받은 경우로 아버지로부터 증여받은 재산가액에서 5천만 원, 삼촌으로부터 증여받은 재산가액에서 1천만 원을 공제하게 된다.

공제액의 합은 5천만 원+5천만 원+5천만 원+1천만 원이므로 총 1억 6천만 원이 된다.

20 ②

주어진 자료를 근거로 다음과 같이 계산하면 된다.

- 증여재산 공제 : 5천만 원
- 과세표준 : 1억 7천만 원－5천만 원＝1억 2천만 원
- 산출세액 : 1억 2천만 원×20%－1천만 원＝1,400만 원
- 납부할 세액 : 1,400만 원×0.93＝13,020,000원 (자진신고 시 산출세액의 7% 공제)

공간능력

01	02	03	04	05	06	07	08	09	10	11	12	13	14	15	16	17	18
①	②	④	①	②	④	③	④	①	①	④	②	④	②	②	③	④	②

01 ①

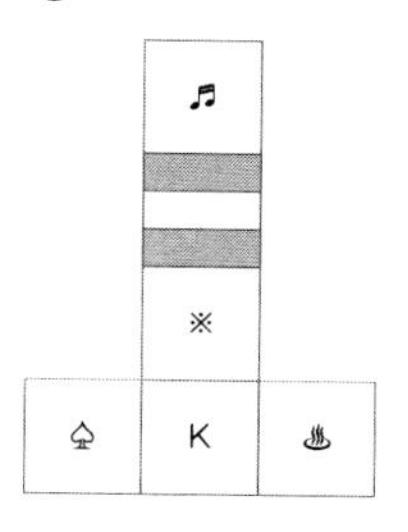

02 ②

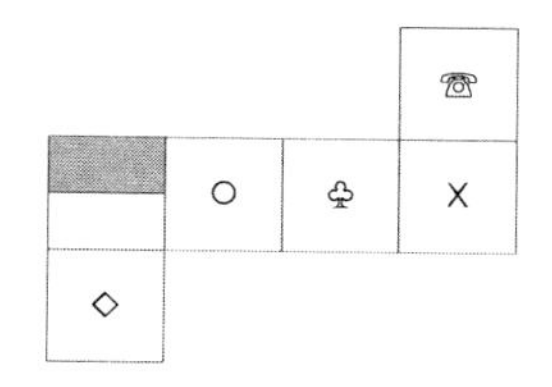

03 ④

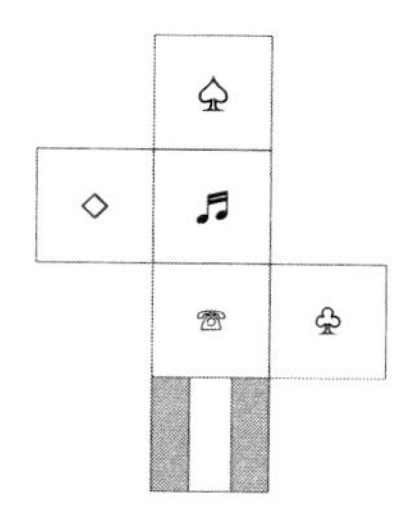

04 ①

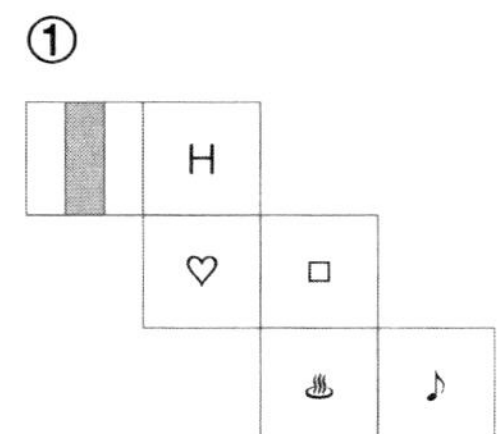

05 ②

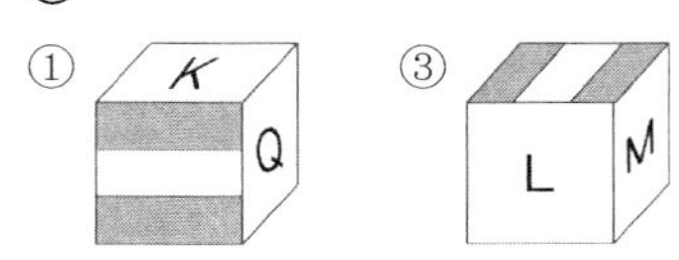

06 ④

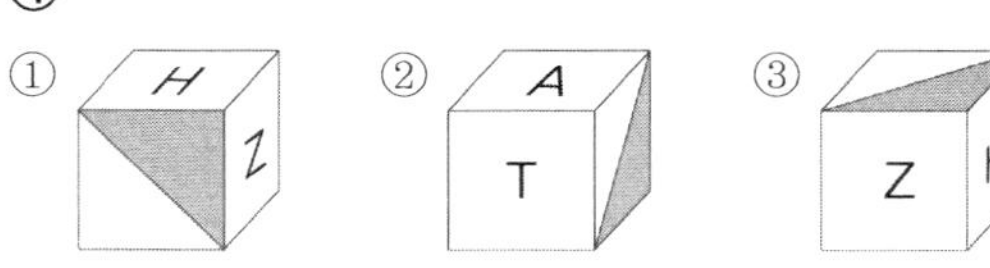

07 ③

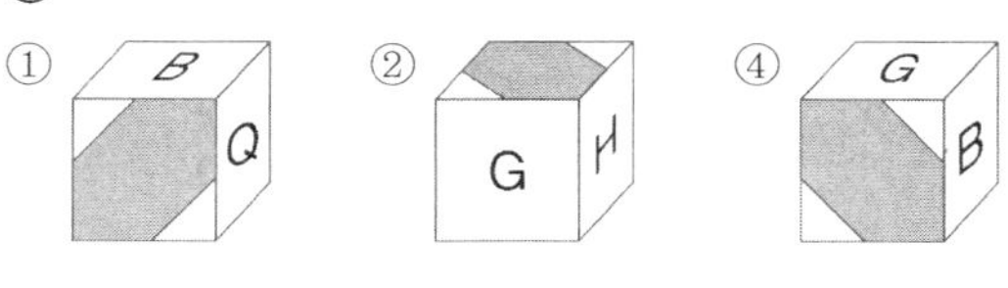

08 ④

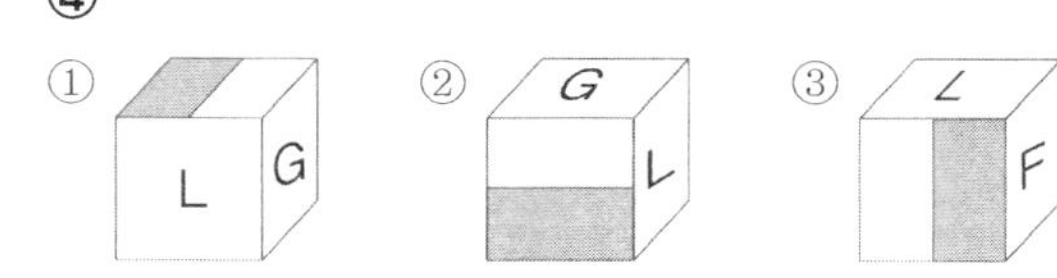

09 ①

② 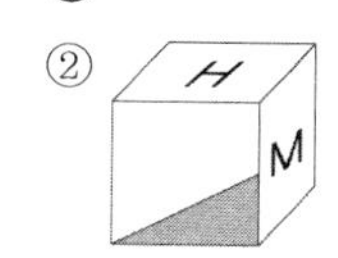

③ 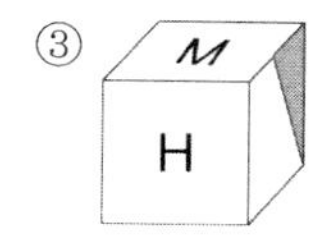

④ 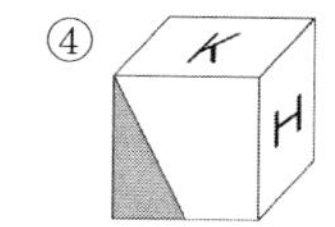

10 ①

1단 : 11개, 2단 : 8개, 3단 : 5개, 4단 : 4개, 5단 : 2개
총 30개

11 ④

1단 : 12개, 2단 : 6개, 3단 : 1개, 4단 : 1개
총 20개

12 ②

1단 : 11개, 2단 : 4개, 3단 : 3개, 4단 : 2개
총 20개

13 ④

1단 : 15개, 2단 : 11개. 3단 : 7개, 4단 : 5개, 5단 : 2개
총 40개

14 ②

1단 : 15개, 2단 : 11개, 3단 : 8개, 4단 : 5개, 5단 : 1개
총 40개

15 ②

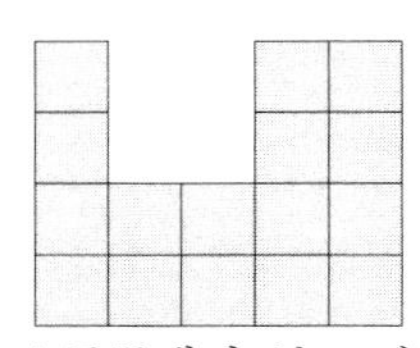

3	1		4	3
4			3	2
2			2	2
1				2
4				1

오른쪽에서 본 모습　정면 위에서 본 모습

16 ③

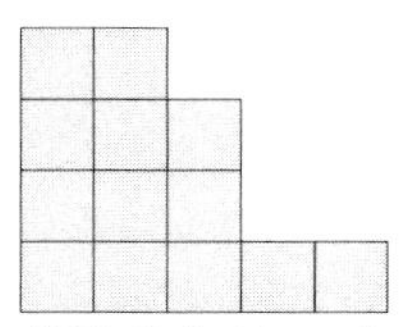

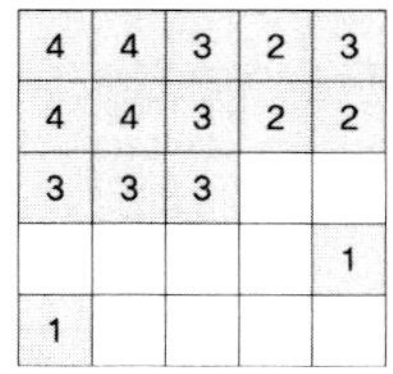

왼쪽에서 본 모습　정면 위에서 본 모습

17 ④

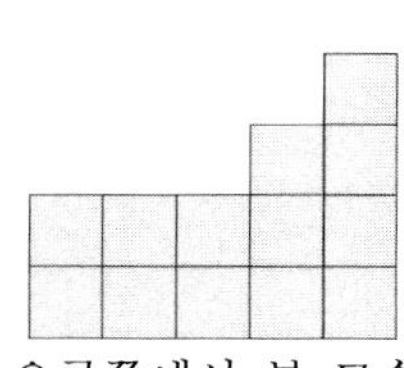

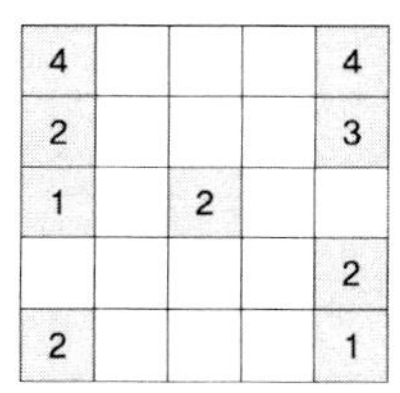

오른쪽에서 본 모습　정면 위에서 본 모습

18 ②

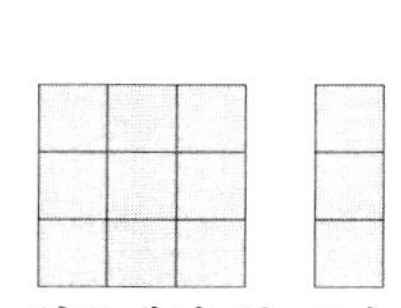

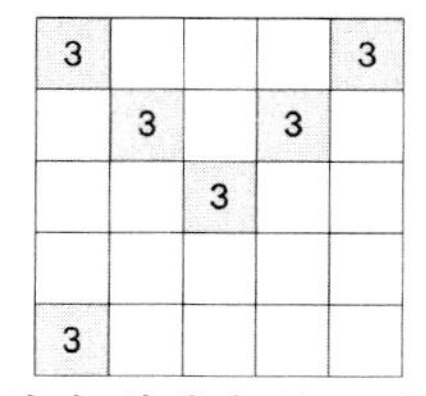

왼쪽에서 본 모습　정면 위에서 본 모습

지각속도

01	02	03	04	05	06	07	08	09	10	11	12	13	14	15	16	17	18	19	20
②	①	①	②	①	①	②	①	②	①	①	①	②	①	②	④	②	③	①	③
21	22	23	24	25	26	27	28	29	30										
①	②	④	③	④	①	②	③	③	③										

01 ②

a = 단, b = 유, c = 호, **d = 정**, **f = 문**

02 ①

g = 주, b = 유, d = 정, a = 단, h = 측

03 ①

e = 형, f = 문, g = 주, h = 측, c = 호, a = 단

04 ②

8 = a, 7 = b, 6 = c, 5 = d, **1 = e**

05 ①

1 = e, 2 = f, 3 = g, 4 = h, 8 = a, 6 = c

06 ①

8 = a, 6 = c, 1 = e, 3 = g, 7 = b, 4 = h

07 ②

ㅍ ㅚ ㄴ ㅇ ㅕ ㅡ k m ♓ s ✖

08 ①

ㅜ = †, ㅟ = ✚, ㅋ = t, ㅟ = ✚, ㅕ = ✖

09 ②

ㅋ ㅛ ㄴ ㅛ ㅗ ㅡ t e ♓ e ✕

10 ①

ⓘ = 6, ㉯ = 5, ㉠ = 9, ⑪ = 4, ⓗ = 3

11 ①

㉠ = 9, ⑨ = 1, ㉧ = 10, ⓔ = 8, ⑥ = 2

12 ①

⑪ = 4, ㉬ = 7, ㉯ = 5, ⓔ = 8, ㉯ = 5

13 ②

아 = 一, 게 = 四, 요 = 二, 기 = 七, 구 = 九

14 ①

이 =五, 오 =八, 가 = 十, 우 = 三, 에 = 六

15 ②

기 = 七, **요 = 二**, **에 = 六**, 오 = 八, 아 = 一

16 ④

AWGZXT**S**D**S**V**S**RD**S**QDTWQ

17 ②

제**시**된 문제를 잘 읽고 예제와 같은 방식으로 정확하게 답하시오.

18 ③

10010587**6**254**6**02**6**873217

19 ①

秋花春風南美北西冬木日**火**水金

20 ③

when I am do**w**n and oh my soul so **w**eary

21 ①

☺◆↗⊙♡☆▽◁♧◑†♬♪▣**♣**

22 ②

ㅐㅞㅓㅠㅟㅕㅞㅣㅡㅏㅐㅛㅜ**ㅞ**ㅟㅚㅑ

23 ④

머루나비**먹**이**무**리**만**두**먼**지**미**리**메**리나루**무림**

24 ③

ゆよ**る**らろくぎつであぱ**る**れわゐを

25 ④

두 쪽으**로** 깨뜨**려**져도 소**리**하지 않는 바위가 되**리라**.

26 ①

Listen to the song here in my he**a**rt

27 ②

10059478628948624982492314867

28 ③

부모의 은혜에 대해 **보**답할 것을 당**부**한다

29 ③

35721489632147856995137428852974631123456987

30 ③

웅장한 자**연** 속**에**서 **인**간**의** **왜**소함**을** **인**식하고 **있**다

한국사

01	02	03	04	05	06	07	08	09	10	11	12	13	14	15	16	17	18	19	20
④	①	④	②	②	①	③	①	③	②	①	②	①	④	②	③	①	①	①	③
21	22	23	24	25															
②	④	④	③	②															

01 ④

자료는 3 · 1운동(1919)에 대한 것이다. 3 · 1운동은 파리 강화 회의에서 제창된 윌슨의 민족 자결주의, 2 · 8독립 선언 등의 영향을 받아 일어났다. 고종의 인산일을 기해 종교계 지도자와 학생들은 만세 시위를 계획하였다. 3월 1일 독립 선언서가 낭독되었고, 많은 학생과 시민 등이 시위에 참여하였으며, 이후 시위는 전국으로 확산되었다. 3 · 1운동은 대한민국 임시 정부 수립, 일제의 이른바 문화 통치의 시행에 영향을 주었다.

02 ①

자료는 민족 말살 통치 시기에 대한 것이다. 이 시기 일제는 국민 징용령을 제정하여 조선인들을 탄광, 군수 공장 등에 끌고 가 강제 노역을 시켰다. 또한 징병제, 미곡 공출제, 식량 배급제 등을 시행하였다.

03 ④

자료는 신간회에 대한 것이다. 신간회는 민족 유일당운동의 일환으로 조직되었으며, 광주 학생 항일 운동을 지원하였다.

04 ②

자료에는 1882년에 일어난 임오군란의 상황이 나타나 있다. 임오군란 때 재집권한 흥선 대원군은 별기군을 폐지하고 5영을 복구하는 등 개화 정책을 중단시켰다. 고종 즉위는 1863년, 운요호 사건은 1875년, 갑신정변은 1884년, 아관 파천은 1896년, 러 · 일 전쟁 발발은 1904년에 있었던 사실이다.

05 ②

자료는 국채 보상 운동 당시 발표된 단연 동맹 취지서이다. 국채 보상 운동은 일본의 강요로 도입된 차관 1,300만 원을 갚아 일본의 경제적 예속에서 벗어나자는 취지로 1907년 대구에서 시작되었다. 이 운동은 대한매일신보 등 언론의 지원을 받아 전국으로 확산되었다. 당시 남자들은 담배를 끊어 성금을 내고 부녀자들은 비녀와 가락지를 모아 국채 보상금을 내는 방식으로 국채 보상 운동에 참여하였다.

06 ①

밑줄 친 부대는 한국 광복군이다. 1940년 대한민국 임시 정부의 정규군으로 창설된 한국 광복군은 지청천을 총사령관으로 하였으며 1942년 김원봉이 이끄는 조선 의용대의 일부가 합류하여 전력을 강화하였다. 미국 전략 정보국(OSS)의 특수 공작 훈련을 받은 한국 광복군 대원들은 국내 진공 작전을 전개할 계획을 세웠으나 일본의 패망으로 실행에 옮기지는 못하였다.

07 ③

김대중 정부의 대북 화해 협력 정책으로 남북 간의 교류가 활성화되었다. 이러한 상황에서 제 1차 남북 정상 회담이 개최되고 6 · 15 남북 공동 선언이 발표되었다(2000). 6 · 15 남북 공동 선언 이후 남북 교류와 경제 협력이 확대되면서 개성 공단 건설이 추진되었다.

08 ①

㉠은 독립 협회이다. 독립 협회는 서재필 등이 주도하여 1896년에 창립되었다. 독립 협회는 독립문을 세웠고, 만민 공동회를 개최하여 러시아의 이권 요구를 저지하는 등 이권 수호 활동을 전개하였다. 또한 관민 공동회를 개최하여 헌의 6조를 결의하였다.

09 ③

㉠ 구식 군인에 대한 차별대우로 발생한 임오군란이다. – 1882
㉡ 러 · 일 전쟁 중에 체결한 한 · 일 의정서에 대한 내용이다. – 1904
㉢ 운요호 사건을 빌미로 발생한 것은 강화도 조약이다. – 1876
㉣ 전봉준의 주도로 고부에서 민란이 발생한 동학농민운동이다. – 1894

10 ②

(가) : 내각 책임제 개헌으로 양원제, 사법권 · 지방자치의 민주화, 경찰 중립화가 그 내용이다.

(나) : 3선 개헌으로 대통령의 3선 연임과 국회의원의 국무위원 겸직 허용, 직선제, 대통령 탄핵소추 요건 강화가 해당 내용이다.

11 ①

인천상륙작전－1950년 9월 15일 국제연합(UN)군이 맥아더의 지휘 아래 인천에 상륙하여 6 · 25 전쟁의 전세를 뒤바꾼 군사작전이다.

12 ②

1950년대－한 · 미 상호방위조약, 전후 복구

1960년대－베트남 파병(1964), 향토 예비군 창설(1968)

1970년대－국군 현대화 사업 추진(율곡 사업 1974), 새마을 운동(1972)

13 ①

1945년 10월 북조선 5도 인민위원회를 설립하여 공산주의 세력이 실권을 장악하였다.

1946년 2월 북조선임시인민위원회를 조직하여 민족주의 세력을 무력화하였다.

1947년 북조선인민회의는 정권수립을 위한 제반 준비 작업을 진행하였다.

1948년 헌법을 최종 채택하고 조선민주주의인민공화국을 발족하였다.

14 ④

한미상호방위조약은 1953년 10월 1일에 조인하여 1954년 11월 17일에 그 내용이 발효되었다. 한국은 휴전 거부의사를 표명하며 휴전회담에 참석하지 않았고 결국 정전협정조인에 참여하지 않았다. 정전을 하는 대신 한미상호방위조약을 체결하고 대한군사원조 등이 이루어져 한반도 유사시 미국의 자동개입조항을 삽입하기를 요구하였으나, 미국이 이를 거부하였다.

㉠은 한국의 베트남 파병과 한미안보협력에 대한 내용이다.

15 ②

② 중앙 정부 주도의 동북공정은 2007년에 종결되었지만, 지방 정부 주도의 동북공정은 지속되었다.

16 ③

보기는 러 · 일 전쟁(1904~1905)을 설명하고 있다. 대한 제국은 1900년에 칙령 제 41호를 반포하여 울릉도 군수를 통해 독도를 관할하였지만 러 · 일 전쟁 중 일본이 독도를 불법으로 자국 영토에 편입시켰다.

17 ①

1926년 조선 민흥회 창립에 관한 내용이다. 1920년대 중반에 이광수, 최린 등의 타협적 민족주의자들은 자치 운동을 전개하고 있었다.

18 ①

1924년 경성 제국 대학의 설립에 대한 내용이다. 1920년대 극단 토월회는 연극을 통하여 민족 운동을 벌이기도 하였다.

19 ①

1931년에 일어난 만주 사변을 배경으로 지청천이 이끌던 한국 독립군이 만주 지역의 중국 항일 무장 세력과 체결한 협정의 일부이다.

② 1921년

③ 1940년

④ 1937년

20 ③

을미의병은 을미사변과 단발령에 반발하여 일어났다.

①④ 정미의병 ② 을사의병

21 ②

윗글은 한 · 일 의정서의 일부이다. 한 · 일 의정서 체결 직후 일본은 경의 철도 부설권을 차지하였다.

①④ 러시아 ③ 미국

22 ④

1886년에 설치된 육영 공원에 대한 내용이다. 육영 공원은 미국인 교사가 수업을 담당하였다.

①② 육영 공원 폐지 이후

③ 원산 학사

23 ④

'개정 교육령'은 1938년의 제3차 조선 교육령에 해당한다. 제3차 조선 교육령에 따라 고등보통학교를 중학교로 개칭하였다.

① 1895년

② 1941년 초등학교령

③ 제1차 조선 교육령

24 ③

헌신의 포함가치 … 충성, 희생, 봉사, 성실

25 ②

리더 – 화합할 수 있는 기회를 마련하되, 강제적인 모임은 지양하자

당신의 꿈은 뭔가요?

MY BUCKET LIST!

꿈은 목표를 향해 가는 길에 필요한 휴식과 같아요.
여기에 당신의 소중한 위시리스트를 적어보세요. 하나하나 적다보면 어느새 기분도
좋아지고 다시 달리는 힘을 얻게 될 거예요.

- [ ] ______________________________
- [ ] ______________________________
- [ ] ______________________________
- [ ] ______________________________
- [ ] ______________________________
- [ ] ______________________________
- [ ] ______________________________
- [ ] ______________________________
- [ ] ______________________________
- [ ] ______________________________
- [ ] ______________________________
- [ ] ______________________________
- [ ] ______________________________
- [ ] ______________________________
- [ ] ______________________________
- [ ] ______________________________
- [ ] ______________________________
- [ ] ______________________________
- [ ] ______________________________
- [ ] ______________________________
- [ ] ______________________________
- [ ] ______________________________
- [ ] ______________________________
- [ ] ______________________________
- [ ] ______________________________
- [ ] ______________________________
- [ ] ______________________________
- [ ] ______________________________
- [ ] ______________________________
- [ ] ______________________________
- [ ] ______________________________
- [ ] ______________________________
- [ ] ______________________________
- [ ] ______________________________
- [ ] ______________________________
- [ ] ______________________________
- [ ] ______________________________
- [ ] ______________________________
- [ ] ______________________________
- [ ] ______________________________
- [ ] ______________________________
- [ ] ______________________________
- [ ] ______________________________
- [ ] ______________________________
- [ ] ______________________________
- [ ] ______________________________
- [ ] ______________________________
- [ ] ______________________________
- [ ] ______________________________
- [ ] ______________________________
- [ ] ______________________________
- [ ] ______________________________

창의적인 사람이 되기 위해서

정보가 넘치는 요즘, 모두들 창의적인 사람을 찾죠.
정보의 더미에서 평범한 것을 비범하게 만드는 마법의 손이 필요합니다.
어떻게 해야 마법의 손과 같은 '창의성'을 가질 수 있을까요. 여러분께만 알려 드릴게요!

01. 생각나는 모든 것을 적어 보세요.

아이디어는 단번에 솟아나는 것이 아니죠. 원하는 것이나, 새로 알게 된 레시피나, 뭐든 좋아요.
떠오르는 생각을 모두 적어 보세요.

02. '잘하고 싶어!'가 아니라 '잘하고 있다!'라고 생각하세요.

누구나 자신을 다그치곤 합니다. 잘해야 해. 잘하고 싶어.
그럴 때는 고개를 세 번 젓고 나서 외치세요. '나, 잘하고 있다!'

03. 새로운 것을 시도해 보세요.

신선한 아이디어는 새로운 곳에서 떠오르죠. 처음 가는 장소, 다양한 장르에 음악, 나와 다른 분야의 사람.
익숙하지 않은 신선한 것들을 찾아서 탐험해 보세요.

04. 남들에게 보여 주세요.

독특한 아이디어라도 혼자 가지고 있다면 키워 내기 어렵죠.
최대한 많은 사람들과 함께 정보를 나누며 아이디어를 발전시키세요.

05. 잠시만 쉬세요.

생각을 계속 하다보면 한쪽으로 치우치기 쉬워요. 25분 생각했다면 5분은 쉬어 주세요.
휴식도 창의성을 키워 주는 중요한 요소랍니다.